汉江中下游
水资源优化配置与水量水质联合调控

郭生练 等 著

·北京·

内 容 提 要

本书在综述文献资料的基础上，统筹考虑水资源、水环境、水生态问题，开展汉江中下游水资源优化配置与水量水质联合调控研究应用。主要内容包括：汉江中下游流域概况及存在的主要问题，汉江中下游水量水质监测分析，汉江水文情势变化和水生态环境综合评价，汉江中下游水华暴发成因分析及预测预警，汉江中下游地区未来水资源供需预测分析，汉江中下游地区水资源的公平配置研究，考虑生态需水的丹江口水库多目标优化调度，汉江中下游规划设计的主要水利工程等。书中既有新理论方法介绍，又有实际应用分析。在确保汉江中下游防洪风险可控和南水北调中线工程安全运行的前提下，通过丹江口水库多目标调度，提高洪水资源的利用效率，减轻对下游生态环境的不利影响。

本书适合于水利、电力、交通、地理、气象、生态环境、自然资源等领域内的广大科技工作者、工程技术人员参考使用，也可作为高等院校高年级本科生和研究生的教学参考书。

图书在版编目（CIP）数据

汉江中下游水资源优化配置与水量水质联合调控 / 郭生练等著. -- 北京 : 中国水利水电出版社, 2024. 8.
ISBN 978-7-5226-2534-8
Ⅰ. TV213.4
中国国家版本馆CIP数据核字第2024S6H603号

审图号：鄂S（2024）017号

书　　名	**汉江中下游水资源优化配置与水量水质联合调控** HAN JIANG ZHONG－XIAYOU SHUIZIYUAN YOUHUA PEIZHI YU SHUILIANG SHUIZHI LIANHE TIAOKONG
作　　者	郭生练　等 著
出版发行	中国水利水电出版社 （北京市海淀区玉渊潭南路1号D座　100038） 网址：www.waterpub.com.cn E－mail：sales@mwr.gov.cn 电话：（010）68545888（营销中心）
经　　售	北京科水图书销售有限公司 电话：（010）68545874、63202643 全国各地新华书店和相关出版物销售网点
排　　版	中国水利水电出版社微机排版中心
印　　刷	北京天工印刷有限公司
规　　格	184mm×260mm　16开本　16.75印张　408千字
版　　次	2024年8月第1版　2024年8月第1次印刷
定　　价	**168.00**元

前 言

丹江口水库是治理汉江的控制性工程和南水北调中线工程水源地，兼具防洪、供水、发电等多种功能任务。南水北调中线一期工程于2014年12月全面建成通水，至2023年10月累计调水逾600亿m^3，我国北方京津冀豫等省（直辖市）亿万人口直接受益，天津全部、北京80%的用水以及河南、河北的大部分生活用水均来自南水北调工程中线调水，有效地缓解了受水区水资源短缺状况，改善了受水区生态环境，促进了当地经济社会发展，实现了社会效益、生态效益多赢。为了减轻或缓解对汉江中下游造成的不利影响，国家也同步建设了引江济汉等四项治理工程。

南水北调中线工程原设计为北方补充水源，丹江口水库由于水质很好（Ⅰ～Ⅱ类），目前已成为北方主要饮用水水源。汉江流域上游（丹江口水库）的水资源开发利用率已达到38%，接近国际公认的40%的红线，汉江中下游河道水文情势和水生态环境发生了显著变化，并带来了诸多不利影响，而且还有继续加剧的趋势，主要表现在：汉江中下游地区水资源、水生态、水环境问题多发，超出预期；汉江干流水华频发，呈现频次增加、范围扩大、程度加重、时间加长的趋势。沿线区域生产、生活用水也不同程度受到影响。

根据国家和湖北省汉江生态经济带建设的总体部署，针对汉江近些年出现的新情况、新变化及经济社会发展现状和趋势，统筹生产、生活及生态用水需求，在充分挖掘节水潜力和提升现有工程体系能力的基础上，重点考虑“引江济汉”“鄂北水资源配置”工程，梯级水利和航电枢纽工程的影响，系统地开展汉江中下游水资源优化配置及水量水质联合调控的应用基础研究。该研究不仅有助于解决国家和地区水资源优化配置、汉江生态经济带建设等国家和湖北省的重大战略需求问题，实施汉江流域最严格的水资源管理制度，从而保障变化条件下经济社会可持续发展，而且有助于提升我国水文水资源和生态环境学科的水平和国际影响力，具有重大的理论价值和现实应用意义。

本书的第1章简要介绍了汉江中下游流域概况、水利（航电）枢纽工程、主要湖泊水库及水资源、主要闸站及排污口，以及存在的突出问题；第2章为汉江中下游水量水质监测分析；第3章开展汉江水文情势变化和水生态环境综合评价；第4章分析汉江中下游水华暴发成因分析及预测预警；第5章预测分析汉江中下游地区未来水资源量和需求量；第6章开展汉江中下游地区水资源的公平配置研究；第7章考虑生态需水的丹江口水库多目标优化调度；第8章为汉江中下游规划设计的主要水利工程等。本书另附中国工程科技战略发展湖北研究院《院士智库专刊》报送湖北省委省政府的7份咨询建议：关于开展《湖北省水生态文明建设评价》的建议，关于谋划和推动《引江补汉工程》的建议，引江补汉工程在湖北省水安全保障中的战略地位研究——关于引江补汉工程保障湖北省用水需求的建议，关于开展《湖北省县（市、区）“幸福河”考核评价》的建议，关于《汉江流域水安全战略研究》的建议，关于加快江汉平原水生态环境改善的建议、关于提升武汉市饮用水质量的建议。其中多份咨询建议稿得到省委书记、省长和分管省领导的批示，在汉江治理有关决策中采纳应用。希望本书的出版能起到抛砖引玉的作用，进一步推动汉江中下游水资源—水环境—水生态综合研究和应用。

全书主要由郭生练负责撰写和统稿，武汉大学水资源工程与调度全国重点实验室的田晶、王何予、李千珣、邓乐乐参与了部分研究和编写工作。湖北省水利水电规划勘测设计院常景坤高工负责第1章和第8章的编写，长江水利委员会水文局汉江局林云发教高、王文静、连雷雷高工负责第2章的编写。本书是在综述国内外研究文献资料的基础上，经过反复酝酿而写成的，其中一些章节融入了著者近年的主要研究成果。

本书是在国家自然科学基金地区联合基金项目《汉江中下游水资源优化配置与水量水质联合调控，批准号：U20A20317》资助下完成的。长江水利委员会水文局原局长王俊教授等专家学者对本书进行了评审，提出了许多宝贵的意见和建议。另外，中国水利水电出版社王晓惠同志对此书的出版付出了大量的心血，在此一并感谢。

由于水平有限，编写时间仓促，书中必然有些缺陷和不妥之处，有些问题有待进一步深入研究探讨；在引用文献时，也可能存在挂一漏万的问题，希望读者和有关专家批评指出，请将意见反馈给编著者，以便今后改正。

著者

2024年1月于武汉珞珈山

目　录

绪　论

1.1 研究背景和意义

汉江地处我国中原腹地，是长江中游左岸最大的支流，发源于秦岭南麓。干流流经陕西、湖北两省，于武汉市龙王庙汇入长江，干流全长1577km，全流域面积15.9万km^2。汉江流域处于东亚副热带季风区，冬季受欧亚大陆冷高压影响，夏季受西太平洋副热带高压影响，其气候季节性变化显著。汉江流域内多年平均气温为12～16℃，年降水量在800～1300mm之间，总体呈从东南、西南到西北递减的趋势。汉江径流深的变化较大，在300～900mm之间，径流年内分配不均，主要集中在5—10月。汉江流域20%、50%、75%和95%来水频率下的地表水资源量分别为704.05亿m^3、533.44亿m^3、418.71亿m^3和285.02亿m^3。流域多年平均地下水资源量为161.53亿m^3，约占长江流域地下水资源量的6%。汉江中下游地区供水主要以地表水供水为主，多年平均地表供水量占比达97%以上，地下水供水比例较小。用水量结构中，农田灌溉用水量和工业用水量所占比重最大，多年平均用水量分别占总用水量的66.2%和25.9%，其次是生活用水和生态环境用水。

汉江在湖北省境内河长868km，流域面积6.23万km^2，约占全省面积的1/3。江汉平原既是鱼米之乡，种植业和养殖业发达，又是湖北省重要的化工、建材、水电基地和汽车制造业走廊，是湖北经济社会发展的精华所在地，同时汉江干流又是湖北省的航运大通道和沿江两岸人民生产、生活的重要水源地，在湖北省乃至全国经济社会发展中具有重要的地位和作用。丹江口水库是治理汉江的控制性工程和南水北调中线工程水源地，具有防洪、供水、发电等综合利用效益。

全球气候变暖不仅改变了水文循环速率和径流形成过程，还会造成全球许多地区的极端降水强度显著增加[1]。历史观测数据显示，近一个世纪以来全球平均地表温度升高了(0.74±0.18)℃[2]。汉江流域干流梯级水库、引调水工程等的强人类活动影响，改变了天然河流的水文节律，打破了原有的水文资料系列的一致性[3]。从径流的年内、年际变化来看，水库对径流调节的总体作用为：削减汛期洪峰流量、增大枯水期和中水期的平均流量，延长中水期持续时间，最终趋向于减小了径流过程的波动。此外，水库的调节还会影响洪水过程的变化。水库建设前洪峰尖瘦、历时短的大洪水，在经历水库调节后会变得峰型肥胖、历时长，一些小的洪水过程甚至可能会消失[4]。径流变化会影响河流生态系统的完整性，以及河流及其洪泛区的连续性[5]。不同河流径流变化的生态影响取决于该河流水文要素相对于河流自然状态下的变化程度，并且相同的人类活动在不同的地点，也会带来不同的生态影响[6]。径流条件的变化影响了生物栖息地的物理特征，进而间接改变水生和湿地生态系统的组成结构和功能。其中，水文条件的年内变化对诸多水生物、湿地及溴水生物的生命循环有重要的影响[7]；而水文条件的年际变化对这些生物的数量起着重要的作用，影响生物的繁衍和自然分布[8]。

随着汉江流域经济社会的迅速发展，人类活动对水资源量及其分布的影响愈加显著，极大程度上改变了流域水文特征和河流水文情势。水利工程修建运行改变了流域水资源在时空尺度上的分配过程，社会各行业（工业、生活、农业等）用水增加加剧了人类对地表水和地下水资源的开采利用，调水工程使得给水区下游的流量大幅度减少，导致河流在枯水季节水华频发、水污染严重、水生态空间萎缩、生物多样性受损等，对生态环境造成了较大的影响[9]。随着南水北调中线一期工程，引江济汉工程、部分闸站改扩建、局部航道整治和兴隆水利枢纽等汉江中下游干流梯级开发四项治理工程，引汉济渭工程和鄂北地区水资源配置工程的实施，汉江流域水资源系统及时空分布呈现出明显的动态演化特点，该流域的自然水循环与社会水循环关系发生了深刻变化。同时，由于经济社会的快速发展，汉江中下游地区水资源开发利用矛盾日益突出，面临着水旱灾害频发、水资源短缺、水生态损害、水环境污染等几个方面的新老水问题[10]。

汉江流域日益严重的水资源问题已引起国家和政府的高度关注，先后出台了一系列水资源管理和保护政策。2011 年 12 月，汉江流域被水利部列为加快实施最严格水资源管理制度的试点流域（水资源函〔2011〕934 号文件）；2012 年，国务院发布《关于实行最严格水资源管理制度的意见》，确立水资源开发利用控制、用水效率控制和水功能区限制纳污“三条红线”；2016 年 7 月，《汉江流域水量分配方案》获水利部正式批复（水资源函〔2016〕262 号文件）；2018 年 10 月，《汉江生态经济带发展规划》获国务院正式批复（国函〔2018〕127 号文件），标志着汉江生态经济带以生态文明建设为主线，水生态、水资源保护被提到了核心地位。2021 年 3 月，《中华人民共和国长江保护法》的施行对长江流域生态环境的保护与修复、资源高效利用、水污染防治、保障监督等方面均作出法律要求。2022 年 6 月，中国共产党湖北省第十二次党代会明确了建设全国构建新发展格局先行区，统筹发展和安全，以流域综合治理为基础，守住安全底线，包括水安全底线、水环境安全底线、耕地保护红线、生态保护红线等，将全省划分为长江、汉江、清江三个一级流域，以及 16 个二级流域片区，按照“底图单元”进行综合治理和统筹发展。

因此，根据国家和湖北省汉江生态经济带建设的总体部署，针对汉江近些年出现的新情况、新变化及经济社会发展现状和趋势，统筹生产、生活及生态用水需求，在充分挖掘节水潜力和提升现有工程体系能力的基础上，重点考虑引江济汉工程、鄂北地区水资源配置工程、兴隆水利枢纽等已建工程的影响，系统地开展汉江中下游水资源优化配置及水质水量联合调控的应用基础研究。该研究不仅有助于解决国家和地区水资源优化配置工程、汉江生态经济带建设等国家和湖北省的重大战略需求问题，实施汉江流域最严格的水资源管理制度，从而保障变化条件下经济社会可持续发展，同时有助于提升我国水文水资源和生态环境学科的水平和国际影响力，具有重大的理论价值和现实应用意义。

1.2 汉江中下游流域概况

1.2.1 自然地理

汉江丹江口水库以下为中下游流域，河长 652km，流域面积 6.38 万 km^2，除支流唐白河、小清河有 2.2 万 km^2 位于河南省境内外，其余全部位于湖北省境内，流域面积 4.18 万 km^2。汉江中下游流域地形由山地、丘陵逐步过渡到江汉平原，干流流经十堰、襄阳、荆门、天门、潜江、仙桃、孝感、武汉等地市。其中丹江口至钟祥为中游，河长 270km，占汉江总长的 17%，流域面积 4.68 万 km^2，其中湖北境内流域面积 2.48 万 km^2，河段流经丘陵及河谷盆地。钟祥以下为下游，河长 382km，占汉江总长的 24%，流域面积 1.7 万 km^2，全部位于湖北省境内。河段流经江汉平原，河床比降小，平均比降为 0.06‰，河道弯曲，洲滩较多，两岸受堤防约束，河道逐渐缩窄，河道安全泄量自上而下逐渐减小，在潜江的泽口处有东荆河分流。东荆河上起潜江龙头拐，下至武汉市汉南区三合垸入长江，全长 173km。图 1.1 为汉江中下游流域水系图。

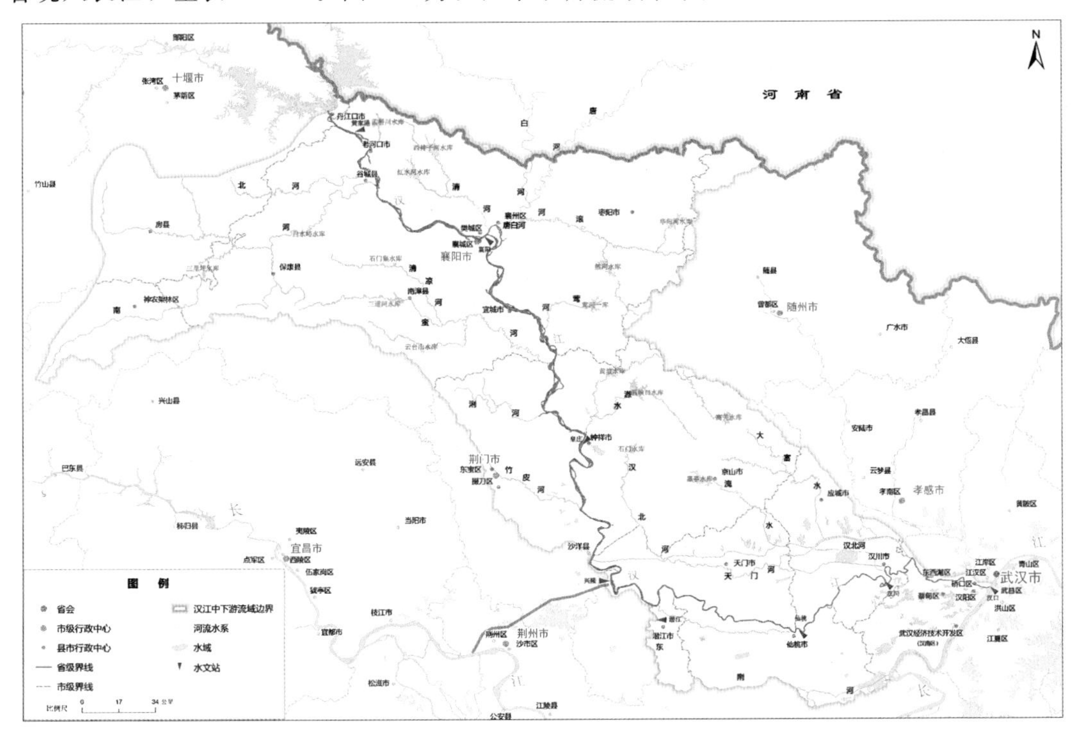

图 1.1 汉江中下游流域水系图

汉江中下游流域水系发育，呈叶脉状，支流一般短小，左右岸支流不平衡，流域面积大于1000km² 的一级支流共有8条，其中集水面积在1万km² 以上的有唐白河，集水面积在0.5万～1万km² 之间的有南河、汉北河。汉江中下游流域主要支流（1000km² 以上）统计见表1.1。

表1.1　汉江中下游流域主要支流（1000km² 以上）统计

序号	河流名称	岸别	流域面积/km²	多年平均流量/(m³/s)	河长/km	所属地区
1	南河	右	6481	93.4	253.0	湖北
2	北河	右	1194	17.4	103.0	湖北
3	小清河	左	1960	12.9	116.0	河南、湖北
4	唐白河	左	24500	182.0	352.3	河南、湖北
5	蛮河	右	3276	46.2	184.0	湖北
6	溦水	左	1597	13.3	94.4	湖北
7	汉北河	左	6299		237.6	湖北
8	浰河	右	1143		84.1	湖北

1.2.2　水文气象

汉江中下游流域属东亚副热带季风气候区，冬季受欧亚大陆冷高压影响，夏季受西太平洋副热带高压影响，气候具有明显的季节性，冬有严寒夏有酷热，是南北气候分界的过渡地带。流域多年平均年降水量700～1100mm，降水年内分配不均匀，5—10月降水量占全年的70%～80%，7—9月降水量占年降水量的40%～60%。流域内多年平均气温12～16℃，年水面蒸发在700～1500mm之间。

汉江流域洪水由暴雨形成，峰高量大，并具有较明显的前后期洪水特点。前期夏季洪水发生在6—7月以前，往往是全流域范围，如1935年洪水，丹江口坝址和碾盘山站洪峰流量分别为50000m³/s和57800m³/s。后期秋季洪水，一般来自上游地区，多为连续洪峰，历时长，洪峰大，如1983年10月洪水，丹江口坝址洪峰流量为34300m³/s。

1.2.3　社会经济

汉江中下游流域涉及湖北省10个地市的30个县（市、区），是湖北省生产要素最为集中、最具经济活力的地区之一，是湖北省的精华所在地。流域发展关系国家中部地区崛起战略、汉江生态经济带发展和全省“一主引领、两翼驱动、全域协同”区域发展布局等战略的实施，在全省经济社会发展中具有重要地位和作用。

流域内土地肥沃，耕地集中，是我国主要的商品粮基地之一，是闻名中外的“鱼米之乡”。拥有门类较齐全的工业体系，是湖北省磷化工、盐化工、石油化工基地和重要的水电工业基地。近年来，汽车、机械、建材、电子、轻纺、食品等工业发展日益壮大，已打造成湖北省汽车工业走廊、装备制造业和纺织服装生产基地、商品农业基地。

2021 年，中下游流域常住人口 1360 万人，其中城镇人口 831 万人，城镇化率 61.1%；耕地面积 1774 万亩，有效灌溉面积 1199 万亩；地区生产总值（当年价）13609 亿元，工业增加值（当年价）5650 亿元。总人口、耕地、国内生产总值、工业增加值分别占全省的 23.3%、34.05%、27.2%和 35.3%。

1.3 汉江中下游水利（航电）枢纽工程

1958 年 2 月，国家批准兴建丹江口水利枢纽工程，1968 年工程蓄水发电。丹江口水库是综合治理开发汉江的第一期工程，从此汉江中下游流域开始了大规模的水利水电和航运枢纽工程建设。

进入 21 世纪，举世瞩目的南水北调中线一期工程开工建设，为汉江干流水资源综合开发利用带来了历史性机遇。至 2014 年年底，丹江口水库大坝加高工程、兴隆水利枢纽、引江济汉工程、沿江闸站改造和部分航道整治等各项工程已全部建成投运，有力带动了流域经济社会发展。

根据汉江流域综合规划，汉江中下游干流规划有丹江口—王甫洲—新集—崔家营—雅口—碾盘山—兴隆共 7 个梯级，目前所有梯级均已建成投运。表 1.2 列出汉江中下游梯级水利航电枢纽工程特征值，图 1.2 绘出汉江中下游梯级水利航电枢纽工程示意图。

表 1.2　汉江中下游梯级水利航电枢纽工程特征值

梯级名称	丹江口	王甫洲	新集	崔家营	雅口	碾盘山	兴隆
建设地点	丹江口市	老河口市	襄州区	襄城区	宜城市	钟祥市	潜江市、天门市
距河口距离/km	652	621	562	515	446	390	274
控制流域面积/km^2	95217	95886	103165	130624	133087	140340	144200
多年平均流量/(m^3/s)	1230	819	893	1080	1100	1550	1569
正常蓄水位/m	170.0	88.0	78.0	64.5	57.0	52.5	38.0
调节库容/亿 m^3	190.500	0.280	0.234	0.400	0.400	0.830	
调节性能	多年	日	日	日	日	日	
装机容量/MW	900	109	120	90	75	180	40
年发电量/(亿 kW·h)	33.780	5.810	4.970	3.900	3.520	6.160	2.250
工程任务	防洪、供水、发电、航运	发电、航运	发电、航运	发电、航运	发电、航运	发电、航运、灌溉、供水	灌溉、航运、发电

图 1.2　汉江中下游梯级水利航电枢纽工程示意图

1.3.1　丹江口水利枢纽工程

丹江口水利枢纽工程（图 1.3）位于湖北省汉江干流与支流丹江汇合点下游 500m 处，距河口 652km，控制流域面积 95217km^2，由河床混凝土坝、两岸土石坝、坝后式电站厂房、升船机和引水渠首等建筑物组成。枢纽 1958 年 9 月开工，1973 年建成初期规模，坝顶高程 162m，正常蓄水位 157m，初期工程任务为防洪、发电、引水、灌溉、航运和养殖等。

图 1.3　丹江口水利枢纽工程

2005年，丹江口大坝加高工程开工，2013年8月，通过蓄水验收，正式具备蓄水条件。丹江口水库大坝加高至177.6m后，其综合利用功能为：防洪、供水、发电及航运等。水库正常蓄水位170m（相应库容290.5亿m^3），死水位150m，极限死水位145m（相应库容100亿m^3），调节库容98.2亿（夏季）～190.5亿m^3（汛后），具多年调节性能，汛限水位160（夏汛）～163.5m（秋汛），预留防洪库容110亿（夏汛）～81.2亿m^3（秋汛），其设计洪水标准为1000年一遇，校核洪水标准为10000年一遇加大20%。电站装机容量900MW，多年平均年发电量33.78亿kW·h（考虑引汉济渭工程实施后）。

1.3.2 王甫洲水利枢纽工程

王甫洲水利枢纽工程（图1.4）位于湖北省老河口市下游3km，由23孔泄水闸、非常溢洪道、土石坝、船闸、重力坝、电站厂房及围堤式土石坝等组成。工程任务主要是发电和航运。水库正常蓄水位88m，相应库容1.495亿m^3，校核洪水位89.3m，总库容3.095亿m^3。电站为低水头径流式电站，装有4台灯泡贯流式机组，总装机容量109MW，年发电量5.81亿kW·h，主要供电湖北省襄阳市。水库可为2万亩灌区提供自流引水条件。现状可通过300t级船队。王甫洲水利枢纽于1994年12月开工建设，2000年4月竣工。

图1.4 王甫洲水利枢纽工程

1.3.3 新集水利水电枢纽工程

新集水利水电枢纽工程（图1.5）位于湖北省襄阳市，由泄水闸、两岸土石坝、船闸、电站厂房等建筑物组成。工程任务主要是发电和航运。水库正常蓄水位78.0m，相应库容3.172亿m^3，校核洪水位79.58m，总库容4.46亿m^3，死水位77.7m，死库容2.938亿m^3，调节库容 0.234 亿 m^3。电站装机容量 120MW，年发电量 4.97 亿 kW·h。库区航道里程 38km，航道等级为Ⅳ级。工程于 2020 年 12 月正式开工建设，2023 年 9 月枢纽工程达到正常蓄水条件并完成下闸蓄水，首台机组正式并网发电，预计 2024 年 6 月全部完工。

图 1.5 新集水利水电枢纽工程

1.3.4 崔家营航电枢纽工程

崔家营航电枢纽工程（图 1.6）位于湖北省襄阳市钱家营附近，由船闸、电厂、泄水闸及土坝组成。工程任务主要是发电和航运。水库正常蓄水位 64.5m，死水位 64m，总库容 2.45 亿 m^3，调节库容 0.4 亿 m^3，调节性能为日调节。坝顶长度 1347.2m。主体建筑物包括：1000t 级船闸 1 座，设计年单向通过能力为 768 万 t；电站总装机容量 6×15MW，设计多年平均年发电量 3.9 亿 kW·h。2010 年 8 月 26 日 6 台机组全部实现发电并网，全面建成投入使用。

图 1.6 崔家营航电枢纽工程

1.3.5 雅口航电枢纽工程

雅口航电枢纽工程（图 1.7）位于湖北省宜城市雅口镇，由船闸、电站厂房、泄水闸及土石坝等组成，工程任务主要是航运、发电。水库坝址集水面积 13.3087 万 km^2，正常蓄水位 57m，死水位 56.5m，总库容 3.54 亿 m^3，调节库容 0.4 亿 m^3，调节性能为日调节。电站装机容量 75MW，多年平均发电量 3.52 亿 kW·h。水位与上游梯级相衔接，渠化航道 56km，改善汉江两岸灌溉面积 8 万亩。2023 年 6 月 29 日，雅口航电枢纽 6 台机组全部投产发电，枢纽主体工程全部完工。

图 1.7 雅口航电枢纽工程

1.3.6 碾盘山水利水电枢纽工程

碾盘山水利水电枢纽工程（图 1.8）位于湖北省荆门市钟祥市境内，上距雅口航运枢纽 58km，下距钟祥市区 10km，距汉江河口 390km。坝址控制流域面积 14.034 万 km^2，工程多年平均天然径流年入库水量为 491 亿 m^3，平均流量为 $1550m^3/s$。工程任务以发电、航运为主，兼顾灌溉、供水，并为南水北调中线引江济汉工程良性运行创造条件。碾盘山枢纽为Ⅱ等大（2）型工程，枢纽从左至右依次布置左岸连接土坝、泄水闸、电站厂房、连接混凝土重力坝及船闸等，轴线总长 1200m。水库正常蓄水位 52.5m，死水位 52.0m，总库容 8.77 亿 m^3，调节库容 0.83 亿 m^3，为日调节性能。电站装机容量 180MW，年平均发电量 6.16 亿 kW·h。航道标准为Ⅲ级，船闸设计标准 1000t 级，设计客、货运量为 790 万 t/a。工程设计灌溉面积 46.29 万亩，城乡年供水量 1.0 亿 m^3。2018 年 8 月，工程开工建设。2023 年 6 月，首台机组正式投产发电。枢纽进入初期运行阶段，初期运行水位 46.0m（黄海高程）。

图 1.8 碾盘山水利水电枢纽工程

1.3.7 兴隆水利枢纽工程

兴隆水利枢纽工程（图 1.9）位于湖北省天门市与潜江市分界河段兴隆闸下游，由泄水闸（56 孔）、电站厂房（4 台装机）、船闸、鱼道和两岸滩地过流段及其交通桥等建筑组成，轴线全长 2830m，工程任务主要是改善两岸灌区的引水条件和汉江通航条件，兼顾发电。水库正常蓄水位 38m，总库容 4.85 亿 m^3，规划灌溉面积 327.6 万亩，过船吨位 1000t，电站装机 40MW，年发电量 2.25 亿 kW·h。兴隆水利枢纽船闸于 2013 年 4 月正式通航。

图 1.9 兴隆水利枢纽工程

1.4 汉江中下游流域主要湖泊、水库和水资源

1.4.1 湖泊

汉江中下游湖泊主要集中在下游平原湖区，以武汉、孝感、天门、潜江、仙桃等地市居多，共有湖泊总数 142 个，水面总面积 243.2km²，湖泊数量占全省的 18.8%，水面面积占全省的 9.0%。大于 10km² 的湖泊主要有汈汊湖、东西汊湖、龙赛湖、南湖（钟祥）、西湖（汉川市、蔡甸区）、五湖（仙桃）等[11]。

1.4.2 水库

为开发利用水资源和抵御洪水，中华人民共和国成立以来，湖北省汉江中下游流域已建成数量众多以灌溉、供水和防洪为主的大中小型水库。其中，大型水库 16 座（不含汉江干流），集水面积 8401km²，总库容 36.4 亿 m³，兴利库容 19.45 亿 m³；中型水库 83 座，集水面积 17665km²，总库容 22.23 亿 m³，兴利库容 12.75 亿 m³；小（1）型水库 290 座，集水面积 2573km²，总库容 9.35 亿 m³，兴利库容 5.7 亿 m³；小（2）型水库 1072 座，集水面积 3045km²，总库容 3.79 亿 m³，兴利库容 2.43 亿 m³。

1.4.3 水资源量

汉江流域 1956—2016 年多年平均水资源总量为 564 亿 m³，约占长江流域的 5.8%，地表水资源量为 544 亿 m³。其中湖北省汉江流域多年平均地表水资源量为 213.49 亿 m³，地下水资源量为 87.43 亿 m³，地下水与地表水不重复量 6.63 亿 m³，多年平均水资源总量为 220.12 亿 m³。

汉江中下游流域多年平均地表水资源量为 135.66 亿 m³，地下与地表水资源不重复量为 6.63 亿 m³，多年平均水资源总量为 142.29 亿 m³。表 1.3 列出湖北省汉江流域水资源量。

表 1.3　湖北省汉江流域水资源量

水资源二级区	水资源三级区	多年平均地表水资源量/亿 m³	地下与地表水资源不重复量/亿 m³	多年平均水资源总量/亿 m³
汉江	丹江口以上	77.83	0.00	77.83
	丹江口以下干流	126.57	5.84	132.41
	唐白河	9.09	0.79	9.88
湖北省汉江流域		213.49	6.63	220.12
湖北省汉江中下游流域		135.66	6.63	142.29

1.4.4 水资源可利用量

汉江流域的水资源开发利用以地表水为主，且地表水与地下水的不重复量仅占水资源

总量的3.2%，汉江流域的水资源可利用量，是在考虑河道内生态环境需水量和难以控制利用的汛期洪水量的基础上，确定地表水可利用量。

1. 河道内生态环境需水量

河道内生态环境需水量采用《全国水资源综合规划》提出的水文学方法来计算确定，全年河道内生态环境需水量为183.1亿m^3。

2. 难以控制利用的汛期洪水量

难以控制利用的汛期洪水量是指在可预见的时期内，不能被工程措施控制利用的汛期洪水量，该水量是根据流域最下游控制节点以上总的调蓄能力和水量耗用程度综合分析计算而得。将流域控制站汛期的天然径流量减去流域能够调蓄和耗用的最大水量，剩余的水量即为汛期难以控制利用下泄洪水量。其中汛期能够调蓄和耗用的最大量为汛期用水消耗量、水库蓄水量和可调外流域水量合计的最大值，需根据流域远期需水预测成果或供水预测调算的可供水量，扣除其重复利用的部分，折算成一次性供水量来确定。经计算，汛期多年平均下泄洪水量为141亿m^3。

汉江流域地表水资源量（544亿m^3）扣除全年河道内生态环境需水量（183.1亿m^3）及难以控制利用的汛期洪水量（141亿m^3）后，可供河道外使用水的一次性最大水量（即地表水资源可利用量）为219.9亿m^3，地表水资源可利用率为40.4%。

1.4.5 水量分配方案

综合考虑水资源管理要求，在水利部批复的《汉江流域水量分配方案》基础上进一步开展湖北省汉江流域的水量分配。2030水平年，湖北省汉江流域河道外地表水多年平均分配水量为117.34亿m^3（含长江调入水量37.22亿m^3、沮漳河调入水量2.11亿m^3）。表1.4为湖北省汉江流域水量分配方案成果。

表1.4　湖北省汉江流域水量分配方案成果

地级行政区	分配水量/亿m^3		
	多年平均	P=75%	P=95%
十堰市	12.52	13.65	11.32
神农架林区	0.42	0.45	0.38
襄阳市	37.55	40.92	33.94
随州市	0.30	0.32	0.27
荆门市	19.67	21.43	17.78
孝感市	15.30	16.68	13.83
仙桃市	12.02	13.10	10.87
潜江市	2.00	2.18	1.81
天门市	11.82	12.88	10.68
武汉市	5.74	6.25	5.18
合计	117.34	127.86	106.06

1.5 汉江中下游干流主要涵闸、泵站及排污口

1.5.1 涵闸、泵站

汉江中下游干流两岸已建涵闸、泵站众多，多数涵闸、泵站都具有引水和排水双重功能，为发展农业灌溉发挥了巨大作用。已建成直接从汉江干流取水的大中小型涵闸34座，设计引水流量660.57m^3/s，较大的涵闸主要有罗汉寺闸、兴隆一闸、兴隆二闸、谢湾闸、泽口闸等，形成了天门引汉、兴隆、谢湾、泽口等15个大中型灌区；已建成直接从汉江干流提水的大中小型泵站258座，设计提水流量702.48m^3/s，较大的泵站主要有襄阳电厂、汉川电厂取水泵站、汉川二站、排湖泵站、徐鸳口泵站、大沙泵站等。表1.5汇总了汉江中下游干流主要引提水工程数量与设计流量。

表1.5　汉江中下游干流主要引提水工程数量与设计流量

区域	泵站		涵闸		区域	泵站		涵闸	
	座数	设计流量/(m^3/s)	座数	设计流量/(m^3/s)		座数	设计流量/(m^3/s)	座数	设计流量/(m^3/s)
丹江口	8	0.84	—	—	天门市	10	13.22	4	161.94
老河口	21	21.32	—	—	潜江市	3	3.80	3	108.00
谷城县	26	8.06	—	—	仙桃市	10	147.12	5	182.93
襄州区	26	6.36	—	—	汉川市	7	187.50	15	124.40
襄阳城区	22	163.20	—	—	蔡甸区	15	19.23	1	1.00
宜城市	37	24.66	—	—	东西湖区	9	17.04	—	—
钟祥市	35	28.56	2	50.00	武汉城区	4	25.22	—	—
应城市	1	2.30	—	—	孝感城区	1	2.66	—	—
沙洋县	23	31.39	4	32.30	合计	258	702.48	34	660.57

1.5.2 排污口

汉江、东荆河干流共有排污口44个，其中市政生活排污口22个、工业排污口9个、混合排污口13个。汉江干流入河排污口分布情况见表1.6。

表1.6　汉江干流入河排污口分布情况

地市	数量	不同类型排污口数量		
		市政生活	工业	混合
十堰市	9	8	—	1
襄阳市	15	4	4	7
荆门市	3	3	—	—

续表

地市	数量	不同类型排污口数量		
		市政生活	工业	混合
潜江市	2	—	2	—
仙桃市	1	1	—	—
天门市	2	1	1	—
孝感市	4	—	2	2
武汉市	8	5	—	3
合计	44	22	9	13

1.5.3 排污量

自南水北调中线一期工程通水以来，湖北省高度重视汉江中下游地区水污染防治，持续投入大量资金，并取得一定成效。“十三五”期间，十堰、襄阳、荆门、天门、潜江、仙桃等汉江沿线城市共实施4247个减排项目，化学需氧量、氨氮分别累计减排40359t和4370t，平均减排比例达到16%和14%，超额完成国家下达的任务。

汉江中下游现状污染物排放入河量，以湖北省第二次全国污染源普查结果为基础，对汉江中下游工业企业、城镇生活污染、农村生活污染、农业种植、规模化畜禽养殖场、分散式畜禽养殖、水产养殖等污染源化学需氧量、氨氮、总氮（total nitrogen，TN）、总磷（total phosphorous，TP）等主要污染物产排量及其受纳水体（或排放去向）进行调查研究。根据污染源位置、排污渠道性质、污染源类型及本地自然条件等因素，确定各排污口污染物的具体入河系数和入河量。

1. 入河系数

（1）点源入河系数。

1）根据全国水环境容量核定的有关资料和《汉江中下游流域污水综合排放标准研究》报告，按照企业的排污去向（即受纳水体），直接排入汉江的企业，入河系数取1.0。受纳水体为其他河流的企业，以企业排放口和城市污水处理厂排放口到入河排污口的距离L远近，确定入河系数。参考值见表1.7。

表1.7 入河排污口的距离与入河系数参考值

距离L/km	$L\leqslant 1$	$1<L\leqslant 10$	$10<L\leqslant 20$	$20<L\leqslant 40$	$L>40$
入河系数	1.0	0.9	0.8	0.7	0.6

2）废水量入河系数一般取0.9～0.95。

3）规模化畜禽养殖污染源的入河系数的选取要依据其排放方式的不同。如果是通过排污口进入纳污水体，则其具有点源的排放特征，入河系数较大，取0.15。若不经过排污口，而是通过蒸发、低渗等作用间接地进入纳污水体，则具有面源的排放特征，入河系数取0.1。

（2）非点源入河系数。非点源即面源污染源，具有排放量大但入河量小的特征，综合考虑文献中相关污染源入河系数及经验值，确定农村生活污水、农业种植业、规模以下养殖、水产养殖水污染物入河系数分别取0.15、0.3、0.15、0.3。

2. 汉江中下游干流污染物入河量

汉江中下游干流化学需氧量入河总量约为11.95万t、氨氮入河总量约为0.79万t、总氮入河总量约为2.10万t、总磷入河总量约为0.20万t。

东荆河化学需氧量入河总量为8961.15t、氨氮入河总量为401.11t、总氮入河总量为1148.15t、总磷入河总量为155.31t。表1.8统计汉江中下游各河段主要污染物入河量，表1.9统计各类型污染源主要污染物入河量。

表1.8　汉江中下游各河段主要污染物入河量

河段名称	主要污染物入河量/t			
	化学需氧量	氨氮	总氮	总磷
汉江蔡甸区段	6611.46	422.99	1254.85	41.37
汉江丹江口市段	2788.92	198.41	457.66	53.73
汉江东西湖区段	5419.41	355.60	938.92	25.66
汉江樊城区段	3639.44	209.62	437.83	55.71
汉江谷城县段	3984.85	264.19	585.44	72.62
汉江汉川市段	8620.80	407.42	1233.60	141.57
汉江汉南区段	2024.01	115.09	326.38	13.59
汉江汉阳区段	2283.04	154.36	474.18	12.65
汉江京山市段	2640.66	186.43	638.49	68.13
汉江老河口市段	3842.13	245.26	580.25	70.16
汉江潜江市段	7542.13	584.51	1302.65	143.93
汉江硚口区段	4980.92	349.74	883.85	21.25
汉江沙洋县段	4662.06	347.28	1208.46	125.82
汉江天门市段	9529.00	812.47	1619.02	179.18
汉江仙桃市段	10360.12	534.88	1558.98	126.89
汉江襄城区段	2545.53	168.15	402.56	41.84
汉江襄州区段	18911.42	1207.57	3029.49	385.99
汉江宜城市段	11709.23	795.39	2092.06	224.17
汉江钟祥市段	7376.15	576.69	1985.39	208.25
合计	119471.28	7936.05	21010.06	2012.51

表1.9　各类型污染源主要污染物入河量

污染源	主要污染物入河量/t			
	化学需氧量	氨氮	总氮	总磷
工业污染	4594.18	248.74	1374.09	47.97
城镇生活污染	65934.56	6098.24	10689.28	862.46

续表

污染源	主要污染物入河量/t			
	化学需氧量	氨氮	总氮	总磷
农村生活污染	9860.02	559.46	1109.45	103.29
种植业污染	—	610.15	5847.66	685.40
规模化畜禽养殖污染	10679.66	179.33	678.53	161.03
规模以下畜禽养殖污染	14899.73	76.63	793.77	124.96
水产养殖污染	13503.13	163.50	517.28	27.40
总计	119471.28	7936.05	21010.06	2012.51

1.6 汉江中下游存在的主要问题

汉江流域是国家战略水资源保障区、南水北调中线工程的核心水源区。截至2023年10月，丹江口水库已累计向北方输水逾600亿m^3。汉江流域生态地位特殊，发展地位重要，历届省委、省政府高度重视汉江的治水工作。经长期建设发展，汉江流域治理成效显著，但对标新时期“三新一高”要求、党中央建设汉江生态经济带的重要部署以及中国共产党湖北省第十二届党代会精神，汉江中下游流域在水灾害、水资源、水环境、水生态等方面仍存在一些突出问题，汉江流域综合治理有待进一步深化[12]。

1.6.1 重点区域防洪排涝能力有待提高

（1）堤防建设仍有短板。汉江干流仍有252km堤防（含东荆河）未进行系统达标整治，雅口、碾盘山库区135km堤防防渗无法满足长期蓄水运用要求，荆门大柴湖45.4km围堤防洪能力不足，难以满足大柴湖省级重点区域发展要求。中小河流大部分现状防洪标准为10年一遇或不足10年一遇，治理任务较重。

（2）病险水库隐患仍未完全消除。现有10座大型、20座中型、404座小型水库存在病险问题。

（3）崩岸险情超常态。丹江口水库水位消落幅度增加到20m，加之受风浪冲击影响，水库滨带岸坡岩土体被浸泡侵蚀，出现碎裂、崩解、散体而不断剥离或脱落，加剧岸坡崩塌发展，崩岸范围和深度有逐渐扩大趋势。汉江中下游长期清水下泄、低流量高水头运行，局部河段冲刷加剧，崩岸等险情时有发生。据统计，2022年汛前，汉江崩岸24处，总长9km，给堤防安全带来较大隐患。

（4）蓄滞洪区建设滞后。除杜家台分蓄洪区建设工程正在实施外，邓家湖垸、小江湖垸等汉江及主要支流蓄滞洪区未开展达标建设，启用困难。此外，襄西垸、皇庄垸、大柴湖垸淹没涉及城区，人口众多，分洪困难。

（5）重点区域排涝能力有待提高。汉江中下游总体排涝标准偏低，重点易涝区排涝工程未全面达标建设，城市现状排涝能力为10～20年一遇，亟待进一步提高。

1.6.2 水资源供需矛盾日益突出

(1) 丹江口水库大坝以上来水持续减少。南水北调中线规划采用的1956—1998年系列丹江口水库天然入库水量为388亿m^3,而1956—2018年系列丹江口水库天然入库水量为374亿m^3。20余年来,受气候变化及人类活动等影响,丹江口水库以上汉江来水有减少趋势,其中1999—2018年丹江口入库水量仅345亿m^3,较中线规划入库水量下降11%。1999—2002年较枯的4年,年平均来水量仅260亿m^3。

(2) 流域外用水增加,影响汉江中下游供水。随着我国经济快速发展,城镇化进程加快,南水北调中线一期工程的外部条件较原规划发生了较大变化。陕西省实施了引汉济渭工程,规划调水15亿m^3;京津冀协同发展战略、设立雄安新区等,流域外用水不断增加。加上原南水北调中线向北方24座大中城市供水,由规划的辅助水源逐渐变为主水源,且已基本成为事实,对中线供水的稳定性和保障程度提出了更高的要求,势必会影响向汉江中下游供水。

(3) 汉江中下游枯水期用水量大幅增加,下泄水量不能满足用水需要。20多年来,湖北省汉江中下游产业结构调整,虾稻连作面积增加了约280万亩、鱼稻连作面积增加了约40万亩,流域内用水也呈增加趋势;同时,用水过程也较中线规划发生较大变化,主要表现在枯水期工业、生活、虾稻共作、水产养殖、城市河湖和分流河道生态等用水量大幅增加,原中线规划确定的下泄流量过程已不能满足汉江中下游用水需要,迫切需要增加枯水季节的下泄流量。

(4) 汉江中下游优先用水权未得到充分保障。根据《南水北调中线工程规划》,“在满足汉江中下游干流供水区和清泉沟用水的前提下,向北方调水”,汉江中下游用水是优先保障的。规划要求丹江口水库一般最小下泄流量为490m^3/s(保证率为95%以上),在极特殊情况下最小下泄流量为400m^3/s。但在中线一期工程实际运行调度过程中,丹江口水库在枯水年份和枯水期需向汉江中下游下泄的水量得不到保障。2015—2017年,汉江中下游遭遇连续枯水期,丹江口下泄流量低于490m^3/s的天数比例分别达到29%、69%和31%,其中最小下泄流量只有331m^3/s(2015年12月20日),给汉江中下游用水造成严重影响。

(5) 汉江流域水资源开发利用率已超出阈值。2019年以来,丹江口水库年均北调水量已经达到或超过90亿m^3,加上湖北省汉江中下游供水区总用水量约100亿m^3,流域水资源开发利用率近50%,远超国际公认的水资源开发利用率上限40%。随着经济社会发展,汉江中下游地区用水量将不断增加,供需矛盾更加突出,对流域内人民群众饮水安全和经济社会发展造成较大影响。

(6) 中下游部分地区干旱缺水问题仍未得到解决。鄂北岗地、鄂中丘陵为全省有名的“旱包子”,易发重度中度干旱,同时又是湖北省粮食主产区,随着城镇化和工业化进程加快,用水需求不断增加,缺水缺口进一步加大,供需矛盾将更为突出。

1.6.3 河床河势变化加剧影响供水安全

1. 河床下切超预期

汉江洪水期水量减少,水沙关系发生变化,汉江兴隆以下河段河床下切明显,在流量

$500m^3/s$ 时，兴隆水利枢纽坝下游水位已经下降 3.0m，泽口闸前 $600m^3/s$ 流量对应水位已下降 0.73m（2020 年较 2015 年）。河床下切导致兴隆水利枢纽下游引航道在枯水期水深不够，沿江闸站引水能力大幅下降，有的甚至无法取水。受长江荆江河段河道冲刷下切、水位下降超预期影响（已超过原预测运行 40 年下降值），引江济汉工程进水口常出现引水困难情况，影响向汉江中下游进行补水。

2. 东荆河分流锐减

汉江兴隆水利枢纽以下泽口河段河床下切导致东荆河河口分流困难，东荆河年内长时间断流给下游居民用水和沿线农业灌溉造成严重影响。

1.6.4 水生态系统修复任务艰巨

1. 生态环境需水考虑不足

受当时认识水平的限制，原中线规划对水生态环境的要求不高，国家尚未提出山水林田湖草沙系统治理的理念，考虑河道内生态用水时，仅考虑了汉江中下游干流兴隆以下河段水华防控所需水量，并未考虑其他环境需水量、生态调度需水量等，对汉北河、天门河、东荆河、兴隆河等分流河道生态用水考虑不足，东荆河、通顺河年断流天数在 100～200d，枯期生态水量不足，承载能力低，水环境恶化，主要支流大部分水质为Ⅲ～Ⅳ类，汉北河、天门河、竹皮河、通顺河水质常年为Ⅳ～劣Ⅴ类。支流水功能区达标率仅 50%左右，影响城乡供水，天门市、应城市、孝感市、云梦县均不得已建设了远距离的汉江城市供水工程，仍有农村安全饮水水源问题没有解决。

2. 汉江部分江段水生态系统退化，鱼类资源大幅减少

汉江中下游流量降低导致局部湿地破坏、生物多样性降低、生态功能减弱、土地沙化、生态系统退化等问题。汉江流域原是我国淡水鱼类产卵繁育的重要水域，随着丹江口水库建设及汉江中下游的梯级开发，对流域鱼类产卵场所产生了较大影响，产漂流性鱼类产卵场逐渐减少。汉江中下游原有王甫洲、茨河、襄阳、宜城、钟祥、马良，以及支流唐河、白河的郭滩和埠口等 8 处产漂流性卵鱼类产卵场，2014 年南水北调中线一期工程通水后，兴隆以上四大家鱼产卵场基本消失，目前仅存宜城、钟祥、沙洋（马良）3 个产漂流性卵鱼类产卵场，鱼类资源种群数量减少 25%，鱼类产漂流性鱼卵数量减少了约 83%。同时，丹江口水库低温水下泄对汉江中下游鱼类繁殖和生长也造成显著影响。

1.6.5 水环境保护压力大

1. 汉江中下游干流水环境容量减小，水质与规划目标仍有差距

中线一期调水减少丹江口至兴隆河段来水量 23%～28%，多年平均下泄流量减少约 $300m^3/s$，水体高锰酸盐指数、氨氮等污染物浓度上升，水环境承载力减弱。根据原国家环保总局批复的《南水北调中线一期工程环境影响评价复核报告书》（2006 年），在现状条件下，即汉江下游仅建成王甫洲水利枢纽（2000 年建成）情况下，调水后汉江干流化学需氧量的水环境容量由 45.40 万 t/a 减少到 33.59 万 t/a，损失 26.0%；氨氮的水环境容量由 9.656 万 t/a 减少到 6.895 万 t/a，损失 27.7%；总磷的水环境容量由 1.482 万 t/a 减少到 1.086 万 t/a，损失 26.7%。按照《南水北调中线工程规划》，汉江中下游干流要

达到Ⅲ级（1000t级）航道要求，必须实施梯级渠化。梯级渠化后水动力条件变差，水环境容量将进一步降低。根据生态环境部门水质监测数据，现状汉江干流余家湖、皇庄等部分断面在部分时段水质为Ⅲ类，与汉江生态经济带发展规划要求的全部稳定达到Ⅱ类的目标仍有一定差距。引江补汉工程实施后，总磷浓度相对高的长江水进入汉江，水质保持Ⅱ类标准难度将进一步加大。

2. 汉江中下游水华发生频次增加、范围扩大、程度加重、时间加长

中线一期调水后，汉江中下游来水减少，水体污染物浓度上升，加上梯级渠化，库区水体水动力条件变差，自净能力减弱，河道生态环境脆弱，是水华频繁发生的主要原因。汉江中下游干流自1992年春季水华首次大规模暴发以来，硅藻水华共暴发18次，基本为2年1次；2015—2021年以来共发生5次，暴发频次越来越高；水华影响范围从第一次潜江以下240km江段，2018年几乎全部下游江段，2018年8月已有蓝藻水华出现在崔家营库区，水华波及范围不断扩大；水华持续时间从最初的3～5d发展到12～18d，最长2018年持续了39d，持续时间越来越长。因水华绝大多数发生在每年1—2月前后，严重影响居民正常的生产生活，关系社会和谐稳定。远期，引江补汉工程实施后，长江水引入汉江后，预测将使荆门河段、仙桃河段藻密度峰值分别升高18%、14%，明显增加发生水华的概率。

1.6.6 局部航道条件恶化

（1）航行条件差的枯水历时显著增长。航道的出浅频率及碍航程度加剧，导致船舶减载运输成为常态，沿线原有港区通过能力明显降低。

（2）来水不均衡影响航道稳定。近两年曾出现下泄流量日变幅从1400m^3/s陡降至600m^3/s的情况，航道水位变幅达1m以上，水位陡涨陡落对船舶安全航行影响较大。

（3）兴隆水利枢纽通航不畅。由于下游水位下降超预期，为保证兴隆水利枢纽上下游安全运行水位差不超过设计值7.15m，不得不降低上游水位运行，导致枯水期安全通航水深不满足千吨级航道要求，船闸通航保证率降低。兴隆水利枢纽自2018年起出现船闸通航不畅问题，2022年8月已基本断航，最高导致120艘船舶滞停兴隆库区。

参 考 文 献

[1] YIN J B, GENTINE P, ZHOU S, et al. Large increase in global storm runoff extremes driven by climate and anthropogenic changes [J]. Nature Communications, 2018, 9 (1): 1-21.

[2] BATE B C, KUNDZEWICZ Z W, WU S, et al. Climate change and water [R]. Geneva: Technical Paper of the Intergovernmental Panel on Climate Change, IPCC Secretariat, 2008.

[3] 郭生练，田晶，段唯鑫，等. 汉江流域水文模拟预报与水库水资源优化调度配置 [M]. 北京：中国水利水电出版社，2020.

[4] 尹家波，郭生练，王俊，等. 全球极端降水的热力学驱动机理及生态水文效应 [J]. 中国科学：地球科学，2023，53（1）：96-114.

[5] 李千珣，郭生练，邓乐乐，等. 清江最小和适宜生态流量的计算与评价 [J]. 水文，2021，41（2）：14-19.

[6] 刘春蓁，占车生，夏军，等. 关于气候变化与人类活动对径流影响研究的评述 [J]. 水利学报，

2014，45 (4)：379 - 385.

[7] 王何予，郭生练，田晶，等. 一种新的水文情势改变度综合估算法 [J]. 南水北调与水利科技(中英文)，2023，21 (3)：447 - 456，479.

[8] 王何予，田晶，郭生练，等. 考虑水文改变生态指标的丹江口水库多目标优化调度 [J]. 南水北调与水利科技 (中英文)，2022，20 (6)：1041 - 1051.

[9] 田晶，郭生练，王俊，等. 汉江中下游干流水华生消关键因子识别及阈值分析 [J]. 水资源保护，2022，38 (5)：196 - 203.

[10] 王俊，郭生练. 南水北调中线工程水源区汉江水文水资源分析关键技术研究与应用 [M]. 北京：中国水利水电出版社，2010.

[11] 《湖北省湖泊志》编纂委员会. 湖北省湖泊志 [M]. 武汉：湖北科学技术出版社，2015.

[12] 李瑞清，等. 江汉平原河湖生态治理技术 [M]. 北京：中国水利水电出版社，2022.

汉江中下游水量水质监测分析

2.1 水文水质监测站网

汉江流域水文记录始于1929年，但仅限于干流少数水文站，这些测站除抗日战争时期和中华人民共和国成立前夕部分时期停测外，其余各年均有连续记载。目前汉江干流、支流水文（水位）站有180多个，雨量站有760多个。其中，汉江中下游干流主要水文站有黄家港、襄阳、皇庄（碾盘山）、沙洋（新城）、兴隆和仙桃，支流主要水文站有北河、谷城、郭滩、新店铺、潜江等，干流主要水位站有宜城、泽口、岳口、汉川等。汉江中下游干流和支流主要水文（水位）站基本情况分别见表2.1和表2.2，站网分布如图2.1所示。

表2.1　汉江中下游干流主要水文（水位）站基本情况

站名	站别	设站时间	集水面积/km^2	距坝距离/km
丹江口	坝址	—	95200	0.0
王家营	水位	1952年11月	95200	0.9
黄家港	水文	1953年8月	95217	6.2
老河口	水位	1936年7月	95886	27.6
庙岗	水位	1980年5月	102555	71.0
襄阳	水文	1929年5月	103261	109.3
余家湖	水文	1984年12月	130624	125.9
宜城	水位	1929年5月	132610	158.9
转斗湾	水位	1958年7月	136791	196.2
皇庄	水文	1932年6月	142056	240.2
沙洋*	水文	1929年5月	144219	323.5
兴隆	水文	2014年1月	144456	378.3
泽口	水位	1933年1月	144535	381.2
岳口	水位	1929年9月	144557	413.4

续表

站名	站别	设站时间	集水面积/km^2	距坝距离/km
仙桃	水文	1932年3月	144683	464.7
汉川	水位	1936年2月	145696	543.0
汉江河口		—	159000	616.9

* 沙洋站2014年改为水位站。

表2.2　　汉江中下游支流主要水文（水位）站基本情况

河名	测站	站别	设站时间	集水面积/km^2
北河	北河	水文	2003年1月	1160
南河	谷城	水文	1936年7月	5781
唐河	郭滩	水文	1956年5月	6877
白河	新店铺	水文	1953年5月	10958
东荆河	潜江	水文	1933年5月	—

图2.1　汉江中游干流主要水文（水位）站分布

2.1.1 主要水文站简介

1. 黄家港水文站

黄家港水文站位于湖北省丹江口市新港，为丹江口水库坝下游重要控制站，距离丹江口大坝6.2km，集水面积95217km^2。1953年8月25日，长江水利委员会（以下简称“长江委”）襄阳水文分站为沈家湾站上迁做准备，设立了黄家港流量站；1955年1月1日，沈家湾站撤销，黄家港流量站正式更名为黄家港水文站，地址位于原沈家湾水文站上游约3000m处；1965年1月，由于水尺迁移，黄家港水文站上迁950m，由右岸迁至左岸，并更名为黄家港（二）站；1981年1月，黄家港（二）站停测流量，只在800m^3/s以下校测，同年2月，停测流量，规定在20000m^3/s以上时测验，同年3月，改变悬沙测验，只在大坝泄洪时测验；1993年1月，恢复流量测验并观测至今。

2. 襄阳水文站

襄阳水文站建于1929年，位于湖北省襄阳市，是汉江中游干流控制站，国家重要水文站，集水面积103261km^2，承担着向国家防汛抗旱总指挥部（以下简称“国家防总”）、长江防汛抗旱总指挥部（以下简称“长江防总”）和湖北省防汛抗旱指挥部（以下简称“湖北防指”）及地方政府的报汛任务，为长江中下游防汛抗旱减灾服务。襄阳水文站位于湖北省襄阳市襄城区小北门，距离丹江口大坝109.3km。

该站于1929年5月1日，前湖北省水利局设立了襄阳水文站，流量段在长门码头，水尺在官厅码头。该站是控制南河入汇后，唐白河入汇前，汉江干流水情、沙情的基本站，为汉江中下游防汛预报和汉江中下游河道冲刷研究提供资料。1932年12月，领导关系转至前汉江工程局。襄阳水文站于1938年11月停测，1939年6月复测后，襄阳水文站变为水位站，之后于1943年1月中断测验，又于1943年6月复站。到了1947年3月，又重新恢复为襄阳水文站，并增测流量、含沙量；1948年6月，停测流量、含沙量，变为水位站。襄阳水位站于1949年1月停测；1949年6月，襄阳水位站复站；1950年1月，增测流量、含沙量，变为水文站，1953年6月，襄阳水文站迁移流量段；1960年7月，停测流量、含沙量，该站改为水位站；1973年6月，又恢复流量、含沙量测验，重新恢复为水文站。2009年10月下旬，由于下游崔家营航电枢纽下闸蓄水，测验受到影响，随后调整测验项目，停测泥沙及相关项目至今。

3. 余家湖水文站

余家湖水文站位于襄阳市襄城区余家湖，距离丹江口大坝125.9km，距离上游崔家营航电枢纽1.9km，集水面积130624km^2。余家湖水文站的前身为余家湖水位站，于1984年12月设立，2010年1月更改为水文站。该站测验断面左岸为边滩，右岸为陡坡，主槽靠右，宽约630m，流量大于13000m^3/s时，左岸边滩低洼串沟过水，并随着下泄流量加大出现漫滩情况。基本水尺断面上游1890m处建有崔家营航电枢纽，2009年10月建成并蓄水发电。

唐白河位于该站上游16km处，属汉江支流，由唐河、白河两条主要分支组成。白河与唐河在湖北省襄阳市襄州区龚家咀汇合后称唐白河，到东津镇张家湾汇入汉江。因唐白河上游多花岗片麻岩，久经风化，岗丘坡面十分破碎，加上植被不良，土壤易遭侵蚀，河流的干支流进入平原后，河曲发达，砂砾很多，水流含沙量很大，是本站高水时期含沙量的主要来源。

4. 皇庄水文站

皇庄水文站为汉江中下游干流重点控制站，集水面积 142056km^2，距离丹江口大坝 240.2km，建于 1932 年 6 月（始名为钟祥水文站），1933 年增测流量、含沙量，1936 年水文断面上迁 18km 至碾盘山，更名为碾盘山水文站，1973 年 4 月水文断面复迁至皇庄至今。该站测验河段为沙质河床，右岸上游 22km 处有利河汇入，左岸 3km 处有直河汇入。测验河段顺直长度 4000m 左右，上下游各有一大弯道，形成 S 形。河段两岸均有沙滩，右岸滩宽约 600m，左岸滩宽 40m。水位 48.50m 时滩地全漫，主泓偏左。

5. 沙洋水文站

沙洋水文站位于湖北省沙洋县，为汉江中下游干流重点控制站，集水面积 144219km^2，距离河口约 293.4km。该水文站于 1929 年 5 月设立，1930—1950 年中断观测数次。1950 年 7 月重新设立，流量断面位于下游 6km 的新城，1953 年改为新城水文站。1980 年 1 月上迁沙洋，水尺位于 1955 年断面上约 70m 处，改为沙洋（三）站，1983 年 1 月又上迁 100m。2014 年因下游建成兴隆水利枢纽，改为水位站，仅保留水位观测项目。

该站测验河段顺直，两岸为堤防，测流断面左岸为石砌堤坡，在下游 400m 处，左为罗汉寺引水闸，最大设计流量为 120m^3/s，右岸为滩地，滩宽约 900m 至干堤，滩上约 10m 为民堤，约 500m 为围堤。右岸测流断面上游约 500m 为沙洋镇，断面上游约 600m 有公路桥一座（1985 年 7 月 1 日通车）。测验河段主槽偏左，水位在 35m 以下，右岸出现沙洲，宽约 200m。水位 38m 以上主泓逐渐移向河心，流速横向分布较均匀。

6. 兴隆水文站

兴隆水文站始建于 2014 年，由原沙洋水文站下迁而成，位于湖北省潜江市王场镇，是收集汉江中下游干流的水沙资料的基本水文站。测验断面上游约 24km、21km 分别有兴隆水利枢纽和引江济汉工程（右岸）入汇口，下游右岸约 5km 有东荆河分流。测验项目有水位、水温、流量、悬移质输沙率、悬移质颗粒分析、床沙、降水量。

7. 仙桃水文站

仙桃水文站距汉江河口约 157km，集水面积 144683km^2，为汉江下游在东荆河分流后的水情基本控制站。仙桃站于 1932 年 3 月设立，1947 年 12 月停测，1951 年 1 月改名为仙桃水位站，1954 年 7 月增加流量、含沙量测验项目，更名为仙桃水文站。1955 年 1 月上迁 1.3km 至小石村，改名为小石村水文站，1968 年 1 月停测流量和含沙量，1971 年 4 月恢复流量和含沙量测验。1972 年 1 月断面下迁 1.4km 至仙桃，更名为仙桃（二）水文站，观测至今。

8. 谷城水文站

谷城水文站始建于1936年7月，位于南河河口9km处湖北省谷城县城关镇。初期只进行水位观测，1936年增加流量和降水量测验，1938年测验中断，到1950年1月全面恢复测验。本站集水面积5781km²。主要观测项目有水位、流量、降水量。1937年实测到最高水位90.59m，1958年实测到最大流量为8240m³/s。通过长期的观测，收集了长系列的水文基本资料，为流域的水资源开发利用、汉江中下游防汛发挥了重要作用。

9. 北河水文站

北河水文站设立于2003年1月，位于湖北省谷城县北河镇境内，距河口约8km，是汉江支流北河的基本控制站和国家重要报汛站，为国家二类基本水文站。北河水文站主要观测项目有水位、流量、降水量等，主要测验设备为变频控制电动缆道，水位、降水量均实行自动测报。

北河发源于房县军店南进沟，与谷城水文站所处的南河基本平行，由西向东流入汉江。两河间距最大约20km，最小约2km。

10. 新店铺水文站

新店铺水文站建于1953年，位于河南省新野县新甸铺镇，是长江流域唐白河水系白河干流基本水情控制站，国家重要水文站。该站左岸为可耕滩地，宽约300m，其中有50m宽的柳林护坡，水位在82.5m时开始漫滩，右岸为土坎，在基本水尺断面上下游先后筑有挑水坝4座，因此，主流向左移动。河床为沙质组成，冲淤变化较大。新店铺水文站实测最高水位83.19m，最大流量5420m³/s，为下游防汛决策指挥、国民经济发展规划、水利水电开发工程建设提供了大量准确的水文资料；尤其是在“75·8”唐白河大洪水中发挥了重要的“耳目”和“尖兵”作用。

11. 郭滩水文站

郭滩水文站是汉江支流唐河的基本控制站，位于河南省唐河县郭滩镇，1956年5月设立。该站测验河段基本顺直，两岸有堤防，堤距约1000m。右为主流，左为滩地，水位在87m以上时漫滩，宽度可达800m。河床为细沙，有冲淤变化。上游约500m为急湾，下游600m有浅滩，2km、7km处分别有草河、涧河自左岸、右岸入汇，两河大水时，对该站有顶托影响。

12. 潜江水文站

潜江水文站是控制汉江分流入东荆河水情的基本站，于1933年5月在陶朱埠设立，1938年6月至1947年3月及1948年1月至1949年12月两次中断。中华人民共和国成立后于1950年1月恢复，迁基本水尺及测流断面于下游丁家埠，12月恢复陶朱埠水位观测。1953年，流量测验迁回陶朱埠，而基本水尺仍在丁家埠，两尺平行观测至1956年12月。1957年1月，丁家埠水尺撤销，只观测陶朱埠水尺。1980年1月，基本水尺及测流断面下迁3km至深河潭，改名为潜江水文站，陶朱埠断面保留为高水测验断面。

潜江水文站高水测验断面（陶朱埠）距东荆河分流入口处约3km，测验河段顺直上下达2km，主槽宽220m，高水漫滩后河宽近600m。中低水测验断面上下游均有弯道，顺直河段不长，只有300m，右岸滩地极宽达1500m，高水右岸漫滩后水流分散无法测量。

2.1.2 主要水位站简介

1. 王家营水位站

王家营水位站位于丹江口市坝下0.9km处，设立于1952年，是汉江中游基本水位站，于1979年下迁200m，2007年再次下迁240m，该站水位完全受水库调度、电站运行的控制，大坝开闸泄洪期间波浪较大，水位陡涨陡落。王家营水位站测验河段顺直，最大河宽约400m，无分流、串沟，左岸为混凝土护坡，右岸为滩地，滩地有白杨林，断面附近无水生植物生长。

2. 老河口水位站

老河口水位站位于湖北省老河口市线子街口，距离上游丹江口大坝27.6km，水位站设立于1936年7月，1995年2月在老河口水位站下游约2.4km处动工修建王甫洲水利工程，1999年正式蓄水，河段水流特性发生较大变化，王甫洲水利工程以上河段成为库区，低枯水时期库区尾水顶托可影响至黄家港水文站所在测验河段。

3. 庙岗水位站

庙岗水位站位于湖北省谷城县茨河镇庙岗村，距离丹江口大坝71.0km，该站于1980年5月设立。

4. 宜城水位站

宜城水位站位于湖北省宜城市龙头乡窑湾，距离丹江口大坝158.9km。该站于1929年5月设立，1930年1月停测，1931年3月恢复，1935年7月停测，1937年10月恢复观测，1966年3月上迁170m。测验河段顺直，水流紊乱，属沙质河床，冲淤变化频繁，主泓经常摆动。

5. 转斗湾水位站

转斗湾水位站位于湖北省钟祥市胡集镇关山村，距离丹江口大坝196.2km，该站于1958年7月设立。

6. 泽口水位站

泽口水位站位于湖北省潜江市泽口镇，距汉江河口约235.7km。该站于1933年1月设为水文站，1938年8月停测，1947年3月恢复，1947年12月停测，1949年12月改为岳口水文站，1951年1月恢复为泽口水位站，1983年1月下迁350m，观测至今。泽口水位站水尺位于汉江右岸，距东荆河口下游约1.5km，测验河段上游为弯道，下游较为顺直，水位高于38.5m时开始漫滩，右岸滩宽约300m，主槽河宽约400m，左岸滩宽约1000m，水尺下游100m有汉南引水闸，对本站水位很短时间内稍有影响。

7. 岳口水位站

岳口水位站位于湖北省天门市岳口镇邱家港码头（左岸），距汉江河口约203.5km。该站于1929年9月设立，1931年5月停测，1931年7月恢复，1938年10月停测，1946年6月恢复，1947年11月停测，1949年12月观测至今。该站测验河段顺直，河槽主流偏左，测验河段顺直，两岸为堤防，河床为泥沙组成，上下游均有弯道，水尺断面位于河道狭窄处之左岸，水尺处为石砌护坡，紧靠堤边无河滩，断面下游约400m以下河道逐渐开阔。

8. 汉川水位站

汉川水位站位于湖北省汉川市，于1936年2月设立。该站距离丹江口大坝543.0km，距河口73.9km，上游90km有杜家台分洪闸。

2.1.3 水质监测站网

长江委水文局在汉江中下游流域共设置水质断面18个，其中汉江干流7个、支流11个。各断面监测频次通常为每月一次，监测指标为《地表水环境质量标准》（GB 3838—2002）中24项基本项目。汉江中下游水质监测站网基础信息见表2.3，站网分布如图2.2所示。

表2.3　汉江中下游水质监测站网基础信息

序号	水质测站名称	水资源三级区	所在河流名称	设站时间	量质同步监测水文站名称
1	丹江口坝下	丹江口以下干流	汉江	1977年6月	黄家港（二）
2	襄阳白家湾	丹江口以下干流	汉江	1977年6月	白家湾
3	襄阳（临汉门）	丹江口以下干流	汉江	1977年6月	襄阳
4	余家湖	丹江口以下干流	汉江	1977年6月	余家湖
5	皇庄	丹江口以下干流	汉江	2004年2月	皇庄
6	兴隆（长江）	丹江口以下干流	汉江	2020年2月	兴隆
7	仙桃	丹江口以下干流	汉江	1987年6月	仙桃（二）
8	汉口（集）	丹江口以下干流	汉江	1983年6月	龙王庙
9	北河	丹江口以下干流	北河	2020年2月	北河
10	谷城（二）	丹江口以下干流	南河	2020年2月	谷城（二）
11	齐岗	丹江口以下干流	清河	2016年4月	—
12	襄阳小清河口	丹江口以下干流	清河	1977年6月	清河店
13	郭滩	唐白河	唐河	2005年4月	郭滩
14	新甸铺	唐白河	白河	2005年4月	新店铺（三）
15	邢川	唐白河	丑河	2020年2月	—
16	襄阳唐白河口	唐白河	唐白河	1977年6月	—
17	黄渠河镇	丹江口以下干流	黄渠河	2016年4月	—
18	界牌口（石步河）	丹江口以下干流	三夹河	2016年4月	—
19	潜江	丹江口以下干流	东荆河	2020年2月	潜江

注　仙桃站设有水质自动监测设备。

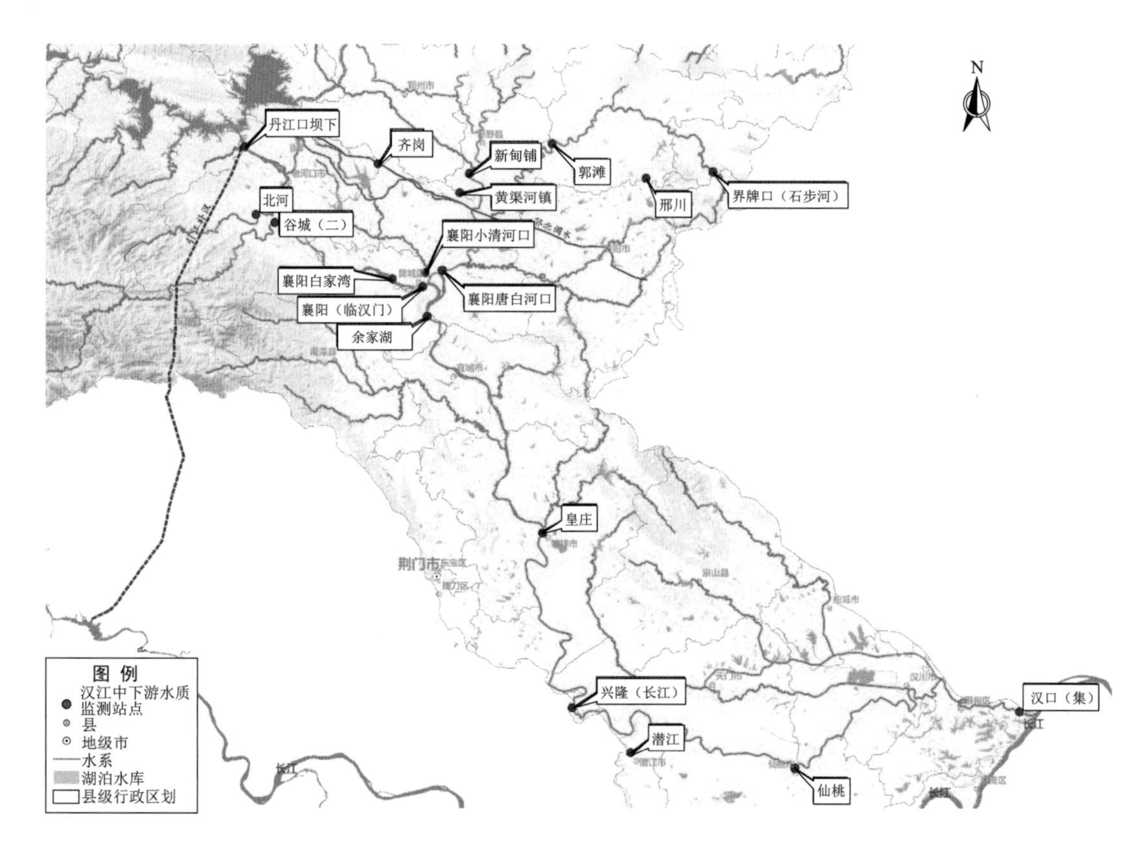

图 2.2 汉江中下游水质监测站网分布

2.2 水文监测分析

2.2.1 水位

丹江口建库前，汉江中下游水位暴涨暴落，峰型尖瘦，干流各站水位年最大变幅在7.52～13.96m之间，水位变幅大；且最低水位一般出现在3月，最高水位一般出现在7月。

丹江口水库建成蓄水后，由于水库调节影响，中下游枯季水位抬高，汛期水位则有所降低。水位变幅除汉川站因受长江顶托影响，变化不大外，仙桃以上各站水位变幅明显减小。各站多年水位特征值统计见表2.4。本节水位高程系均为冻结吴淞高程。

2.2.2 流量

由于丹江口水库以防洪为主，削峰调洪是它的主要特征和任务。建库前，中下游流量峰值大，全年水量分配极不均匀，7—9月的水量约占全年的55%。各站最大流量大多出现在7月，最小流量则出现在3月。汉江中下游各站多年流量特征值统计见表2.5。

表 2.4　汉江中下游各站多年水位特征值统计

河名	站名	时间	多年平均水位/m	历年最高		历年最低		最大年变幅		统计年份
				水位/m	日期	水位/m	日期	变幅/m	年份	
汉江	黄家港	建库前	90.10	96.05	1958年7月7日	88.32	1956年3月13日	7.52	1958	1954—1959
		滞洪期	89.19	96.45	1964年10月5日	87.18	1967年11月18日	8.79	1964	1960—1967
		蓄水期	88.83	96.14	1975年10月3日	86.90	1969年7月2日	8.18	1975	1968—2014
		南水北调运用后	88.94	94.37	2021年9月29日	88.21	2021年11月6日	6.16	2021	2015—2022
汉江	襄阳	建库前	62.78	71.60	1935年7月8日	60.45	1941年7月6日	9.52	1935	1930—1959*
		滞洪期	62.80	69.92	1964年10月6日	61.20	1960年6月12日	8.40	1960	1960—1967
		蓄水期	61.87	68.49	1975年8月9日	60.00	1999年12月20日	7.88	1983	1968—2012
		崔家营蓄水后	64.67	66.92	2011年9月16日	62.65	2010年1月24日	3.78	2010	2010—2014
		南水北调中线运用后	65.02	66.79	2017年10月5日	63.97	2018年6月18日	2.26	2017	2015—2022
汉江	余家湖	崔家营蓄水前	57.39	64.15	2005年10月4日	55.79	2000年5月15日	7.66	2003	1985—2009
		崔家营蓄水后	57.10	63.83	2011年9月16日	55.66	2011年5月21日	8.17	2011	2010—2014
		南水北调中线运用后	56.69	64.28	2017年10月5日	55.57	2018年10月21日	8.46	2017	2015—2022
汉江	碾盘山	建库前	44.38	51.22	1958年7月20日	42.48	1958年3月15日	8.74	1958	1950—1959
		滞洪期	44.34	52.06	1964年10月6日	42.24	1967年1月28日	9.15	1960	1960—1967
		蓄水后	44.43	48.79	1971年10月5日	42.34	1973年3月25日	5.83	1968	1968—1974
汉江	皇庄	蓄水后	42.00	50.62	1983年10月8日	39.36	2019年3月19日	9.23	1983	1974—2022
汉江	新城	建库前	34.65	43.62	1958年7月21日	31.59	1958年3月19日	12.03	1958	1952—1959
		滞洪期	34.78	43.97	1964年10月9日	31.96	1960年2月16日	10.75	1964	1960—1967
		蓄水后	35.04	43.44	1975年10月5日	32.25	1979年3月23日	8.38	1974	1968—1981
汉江	沙洋	蓄水后	35.68	44.50	1983年10月10日	32.43	2000年5月18日	10.15	1983	1980—2022
汉江	兴隆	蓄水后	30.47	40.37	2017年10月8日	28.32	2014年8月2日	11.43	2017	2014—2022

续表

河名	站名	时　间	多年平均水位/m	历年最高		历年最低		最大年变幅		统计年份
				水位/m	日期	水位/m	日期	变幅/m	年份	
汉江	泽口	建库前	31.66	42.00	1958年7月22日	28.53	1958年3月18日	13.47	1958	1952—1959
		滞洪期	31.55	42.38	1964年10月9日	28.79	1967年2月3日	13.25	1960	1960—1967
		蓄水后	31.16	42.33	1983年10月10日	28	2014年7月31日	12.11	1983	1968—2022
汉江	岳口	建库前	29.41	39.93	1958年7月22日	25.97	1958年3月19日	13.96	1958	1952—1959
		滞洪期	29.16	40.34	1964年10月9日	26.06	1967年2月1日	13.72	1960	1960—1967
		蓄水后	29.02	40.58	1983年10月10日	25.75	2014年8月2日	12.52	1983	1968—2022
汉江	小石村	建库前	26.06	35.74	1958年7月22日	22.61	1958年3月20日	13.13	1958	1956—1959
		滞洪期	26.12	35.89	1964年10月9日	22.73	1967年2月4日	12.59	1963	1960—1967
		蓄水后	26.21	35.27	1970年10月3日	23.34	1968年3月11日	11.64	1970	1968—1971
汉江	仙桃	建库前	26.31	35.56	1958年7月22日	22.46	1958年3月21日	13.10	1958	1952—1959
汉江	仙桃（二）	蓄水后	25.87	36.24	1984年9月30日	22.26	2014年4月11日	13.06	2011	1972—2022
汉江	汉川	建库前	22.46	30.84	1954年7月10日	17.06	1958年3月22日	13.62	1958	1952—1959
		滞洪期	21.81	31.16	1964年10月10日	16.85	1967年2月6日	13.41	1960	1960—1967
		蓄水后	21.74	32.09	1998年8月18日	17.16	1979年3月8日	13.89	1998	1968—2022
东荆河	潜江	建库前	31.69	41.83	1958年7月22日	29.68	1956年3月5日	11.56	1958	1950—1959
		滞洪期	31.58	42.27	1964年10月9日	29.56	1963年3月5日	12.45	1964	1961—1967
		蓄水后	30.39	42.09	1983年10月10日	27.57	2020年2月25日	12.62	1983	1968—2022
		滞洪期	83.27	86.87	1964年10月3日	82.77	1966年10月2日	3.88	1964	1960—1967
		蓄水后	82.66	89.72	1975年8月9日	81.85	2013年2月16日	6.80	1975	1968—2022

* 缺1939—1940年、1943年、1945年、1948—1949年数据。

表 2.5 汉江中下游各站多年流量特征值统计

河名	站名	时期	多年平均流量/(m³/s)	多年平均径流量/亿 m³	历年最大		历年最小		统计年份
					流量/(m³/s)	出现日期	流量/(m³/s)	日期	
汉江	黄家港	建库前	1310	413	27500	1958年7月7日	124	1958年3月12日	1954—1959
		滞洪期	1310	413	26500	1960年9月7日	44.2	1967年11月18日	1960—1967
		丹江口蓄水后	1073	338	20900	1975年10月3日	41	1969年7月2日	1968—2009
		崔家营蓄水后	1085	342	13000	2011年9月15日	323	2013年5月26日	2010—2014
		南水北调中线运用后	905	286	10800	2021年9月29日	321	2015年12月20日	2015—2022
汉江	襄阳	建库前	1380	435	52400	1935年7月7日	145	1958年3月12日	1933—1938、1947—1959
		丹江口蓄水后	1188	375	21200	1984年10月7日	220	1979年3月8日	1974—2009
		崔家营蓄水后	1159	366	13000	2011年9月16日	222	2014年7月9日	2010—2014
		南水北调中线运用后	987	311	11500	2021年8月30日	237	2015年12月26日	2015—2022
汉江	碾盘山	建库前	1690	533	29100	1958年7月19日	172	1958年3月15日	1951—1959
		滞洪期	1670	527	29100	1964年10月6日	180	1967年1月21日	1960—1967
		蓄水后	1390	438	11400	1970年9月30日	297	1968年3月8日	1968—1972
汉江	皇庄	蓄水后	1400	441	26100	1983年10月8日	189	2000年5月17日	1974—2022
汉江	新城	建库前	1690	533	18000	1958年7月20日	167	1958年3月19日	1951—1959
		滞洪期	1660	524	20300	1964年10月7日	188	1967年1月31日	1960—1967
		蓄水后	1370	433	19500	1975年10月5日	240	1979年1月29日	1968—1980
汉江	沙洋	蓄水后	1450	456	21600	1983年10月8日	260	1998年2月4日	1980—2013
汉江	兴隆	蓄水后	1210	381	13000	2017年10月7日	189	2014年8月2日	2014—2022
汉江	仙桃	建库前	1380	436	13000	1958年7月21日	180	1958年3月20日	1955—1959
		滞洪期	1430	452	14600	1964年10月9日	198	1967年2月4日	1960—1967
		蓄水后	1200	378	13800	1983年10月10日	165	2014年8月1日	1972—2022
东荆河	潜江	建库前	251	79.27	4640	1958年7月21日	0	1959年11月9日	1950—1959
		滞洪期	203	64.19	5060	1964年10月7日	0		1960—1967
		蓄水后	102	32.06	4910	1983年10月10日	−92.4	2016.7.16	1968—2022

丹江口水库蓄水运用以后，汉江中下游洪峰大大削减，流量过程变得较为均匀平缓，枯季流量增大，中水期延长，汉江中下游流量过程发生了显著变化。主要表现在：

1. 洪峰削减调平，年内分配趋于均匀

丹江口水库建库前，汉江来水流量年内分配极为不均，多年月平均流量最大值与最小值的比值为9.9～12。汉江水量主要集中在7—9月三个月。

丹江口水库蓄水运用后，由于水库的调蓄和削峰作用，洪峰被削减调平，年内流量分配较为均匀，多年月平均流量最大值与最小值的比为2.3～2.7，为建库前比值的26%。丹江口水库洪峰削减明显，如1974年9月汉江上游特大洪水，入库流量最高达27600m^3/s，经水库调蓄后，下泄最大流量仅3650m^3/s，削减23950m^3/s。

由于水库的调蓄作用，洪峰流量建库后明显削减，分别以黄家港站、皇庄站、沙洋站和仙桃站为例，黄家港站建库前（1954—1959年）最大流量平均值达18200m^3/s，6年间就有3年最大流量超过20000m^3/s，水库蓄水后，1968—2022年年最大流量均值为6280m^3/s，仅有9年最大流量值超过10000m^3/s；建库前，皇庄站年最大流量平均值为17900m^3/s，建库后则被削减为8440m^3/s。

建库前，沙洋站、仙桃站年平均最大流量分别为13100m^3/s、8680m^3/s，建库后则分别被削减为7630m^3/s、5820m^3/s。

2. 中水历时延长

以黄家港站为例，选择丰、中、枯水典型年进行统计，日平均流量为1000～3000m^3/s的中水流量，建库前出现该级流量的天数一般在60～80d之间，建库后则增加到140～300d，中水历时明显延长。建库前，皇庄站一年中流量在1000～2000m^3/s的天数约70d，建库后则达150～300d。

3. 枯水流量加大

以黄家港站为例，建库前枯季（11月至次年4月）平均流量为544m^3/s，而蓄水后为760m^3/s，枯水流量明显加大。

2.2.3 泥沙

汉江中下游各站悬移质泥沙特征统计见表2.6。丹江口水库建成前，中下游输沙量年内分布不均匀，输沙量主要集中在汛期7—9月三个月，占全年来沙总量的80%以上；枯水期12月至次年2月三个月输沙量不到全年总量的1%。

丹江口水库建库后，来沙过程得到了全面的调蓄控制，输沙情况有了很大的改变。主要表现为大量泥沙被拦在库内，坝下基本是清水下泄。经统计，建库前黄家港站、襄阳站、皇庄站、仙桃站多年平均含沙量分别为3.24kg/m^3、2.59kg/m^3、2.50kg/m^3和1.90kg/m^3，蓄水后则分别减小为0.019kg/m^3、0.100kg/m^3、0.270kg/m^3和0.464kg/m^3。

由于含沙量锐减，输沙总量相应减少。建库前，黄家港站、襄阳站、皇庄站、仙桃站多年平均输沙量分别为1.27亿t、1.13亿t、1.33亿t和0.831亿t，由此可见汉江中下游约有65%的泥沙被输入长江，其余则沿程沉积，使河道处于微堆积状态。建库后，水库基本下泄清水，中下游河道水流中的含沙量主要来自河床的冲刷、河岸的坍塌和支流来沙，各站输沙量分别减少至70万t、443万t、1160万t和1690万t，仅分别为建库前的0.55%、3.9%、8.7%和20.3%。

表 2.6 汉江中下游各站悬移质泥沙特征统计

河名	站名	时期	多年平均含沙量/(kg/m³)	历年最大		历年最小		多年平均输沙率/(kg/s)	多年平均输沙量/万t	历年最大		历年最小		统计年份
				含沙量/(kg/m³)	日期	含沙量/(kg/m³)	日期			年输沙量/万t	年份	年输沙量/万t	年份	
汉江	黄家港	建库前	3.24	31.1	1959年9月16日	0.013	1958年2月21日	4030	12700	29600	1958	3530	1959	1955—1959
		滞洪期	1.76	22.5	1963年8月18日	0.007	1967年11月14日	2300	7260	15000	1964	2420	1966	1960—1967
		蓄水后	0.019	1.32	1968年9月15日	0	—	22.7	70	609	1968	0.06	2016	1968—2022
汉江	襄阳	建库前	2.59	24.1	1959年9月18日	0	1951年10月3日	3570	11300	24200	1958	4260	1959	1950—1959
		蓄水后	0.100	10.4	1975年8月10日	0.001	1999年10月25日	140	443	2020	1975	26.7	1999	1974—2009
汉江	余家湖	蓄水后	0.032	1.54	2010年7月25日	0.002	2016年1月6日	57.2	183	740	2021	15	2016	2010—2022
汉江	碾盘山	建库前	2.50	16.9	1953年6月23日	0.028	1959年7月17日	4220	13300	24800	1958	3540	1959	1951—1959
		滞洪期	2.14	11.1	1965年7月11日	0.053	1960年2月29日	3570	11300	26300	1964	2230	1966	1960—1967
		蓄水后	0.768	5.97	1970年8月1日	0.038	1969年6月30日	1070	3370	6250	1968	1660	1969	1968—1972
汉江	皇庄	蓄水后	0.27	6.29	1975年8月10日	0.004	2014年2月1日	389	1160	5890	1975	72.1	1999	1974—2022
汉江	沙洋	蓄水后	0.304	4.1	1980年6月26日	0.007	2013年4月26日	440	1400	6100	1983	130	2013	1980—2013
汉江	兴隆	蓄水后	0.102	0.604	2017年10月1日	0.011	2017年12月23日	123	388	1100	2021	124	2016	2014—2022
汉江	仙桃	建库前	1.90	11.7	1958年7月6日	0.015	1955年12月13日	2630	8310	14300	1958	3260	1959	1955—1959
		滞洪期	1.66	9.95	1962年8月20日	0.014	1960年2月21日	2380	7500	15900	1964	1540	1966	1960—1967
		蓄水后	0.464	4.82	1973年5月2日	0.017	2019年7月19日	494	1690	6390	1983	172	2014	1972—2022
东荆河	潜江	建库前	2.35	15.6	1953年8月3日	0		590	1860	3000	1955	308	1959	1950—1959
		滞洪期	2.08	10.6	1960年9月6日	0		423	1330	3430	1964	72.8	1966	1960—1967
		蓄水后	0.526	9.38	1984年7月9日	0		48.2	129	970	1983	0.57	1999	1968—2022
		滞洪期	0.919	74.9	1961年4月4日	0.001	1961年1月25日	72.2	228	482	1963	70.7	1962	1960—1963

2.3 水质监测分析

2.3.1 总磷变化趋势分析

丹江口大坝加高工程于 2013 年 8 月通过蓄水验收，兴隆水利枢纽于 2013 年建成。以 2013 年为分割点，分别统计了 2008—2013 年和 2014—2022 年汉江中下游典型水质断面总磷浓度。

2.3.1.1 干流总磷浓度时空变化

1. 总磷浓度年均值变化趋势

空间分布上看，汉江中下游干流总磷浓度呈现从上往下“三段式”的增大趋势。丹江口坝上断面总磷浓度较低，多年平均浓度满足湖库Ⅱ类水质标准（湖库限值 0.025mg/L）。坝下第一段为丹江口—襄阳河段，总磷多年平均浓度为 0.023～0.029mg/L；第二段为余家湖—皇庄河段，总磷多年平均浓度为 0.047～0.053mg/L；第三段为仙桃—宗关河段，总磷多年平均浓度为 0.070～0.085mg/L；以上均满足河流Ⅱ类水质标准（河流限制 0.1mg/L）。汉江中下游干流总磷多年平均浓度见表 2.7，汉江中下游干流总磷浓度年际变化趋势如图 2.3 所示。

表 2.7 汉江中下游干流总磷多年平均浓度

统计时段	多年平均浓度/(mg/L)							
	丹江口坝上	丹江口坝下	白家湾	襄阳	余家湖	皇庄	仙桃	宗关
2008—2013 年	0.019	0.026	0.024	0.028	0.053	—	0.070	0.076
2014—2022 年	0.017	0.023	0.029	0.029	0.047	0.049	0.076	0.085
变化/%	−13.76	−8.62	22.35	3.45	−11.86	—	9.14	11.91

注 皇庄断面统计时间为 2019 年 1 月至 2022 年 10 月，其他断面统计时间均为 2008 年 1 月至 2022 年 10 月。

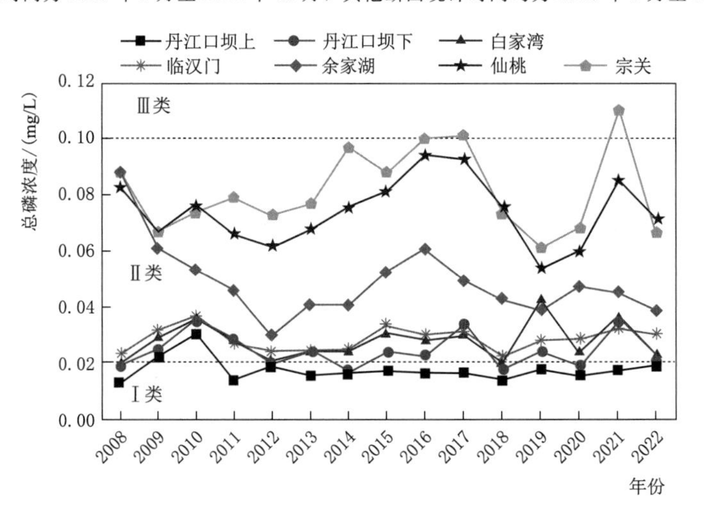

图 2.3 汉江中下游干流总磷浓度年际变化趋势
（虚线为河流标准限值）

时间分布上看，丹江口坝上、丹江口坝下和余家湖 3 个断面 2014—2022 年多年平均浓度要略低于 2008—2013 年，而白家湾、襄阳、仙桃和宗关 4 个断面的 2014—2022 年多年平均浓度要高于 2008—2013 年。前一组断面均在水利工程附近，丹江口坝上断面位于大坝上游约 0.4km，丹江口坝下断面位于大坝下游约 6km，余家湖断面位于崔家营坝下约 2km，总磷浓度减小可能是受水利工程调度影响，下泄水体的泥沙含量减少致使水体中颗粒态磷减少，导致总磷降低。后一组断面均位于城市河段，且附近有多条支流汇入，总磷浓度增加可能是受区域面源污染和支流汇入的影响。

总体来看，汉江中下游干流水质较好，2008—2022 年总磷多年平均浓度基本均满足Ⅱ类水质要求。

2. 总磷浓度月均值变化趋势

分别对 2008—2013 年和 2014—2022 年汉江中下游干流典型断面的多年平均逐月总磷浓度变化进行了统计，如图 2.4 所示。

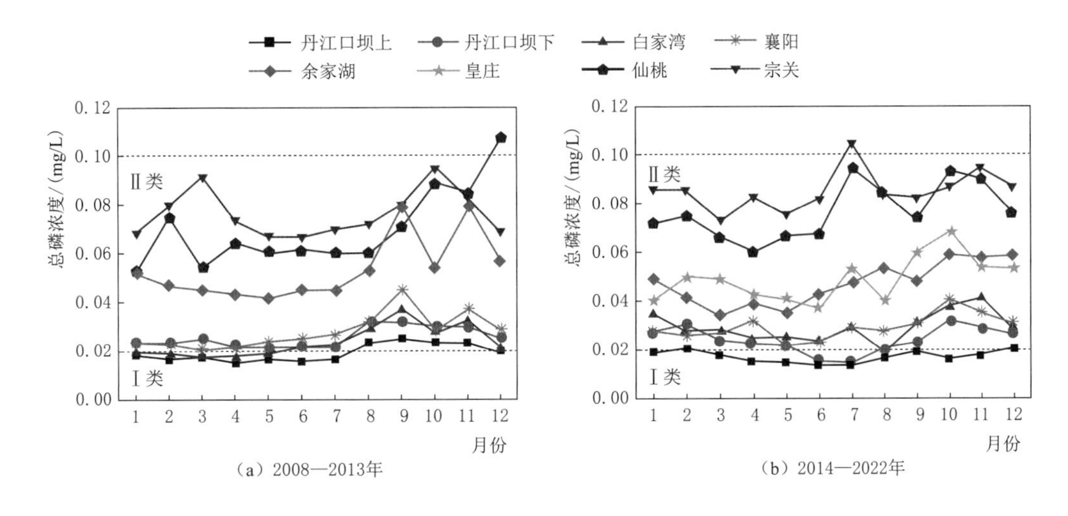

图 2.4 汉江中下游干流总磷浓度逐月浓度变化

2008—2013 年，丹江口坝上—余家湖断面总体呈现秋冬季总磷浓度大于春夏季，浓度变化上总体相对平缓，1—7 月浓度较为稳定，9—11 月出现明显峰值。仙桃和宗关断面 2008—2013 年总磷逐月浓度变化幅度相对较大，尤其秋冬季总磷浓度有明显波动，最大值分别出现在 12 月和 10 月，4—8 月浓度则相对稳定。

2014—2022 年各断面总磷逐月变化与 2008—2013 年相比，丹江口坝上—余家湖断面总体趋势基本一致，仙桃和宗关断面变化较明显，2013 年以前，浓度最大值出现在秋冬季，2013 年以后浓度最大值出现在夏季，即汛期浓度值较高，通常 7 月为最高。

3. 总磷通量时空变化

从空间分布来看，汉江中下游干流沿程流量变化总体趋势为襄阳<余家湖<皇庄，仙桃河段流量受兴隆水库调节影响较大；总磷浓度变化总体趋势为丹江口—襄阳河段<余家湖—皇庄河段<仙桃—宗关河段，汉江中下游干流总磷通量变化与浓度变化基本一致，呈

现从上游往下游逐渐增大的趋势。汉江中下游干流年平均流量变化趋势如图 2.5 所示，汉江中下游干流总磷通量年际变化趋势如图 2.6 所示。

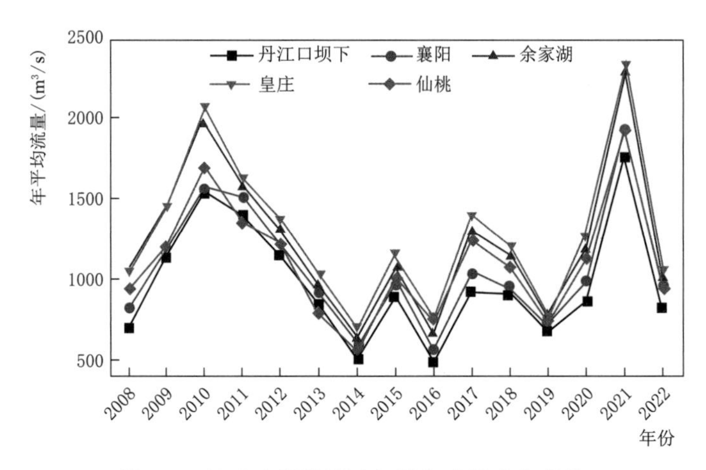

图 2.5 汉江中下游干流年平均流量变化趋势

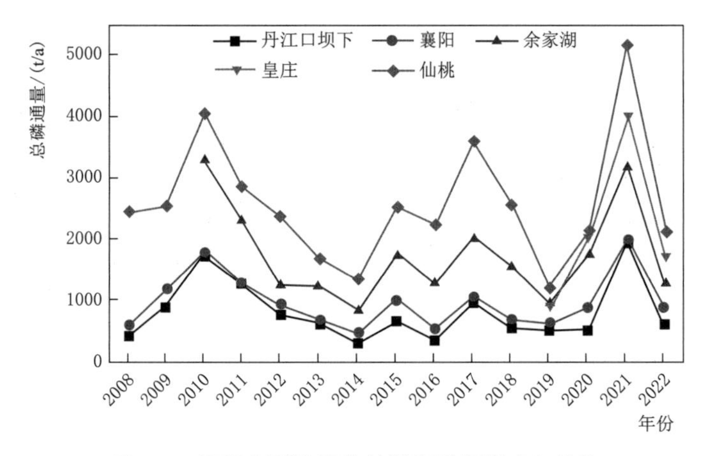

图 2.6 汉江中下游干流总磷通量年际变化趋势

从时间分布来看，总磷通量变化与浓度变化不同，汉江中下游典型断面 2014—2022 年总磷通量均小于 2008—2013 年。这主要是因为各断面的多年平均流量 2014—2022 年要小于 2008—2013 年，在总磷浓度较为稳定的情况下，汉江中下游干流营养盐通量中河道的流量贡献率较大。汉江中下游干流平均流量统计见表 2.8，汉江中下游干流总磷多年平均通量统计见表 2.9。

表 2.8　汉江中下游干流平均流量统计

统计时段	平均流量/(m^3/s)				
	丹江口坝下	襄阳	余家湖	皇庄	仙桃
2008—2013 年	1129	1204	1452	—	1203
2014—2022 年	863	962	1113	1352	1038
2008—2022 年	970	1059	1217	1352	1104

表 2.9　　汉江中下游干流总磷多年平均通量统计

统计时段	总磷多年平均通量/(t/a)				
	丹江口坝下	襄阳	余家湖	皇庄	仙桃
2008—2013 年	951.8	1084.3	2012.6	—	2655.5
2014—2022 年	703.9	900.3	1615.7	2180.9	2545.8
2008—2022 年	803.1	973.9	1737.8	2180.9	2589.7

注　皇庄断面统计时间为 2019 年 1 月至 2022 年 10 月，余家湖断面统计时间为 2010 年 1 月至 2022 年 10 月，其他断面统计时间均为 2008 年 1 月至 2022 年 10 月。

2.3.1.2　支流总磷变化特征

总体来看，汉江支流总磷浓度要高于汉江干流。汉江中下游支流总磷多年平均浓度见表 2.10，汉江中下游支流总磷浓度年际变化趋势如图 2.7 所示。

表 2.10　　汉江中下游支流总磷多年平均浓度

河流	唐河	白河	小清河	唐白河	北河	南河	东荆河	马集河	竹皮河	浰河
总磷多年平均浓度/(mg/L)	0.197	0.206	0.175	0.169	0.037	0.038	0.053	0.050	0.160	0.140

注　郭滩、新甸铺、小清河口、唐白河口断面统计时间为 2008 年 1 月至 2022 年 10 月，北河、谷城（二）、潜江断面统计时间为 2020 年 1 月至 2022 年 10 月。马集河、竹皮河、浰河口采用 2021 年 1 月实测数据。

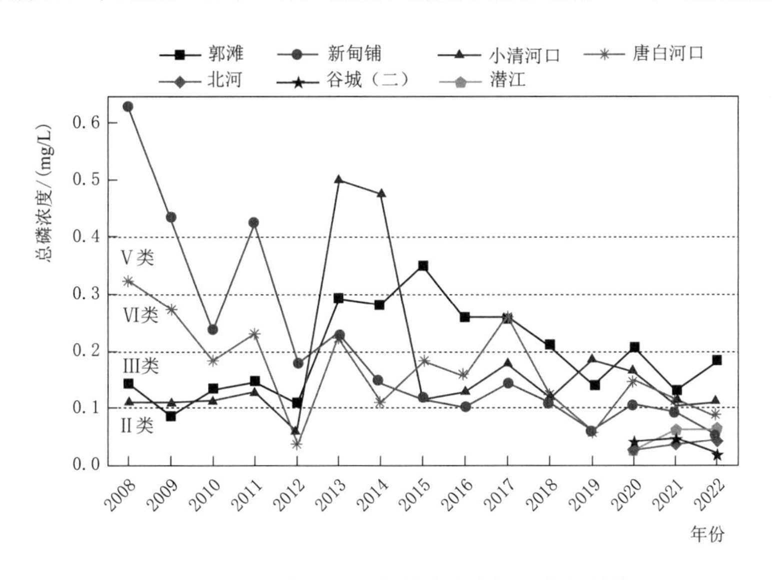

图 2.7　汉江中下游支流总磷浓度年际变化趋势

汉江中游支流小清河和唐白河水质较差，总磷多年平均浓度为 0.175mg/L 和 0.169mg/L，随着水环境治理取得成效，总磷浓度呈明显下降趋势，2018 年以来基本满足Ⅲ类水质要求，但仍高于汉江襄阳河段干流的总磷浓度。余家湖断面总磷浓度明显高于襄阳断面，可能是受唐白河、小清河支流汇入的影响。

支流北河、南河、东荆河水质相对较好，2020—2022 年总磷浓度符合Ⅱ类水质标准。北河和谷城（二）断面总磷多年平均浓度相当，分别为 0.037mg/L 和 0.038mg/L，略高于襄阳断面总磷多年平均浓度。潜江断面总磷多年平均浓度为0.053mg/L，与皇庄断面基本相当，低于仙桃断面。

马集河总磷多年平均浓度为0.05mg/L，与皇庄断面基本相当。竹皮河和浰河水质较差，总磷多年平均浓度分别为0.16mg/L和0.14mg/L。

2.3.1.3 引江济汉工程总磷浓度变化

引江济汉工程从长江沙市河段引水至汉江兴隆河段下游，渠道全长67.23km，年平均输水37亿m^3，其中补汉江水量31亿m^3。工程设计引水流量350m^3/s，最大引水流量500m^3/s。

根据水质监测资料，以2017年11月至2021年11月为研究时段，选取拾桥河枢纽渠道断面代表引江济汉渠道输入断面，余家湖、皇庄、仙桃断面分别代表汉江中下游干流断面，通过分析引江济汉渠道断面总磷输入情况，分析引江济汉工程对汉江中下游总磷的影响。

如图2.8所示，渠道断面总磷浓度多年平均值为0.08mg/L，总体高于余家湖和皇庄断面，与仙桃断面相近。在引江济汉调水流量较大的情况下，其渠道的总磷含量一般较高，浓度最高时超过同期仙桃断面2倍，超过余家湖、皇庄断面4倍。但在个别月份，由于引江济汉渠道调水量较小，导致水体流动减缓，增加了水体中总磷沉淀时间，这可能是导致这个时期渠道的总磷浓度较小，基本与汉江干流水体中总磷浓度持平的主要原因。

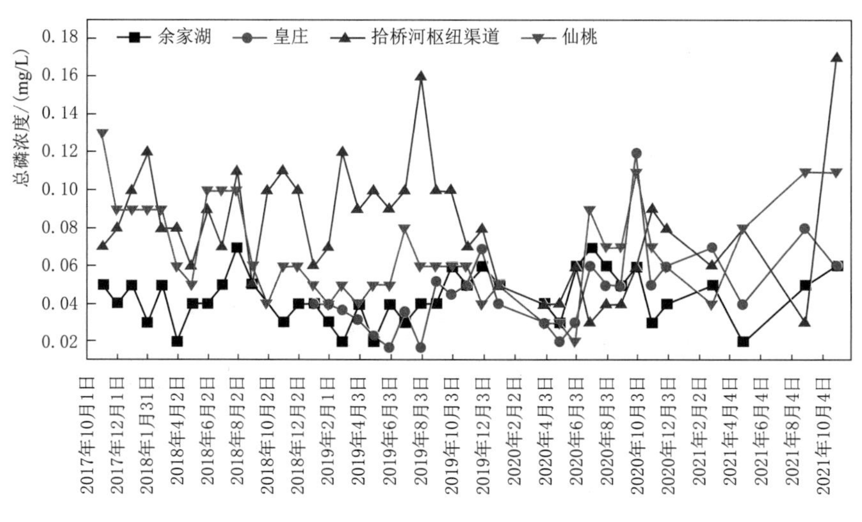

图2.8 引江济汉工程与汉江中下游干流总磷浓度对比

2.3.2 总氮变化趋势分析

2.3.2.1 干流总氮浓度时空变化

一般认为，水体富营养化总氮浓度阈值为1.5mg/L，只要满足气象条件和水动力条件，水华暴发的可能性就大大增加。

汉江干流总氮背景值较高，均超过地表水Ⅲ类限值（Ⅲ类限值1.0mg/L，Ⅳ类限值

1.5mg/L)。丹江口坝上总氮浓度维持在Ⅳ类，其他断面均有出现Ⅴ类情况。2020—2022年汉江中下游干流总氮浓度监测年均值结果如图2.9所示。

2.3.2.2 支流总氮浓度时空变化

汉江中下游支流断面总氮浓度均有Ⅴ类情况，尤其是唐河、白河、唐白河的总氮浓度较高，均大于3mg/L。汉江中下游支流总氮浓度年际变化趋势如图2.10所示。

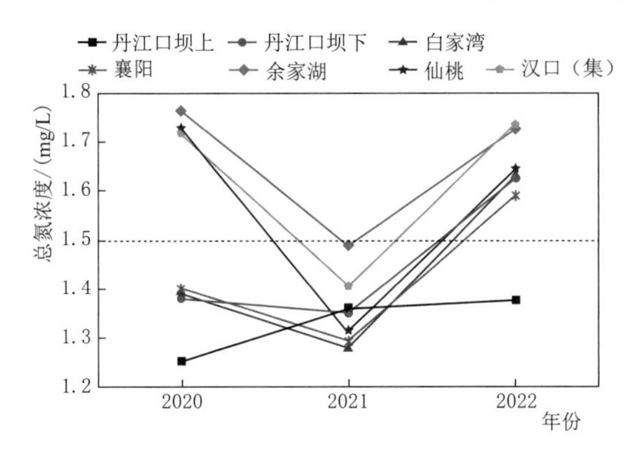

图2.9 汉江中下游干流总氮浓度年际变化趋势

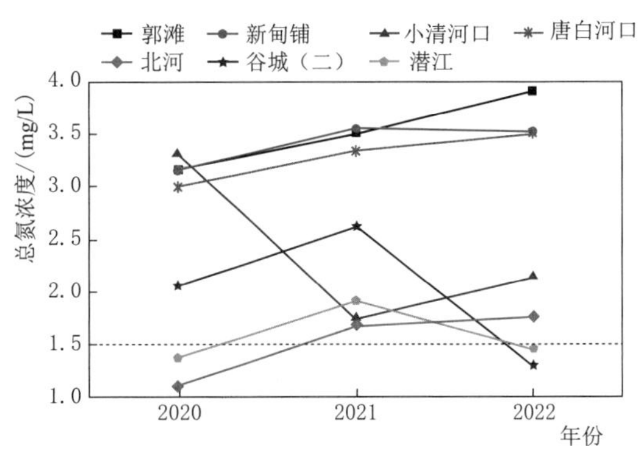

图2.10 汉江中下游支流总氮浓度年际变化趋势

汉江中下游总氮背景值较高，除丹江口坝上以外，各断面均出现浓度大于1.5mg/L情况。总体来看，汉江中下游水体总氮浓度已满足水华暴发的浓度阈值。

2.3.2.3 氮磷比

Stumm和Morgan[1]对藻类化学成分进行分析研究，提出了藻类的经验分子式为$C_{106}H_{263}O_{110}N_{16}P$。这就是说，氮磷比按元素计为16：1，按重量计为7.2：1。当氮磷比小于该比值时，氮将限制藻类的增长；当大于该比值时，磷可认为是藻类增长的限制因素。但在一般情况下，水体中藻类能通过生物固氮作用从大气中获得所需要的氮元素，可利用的氮远比可利用的磷多。Smith[2]在1983年提出氮磷比小于29易形成蓝藻水华的观点，但后续有研究表明，氮磷比小于29只是蓝藻水华暴发的结果，而非原因。唐汇娟[3]比较了国内35个湖泊（23个发生蓝藻水华）后发现，发生蓝藻水华的湖泊中氮磷比在13～35之间，而没有发生蓝藻水华的湖泊中氮磷比则小于13。

表2.11计算了2020—2022年汉江中下游干流各断面实测氮磷比。汉江中下游干流各监测断面的氮磷比波动较大，总体来看，从上游往下游氮磷比呈现出降低趋势，仙桃断面的氮磷比为10.7～49.7（质量比），宗关断面的氮磷比为9.2～36.3，明显小于上游各监测断面。汉江中下游干流各监测断面氮磷比均大于7.2：1，磷可认为是藻类增长的限制因素，但仙桃—宗关河段总磷浓度已达到水华阈值，不受氮磷等营养盐浓度限制。

表2.11 汉江中下游干流各断面实测氮磷比统计

时段	氮磷比						
	丹江口坝上	丹江口坝下	白家湾	襄阳	余家湖	仙桃	宗关
2020—2022年	45.3～144.7	17.8～205.3	18.1～167.0	17.4～169.7	25.7～78.2	10.7～49.7	9.2～36.3

图 2.11 绘制了仙桃自动站 2022 年 7 月 1 日至 8 月 31 日氮磷比，以及叶绿素 a 的每日监测结果。仙桃自动站 7 月 1 日至 8 月 31 日氮磷比在 14.7～40.3 之间波动，与“湖泊蓝藻水华氮磷比在 13～35 之间”符合度较高。比较氮磷比和叶绿素 a 的变化趋势可以看出，氮磷比与叶绿素 a 的变化趋势协同性较差，说明氮磷比的变化可能是藻类之间相互竞争和抑制作用后的结果，并不是引起藻密度变化的原因。

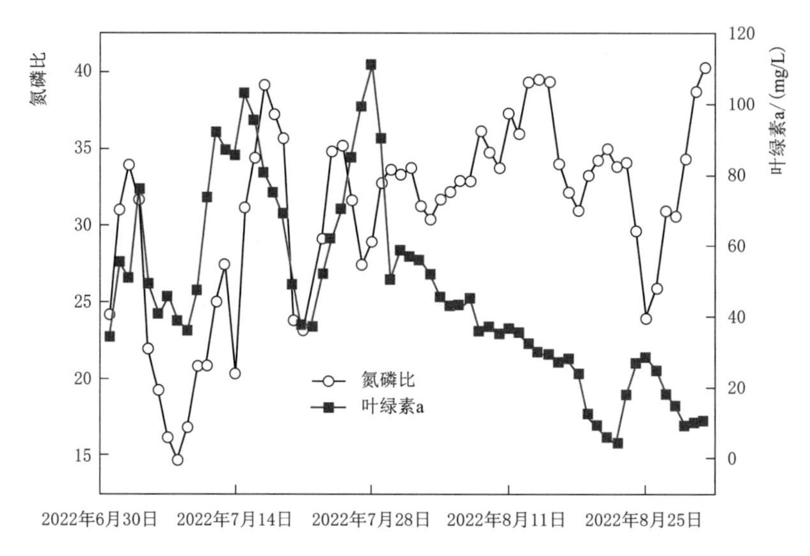

图 2.11 仙桃自动站每日监测统计

2.3.3 硅酸盐变化趋势分析

对于硅藻类浮游植物而言，硅是构成机体不可缺少的组分。硅酸盐被浮游植物吸收后大量用来合成无定形硅，组成硅藻等浮游植物的硅质壳，少量用来调节浮游植物的生物合成。在淡水生态系统中，硅含量通常能够满足硅藻的生长需要，因此一般不会成为限制因子，但硅的吸收耗竭却有可能是硅藻水华消亡和藻类群落演替的重要原因。

地下水中偏硅酸的含量远远大于地表水中的含量，一般为地表水含量的 3～8 倍。受地质条件影响，江汉平原地下水中偏硅酸含量较高，平均为 39.17mg/L。也因此，汉江流域地表水中硅酸盐含量相对较高。

图 2.12 给出 2021 年 1 月 21 日汉江中下游水华发生期间硅酸盐监测结果。汉江中下游水华高发区皇庄—宗关水厂河段硅酸盐浓度要明显低于未监测到水华的丹江口坝上和襄阳断面。这可能是水华中后期，硅藻生物的大量吸收导致硅浓度出现明显下降引起的。

表 2.12 给出 2015 年、2016 年和 2021 年汉江中下游水华发生期间硅酸盐浓度。比较发现，2015 年和 2016 年皇庄—仙桃河段硅酸盐浓度要明显高于上游的丹江口坝下和襄阳断面，而 2021 年则相反。这可能是由于监测时间节点处于水华发展的不同时期导致的。汉江流域地表水中硅酸盐含量相对较高，为硅藻的生长提供了生存条件。

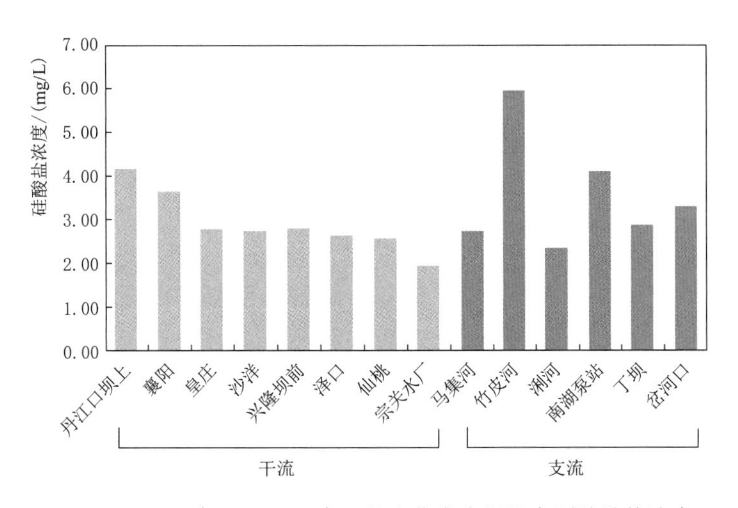

图 2.12　2021 年 1 月汉江中下游水华发生期间实测硅酸盐浓度

表 2.12　　汉江中下游水华发生期间的硅酸盐浓度

断面名称	硅酸盐浓度/(mg/L)		
	2015 年	2016 年	2021 年
丹江口坝上	—	—	4.196
丹江口坝下	4.450	2.210	—
襄阳	3.820	3.150	3.666
皇庄	7.860	4.830	2.807
沙洋	8.450	5.670	2.763
兴隆坝前	8.170	5.000	2.810
泽口	9.210	4.410	2.651
仙桃	4.660	3.620	2.609
宗关水厂	—	—	1.952
蔡甸	6.430	5.290	—

注　2015—2016 年数据为汉江中下游干流春季硅藻水华监测数据[4]；2021 年数据来源于 2021 年 1 月 21 日汉江中下游水华应急监测。

2022 年 7—8 月在汉江中下游监测到蓝藻与硅藻共存的轻度水华现象，这两类藻类优势种群交替出现，大多时间以硅藻（直链藻属）为主。由于硅藻繁殖大量消耗水体中硅酸盐，导致水体中硅酸盐降至较低水平，大量硅藻进入休眠期细胞状态，从而形成蓝藻类种群（伪鱼腥藻、颤藻属、平裂藻属）主导优势。一旦硅饥饿被解除，硅藻可以快速恢复生长，特别在水华期间生长速率胜过其他物种。

2.4　水环境、水生态调查评估

2.4.1　水环境调查评估

分别采取资料调查和实测数据两种方法对汉江中下游河段水环境状况进行了评估。

根据有关部门的公开数据，本次收集了汉江十堰市、襄阳市、荆门市、潜江市、天门市、仙桃市和武汉市的干流江段水质监测断面的 2005—2022 年水质监测数据。

2005—2022 年汉江干流水质总体处于优。2010 年以来，所有水质监测断面水质类别以Ⅱ类、Ⅲ类水质为主，汉江干流水质保持稳定。少数水质不达标的年份出现多为枯水期。2005—2022 年汉江干流水质情况见表 2.13。

汉江干流水质基本保持稳定，各断面 2005—2012 多年平均达标率为 71.3%。到 2012 年，汉江干流监测断面与 2005 年相比，襄阳市余家湖、荆门市罗汉闸、天门市岳口、汉川市石剅、武汉市宗关、龙王庙等 6 个监测断面水质有所提升，其余断面水质变化不大。

在空间上，不同水期总氮、氨氮、总磷和高锰酸盐指数沿汉江干流存在比较明显的变化趋势。总氮自上游断面至下游断面变化不大，在枯水期襄阳断面下游总氮较上游大，在平水期和丰水期，整个河段总氮变化不大；氨氮在三个水期变化趋势不同，在丰水期自上游至下游逐渐增大，枯水期逐渐减小，而平水期在皇庄断面最大，向下游又减小；总磷浓度枯水期大于丰水期，丰水期大于平水期；各时期，总磷整体沿水流方向呈升高趋势，其中丰水期在潜江断面附近出现峰值，而平水期和枯水期峰值均出现在仙桃断面以下；高锰酸盐指数在三个水期均自上游至下游不断增大。

根据汉江中下游干流沿程 7 个水质监测断面（丹江口坝下、襄阳白家湾、襄阳临汉门、襄阳余家湖、兴隆、仙桃、集家嘴）2020—2022 年监测结果，汉江中下游干流水质优良，水质类别以Ⅱ类为主，主要水质指标年际变化波动不大。

2.4.2 水生态调查评估

2.4.2.1 浮游植物调查评估

浮游植物作为水生态系统的初级生产者，种类繁多、个体较小，对于环境的变化较敏感，能及时反映水域生态环境情况，其群落组成、丰度、多样性等群落水平指标能用于评价水质污染状况和水体营养水平。

余家湖断面位于湖北省襄阳市襄城区，是国家重点水质基本断面，为汉江干流中游控制断面。该断面监测河段较为顺直，其间无支流汇入，位于崔家营坝下约 2km。

余家湖断面 2015 年 1 月至 2018 年 12 月共检出藻类共 7 门 57 属，其中硅藻门 21 属、绿藻门 21 属、蓝藻门 7 属、甲藻门 3 属、裸藻门 2 属、金藻门 2 属、隐藻门 1 属。藻密度受季节变化影响明显。2015 年藻密度峰值出现在 4 月，1—5 月藻密度较高，其余月份藻密度明显减少，8 月藻密度略有回升，11 月藻密度最低；2016 年藻密度峰值出现在 3 月，较 2015 年提前了一个月，7 月藻密度回升，11 月藻密度最低；2017 年藻密度变化情况较 2016 年出现明显不同，各月份藻密度变化幅度较小，7 月藻密度达到峰值，10 月藻密度最低；2018 年藻密度在 6 月达到峰值，1 月藻密度最低。

集家嘴断面位于湖北省武汉市硚口区集家嘴，是国家重点水质基本断面，为汉江入长江河口控制断面。该断面监测河段较为顺直，其间无支流汇入，下游约 0.8km 处汉江汇入长江。

表 2.13　2005—2022 年汉江干流水质情况

序号	行政区	监测断面	规划类别	水质类别																	
				2005 年	2006 年	2007 年	2008 年	2009 年	2010 年	2011 年	2012 年	2013 年	2014 年	2015 年	2016 年	2017 年	2018 年	2019 年	2020 年	2021 年	2022 年
1	十堰市	羊尾	Ⅱ	Ⅱ	Ⅲ	Ⅲ	Ⅱ	Ⅱ	Ⅱ	Ⅱ	Ⅱ	Ⅱ	Ⅱ	Ⅱ	Ⅱ	Ⅲ	Ⅱ	Ⅱ	Ⅱ	Ⅱ	Ⅱ
2		陈家坡	Ⅱ	Ⅲ	Ⅲ	Ⅲ	Ⅱ	Ⅱ	Ⅱ	Ⅱ	Ⅱ	Ⅱ	Ⅱ	Ⅱ	Ⅱ	Ⅲ	Ⅱ	Ⅱ	Ⅱ	Ⅱ	Ⅱ
3		沈湾	Ⅱ	Ⅱ	Ⅲ	Ⅱ	Ⅱ	Ⅱ	Ⅱ	Ⅱ	Ⅱ	Ⅱ	Ⅱ	Ⅱ	Ⅱ	Ⅱ	Ⅱ	Ⅱ	Ⅱ	Ⅱ	Ⅱ
4	襄阳市	仙人渡	Ⅱ	Ⅱ	Ⅱ	Ⅱ	Ⅱ	Ⅱ	Ⅱ	Ⅱ	Ⅱ	Ⅱ	Ⅱ	Ⅱ	Ⅱ	Ⅱ	Ⅱ	Ⅱ	Ⅱ	Ⅱ	Ⅱ
5		白家湾	Ⅱ	Ⅲ	Ⅱ	Ⅱ	Ⅱ	Ⅱ	Ⅱ	Ⅱ	Ⅱ	Ⅱ	Ⅱ	Ⅱ	Ⅱ	Ⅱ	Ⅱ	Ⅱ	Ⅱ	Ⅱ	Ⅱ
6		余家湖	Ⅲ	Ⅲ	Ⅳ	Ⅳ	Ⅲ	Ⅲ	Ⅱ	Ⅲ	Ⅱ	Ⅱ	Ⅱ	Ⅱ	Ⅱ	Ⅱ	Ⅱ	Ⅱ	Ⅱ	Ⅱ	Ⅱ
7		转斗	Ⅱ	Ⅲ	Ⅲ	Ⅳ	Ⅲ	Ⅱ	Ⅲ	Ⅱ	Ⅱ	Ⅲ	Ⅲ	Ⅱ	Ⅱ	Ⅲ	Ⅱ	Ⅱ	Ⅱ	Ⅱ	Ⅱ
8	荆门市	皇庄	Ⅱ	Ⅲ	Ⅲ	Ⅲ	Ⅱ	Ⅱ	Ⅱ	Ⅱ	Ⅱ	Ⅱ	Ⅱ	Ⅲ	Ⅱ	Ⅲ	Ⅱ	Ⅱ	Ⅱ	Ⅱ	Ⅱ
9		罗汉闸	Ⅱ	Ⅲ	Ⅳ	Ⅳ	Ⅲ	Ⅲ	Ⅲ	Ⅲ	Ⅱ	Ⅱ	Ⅱ	Ⅲ	Ⅲ	Ⅱ	Ⅱ	Ⅱ	Ⅱ	Ⅱ	Ⅱ
10	潜江市	高石碑	Ⅱ	—	—	—	—	—	—	Ⅱ	Ⅱ	Ⅱ	Ⅱ	Ⅱ	Ⅱ	Ⅲ	Ⅱ	Ⅱ	Ⅱ	Ⅱ	Ⅱ
11		泽口	Ⅱ	Ⅲ	Ⅲ	Ⅱ	Ⅱ	Ⅱ	Ⅱ	Ⅱ	Ⅱ	Ⅱ	Ⅱ	Ⅱ	Ⅱ	Ⅱ	Ⅱ	Ⅱ	Ⅱ	Ⅱ	Ⅱ
12	天门市	岳口	Ⅱ	Ⅲ	Ⅲ	Ⅱ	Ⅲ	Ⅱ	Ⅱ	Ⅱ	Ⅱ	Ⅱ	Ⅱ	Ⅱ	Ⅱ	Ⅱ	Ⅱ	Ⅱ	Ⅱ	Ⅱ	Ⅱ
13	仙桃市	汉南村	Ⅱ	Ⅲ	Ⅲ	Ⅲ	Ⅲ	Ⅱ	Ⅲ	Ⅱ	Ⅱ	Ⅱ	Ⅱ	Ⅲ	Ⅱ	Ⅲ	Ⅱ	Ⅱ	Ⅱ	Ⅱ	Ⅱ
14		石剅	Ⅱ	Ⅲ	Ⅳ	Ⅳ	Ⅲ	Ⅲ	Ⅲ	Ⅲ	Ⅱ	Ⅱ	Ⅱ	Ⅲ	Ⅱ	Ⅱ	Ⅱ	Ⅱ	Ⅱ	Ⅱ	Ⅱ
15	武汉市	宗关	Ⅲ	Ⅲ	Ⅲ	Ⅲ	Ⅲ	Ⅱ	Ⅲ	Ⅲ	Ⅲ	Ⅲ	Ⅲ	Ⅲ	Ⅲ	Ⅲ	Ⅲ	Ⅲ	Ⅲ	Ⅱ	Ⅱ
16		龙王庙	Ⅲ	Ⅲ	Ⅲ	Ⅲ	Ⅲ	Ⅱ	Ⅲ	Ⅲ	Ⅲ	Ⅳ	Ⅲ	Ⅲ	Ⅲ	Ⅲ	Ⅲ	Ⅲ	Ⅲ	Ⅱ	Ⅱ

注　表中数据摘自生态环境部门发布的生态环境质量状况公报。

集家嘴断面 2017—2019 年不同季节浮游植物优势种类存在一定差异，春季和冬季主要为硅藻门，夏季和秋季蓝藻门和绿藻门出现优势种。硅藻门中直链藻属（*Melosira*）在夏季和秋季优势度较高，小环藻属（*Cyclotella*）在春季和冬季优势度较高；蓝藻门夏季、秋季优势种主要为颤藻属（*Oscillatoria*）；绿藻门夏季和秋季均有优势种但种类不同。

2.4.2.2 浮游动物调查评估

集家嘴断面在 2017—2019 年浮游动物种类数量变化不大，分别为 23 种、19 种和 20 种。3 年共检测出浮游动物 35 种，其中原生动物 16 种、轮虫 10 种、枝角类 4 种、桡足类 5 种。浮游动物优势种有 4 种，分别是砂壳虫属（*Difflugia*）、钟虫属（*Vorticella*）、萼花臂尾轮虫（*Brachionus calyciflorus*）、螺形龟甲轮虫（*Keratella cochlearis*）。集家嘴断面的浮游动物均是春季较多（2658.89 个/L），其次是秋季（2540.18 个/L）。

调查期间集家嘴断面轮虫污染指示种 8 种，寡污-β 中污型 3 种占 37.5%，β 中污型 1 种占 12.5%，β 中污-α 中污型 2 种占 25.0%，β 中污-寡污型 2 种占 25.0%。断面优势种轮虫均为污染指示种，角突臂尾轮虫（*Brachionus angularis*）、萼花臂尾轮虫（*Brachionus calyciflorus*）和螺形龟甲轮虫（*Keratella cochlearis*）分布于一年四季。整体来看，根据轮虫出现种和优势种属的情况，水体水质处于寡污～中污状态。

集家嘴断面原生动物优势种为砂壳虫属（*Difflugia*）和钟虫属（*Vorticella*）。砂壳虫属（*Difflugia*）是寡污带的指示种外，而钟虫属（*Vorticella*）绝大多数种类是生活在 α 及 β 中污带的水域。从优势度及分布的季节来看，砂壳虫属（*Difflugia*）是全年的优势种。这说明集家嘴断面水体水质处于寡污～中污状态，这与轮虫指示种方法评价水质的结果一致。

2.4.2.3 鱼类资源调查评估

1974 年，汉江中下游鱼类资源调查收集到鱼类种群 92 种，隶属 8 目 20 科 58 属。2003—2004 年，汉江中游江段渔获物中共采集到鱼类 78 种，隶属 8 目 20 科 63 属。2013—2014 年，在汉江中下游江段水域断面点现场调查捕捞的渔获物中采集到鱼类 79 种，隶属 8 目 20 科 63 属。2022 年汉江中下游监测到鱼类 73 种，主要渔获物为鲢、鲤、鳙、黄尾鲴、鳊、细鳞鲴、似鳊、鲫等。

2.5 汉江中下游水华专项监测

2.5.1 水华发生概况

水华是淡水水体富营养化而造成水体中一两种藻类大量繁殖并呈暴发式生长的一种自然生态现象。发生水华一般要具备两个条件：一是藻类总细胞数要超过一定的数量（一般为 1000 万个/L）；二是某一两种藻类细胞占的比例急剧上升，破坏了水体原有的生物多样性。

自 1992 年春季汉江首次发生水华以来，至 2022 年年底，已累计暴发 10 余次较大规模的水华事件（表 2.14），水华暴发的频率呈现上升趋势，尤其是 2008 年后，水华发生频率显著增高，发生的范围也逐步扩大。

表 2.14　　汉江中下游水华发生情况

年份	月　份	地　点	藻密度/(10^7 个/L)	优势种群
1992	2 月中旬至 3 月初	潜江—武汉江段	1.57～2.02	硅藻
1998	2 月中旬至 3 月上旬，4 月中上旬	仙桃—武汉江段	1.70～2.60	硅藻、绿藻
2000	2 月下旬至 3 月中旬	潜江—武汉江段	1.32～7.32	硅藻、绿藻
2003	1 月下旬至 2 月上旬	仙桃—武汉江段	1.10～3.10	硅藻、绿藻
2008	2 月下旬	武汉江段	1.60～3.19	硅藻
2009	1 月上旬至 1 月下旬	东荆河江段	1.44～2.47	硅藻
2010	1 月下旬至 2 月下旬	襄樊—武汉江段	1.44～2.45	硅藻
2015	1 月中旬、2 月中旬	沙洋以下江段	1.36～1.71	硅藻
2016	3 月上旬	沙洋、钟祥、潜江江段	3.00～4.00	硅藻
2018	2 月上旬至 3 月中旬	皇庄以下江段	1.00～3.50	硅藻
2021	1 月下旬	沙洋以下江段	1.00～2.00	硅藻
2022	7 月中旬至 9 月中旬	皇庄以下江段	1.01～2.75	硅藻、蓝藻

2.5.2　汉江中下游水华监测

2.5.2.1　2016 年水华监测分析

1. 监测概况

2016 年 2 月 29 日，长江中游水环境监测中心发现汉江出现水体颜色异常，疑似出现水华现象。随后立即启动应急监测预案，组织人员对汉江中下游干流开展水文水质同步应急监测。

通过现场调查，汉江上游未发生明显水华。2016 年 2 月 26 日左右在汉江中游皇庄站发现水华迹象，水华程度逐日加重，至 3 月 1 日已持续数天，汉江水体呈灰褐色。

3 月 1 日，长江防总实施应急调度，上午 10 时开始加大丹江口和王甫洲梯级枢纽出库流量，以积极应对汉江水华。3 月 3 日，据中游局皇庄水文测站报告，汉江水体颜色已基本恢复正常。

2. 监测结果与分析

2 月 29 日，分别在汉江中下游的皇庄、兴隆、仙桃、汉口 4 个断面进行了现场调查及水文水质同步监测工作。监测结果表明，pH 值明显升高，溶解氧过饱和，叶绿素大幅升高，皇庄、兴隆、仙桃断面的藻密度均超过 1×10^7 个/L，达到轻度水华标准。

2 月以来，湖北地区天气持续晴朗，为藻类繁殖提供了充足的光照；气温升高导致水温升高。2 月 1 日，汉江仙桃和汉口集家嘴水温为 7～8℃，29 日汉江整体水温升高至 12～13℃，气温和水温的持续升高，加速了藻类的繁殖速度。

根据《地表水环境质量标准》（GB 3838—2002）[5]，采用单因子评价法，水华发生前，2 月 1 日仙桃和汉口集家嘴的总体水质类别均为Ⅲ类，主要影响指标为总磷，含量为

0.10～0.12mg/L，其他水质指标基本为Ⅱ类。

水华发生后，2 月 29 日监测到汉江仙桃断面 pH 值超过 9.0，皇庄、兴隆、汉口断面 pH 值 8.7～9.0，均明显升高。水华发生后，氨氮含量明显下降，从 0.1～0.2mg/L 下降至小于 0.02mg/L，说明水中铵盐被大量吸收；高锰酸盐指数升高，从 2.0mg/L 左右增加至 3.0mg/L 左右，表明水体中有机及无机可氧化物质的污染程度加深。

水华发生后，4 个应急监测断面溶解氧均超过 100%过饱和，水体中氧气含量大幅增加。2015 年，仙桃和汉口断面水中叶绿素平均含量与水华发生后的比较表明，藻类大量繁殖，造成水体中叶绿素含量大幅增加。

根据皇庄、兴隆、仙桃和汉口 4 个应急监测断面取样后藻类定性分析结果，汉江水体中含蓝藻、甲藻、硅藻、绿藻，其中硅藻中的小环藻属为优势种群；根据浮游藻密度定量统计，优势种群数量达到 0.5×10^7～1.5×10^7 个/L，占藻类总量的 89.7%～94.9%。

对比仙桃、汉口集家嘴 2015 年 3 月、4 月、5 月、7 月水生态试点监测结果，仙桃断面优势种群均为硅藻中的颗粒直链藻，藻类总量为 0.75×10^4～12.2×10^4 个/L；汉口断面 3 月优势种属为绿藻中的实球藻，4 月为硅藻中的针杆藻，5 月、7 月为颗粒直链藻，藻类总量 1.4 万～10.2 万个/L。

根据此次应急监测的结果与 2015 年试点监测的对比，小环藻数量大量增加，占总藻类数量的 90%以上，判断此次发生的是硅藻门中的小环藻水华。

2.5.2.2 2018 年水华监测分析

1. 监测概况

2018 年 2 月上旬，经沿江水文站工作人员调查了解，汉江中下游河段水体出现异常，疑似发生水华。经环境监测人员现场监测后确认，从 2 月 9 日开始，汉江皇庄以下河段呈现轻微水华现象，河段水体颜色出现异常，并不断加深；至 2 月 11 日，皇庄以下河段水体颜色加深，呈现棕褐色，并伴有浓烈的腥臭味，由此判断汉江又一次暴发了硅藻水华。为确保汉江中下游城乡居民用水安全，长江委启动应急预案，加大梯级水库群下泄流量进行流量调节，同时在汉江中下游皇庄—武汉约 400km 江段上开展了藻类逐日监测。至 3 月 13 日左右，全河段水华现象明显消退，水体颜色由棕褐色转浅绿色；至 3 月 18 日最新监测情况分析，全江段水华现象已消退，水体表观恢复正常。此次水华持续监测 30 余天。

2. 监测结果与分析

按照长江委的统一安排，长江委水文局组织了下属单位长江中游水环境监测中心负责野外采样和现场监测工作。2018 年 2 月 12 日下午成立长江中游水环境监测中心汉江水华应急监测工作组，2 月 13 日早上分两组奔赴现场开展采样和现场监测工作。

本次汉江水华应急监测从 2018 年 2 月 13 日至 3 月 9 日，每天完成一次采样和现场监测工作。3 月 9 日监测结果显示汉江水华情况有所缓解，采样频次调整为每 5 天采样监测 1 次。本次汉江水华应急监测历时 38d，共开展野外采样和现场监测 28 次，采集水样超过 150 断面·次，累计投入人力 170 人·d，出动车辆近 60 车·d。

本次水华应急监测共设置了皇庄、沙洋取水口、沙洋取水口下游 4.5km、岳口、仙桃大桥、汉川、宗关共 7 个断面（图 2.13），监测参数包括流量、水温、pH 值、溶解氧、饱和度、叶绿素 a、藻密度、藻类优势种 8 项参数。

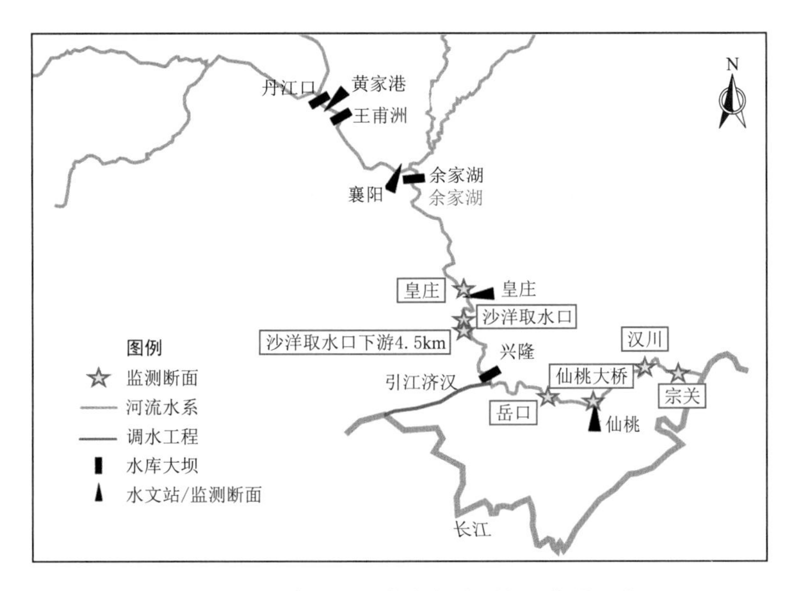

图 2.13 汉江中下游藻类应急监测断面位置示意图

为更好地监测和分析水华暴发的过程，进一步分析其形成的原因，长江委水文局根据水华发展形势，利用水文站网优势，除了在上述 7 个监测点进行了应急监测外，增加了位于兴隆库区的入库断面皇庄站，进行水文参数及藻密度的监测，其中皇庄代表为兴隆库区的入库断面，沙洋为兴隆库区断面，岳口、仙桃、汉川分别为兴隆大坝下游河段断面，而宗关则代表汉江最下游近入河口断面。图 2.14 给出具体应急监测断面。

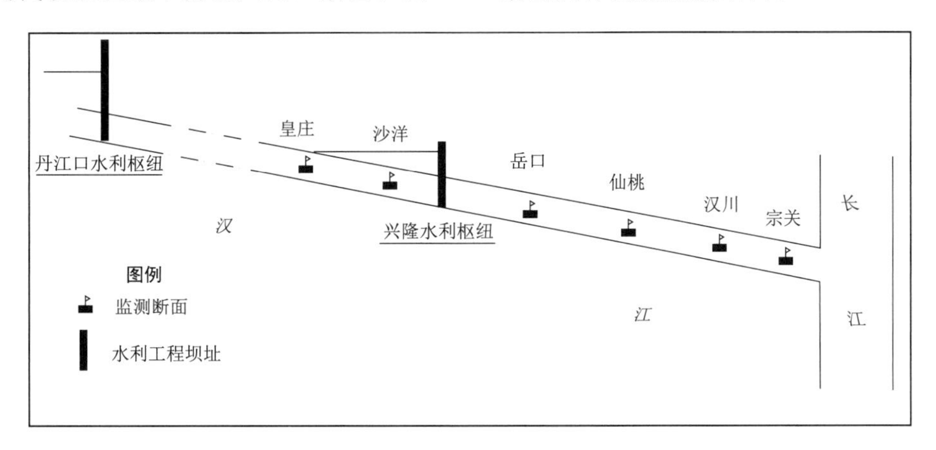

图 2.14 应急监测断面布置示意图

水华暴发后，长江委立即启动应急预案，加大丹江口、崔家营、兴隆等水利枢纽的下泄流量，以增加下游河段水位流量，消除水华发生的关键水文因子。监测结果显示，2 月 12—22 日期间，皇庄站流量在 834～962m^3/s 之间变动；兴隆站流量在 648～890m^3/s 之间变动；仙桃站流量在 834～962m^3/s 之间变动；皇庄站、沙洋站平均流速在 0.4～0.5m/s 之间变动；兴隆站和仙桃站平均流速在 0.6～0.8m/s 之间变动。

水华暴发期，各监测断面水温最低为 8.5℃，最高为 17.7℃，其中沙洋断面平均温度为10℃，仙桃断面平均温度为11℃，宗关断面平均温度为12.6℃，pH值由初期的8.1上升至8.9，溶解氧变化范围为9.71～15.7mg/L，其中饱和度一度达到了151%，以上参数均超过了硅藻水华暴发的警戒值（水温≥10℃，pH值≥8.0，DO≥12mg/L），可见此次汉江水华暴发程度较大。通过对各断面藻密度（图2.15）的监测发现，水华暴发的极值点出现在2月21日前后，即水华暴发后将近10d，位于汉江下游入河口的宗关断面藻密度达到了3200万个/L，之后呈下降趋势，但下降不明显；至3月5日，藻密度才开始显著下降；至3月7日，各断面下降至500万个/L左右，同时，在皇庄断面监测到的优势种由原来的硅藻单优势转变为硅藻和绿藻双优势，由此说明，硅藻群体开始衰亡，新的藻种占据了优势，硅藻水华开始消退；至3月9日，各监测断面水体颜色逐步趋于正常，各断面藻密度在140万～320万个/L之间；至3月13日，受晴朗天气状况影响，藻密度有小幅上升，在568万～688万个/L之间，但全江段水体表观，基本恢复正常，水体无色无味；3月18日监测结果显示，各个采样断面处水体较清、无色无味，藻细胞密度介于500万～1160万个/L之间，叶绿素a含量介于12.0～25.4μg/L之间，溶解氧浓度介于10.02～10.98mg/L之间，沙洋取水口、沙洋取水口下游4.5km及岳口3个断面溶解氧处于过饱和状态，藻密度随着气温升高有进一步增加的趋势，但江段水体清澈，无色无味。

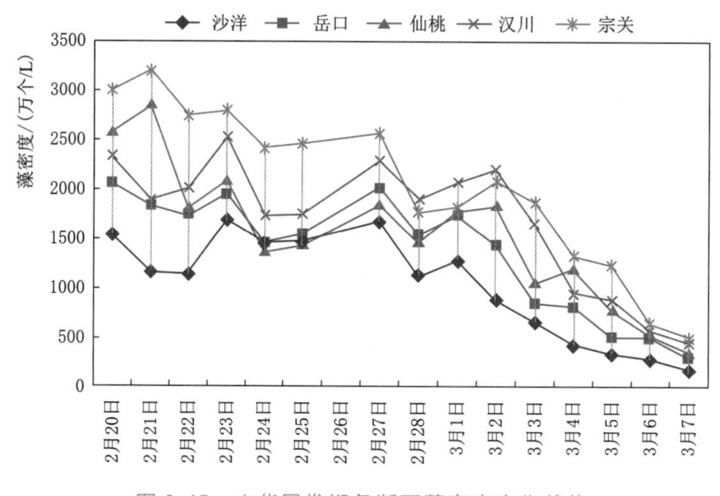

图2.15 水华暴发期各断面藻密度变化趋势

根据此次应急监测过程，总结此次汉江中下游水华特点如下：

（1）水华暴发范围扩大。之前暴发的水华主要集中在仙桃—武汉新沟河段，影响范围约离入河口200km区域为主，而此次暴发的水华延伸到了皇庄断面，距离入河口超400km，在兴隆库区的沙洋断面监测到的水华暴发期的藻密度达到了1700万个/L，由此说明，水华暴发区已经延伸至兴隆库区。

（2）在大流量冲刷下水华日久不退。针对过去水华的研究，表明当仙桃断面流量在$500m^3/s$以上时，水华便可逐步消退；殷大聪等[6]还利用历史资料分析得出，通过水库水量联合调度，使仙桃站的流量大于$800m^3/s$，对应满足90%保证率时可防治水华。但此次从水华暴发初期，丹江口、兴隆等加大下泄流量，仙桃站流量保持在$800m^3/s$以上，甚至最大时达到了$1230m^3/s$，水华现象仍不见好转。

（3）水华优势种为硅藻门汉氏冠盘藻。通过人工镜检和电镜成像比对，综合确定此次水华优势种为汉氏冠盘藻（*Stephanodiscus hantzschii*），分类上归属硅藻门、中心纲、圆筛藻目、圆筛藻科、冠盘藻属。水华优势种镜检图片如图 2.16 所示。

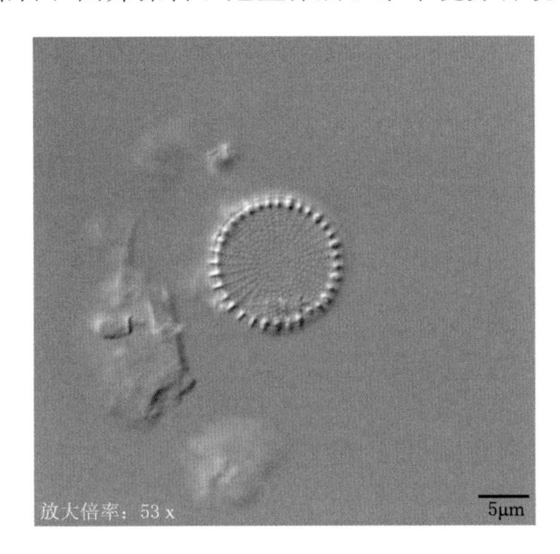

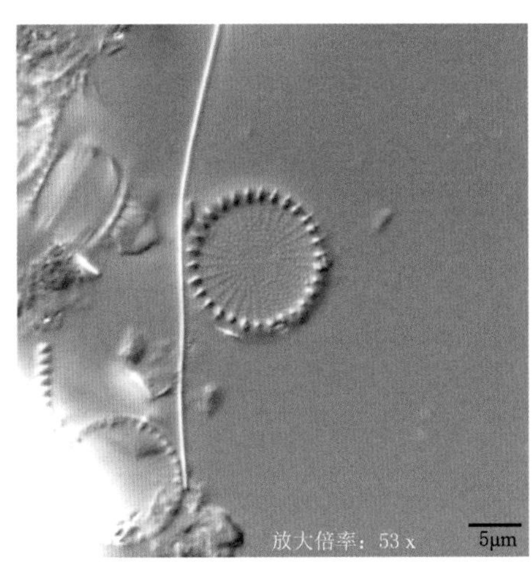

图 2.16　水华优势种镜检图片

2.5.3　2022 年水华专项监测

2.5.3.1　监测概况

2022 年汛期长江流域发生罕见干旱天气，汉江中下游来水严重偏枯。汉江中下游干流首次发现蓝藻水华，引起了有关部门高度重视。根据长江委水文局长江流域水质监测中心应急监测成果，此次水华监测从 7 月 14 日持续到 9 月 19 日，历时近 68d。

7 月 8—14 日，初步调查。仙桃水质自动监测站数据异常，提示水华风险，经人工采样监测后判定水华发生。

7 月 14—21 日，汉江中下游全河段应急监测。在汉江中下游 20 个干支流控制断面开展了 3 次应急监测，监测到汉江中下游蛮河口以下发生轻度水华。7 月 21 日监测结果显示，水华态势明显缓解。

7 月 21 日至 9 月 19 日，重要控制断面应急监测。在汉江下游仙桃和宗关两个重要控制断面开展 14 次取样监测。9 月 15 日和 9 月 19 日两次监测结果均为“无明显水华”，判定此次水华结束。

2.5.3.2　监测结果与分析

仙桃水质自动监测站建于 2008 年，2020 年开始，中游局和仙桃市环保局共建共管，监测参数有水温、pH 值、溶解氧、藻密度、浊度、叶绿素 a、高锰酸盐指数、氨氮、总磷、总氮、电导率等共 11 项。在 2018 年、2021 年汉江中下游水华事件中，仙桃水质自动监测站作为“哨兵”，对汉江中下游的水华预警监测起到了重要支撑作用。

7 月 8 日起，汉江干流仙桃水质自动监测站 pH 值、溶解氧和叶绿素 a 数据异常，提示水华风险。7 月 8—13 日，仙桃站水温（图 2.17）为 30.0～32.7℃，保持在 30℃以上；pH 值（图 2.18）为 7.84～9.05，变化幅度超过 1；溶解氧（图 2.19）为 2.70～

11.66mg/L，变化幅度达 8.96mg/L；叶绿素 a（图 2.20）为 16～117μg/L，尤其是 11—13 日呈连续快速增大趋势。

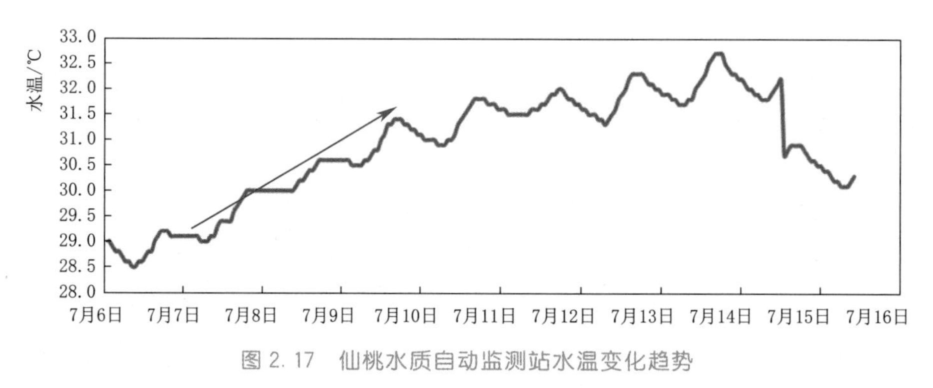

图 2.17 仙桃水质自动监测站水温变化趋势

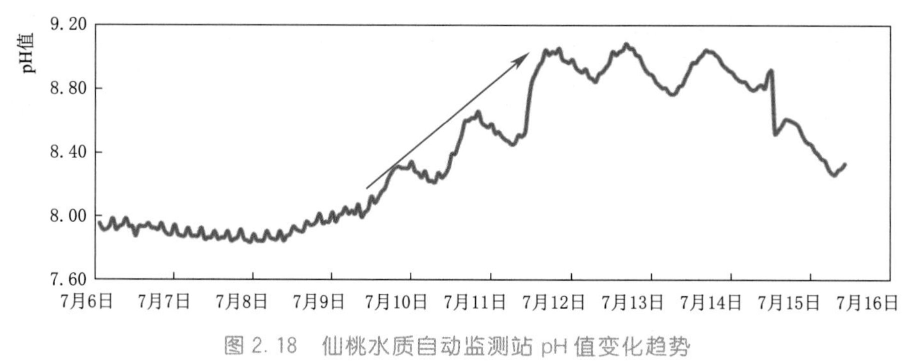

图 2.18 仙桃水质自动监测站 pH 值变化趋势

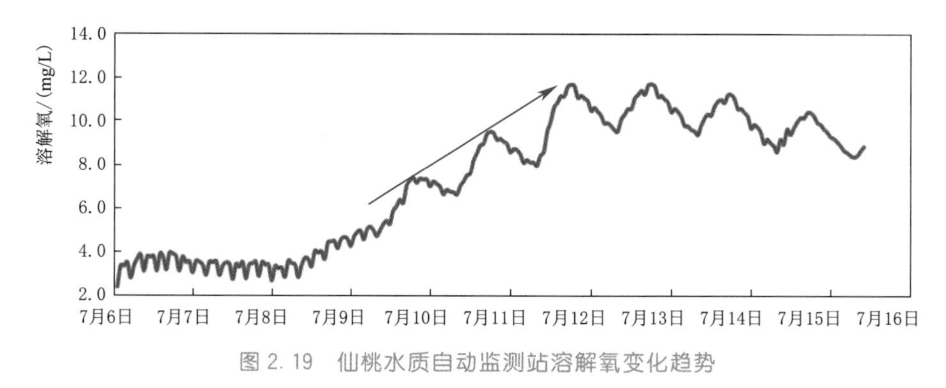

图 2.19 仙桃水质自动监测站溶解氧变化趋势

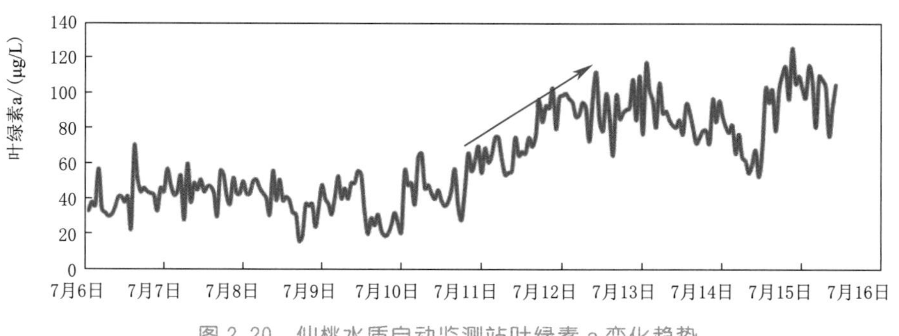

图 2.20 仙桃水质自动监测站叶绿素 a 变化趋势

7月14日，长江中游水环境监测中心对泽口、仙桃断面进行了应急监测。现场调查发现水体颜色呈褐绿色，监测结果显示，泽口断面藻密度为 2.37×10^{7} 个/L，仙桃断面藻密度为 3.61×10^{7} 个/L，藻类优势藻种为蓝藻门（伪鱼腥藻属、泽丝藻属）和硅藻门（直链藻属）。现场水体状况如图2.21所示。

（a）泽口

（b）仙桃

图2.21　7月14日现场水体状况

根据《水华遥感与地面监测评价技术规范（试行）》（HJ 1098—2020）中水华程度分级标准（表2.15），泽口、仙桃断面水体出现轻度水华特征。往年汉江水华多发生于春季，水华优势种为硅藻门（小环藻），此次水华优势种由硅藻转变为硅藻和蓝藻共生，其中蓝藻占比50%，硅藻占比44%，绿藻及其他藻占比6%。

表2.15　基于藻密度评价的水华程度分级标准

水华程度级别	藻密度 D/(个/L)	水华特征	表征现象参照
Ⅰ	$0\leqslant D<2.0\times10^{6}$	无水华	水面无藻类聚集，水中基本识别不出藻类颗粒
Ⅱ	$2.0\times10^{6}\leqslant D<1.0\times10^{7}$	无明显水华	水面有藻类零星聚集，或能够辨别水中有少量藻类颗粒
Ⅲ	$1.0\times10^{7}\leqslant D<5.0\times10^{7}$	轻度水华	水面有藻类聚集成丝带状、条带状、斑片状等，或水中可见悬浮的藻类颗粒
Ⅳ	$5.0\times10^{7}\leqslant D<1.0\times10^{8}$	中度水华	水面有藻类聚集，连片漂浮，覆盖部分监测水体；或水中明显可见悬浮的藻类
Ⅴ	$D\geqslant1.0\times10^{8}$	重度水华	水面有藻类聚集，连片漂浮，覆盖大部分监测水体；或水中明显可见悬浮的藻类

2.5.3.3　汉江中下游全河段应急监测

基于初步调查监测结果，为监控水华发展趋势，了解汉江襄阳—武汉河段藻类的沿程分布，于7月16日、18日和21日开展了汉江中下游全河段应急监测。监测断面布设如图2.22所示。

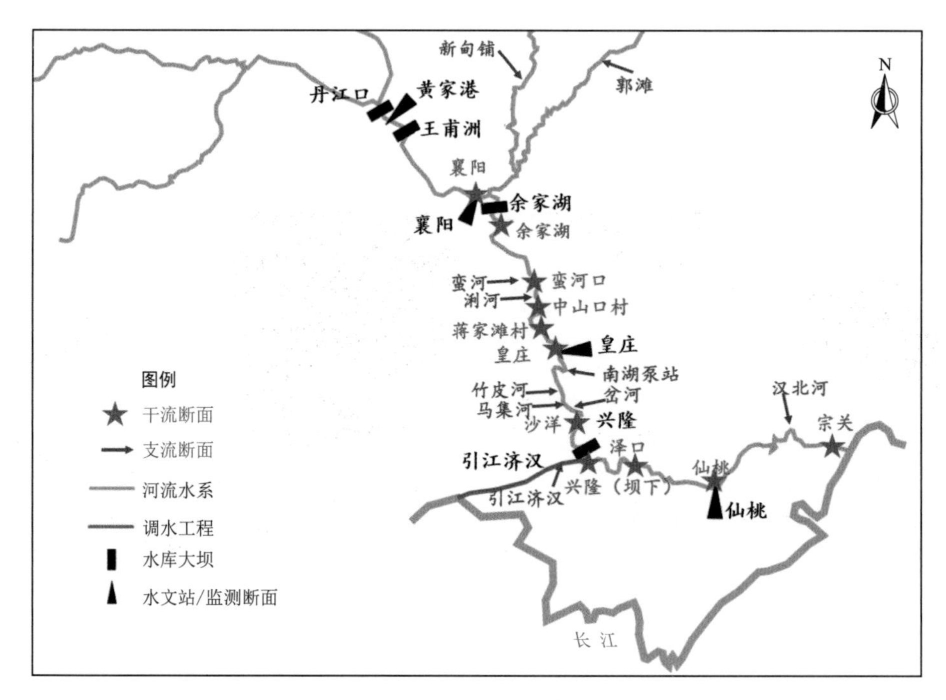

图 2.22 监测断面布设

1. 7 月 16 日监测结果

7 月 16 日，汉江中游襄阳—中山口村河段水体清澈，无明显异常；汉江下游蒋家滩村—宗关河段水体呈棕褐色，并呈现沿程加深趋势，水体无异味，轻微浑浊。汉江中下游沿程水华分级程度为：襄阳为无水华，余家湖为无明显水华，蛮河口—沙洋为轻度水华，兴隆（坝下）—泽口为无明显水华，仙桃为轻度水华，宗关为无明显水华。支流郭滩、南湖泵站、马集河水体为轻度水华，新甸铺水体为中度水华，浰河、竹皮河、岔河、引江济汉、汉北河断面均为无水华或无明显水华。此次藻类优势藻种为直链藻属（硅藻门）、伪鱼腥藻属（蓝藻门）、鱼腥藻属（蓝藻门）、平裂藻属（蓝藻门）、颤藻属（蓝藻门）。

2. 7 月 18 日监测结果

7 月 18 日，汉江中下游沿程水体颜色无明显变化，干流断面水华分级程度变化不大，襄阳为无水华，余家湖为无明显水华，蛮河口—沙洋为轻度水华，兴隆（坝下）为无水华，泽口和宗关为无明显水华，仙桃为轻度水华。支流郭滩、新甸铺、蛮河 3 个断面水体均为轻度水华。与 7 月 16 日藻类优势中测定结果相比，7 月 18 日藻类优势种变化不大，其中直链藻属（硅藻门）、伪鱼腥藻属（蓝藻门）、鱼腥藻属（蓝藻门）、平裂藻属（蓝藻门）、颤藻属（蓝藻门）与 16 日一致，新增蓝隐藻属（隐藻门）、螺旋藻属（蓝藻门）。

3. 7 月 21 日监测结果

7 月 21 日，汉江中下游襄阳—沙洋河段水体较清澈，无气泡无油膜无异味；泽口—宗关河段水体较浑浊，水面有漂浮物，无异味无油膜。与 7 月 16 日、18 日两次水生态监测结果进行对比，汉江中下游干支流断面藻密度均出现较明显下降。襄阳—余家湖为无水华，皇庄—宗关为无明显水华。支流新甸铺、南湖泵站、马集河、蛮河 4 个断面均为无明显水华，郭滩断面为轻度水华。藻类优势藻种为直链藻属（硅藻门）、微囊藻属（蓝藻门)、蓝隐藻属（隐藻门)、小环藻属（硅藻门)。

4. 3 次监测结果比较

7 月 16—21 日汉江中下游干流水华监测结果见表 2.16。7 月 16—21 日汉江下游水华主要发生在蛮河口—沙洋河段以及仙桃河段，以硅藻和蓝藻为主，其中，硅藻门优势种主要是直链藻属，蓝藻门优势种主要是平裂藻属和伪鱼腥藻属。7 月 16 日，蒋家滩村和皇庄 2 个断面优势种为蓝藻门，占干流监测断面的 18.2%；18 日蛮河口、皇庄、沙洋优势种为蓝藻门，与 16 日相比，以蓝藻为优势种的断面数量明显增多，占干流监测断面的 45.4%；21 日各断面藻密度出现明显降低，且优势种发生明显变化，皇庄和沙洋断面的优势种从蓝藻门转为硅藻门。

表 2.16　　　　汉江中下游干流水华监测结果

序号	监测断面	水华程度分级			优势种		
		7 月 16 日	7 月 18 日	7 月 21 日	7 月 16 日	7 月 18 日	7 月 21 日
1	襄阳	无水华	无水华	无水华	脆杆藻属（硅藻门)	蓝隐藻属（隐藻门)	蓝隐藻属（隐藻门)
2	余家湖	无明显水华	无明显水华	无水华	直链藻属（硅藻门)	鱼腥藻属（蓝藻门)	微囊藻属（蓝藻门)
3	蛮河口	轻度水华	轻度水华	—	直链藻属（硅藻门)	平裂藻属（蓝藻门)	—
4	中山口村	轻度水华	轻度水华	—	直链藻属（硅藻门)	直链藻属（硅藻门)	—
5	蒋家滩村	轻度水华	轻度水华	—	平裂藻属（蓝藻门)	直链藻属（硅藻门)	—
6	皇庄	轻度水华	轻度水华	无明显水华	伪鱼腥藻属（蓝藻门)	平裂藻属（蓝藻门)	直链藻属（硅藻门)
7	沙洋	轻度水华	轻度水华	无明显水华	直链藻属（硅藻门)	平裂藻属（蓝藻门)	直链藻属（硅藻门)
8	兴隆（坝下)	无明显水华	无水华	—	直链藻属（硅藻门)	颤藻属（蓝藻门)	—
9	泽口	无明显水华	无明显水华	无明显水华	直链藻属（硅藻门)	直链藻属（硅藻门)	直链藻属（硅藻门)
10	仙桃	轻度水华	轻度水华	无明显水华	直链藻属（硅藻门)	直链藻属（硅藻门)	直链藻属（硅藻门)
11	宗关	无明显水华	无明显水华	无明显水华	直链藻属（硅藻门)	直链藻属（硅藻门)	直链藻属（硅藻门)

从沿程变化来看（图 2.23），7 月 16 日和 18 日，汉江中下游襄阳—余家湖—皇庄—沙洋—泽口—仙桃—宗关断面藻密度呈现升高—降低—升高—降低的趋势，藻密度在皇庄和仙桃断面处于高值；7 月 21 日各断面藻密度均有所下降，汉江中下游沿程藻密度呈现先升高后降低的趋势，在泽口断面处于高值。泽口断面 3 次监测结果藻密度变化不大，均为无明显水华，在 7 月 16 日和 18 日两次监测中均为下游河段的藻密度低点，推测可能是因为兴隆大坝对藻类具有一定的拦截作用，减少了种源输入，且兴隆坝下—泽口河段沿线城镇相对较少，减少了点源集中排放。

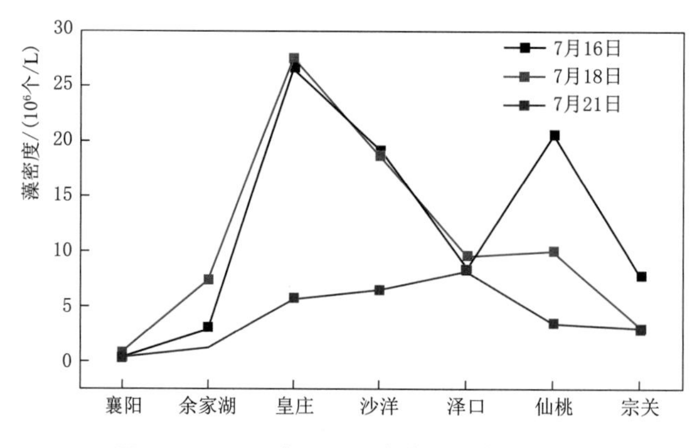

图 2.23 汉江中下游藻密度沿程变化趋势

7 月 16—21 日汉江中下游支流水华监测结果见表 2.17。7 月 16 日监测的 9 个支流断面中，有 7 个断面的优势种为蓝藻，占支流监测断面的 77.8%。7 月 18 日监测的郭滩、新甸铺、蛮河均以蓝藻门为优势种。7 月 21 日，以硅藻为优势种的断面数量上升，监测的 5 个断面中以蓝藻为优势种的占比为 40.0%。

表 2.17 汉江中下游支流水华监测结果

序号	监测断面	水华程度分级			优势种		
		7 月 16 日	7 月 18 日	7 月 21 日	7 月 16 日	7 月 18 日	7 月 21 日
1	郭滩	轻度水华	轻度水华	轻度水华	颤藻属（蓝藻门）	螺旋藻属（蓝藻门）	微囊藻属（蓝藻门）
2	新甸铺	中度水华	轻度水华	无明显水华	颤藻属（蓝藻门）	颤藻属（蓝藻门）	微囊藻属（蓝藻门）
3	浰河	无明显水华	—	—	实球藻属（绿藻门）	—	—
4	南湖泵站	轻度水华	—	无明显水华	平裂藻属（蓝藻门）	—	小环藻属（硅藻门）
5	竹皮河	无明显水华	—	—	伪鱼腥藻属（蓝藻门）	—	—
6	马集河	轻度水华	—	无明显水华	平裂藻属（蓝藻门）	—	直链藻属（硅藻门）
7	岔河	无明显水华	—	—	平裂藻属（蓝藻门）	—	—
8	引江济汉	无水华	—	—	直链藻属（硅藻门）	—	—
9	汉北河	无明显水华	—	—	鱼腥藻属（蓝藻门）	—	—
10	蛮河	—	轻度水华	无明显水华	—	平裂藻属（蓝藻门）	直链藻属（硅藻门）

2.5.3.4 重要控制断面应急监测

7 月 21 日监测结果显示，汉江中下游干支流多个断面水华态势出现明显缓解，按长江委有关部门指示要求，流域中心及时调整应急监测方案，持续对仙桃、宗关两个重要控制断面开展监测。

对重要控制断面连续监测结果（表2.18和图2.24）进行分析：7月19日降雨后，仙桃断面7月21日和24日两次监测均为无明显水华，但7月26日监测发现藻密度上升，至9月8日均为轻度水华，优势种以硅藻门（直链藻属）为主，9月1日和8日的两次监测优势种为蓝藻门（颤藻属、平裂藻属）。在17次监测中，仙桃断面以硅藻为优势种的测次占88.2%，以蓝藻为优势种的测次占11.8%。

表2.18　重要控制断面水华连续监测结果

序号	日期	仙桃		宗关	
		水华程度分级	优势种	水华程度分级	优势种
1	7月16日	轻度水华	直链藻属（硅藻门）	无明显水华	直链藻属（硅藻门）
2	7月18日	轻度水华	直链藻属（硅藻门）	无明显水华	直链藻属（硅藻门）
3	7月21日	无明显水华	直链藻属（硅藻门）	无明显水华	直链藻属（硅藻门）
4	7月24日	无明显水华	直链藻属（硅藻门）	无明显水华	伪鱼腥藻属（蓝藻门）
5	7月26日	轻度水华	直链藻属（硅藻门）	无明显水华	平裂藻属（蓝藻门）
6	7月28日	轻度水华	直链藻属（硅藻门）	无明显水华	伪鱼腥藻属（蓝藻门）
7	7月30日	轻度水华	直链藻属（硅藻门）	无明显水华	颤藻属（蓝藻门）
8	8月3日	轻度水华	直链藻属（硅藻门）	无明显水华	直链藻属（硅藻门）
9	8月8日	轻度水华	直链藻属（硅藻门）	轻度水华	直链藻属（硅藻门）
10	8月12日	轻度水华	直链藻属（硅藻门）	轻度水华	直链藻属（硅藻门）
11	8月17日	轻度水华	直链藻属（硅藻门）	轻度水华	直链藻属（硅藻门）
12	8月21日	轻度水华	直链藻属（硅藻门）	轻度水华	直链藻属（硅藻门）
13	8月26日	轻度水华	直链藻属（硅藻门）	轻度水华	直链藻属（硅藻门）
14	9月1日	轻度水华	颤藻属（蓝藻门）	轻度水华	直链藻属（硅藻门）
15	9月8日	轻度水华	平裂藻属（蓝藻门）	无明显水华	伪鱼腥藻属（蓝藻门）
16	9月15日	无明显水华	直链藻属（硅藻门）	无明显水华	直链藻属（硅藻门）
17	9月19日	无明显水华	直链藻属（硅藻门）	无明显水华	直链藻属（硅藻门）

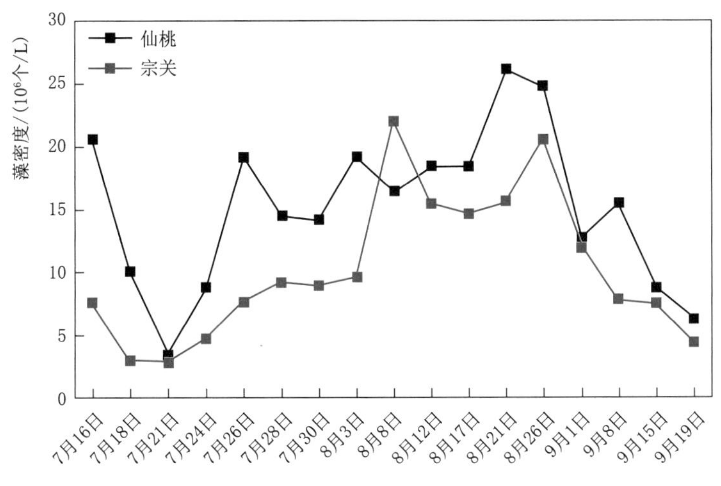

图2.24　重要控制断面藻密度演变

宗关断面监测 7 月 16 日至 8 月 3 日监测结果均为无明显水华，8 月 8 日至 9 月 1 日为轻度水华，9 月 8—19 日为无明显水华，优势种与仙桃断面相似，主要是硅藻门（直链藻属）和蓝藻门（伪鱼腥藻属、颤藻属、平裂藻属）。在 17 次监测中，宗关断面以硅藻为优势种的测次占 70.6%，以蓝藻为优势种的测次占 29.4%。在水华发生的时间上，宗关断面要滞后于仙桃断面，符合浮游藻类随着水流传播的特点。

2.6 本章小结

本章以汉江中下游主要水文水质站网监测成果为依据，并结合开展专项监测和调查，分析了汉江中下游水文情势在丹江口水库建库前后特性变化，水质主要监测指标变化情况和水华发生特点。

1. 水文监测分析

汉江中下游干流主要控制站在丹江口建库前后水文特性发生明显的变化。主要表现为：水位：建库前水位暴涨暴落，峰型尖瘦；建库后，受水库调节影响，枯季水位抬高，汛期水位则有所降低。流量：洪峰削减调平，年内分配趋于均匀；中水历时延长；枯水流量加大。泥沙：来沙过程得到了全面的调蓄控制，大量泥沙被拦在库内，坝下基本是清水下泄。

2. 水质监测分析

汉江中下游干流水质总体较好，常年稳定在Ⅱ～Ⅲ类，其中总磷浓度在 0.025～0.080mg/L 之间，氨氮浓度在 0.04～0.18mg/L 之间；部分支流水质较差，其中小清河口、唐白河口等水质类别在Ⅲ～Ⅴ类之间，主要超标项目为粪大肠菌群、氨氮、总磷、高锰酸盐指数、五日生化需氧量；虽然总氮项目不参与水质评价，但汉江中下游水体总氮本底值较高，主要以硝态氮的形式存在，干流总氮含量在 1.28～1.77mg/L 之间；个别支流（如小清河口、唐白河口等）总氮含量更高，最高达到了 1.74～～3.32mg/L。

从汉江中下游干流沿江总磷变化情况分析，根据长系列资料可将其分为三段：丹江口坝下—襄阳河段总磷含量较低，一般在 0.023～0.029mg/L 之间；余家湖—皇庄河段总磷含量逐渐升高，在 0.047～0.053mg/L 之间；仙桃—龙王庙河段总磷含量最高，在 0.070～0.085mg/L 之间。综上所述，根据目前河流水体富营养化发生阈值（总氮大于 1.5mg/L，总磷大于 0.075mg/L）的共识判断，汉江下游仙桃—龙王庙河段已满足水华暴发的营养盐供给条件。

综合历次水华事件，汉江中下游水华主要呈现以下特点：

(1) 时间上，大多发生在汉江枯水期，主要在 1—3 月，以 2 月最为集中，此阶段中下游河段流量较小。2022 年 7 月首次在夏季监测到水华，其间中下游流量同期相对较小。

(2) 空间上，历次水华发生区域主要分布在钟祥—河口（龙王庙）江段，2014 年之前主要发生在潜江以下江段，2014 年兴隆水利枢纽建成运行后，水华范围扩展至沙洋河段，影响范围呈扩大趋势。

(3) 以水华优势种群看，主要为硅藻。2022 年水华优势种群发展为硅藻和蓝藻，为近 20 年来在夏季首次出现蓝藻水华。

参 考 文 献

[1] STUMM W，MORGAN J J. Aquatic chemistry：chemical equilibria and rates in natural waters [M]. 3rd ed. New York：John Wiley and Sons，1996：744.

[2] SMITH V H. Low nitrogen to phosphorus ratios favor dominance by blue - green algae in lake phytoplankton [J]. Science，1983，221：669 - 671.

[3] 唐汇娟. 武汉东湖浮游植物生态学研究 [D]. 武汉：中国科学院水生生物研究所，2002：1 - 99.

[4] 吴兴华，殷大聪，李翀. 2015—2016 年汉江中下游硅藻水华发生成因分析 [J]. 水生态学杂志，2017，38 (6)：19 - 26.

[5] 国家环境保护总局. GB 3838—2002 地表水环境质量标准 [S]. 北京：中国标准出版社，2002.

[6] 殷大聪，尹正杰，杨春花，等. 控制汉江中下游春季硅藻水华的关键水文阈值及调度策略 [J]. 中国水利，2017 (9)：31 - 34.

汉江水文情势变化和水生态环境综合评价

河流径流主要受到气候变化和下垫面变化两方面影响[1]。其中下垫面变化也可称为人类活动影响，涵盖土地利用、植被变化，人类取用水、水库调蓄等[2]。汉江流域已经修建了大量的引调水、水库电站等水利工程，这些工程为人类带来了极大的经济社会效益的同时，也对汉江中下游水文情势产生了扰动和影响，对水生态环境产生诸多不利的影响，如河流径流量减少、出现物种多样性减少、水体富营养化等一系列的水生态问题[3]。本章分析汉江上游径流变化归因，探讨汉江中下游水文情势改变度估算法，开展汉江流域水生态文明建设和“幸福河”综合评价。

3.1 汉江上游径流变化归因分析

目前，径流变化归因分析方法可分为牛顿法和达尔文法[4]。前者着眼于微观角度，而后者更偏向于宏观视角。牛顿法基于质量守恒定律和能量守恒定律，考虑了分析单元在垂直、水平方向的输入、输出，以物理方程的形式刻画流域产汇流过程。分布式水文模型可以归为该类方法，如 SWAT（soil and water assessment tool）模型[5]，尽管其在一些应用中模拟性能良好，但模型对输入数据资料要求较高，难以精准量化变化中的多种人类活动干扰。例如，高分辨率时变土地利用参数获取，水库在不同时间会根据运行管理的需求采取不同的蓄放水策略，河道取用水具有非恒定性和不确定性。同时，水文循环的部分物理过程缺失、模型结构缺陷、系统误差等问题，均可能导致模拟偏差。

达尔文法以观察和经验为基础，以系统性的思考来解译水文循环，能够更简单、准确、高效地阐明气候变化和人类活动对水文循环的影响。Budyko 理论方法[6] 是分析降水 P 与蒸发 E 和径流 Q 的便捷工具，已在一些受到强人类活动影响的流域得到了应用[7]。基于 Budyko 假设的弹性系数较易获取，是研究较长时间尺度下流域径流变化的有效方法[8]。然而，弹性系数的计算方法多样，所求的解非唯一，导致计算结果产生误差。现有的 Budyko 理论方法主要是关注多年平均和年尺度上的径流变化[9]，未能对月、季径流情势指标变化进行解释。

汉江作为我国最严格水资源管理制度的试点流域，开展气候变化和流域下垫面变化对径流情势指标影响的定量分析，对保障南水北调中线工程平稳运行、合理开发利用水资源及加强水生态环境保护具有重要价值。杜涛等[10] 采用水文模型分析了气候变化和人类活动对丹江口入库径流的影响，得出气候变化影响约占43.2%；赵香桂等[11] 开展了汉江上游时变水热耦合参数的演变及归因分析，认为下垫面的变化是该地区水热状况改变的驱动因素；李敏欣等[12] 量化了多要素对白河流域径流变化的贡献率，发现气候变化对径流的影响呈减弱趋势。

径流情势指标反映了长期以来观察到的各种径流状态，本节选取3项径流情势指标，分别为年径流量 Q_a、汛期径流量 Q_{wet} 和非汛期径流量 Q_{dry}，分析其变化归因。选用安康和白河两座水文站1961—2020年日径流数据。气象站点数据源于中国气象局，包括气温（最低、平均和最高温度）、降水、风速、压强及长短波辐射，采用 Thiessen 多边形方法进行面上插值处理。研究探讨刻画汉江上游近60年径流情势指标演变规律，并对各径流情势指标进行突变检验以划分基准期和干扰期；构建基准期的径流情势指标与年径流深及气象参数的回归模型，获取各径流情势指标的微分方程；基于 Budyko 假设的多种方法，定量分离气候变化和下垫面变化对径流情势指标的贡献。

采用包括降水和蒸发量能力在内的多项气象参数表征集水区气候变化，收集并整理了17项气象参数构成数据集，这些参数从不同角度描述了气候变化，如幅度或持续时间[13]。共包含10项降水类参数及7项蒸散发能力参数，分别是年降水量 P、最大7d降水量 P_7、汛前降水量 P_{pre}、汛期降水量 P_w、汛后降水量 P_{post}、非汛期降水量 P_D、无降水天数 D_0、非汛期无降水天数 D_{0d}、降水量变差系数 P_{cv}、非汛期与汛期降水量比值 Ratio _ P，以及年蒸散发能力 E_0、最大7d蒸散发能力 E_{07}、汛前蒸散发能力 E_{0pre}、汛期蒸散发能力 E_{0w}、汛后蒸散发能力 E_{0post}、蒸散发能力变差系数 E_{0cv}、非汛期与汛期蒸散发能力比值 Ratio _ E_0。采用 Penman - Monteith 公式计算蒸散发能力。

3.1.1 气候变化和下垫面变化影响分离框架

3.1.1.1 时间序列变异检验

在气候变化及人类活动影响下径流可能会产生变异，首先采用非参数 Mann - Kendall 检验[14] 来检测每个径流情势指标的突变点，然后根据突变结果将序列划分为基准期及干扰期。考虑到突变点的一致性，采用每个径流情势指标突变年份的平均值作为突变点，以突变点前基准期的气象水文参数作为分析径流情势指标与气象参数统计关系的输入。

3.1.1.2 径流情势指标特征方程构建

根据以往的研究[15]，可将年径流和其他气象参数作为解释变量，表示如下：

$$SS = b_0 Q^{b_Q} \prod_{i=1}^{N} CM_i^{b_i} \tag{3.1}$$

式中：SS 为选定的径流情势特征值，mm；Q 为年径流量，mm；b_1，…，b_N 为不同参数的系数；CM_i 为第 i 个气象参数。

式（3.1）可以通过对数转换为多元线性回归模型，即

$$\ln SS = \ln b_0 + b_Q \ln Q + \sum_{i=1}^{N} b_i \ln CM_i \tag{3.2}$$

采用逐步回归方法选择各径流情势特征指标对应的3项最显著气象参数。

3.1.1.3 基于Budyko假设的分离方法

Budyko认为年平均蒸散发量主要受可利用水分和大气对地表的蒸发能力控制。选取了两个广泛使用的Budyko函数，即Fu公式[16] 和Mezentsev-Choudhury-Yang公式[17]，分别为

$$\frac{E}{P} = 1 + \frac{E_0}{P} - \left[1 + \left(\frac{E_0}{P}\right)^{\omega}\right]^{\frac{1}{\omega}} \tag{3.3}$$

$$\frac{E}{P} = \frac{\dfrac{E_0}{P}}{\left[1 + \left(\dfrac{E_0}{P}\right)^{n}\right]^{\frac{1}{n}}} \tag{3.4}$$

式中：P为降水量，mm；E_0为蒸散发能力，mm；E为实际蒸散发，mm；ω和n为无量纲参数。

从长期来看，集水区内土壤含水量的变化可以忽略不计，Q可以被视为P和E的差值。

本书使用两类方法对径流变化归因。第一类方法是较为广泛使用的全微分法，采用Fu公式和Mezentsev-Choudhury-Yang公式，分别记为TD-Fu法和TD-Yang法。第二类方法为基于Budyko假设提出的互补关系法（Budyko complementary relationship method，BCR）[18]。上述方法均认为降水量P独立于E_0，并且P和E_0同时与参数ω或n独立。以下给出三种方法的简要说明。

1. TD-Fu法

将年径流量以全微分的形式表示为

$$\mathrm{d}Q = \frac{\partial Q}{\partial P}\mathrm{d}P + \frac{\partial Q}{\partial E_0}\mathrm{d}E_0 + \frac{\partial Q}{\partial \omega}\mathrm{d}\omega \tag{3.5}$$

式中：$\frac{\partial Q}{\partial P}$、$\frac{\partial Q}{\partial E_0}$、$\frac{\partial Q}{\partial \omega}$分别为径流量$Q$对降水量$P$、蒸散发能力$E_0$和参数$\omega$的敏感系数，可用基准期平均数据估算。

径流变化可近似表示为

$$\Delta Q \approx \left[\left(\frac{\partial Q}{\partial P}\right)_1 \Delta P + \left(\frac{\partial Q}{\partial E_0}\right)_1 \Delta E_0 + \left(\frac{\partial Q}{\partial \omega}\right)_1 \Delta \omega\right] \tag{3.6}$$

$$\Delta Q \approx \left[\left(\frac{\partial Q}{\partial P}\right)_2 \Delta P + \left(\frac{\partial Q}{\partial E_0}\right)_2 \Delta E_0 + \left(\frac{\partial Q}{\partial \omega}\right)_2 \Delta \omega\right] \tag{3.7}$$

式（3.6）为向前近似，即敏感系数与从初始状态到末状态的变化有关，式（3.7）为向后近似。使用加权系数α对式（3.6）和式（3.7）进行线性组合，由气候变化引起的径流变化ΔQ_{P+E_0}及由下垫面变化引起的径流变化ΔQ_{ω}可分别表示为

$$\Delta Q_{P+E_0} = \alpha\left[\left(\frac{\partial Q}{\partial P}\right)_1 \Delta P + \left(\frac{\partial Q}{\partial E_0}\right)_1 \Delta E_0\right] + (1-\alpha)\left[\left(\frac{\partial Q}{\partial P}\right)_2 \Delta P + \left(\frac{\partial Q}{\partial E_0}\right)_2 \Delta E_0\right] \tag{3.8}$$

$$\Delta Q_{\omega}=\alpha\left(\frac{\partial Q}{\partial \omega}\right)_{1}\Delta\omega+(1-\alpha)\left(\frac{\partial Q}{\partial \omega}\right)_{2}\Delta\omega \tag{3.9}$$

加权系数 α 的值可设为 0、0.5 和 1。

2. TD-Yang 法

TD-Yang 法替换基于 Budyko 理论的 Fu 公式并且得到新的偏微分方程，具体推导过程同 TD-Fu 法。两全微分法中由气候变化引起的径流变化 ΔQ_{P+E_0} 见式（3.8），而 TD-Yang 法中由下垫面变化引起的径流变化 ΔQ_n 可以通过$\left[\alpha\left(\frac{\partial Q}{\partial n}\right)_1\Delta n+(1-\alpha)\left(\frac{\partial Q}{\partial n}\right)_2\Delta n\right]$计算。

3. Budyko 互补关系法

Zhou et al.[18] 在 P 和 E_0 相互独立的假设下，Q 对 P 和 E_0 的偏弹性系数存在以下互补关系：

$$\frac{\partial Q/Q}{\partial P/P}+\frac{\partial Q/Q}{\partial E_0/E_0}=1 \tag{3.10}$$

基于上述 Budyko 互补关系，Zhou et al.[19] 提出了 Budyko 互补关系法，该法能够将径流变化的影响因子准确地划分为降水、蒸散发和下垫面变化，而且还允许使用加权系数来确定气候和下垫面变化效应的上下限。径流总体变化及由下垫面导致的径流变化量分别为

$$\begin{aligned}\Delta Q=&\alpha\left[\left(\frac{\partial Q}{\partial P}\right)_1\Delta P+\left(\frac{\partial Q}{\partial E_0}\right)_1\Delta E_0+P_2\Delta\left(\frac{\partial Q}{\partial P}\right)+E_{0,2}\Delta\left(\frac{\partial Q}{\partial E_0}\right)\right]\\&+(1-\alpha)\left[\left(\frac{\partial Q}{\partial P}\right)_2\Delta P+\left(\frac{\partial Q}{\partial E_0}\right)_2\Delta E_0+P_1\Delta\left(\frac{\partial Q}{\partial P}\right)+E_{0,1}\Delta\left(\frac{\partial Q}{\partial E_0}\right)\right]\end{aligned} \tag{3.11}$$

$$\Delta Q_c=\alpha\left[P_2\Delta\left(\frac{\partial Q}{\partial P}\right)+E_{0,2}\Delta\left(\frac{\partial Q}{\partial E_0}\right)\right]+(1-\alpha)\left[P_1\Delta\left(\frac{\partial Q}{\partial P}\right)+E_{0,1}\Delta\left(\frac{\partial Q}{\partial E_0}\right)\right] \tag{3.12}$$

3.1.1.4 微分方程的推导与求解

流域属性在很大程度上决定了径流情势指标，通过建立基准流域属性和径流情势指标之间的多重对数线性回归关系，可以定量分析气候变化和下垫面变化对径流影响的贡献。根据式（3.2），新的微分方程可表示为

$$\frac{\Delta SS}{SS}=\frac{b_Q}{Q}\Delta Q+\sum_{i=1}^{N}\frac{b_i}{CM_i}\Delta CM_i \tag{3.13}$$

结合式（3.5）及 Budyko 框架下的影响分离方法，气候变化对径流情势指标的贡献可定量为

$$\Delta SS^{P+E_0}=b_Q\frac{SS}{Q}\Delta Q_{P+E_0}+\sum_{i=1}^{N}b_i\frac{SS}{CM_i}\Delta CM_i \tag{3.14}$$

下垫面变化对径流情势指标的贡献为

$$\Delta SS^c=\Delta SS-\Delta SS^{P+E_0} \tag{3.15}$$

因此气候变化及下垫面变化对径流情势指标变化影响的贡献率 P_{P+E_0} 和 P_c 为

$$\begin{cases} P_{P+E_0} = \dfrac{\Delta SS^{P+E_0}}{|\Delta SS^{P+E_0}| + |\Delta SS^c|} \times 100\% \\ P_c = \dfrac{\Delta SS^c}{|\Delta SS^{P+E_0}| + |\Delta SS^c|} \times 100\% \end{cases} \tag{3.16}$$

3.1.2 月水量平衡模型

采用 ABCD 月水量平衡模型对结果进行验证[20]。该模型以水量平衡为基本原理，输入以降水和蒸散发能力，将储水动态分解为土壤水和地下水两部分，定义可用水量 W 和可能蒸散发量 Y 两个状态变量，并假设是非线性函数，则在时间步长 t 内有

$$Y_t = \frac{W_t + b}{2a} - \sqrt{\left(\frac{W_t + b}{2a}\right)^2 - \frac{W_t b}{a}} \tag{3.17}$$

式中：a 为土壤含水量完全饱和之前发生径流的概率，a 的范围在 0～1 之间；b 为土壤蓄水量和蒸散量之和的上限，mm。

降水量减去可能蒸散发量后的余量，可被分为直接径流 D_t 和地下水补给 R_t，即

$$D_t = (1 - c)(W_t - Y_t) \tag{3.18}$$

$$R_t = c(W_t - Y_t) \tag{3.19}$$

式中：c 为地下水补给系数。

模型以线性水库法对地下水层模拟，即

$$F_t = dG_t \tag{3.20}$$

式中：G_t 为地下水储量，mm；F_t 为基流，mm；d 为地下水储放系数。将直接径流 D_t 与基流 F_t 相加即为总径流。

选择 Nash - Sutcliffe 效率系数（Nash - Sutcliffe efficiency coefficient，NSE）及 Kling - Gupta 效率系数（Kling - Gupta efficiency coefficient，KGE）为目标函数，采用遗传算法（genetic algorithm，GA）对 a、b、c 和 d 这四个参数进行率定，确定全局最佳组合参数值。其中初始土壤蓄水量和地下水初始蓄水量通过多次迭代在模型预热期确定[21]。

3.1.3 计算结果分析

3.1.3.1 径流情势特征变异

Mann - Kendall 检验结果如图 3.1 所示。安康水文站各项径流情势指标的突变年份发生在 1972—1990 年之间，非汛期的平均径流突变最早，在 1972 年发生了突变，年径流和汛期径流突变均发生在 1990 年。1972 年安康发生大旱[22]，而安康水库于 1989 年 12 月下闸蓄水，1990 年 12 月 12 日第一台机组投产发电，1992 年 12 月 25 日机组全部投产，水库水电站运行极大改变了天然径流时程分布规律。白河水文站各项径流情势指标的突变年份与安康水文站保持一致，这主要是因为两站为干流相邻控制型水文站，区间无大型水库。考虑到各项径流情势指标发生变异时间的不唯一性，为了确保各站点分析的统一性，取各项径流情势指标的平均变异年份作为该站的突变年份。因此最终取两水文站平均突变年份均为 1984 年[23]，采用 Pettittt 突变检验等方法对时间序列进行了检验，检验结果相

近，保证了突变检验结果的可靠性。

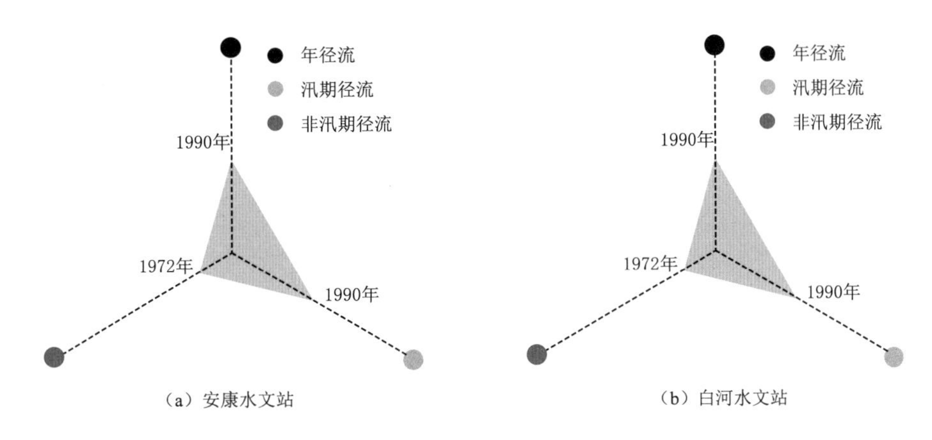

图 3.1 Mann-Kendall 检验结果

由表 3.1 可知，变异后各站年径流均有较大幅度地下降，分别下降了 23.39%和 23.18%。降水驱动陆地表面过程并对径流的形成有重要影响，各水文站控制流域面积的降水量同径流呈现一致下降趋势，分别下降了 7.07%和 6.17%。同时，各站点控制流域面积蒸散发能力有轻微下降。综上可知，相较于基准期，干扰期的降水变幅要明显小于径流变幅，而蒸散发能力变化不大，因此，流域下垫面属性对降雨径流关系产生了一定程度的影响。相比前两项径流情势指标，各站的汛期径流量 Q_{wet} 下降幅度更大，两站汛期径流量分别下降了 26.43%和 26.04%，一方面与流域气候变干降水减少有关，另一方面与土地利用变化、人类活动取用水及水库调蓄有关。此外非汛期两站径流也呈下降趋势。

表 3.1　　径流情势指标、年降水量和蒸散发能力在变异前后的统计结果

指　标	安康水文站			白河水文站		
	1961—1984 年	1985—2020 年	改变率/%	1961—1984 年	1985—2020 年	改变率/%
$Q_a/(m^3/s)$	595.83	456.49	−23.39	476.82	366.29	−23.18
$Q_{wet}/(m^3/s)$	942.57	693.42	−26.43	752.05	556.23	−26.04
$Q_{dry}/(m^3/s)$	243.34	215.62	−11.39	197.03	173.20	−12.09
P/mm	989.08	919.20	−7.07	919.81	863.08	−6.17
E_P	904.50	886.03	−2.04	921.00	909.17	−1.28

3.1.3.2 径流情势特征估计

综合考虑各气象因子的选取，选择多元线性回归模型和各项评价指标（相关系数 r、相对偏差 $BIAS$、均方根误差 $RMSE$）确定最佳方案。表 3.2 列出了两个站点的径流情势指标的多重对数线性回归结果。安康水文站径流情势指标的相关系数 r 分别为 0.99 和 0.93，白河水文站的相关系数 r 分别为 0.99 和 0.92。两站的平均相关系数均为 0.96，表明多元对数线性回归方法能较好地拟合大多数径流情势指标，相关系数大于 0.90。从相

对偏差 $BIAS$ 的角度看，最大的偏差（绝对值为0.714%）出现在白河水文站的 Q_{dry} 模拟中，所有径流情势指标的偏差值都在±1%以内。以均方根误差 $RMSE$ 评估多元对数线性回归结果时，各站汛期径流 $RMSE$ 控制在35mm内，而非汛期径流控制在25mm内。因此，从整体上看，多元对数线性回归模型能够捕捉到径流情势指标与气候参数之间的非线性关系，并在估计径流情势指标方面具有一定的稳健型。

表3.2　　基准期的径流情势指标方程及相关评价指标

水文站点	径流指标	特征方程	r	$BIAS$ /%	$RMSE$ /mm
安康	Q_{wet}	$\ln Q_{wet}=-2.064+1.132\ln Q-0.046\ln P-0.199\ln \mathrm{Ratio}-P+0.397\ln E_{0-post}$	0.99	−0.037	33.64
	Q_{dry}	$\ln Q_{dry}=1.130+0.244\ln Q+0.165\ln P_{post}+0.660\ln P_D+2.127\ln E_{0-cv}$	0.93	−0.535	23.68
白河	Q_{wet}	$\ln Q_{wet}=-1.041+0.955\ln Q+0.077\ln P+0.151\ln P_{pre}-0.330\ln \mathrm{Ratio}-P$	0.99	0.041	29.02
	Q_{dry}	$\ln Q_{dry}=12.618+1.376\ln Q-1.953\ln P_w+0.359\ln P_D-1.121\ln E_{0-post}$	0.92	−0.714	24.61

3.1.3.3　气候变化和下垫面变化对径流影响的量化分离

根据不同方法计算的 ΔQ_{P+E_0}、ΔQ_ω、ΔQ_n 及 ΔQ_c 结果见表3.3。由表可知，采用各种方法计算的 ΔQ_{P+E_0} 基本一致，其间的细小差异是计算过程中参数有效位数的取舍所导致，影响可忽略不计。此外，随着权重因子 α 的变化，ΔQ_{P+E_0}、ΔQ_ω、ΔQ_n 及 ΔQ_c 也会随之线性变化。在过去的几十年中，气候条件和下垫面不断产生变化，α 并非一个定值，额外分析了 α 为0、0.5、1这三种变化路径中气候变化和下垫面变化对径流变化的影响，并分别阐释不同变化路径下气候变化和下垫面变化对径流变化的影响。对比全微分法和互补关系法可以看出，全微分法计算得到的预估 ΔQ 和 α 的选取是息息相关的，而利用互补关系法可以准确地计算出径流年均值的变化，虽然 ΔQ_{P+E_0} 和 ΔQ_c 二者的值会随着权重因子 α 的改变而改变，但是其总和是保持一致的。另外，当 $\alpha=1$ 时，ΔQ_{P+E_0} 贡献率最大；当 $\alpha=0$ 时，ΔQ_{P+E_0} 贡献率最小。当 $\alpha=1$ 或0时，实测径流变化与预估径流变化都会有一定程度的差异，这意味着向前近似和向后近似都会导致 ΔQ 的估算误差。由表3.3可知，当 $\alpha=0.5$ 的时候，误差会明显减少，能较好拟合实测径流与预估径流的变化，因此选用 $\alpha=0.5$ 作为后续影响划分的基础。

表3.3　　不同方法计算的 ΔQ_{P+E_0}、ΔQ_ω、ΔQ_n 及 ΔQ_c 结果

方法	站点	$\alpha=1$			$\alpha=0.5$			$\alpha=0$			ΔQ_{-obse}
		ΔQ_{P+E_0}	ΔQ_h	ΔQ_{-esti}	ΔQ_{P+E_0}	ΔQ_h	ΔQ_{-esti}	ΔQ_{P+E_0}	ΔQ_h	ΔQ_{-esti}	
TD-Fu法	安康	−52.38	−109.13	−161.51	−50.06	−91.02	−141.08	−47.74	−72.92	−120.66	−139.35
	白河	−40.21	−86.61	−126.83	−38.47	−73.22	−111.69	−36.72	−59.83	−96.55	−110.53
TD-Yang法	安康	−52.32	−107.82	−160.14	−50.02	−90.73	−140.74	−47.71	−73.64	−121.35	−139.35
	白河	−40.22	−85.94	−126.16	−38.49	−73.05	−111.54	−36.76	−60.16	−96.92	−110.53
BCR法	安康	−52.32	−87.02	−139.35	−50.02	−89.33	−139.35	−47.71	−91.63	−139.35	−139.35
	白河	−40.22	−70.32	−110.53	−38.49	−72.04	−110.53	−36.76	−73.77	−110.53	−110.53

注　ΔQ_h 在三种方法下分别对应 ΔQ_ω、ΔQ_n 及 ΔQ_c，ΔQ_{-esti} 和 ΔQ_{-obse} 分别指模拟 ΔQ 和观测 ΔQ。

由前述分析可知，全微分法采用向前近似法或者向后近似法，但计算结果显示出两种方法均会产生一定程度的误差，模拟和实测流量变化的差异会导致结果的不准确性。因此，综合考虑各种计算方法的性质后选用 BCR 法的结果进行展示，如图 3.2 所示。

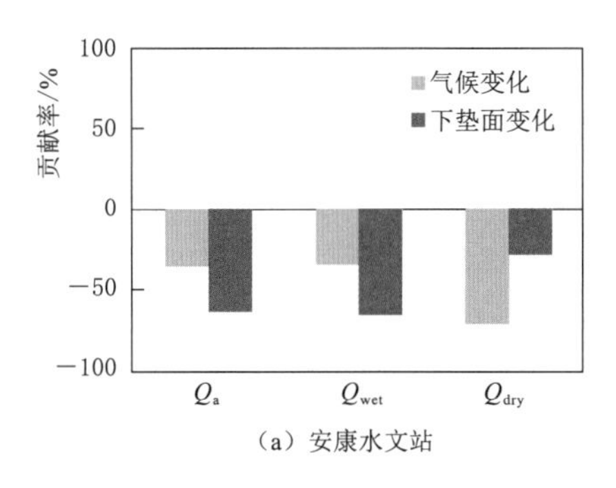

（a）安康水文站

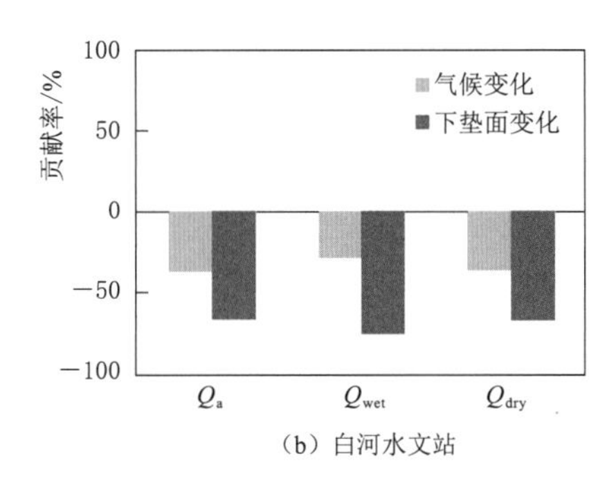

（b）白河水文站

图 3.2　气候变化与下垫面变化对径流情势指标变化的贡献程度

贡献率为负值表明该项因素对径流情势指标变化有负向作用，即在该因素影响下径流情势指标减小，反之亦然。对气候变化而言，其对安康水文站集水区径流情势指标变化的贡献率为−71.12%～−34.58%，对白河水文站集水区径流情势指标变化的贡献率为−35.11%～−26.29%。从上游到下游，气候变化对两个水文站径流情势指标贡献的平均绝对值分别为 47.20%和 32.07%。综合考虑各水文站，气候变化对各站径流情势指标（Q_a、Q_{wet}、Q_{dry}）贡献的平均绝对值分别为 35.36%、30.43%和 53.11%。

对流域下垫面变化而言，其对安康水文站集水区径流情势指标变化的贡献率为−65.42%～−28.88%，对白河水文站集水区径流情势指标变化的贡献率为−73.71%～−64.90%。从上游到下游，下垫面变化对各站径流情势指标贡献的平均绝对值分别为 52.80%和 67.93%。综合考虑各水文站，下垫面变化对各径流情势指标贡献的平均绝对值分别为 64.64%、69.57%和 46.89%。

3.1.3.4　与水文模型结果比较

采用 ABCD 月水量平衡模型验证扩展 Budyko 框架，分离径流情势指标贡献结果。以安康水文站为代表，安康水文站径流变异年份为 1984 年，因此设定 1961—1978 年为模型率定期，1979—1984 年为模型验证期，分别以两段时期的气象参数作为模型输入。经遗传算法对参数校准后，率定期和验证期的 *KGE* 分别为 0.86 和 0.94，*NSE* 分别为 0.85 和 0.91，两段时期的 *KGE* 及 *NSE* 均不小于 0.85，说明该模型能较好地模拟月降雨径流过程。ABCD 月水量平衡模型的率定及验证效果如图 3.3 所示。

采用率定后的 ABCD 月水量平衡模型，模拟得到天然径流系列，以观测-模拟对比分析方法对径流变化进行归因分析。为考虑模型本身可能产生的系统误差，本书认为两时期的模拟径流情势指标之差由气候变化而导致，总径流情势指标变化减去气候变化影响量即为人类活动影响量，再结合式（3.16）进行贡献分析。观测-模拟对比分析方法得到的气候变化对 Q_a、Q_{wet} 和 Q_{dry} 的贡献率分别为−42.36%、−38.53%及−77.40%，人类活动对径流情势指标的贡献率分别为−57.64%、−61.47%及−22.60%，可见，基于

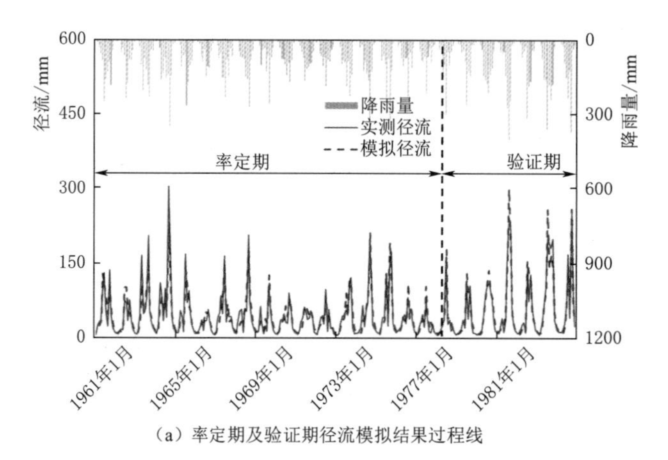

（a）率定期及验证期径流模拟结果过程线

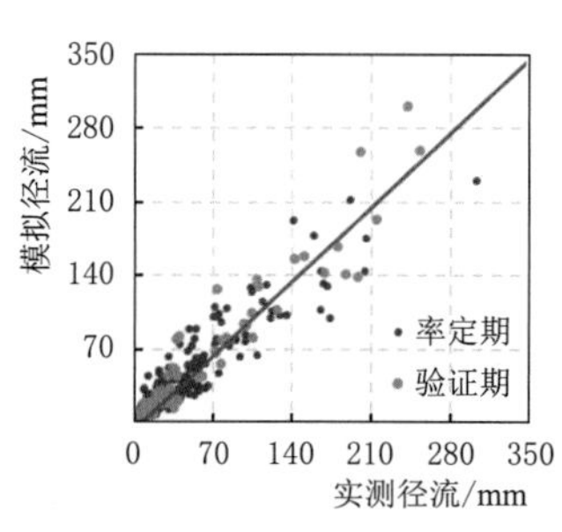

（b）率定期及验证期径流模拟结果散点图

图 3.3 ABCD 月水量平衡模型的率定及验证效果

Budyko 扩展框架的方法与基于水文模型的观测-模拟对比分析方法对气候变化和人类活动的贡献分离结果较为接近，所提出的方法得到了验证。

3.1.3.5 汉江上游径流变化归因结论

本节扩展了 Budyko 框架并引入微分方程，分离气候变化和下垫面变化对多种径流情势指标的影响。该框架被用于定量分离 1961—2020 年汉江上游气候变化和下垫面变化对年径流量 Q_a、汛期径流量 Q_{wet} 和非汛期径流量 Q_{dry} 三项径流情势指标的贡献，并用以水文模型为基础的观测-模拟对比分析方法来验证结果的合理性，主要研究结论如下[24]：

（1）各水文站径流情势指标序列经突变检验均有突变点出现。各径流情势指标在变异后明显减小，安康水文站和白河水文站汛期平均径流下降率分别为 23.39%和 23.18%；汛期平均径流下降幅度更大，而非汛期径流下降幅度较小。

（2）所构建的多元回归模型能够较好地拟合径流情势指标，安康水文站和白河水文站模型拟合的平均相关系数均为 0.96，相对偏差控制在±1%以内，能够较好地捕捉到径流情势指标同气象参数之间的非线性，并在估计径流情势指标方面具有一定的稳健性。

（3）全微分法中的向前近似或者向后近似，均会产生一定程度的误差，不同 Budyko 方程分离的结果差异可以忽略不计。基于 Budyko 假设的互补关系法能够将径流变化的影响因子准确地划分为气候变化和下垫面变化，无须假定气候变化和下垫面变化对径流变化具有相同的贡献特征，且不存在计算误差。

（4）ABCD 月水量平衡模型率定期和验证期的 KGE 分别为 0.86 和 0.94，NSE 分别为 0.85 和 0.91，具有较好的模拟效果。基于 ABCD 月水量平衡模型的观测-模拟对比分析方法，验证气候变化和人类活动的贡献分离结果，与基于 Budyko 扩展框架方法的结果较为接近。

（5）气候变化和下垫面变化对各集水区各径流情势指标变化的贡献率不一。综合考虑各水文站，气候（流域下垫面）变化对安康水文站各径流情势指标贡献的绝对值分别为 35.89%(64.11%)、34.58%(65.42%) 和 71.12%(28.88%)，对白河水文站各径流情势指标贡献的绝对值分别为 34.82%(65.18%)、26.29%(73.71%) 和 35.11%(64.89%)。

3.2 汉江中下游水文情势改变综合估算法

3.2.1 水文情势变异指标与研究进展

水文情势是指自然水体（如河流、湖泊以及水库等）的降水、蒸发、径流、水质等诸多水文要素随时间、空间的变化情况。水文情势是河流和河漫滩生态系统的主要驱动力，它和水生生物多样性也同样存在重要联系，其通过直接或间接的方式作用于生态系统进而影响生境、生物组成。水文情势的变化与河流健康、河流生态系统的生态完整性息息相关，然而随着经济社会的发展，人类为满足防洪、供水、发电、农业及航运等而对河流进行的开发使得水文情势出现大幅度变化，这些变化必然改变生态系统。良好的河流生态环境是水资源开发利用能够可持续、高质量发展的重要前提和保障。

水文情势变异分析是评估河流水文要素波动、生态系统变化及水利工程开发影响的重要途径。水文情势变异性分析都是基于对水文指标的研究，水文指标可以定量、定性表征水文过程的改变程度。Richter et al.[25] 于 1996 年提出水文改变指标（indicators of hydrologic alteration，IHA），包含 32 个指标，需要的数据较少且较易获得，可以定量描述水文情势的变化。Poff et al.[26] 将水文情势分为流量量级、频率、时刻、历时、变化率五个方面，并强调其通过对水质、能量、物理栖息地、生物相互作用影响生态完整性。许多学者先后提出了 200 多个水文指标用于描述水文特性，并分析了各指标的必要性和冗余情况，指出可以用主成分分析（principal component analysis，PCA）、Mantel 检验等方法选择高信息、非冗余的指标用于描述水文情势[27-29]。

美国大自然保护协会（Nature Conservancy of the United States）提出 33 个 IHA 指标。包含流量量级、极值、时刻、历时、变化率五个方面并进而分为五组[30]。其中，相较于原始的 32 个指标，在第二组增加了基流指数（年最小 7d 流量与年均流量之比）和断流天数两个指标，同时将第五组中流量增加和减少次数这两个指标替换为流量逆转次数[流量由增加（减少）变为减少（增加）的次数]。为了找到更确切描述评价水文情势改变程度的指标，Richter et al.[31] 进一步提出了变化范围法（range of variability approach，RVA）。IHA - RVA 法是利用 IHA 指标的自然变化范围作为设定目标，用于指导恢复或维持河流自然流量的工作。IHA - RVA 法定义了指标变化的部分或全部自然范围，若将每个水文指标的年值保持在目标值范围内就实现了对生境的保护和恢复。IHA - RVA 法已广泛应用于国内外评价水文情势变化的研究中。Shiau et al.[32] 用 IHA - RVA 法评估中国台湾拦河堰造成的水文变化；Kim et al.[33] 利用水文变化指标 IHA 评估气候变化对韩国汉江流域水流状况的影响；Duan et al.[30] 使用 IHA - RVA 法评估长江上游大型水库群的运行对宜昌站水文情势的改变情况；郭文献等[34] 选用 IHA - RVA 法，评价长江上游鱼类保护区河段生态水文的变化情况及其对鱼类数量的影响；康泽璇等[35] 通过 IHA - RVA 法探讨了大通河上中游水文情势受气候变化的影响情况。但 IHA - RVA 法的不足之处也较多：①它仅考虑指标在目标范围内（即天然或人类活动影响前的第 25%和 75%百分位数之间）的频率，而忽略其在范围内具体的分布情况；②仅考虑目标范围内指标值的变化，忽略了超出目标范围的水文改变指标[36]；③主要考虑了目标范围和人类活动影响前后水文改变指标值的频率差异，而忽略了与水文年类型（即大水年、平水年和干旱年）和时间顺序等相关的变化[37]。

基于 IHA 指标，又衍生出一系列水文变异性的评估方法。Black et al.[38] 提出邓迪水文情势改变法（Dundee hydrological regime alteration method，DHRAM），计算 IHA 指标均值和离差系数 C_v，并通过风险概念与生态影响联系起来，假设生态系统结构受损的风险与 IHA 描述的水文状况的累积畸变成正比，最终输出是一个介于 1 级（未受影响的情况）和 5 级（严重受影响的情况）之间的 DHRAM 级别。Shiau 和 Wu[36] 提出了一种直方图匹配法（histogram matching approach，HMA）来量化径流的改变。研究证明直方图可以包含指标的所有统计信息，包括关于大水年、平水年和干旱年的信息。然而，HMA 法用二次形式距离描述频率直方图的非相似性存在漏洞，同时公式设置在数学角度也存在不合理性。Huang et al.[39] 在 HMA 法启发下采用直方图比较法（histogram comparison approach，HCA）对鄂毕河和长江两个不同流域五个水文站的水文情势变化进行评价。HCA 法思路与 HMA 法相同，但其考虑了类内信息和跨类信息，改进计算公式，以消除前者的一些局限性，能够更准确、有效地评估水文改变度。Zheng et al.[40] 提出了考虑水文改变指标形态变化的修正变化范围法（revised range of variability approach，RRVA），首次将形态变化融入水文情势变化分析中，量化融合频率和形态两种变化，进而反映整体水文变化。该方法在黄河流域两水文站应用合理，并更适用于评估修建大坝等对生态环境有不利影响的情况。概率密度函数能够准确描述数据集的完整分布，而概率密度函数的非参数估计方法对分布的形态要求较少，Sheikh et al.[41] 基于此特性提出密度差法（density difference approach，DDA）并对比其他水文变异性评价方法在 Gharnaveh 流域开展研究，对比结果表明 DDA 法精确且全面考虑水文改变指标的量级、频率及其发生变化的位置。

以上总结的水文情势分析法均是基于 IHA 指标的派生方法，在不同角度各有优缺点，多种方法的评估结果不同也标志着水文变异性分析的极大不确定性。由于评价单元因流域特性不尽相同，哪种方法结果最合理适用仍未有定数，针对不同地区也会有对应水文指标体系或评估方法[42]。

3.2.2 水文变异性评估方法比较

选择变化范围法、修正变化范围法、直方图匹配法和直方图比较法共四种方法计算水文改变度。水文改变度分级均类比 RVA 法，第 m 个指标的改变度用 D_m 表示，轻度改变 $0 \leqslant D_m < 33\%$，中度改变 $33\% \leqslant D_m < 67\%$，高度改变 $67\% \leqslant D_m \leqslant 100\%$。这四种方法都基于 33 个 IHA 指标，进行前都要先计算出 IHA 指标系列。

3.2.2.1 变化范围法

变化范围（range of variability approach，RVA）法通过对天然流量下的指标进行处理分析找到 RVA 阈值来界定水文情势变化程度，定量计算每个水文指标的年值在目标值范围内的情况[31]。本书选择天然流量下 33 个 IHA 指标的 75%、25%分位数，分别对应各指标的 RVA 上限和下限阈值范围。第 m 个 IHA 指标的改变度 $D_{\mathrm{RVA},m}$ 和整体改变度 D_{RVA} 定义如下：

$$\begin{cases} D_{\mathrm{RVA},m} = \left| \dfrac{N_{\mathrm{op},m} - N_{\mathrm{e}}}{N_{\mathrm{e}}} \right| \\ D_{\mathrm{RVA}} = \sqrt{\dfrac{1}{N} \sum_{m=1}^{N} D_{\mathrm{RVA},m}^2} \end{cases} \tag{3.21}$$

式中：$N_{\mathrm{op},m}$ 为第 m 个指标在人类活动影响后落在 RVA 阈值内的年数；N_{e} 为第 m 个指标在影响后阶段预期落在 RVA 阈值内的年数；N 为 IHA 指标总数，下同。

3.2.2.2 修正变化范围法

考虑水文改变指标形态变化的修正变率范围法[40]，根据原理简称其为 RRVA (revised range of variability approach) 法。RRVA 法融合频率差异及形态差异，计算方法如下：

1. 频率差异计算

频率差异 (frequency alteration) 计算同 RVA 法计算式 (3.21)，定义第 m 个指标的频率差异 $F_m = D_{\mathrm{RVA},m}$。

2. 形态差异计算

形态差异 (morphological alteration) 分析要选择一种可以考虑所有元素的排序关系和幅度差异的方法，因此构建各 IHA 指标的 Hasse 矩阵。提出“位置变量”和“大小变量”两个角度量化 IHA 指标形态特征，设定 $Q(q_1, q_2, \cdots, q_n)$ 为第 m 个 IHA 指标的序列，序列长度为 n 年。每一个元素 q 是一个 a 维向量。每个 IHA 指标的 Hasse 矩阵 $\boldsymbol{H}$ 定义如下：

$$\boldsymbol{H}_{ij} = \begin{cases} +1 & q_i(k) > q_j(k), \quad \forall k \in [1,a] \quad (i,j=1,2,\cdots,n) \\ -1 & q_i(k) < q_j(k), \quad \forall k \in [1,a] \quad (i,j=1,2,\cdots,n) \\ 0 & \text{其他}, \quad \forall k \in [1,a] \quad (i,j=1,2,\cdots,n) \end{cases} \tag{3.22}$$

式中：a 为指标两种形态特征（位置及大小），$a=2$；$q_i(q_j)$ 为指标序列中第 $i(j)$ 年数据的形态特征值。初始 Hasse 矩阵为 $n \times n$ 反对称矩阵。

形态特征的“位置变量”即年份序列的顺序数。“大小变量”定义如下：考虑到生态系统具有一定的承载能力，IHA 指标数值并未直接用于确定 Hasse 矩阵，而是将其转换为 1～3 的数值。IHA 指标序列在天然状态下按其 RVA 边界分为三个范围[29]，指标数据落在下边界（25%分位数）以下的范围内定义为低值，在较高边界（75%分位数）以上定义为高值，在 RVA 边界内（25%～75%分位数）定义为中间值。落入低值、中值和高值范围的时间序列中元素的“大小变量”分别转换为 1、2 和 3。将 Hasse 矩阵的对角元素转换，$H_{ii} = p_i / p_{\max}$，其中 p_i 为“大小变量”的转换值，即 $p_i = 1, 2, 3$；$p_{\max}$ 为大小变量转换值的最大值，即 $p_{\max} = 3$。

由此，人类活动影响前和影响后的每个 IHA 指标序列可分别构成一个 Hasse 矩阵 H^{pre}、H^{post}。

Hasse 距离 D_H 定义如下，D_H 越小则两个时间序列之间的相似性越高：

$$\begin{cases} D_H = (1-v)D_O + vD_D \\ D_D = \dfrac{\sum_{i=1}^{n} |H_{ii}^{pre} - H_{ii}^{post}|}{n} \\ D_O = \dfrac{\sum_{i=n}^{n-1}\sum_{j=i+1}^{n} |H_{ij}^{pre} - H_{ij}^{post}|}{n(n-1)/2} \end{cases} \tag{3.23}$$

式中：D_D 为矩阵对角线元素距离；D_O 为矩阵非对角线元素距离；D_H 为 Hasse 距离，$D_H \in [0,\ 1]$；v 为 $v \in [0,\ 1]$，决定"位置变量"及"大小变量"各自权重大小，本书认为两变量重要程度相同，即 $v=0.5$。

式（3.23）只适用于 H^{pre}、H^{post} 维度相同的情况，若两数据集的长度不同时，需要一个自适应过程。假设人类活动影响前和影响后年数分别为 n_1 和 $n_2(n_1 > n_2)$，相关的 Hasse 矩阵表示为 H_1 和 H_2。H_1 和 H_2 的大小分别为 $n_1 \times n_1$ 和 $n_2 \times n_2$。将较小的矩阵从较大矩阵的左上角对角移动到右下角，H_1 和 H_2 之间的距离可以通过比较 $n_1 - n_2 + 1$ 次两矩阵重叠部分来计算。在 $n_1 - n_2 + 1$ 次比较中的最小值即为 H_1 和 H_2 之间的 Hasse 距离。通过这种方式，可以找到天然状态和人类活动影响后数据集之间最相似的部分。

3. 整体差异计算

整体差异性由频率差异及形态差异组成，第 m 个指标的整体差异 $D_{RRVA,m}$ 定义如下：

$$D_{RRVA,m} = 1 - (1 - F_m)(1 - D_{Hm}) \tag{3.24}$$

式中：F_m 为第 m 个指标的频率差异；D_{Hm} 为第 m 个指标的形态差异。

整体水文改变度 D_{RRVA} 表示如下：

$$D_{RRVA} = \sqrt{\frac{1}{N}\sum_{m=1}^{N} D_{RRVA,m}^2} \tag{3.25}$$

3.2.2.3 直方图匹配法

直方图匹配（histogram matching approach，HMA）法以每个 IHA 水文指标的特征频率直方图不相似度作为影响评估的度量，计算天然和受人类活动影响后直方图的频率向量之间的二次形式距离[36]。计算方法如下：

频率直方图区间个数确定为

$$n_c = \frac{r n_m^{1/3}}{2 r_{iq}} \tag{3.26}$$

式中：n_c 为第 m 个指标区间个数；r 为第 m 个指标数据最大与最小值之差；r_{iq} 为第 m 个指标数据 25%和 75%分位数之差；n_m 为第 m 个指标的数据总数。

用 H 和 K 分别为天然状态和人类活动影响后的指标频率直方图，二次形式距离 d_Q 表示 H 与 K 之间的差异：

$$d_Q(H,K) = \sqrt{(|h-k|)^T A(|h-k|)} \tag{3.27}$$

其中

$$A=[a_{ij}]$$

$$a_{ij}=\left(1-\frac{d_{ij}}{d_{\max}}\right)^{\alpha}$$

$$d_{ij}=|V_i-V_j|$$

$$d_{\max}=\max(d_{ij})=|V_1-V_{n_c}|$$

$$h=(h_1,h_2,\cdots,h_{n_c})^T$$

$$k=(k_1,k_2,\cdots,k_{n_c})^T$$

式中：h 和 k 分别为 H 和 K 的频率向量；$|h-k|$ 为矢量距离表示类内距离；A 为区间相似关系的矩阵；a_{ij} 为第 i 个区间与第 j 个区间的相似度，其范围为 0～1；d_{ij} 为第 i 个区间与第 j 个区间的水平距离；V_i 和 V_j 分别为第 i 个区间与第 j 个区间的均值；$d_{\max}$ 为第一个区间均值到最后一个区间均值的水平距离；α 的取值为 1～∞，研究表明当相似函数为线性时变异性最大，为保守起见选择 $\alpha=1$。

第 m 个指标的不相似度 $D_{\mathrm{HMA},m}$ 定义如下：

$$D_{\mathrm{HMA},m}=\frac{d_{Q,m}}{\max(d_{Q,m})}\times 100\% \tag{3.28}$$

其中

$$\max(d_{Q,m})=\sqrt{2+2\left(1-\frac{1}{n_{c,m}-1}\right)^{\alpha_m}}$$

整体水文改变度 D_{HMA} 表示如下：

$$D_{\mathrm{HMA}}=\sqrt{\frac{1}{N}\sum_{m=1}^{N}D_{\mathrm{HMA},m}^2} \tag{3.29}$$

3.2.2.4 直方图比较法

直方图比较（histogram comparison approach）法以 IHA 水文指标为特征，大致思路与 HMA 法相同，考虑类内和跨类信息[39]。频率直方图区间个数 n_c 计算方法与式（3.26）相同，相似度等级 S_m 定义如下：

$$S_m=\sqrt{S_m^{(1)}\times S_m^{(2)}} \tag{3.30}$$

其中

$$S_m^{(1)}=\sum_{i=1}^{n_{c,m}}\min(h_{i,m},k_{i,m})$$

$$S_m^{(2)}=\sum_{w=1}^{n_{c,m}}\min(h_{w,i,m},k_{w,j,m})\left(1-\frac{|i-j|}{n_{c,m}}\right)$$

式中：h 和 k 分别为 H 和 K 的频率向量；w 为依据频率由高到低将频率直方图区间排序的序号，这样即使人类活动影响前后的频率大小一样，其序号也不一定一致；$S_m^{(1)}$ 为类内相似度，$S_m^{(1)}\in[0,\ 1]$；$S_m^{(2)}$ 为同一序号的跨类相似度，$S_m^{(2)}\in[0,\ 1]$。

S_m 表示人类活动影响前后频率直方图的相似度，如果 $S_m=1$ 表示天然状态下的水文特性都保留在了人类活动影响后的阶段。因此，第 m 个指标水文变化等级 $D_{\mathrm{HCA},m}$ 表示如下：

$$D_{HCA,m}=(1-S_m)\times 100\% \tag{3.31}$$

整体水文改变度 D_{HCA} 表示如下：

$$D_{HCA}=\sqrt{\frac{1}{N}\sum_{m=1}^{N}D_{HCA,m}^2} \tag{3.32}$$

3.2.2.5 现有方法优劣比较

黄家港水文站为丹江口水库出库控制站。为研究水文变异性，需将水利工程等人为活动改变后的水文情势与天然流量进行对比。由于 HMA 法、HCA 法均需要数据序列保证足够的长度和连续性，故选取 1954—1973 年黄家港实测日流量（天然状态即水库建设运行影响前）与 1974—2021 年黄家港水文站实测日流量数据分别作为基准期和水库建设运行影响后的流量过程序列（通过水库水量平衡方法反推入库，再经河道汇流演至测站而还原，得到天然流量）。

不同评价方法得到的水文改变度见表 3.4。RVA 法最大弊端就是忽略了指标在极值范围的变化，同时目标范围内的数值变化也被均化，可能造成水文改变度的结果畸变。若 IHA 指标在目标范围边界波动时，计算得到的水文改变度极大（如最小 1d 流量、最小 3d 流量、基流指数、2 月月均流量、流量增减率等）；若 IHA 指标在水文情势改变后仍不超过目标范围，计算的水文改变度偏低（如最小流量出现时间、高流量脉冲次数、9 月月均流量、10 月月均流量等）。这些水文改变度的极值情况都是不合理的表现。如图 3.4 所示，以汛期 6 月、非汛期 2 月的月均流量为例，汛期 6 月的流量基数大，其目标区间变化范围较大，即使水库运行对其有较大改变也无法超越区间范围，进而难以反映在 RVA 法的数值结果中。相反 2 月月均流量在 1974 年后几乎均超越天然状态的 50%范围，改变度在数值上就会非常大。

表 3.4　不同评价方法的水文改变度

组别	IHA 指标	均值		不同评价方法水文改变度/%				
		建库前	建库后	RVA	RRVA	HMA	HCA	综合估算法
第 1 组	1 月平均流量/(m^3/s)	361	754	66.67	73.36	50.49	59.79	67.12
	2 月平均流量/(m^3/s)	322	731	87.50	90.20	55.34	60.30	76.44
	3 月平均流量/(m^3/s)	513	739	50.00	59.57	34.28	40.29	50.70
	4 月平均流量/(m^3/s)	921	816	25.00	36.59	24.83	28.29	32.77
	5 月平均流量/(m^3/s)	1236	914	25.00	37.12	18.51	22.81	30.54
	6 月平均流量/(m^3/s)	1267	1046	45.83	54.60	19.35	28.62	42.65
	7 月平均流量/(m^3/s)	2396	1548	29.17	40.72	34.26	41.13	40.91
	8 月平均流量/(m^3/s)	2068	1614	25.00	31.91	27.28	33.89	32.82
	9 月平均流量/(m^3/s)	2456	1762	4.17	15.78	29.43	37.08	25.58
	10 月平均流量/(m^3/s)	1682	1301	4.17	14.57	29.41	30.52	21.91
	11 月平均流量/(m^3/s)	743	769	12.50	22.56	25.02	27.07	24.64
	12 月平均流量/(m^3/s)	452	725	45.83	56.43	40.48	40.95	49.31

续表

组别	IHA 指标	均值		不同评价方法水文改变度/%				
		建库前	建库后	RVA	RRVA	HMA	HCA	综合估算法
第 2 组	最小 1d 流量/(m^3/s)	102	410	100.00	100.00	75.08	78.87	90.28
	最小 3d 流量/(m^3/s)	445	1316	100.00	100.00	71.04	73.11	87.63
	最小 7d 流量/(m^3/s)	1282	3205	87.50	89.95	68.79	68.04	79.87
	最小 30d 流量/(m^3/s)	7453	15664	79.17	83.74	57.43	60.04	72.84
	最小 90d 流量/(m^3/s)	33416	52933	54.17	62.97	41.35	49.84	56.93
	最大 1d 流量/(m^3/s)	13467	5567	66.67	71.81	36.53	46.12	59.99
	最大 3d 流量/(m^3/s)	31550	15821	41.67	48.13	34.93	42.41	45.50
	最大 7d 流量/(m^3/s)	52073	31205	50.00	55.11	33.94	43.21	49.64
	最大 30d 流量/(m^3/s)	123662	81665	45.83	51.64	34.13	36.78	44.80
	最大 90d 流量/(m^3/s)	239588	170772	33.33	41.89	36.66	37.04	39.66
	基流指数	1	3	100.00	100.00	65.76	69.61	86.02
	断流天数/d	0	0	0.00	0.00	0.00	0.00	0.00
第 3 组	最小流量出现时间/d	133	154	0.00	19.73	16.36	18.01	18.94
	最大流量出现时间/d	220	212	20.83	35.22	15.14	17.68	27.15
第 4 组	高流量脉冲次数	8	7	4.17	19.54	26.32	35.39	26.83
	高流量脉冲历时/d	11	15	25.00	39.80	28.38	28.51	34.61
	低流量脉冲次数	10	8	12.50	28.05	23.02	27.96	28.01
	低流量脉冲历时/d	11	11	16.67	31.29	25.92	25.05	28.42
第 5 组	流量增加率/[m^3/(s·d)]	63	15	100.00	100.00	86.94	90.23	95.51
	流量减少率/[m^3/(s·d)]	−35	−12	100.00	100.00	67.34	72.25	87.23
	流量逆转次数	163	172	70.83	74.64	41.28	40.31	58.85
整体改变度		—		57.82	62.38	44.01	47.85	55.70

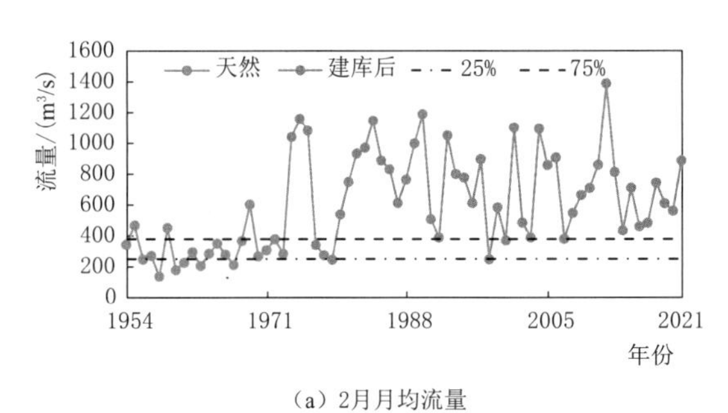

(a) 2月月均流量

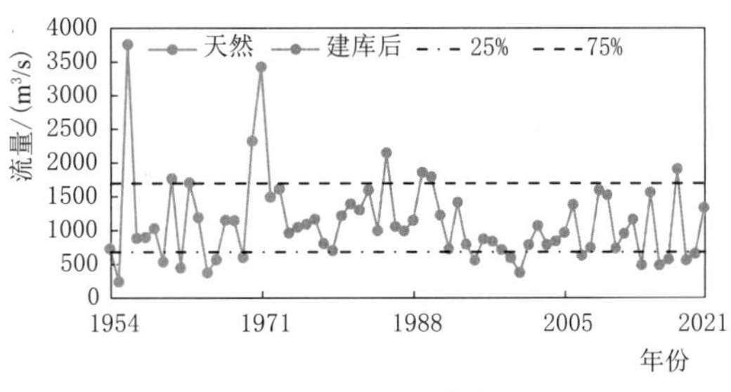

(b) 6月月均流量

图 3.4 IHA 指标变化情况

RRVA法是诸多方法中唯一考虑形态差异的。由于形态差异中“位置变量”及“大小变量”的设置，将各IHA指标在时间维度和数值上的变化均识别出来。Hasse矩阵中每个元素的大小及正负即展示了水文指标随时间序列的增减变化情况。图3.5展示了各月月均流量中RRVA法改变度较大的2月和6月构成的Hasse矩阵，图中矩阵均具有较为明显的对称性，且水库运行前后矩阵较大的元素分布差异也表明水文情势变化明显。HMA法、HCA法构建频率直方图的方法思路相同，直方图的构建弥补了上述RVA法的缺点，将指标数据全部变化范围及各范围内的频率都完整表示出来，尽可能保留全序列信息。这样就能够修正RVA法所造成的水文改变度畸变现象，降低极大值，提高极小值，使结果更符合实际情况。选择改变度较大各组IHA指标绘制的频率直方图如图3.6所示。

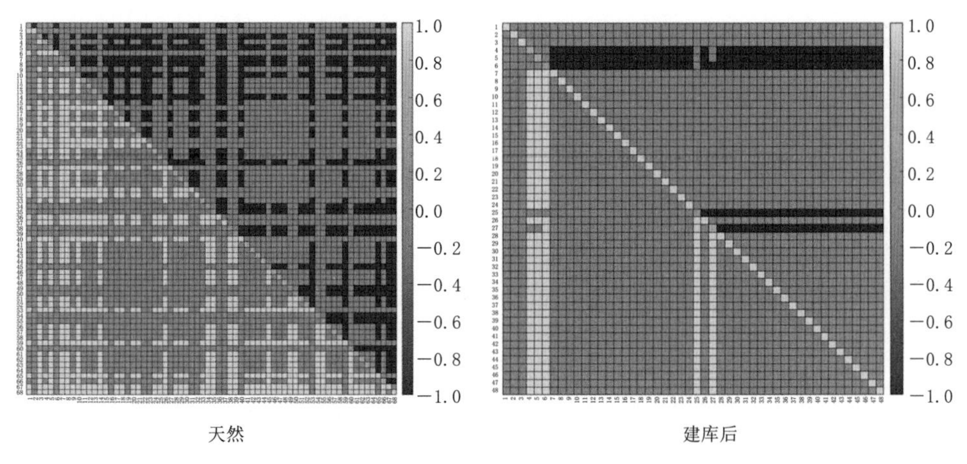

(a) 2月月均流量

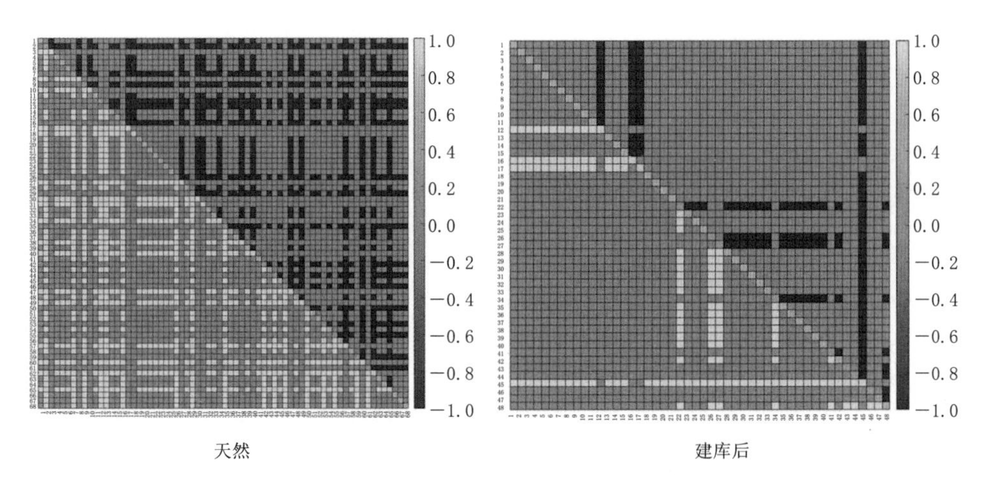

(b) 6月月均流量

图3.5 天然流量与水库影响后的各IHA指标Hasse矩阵

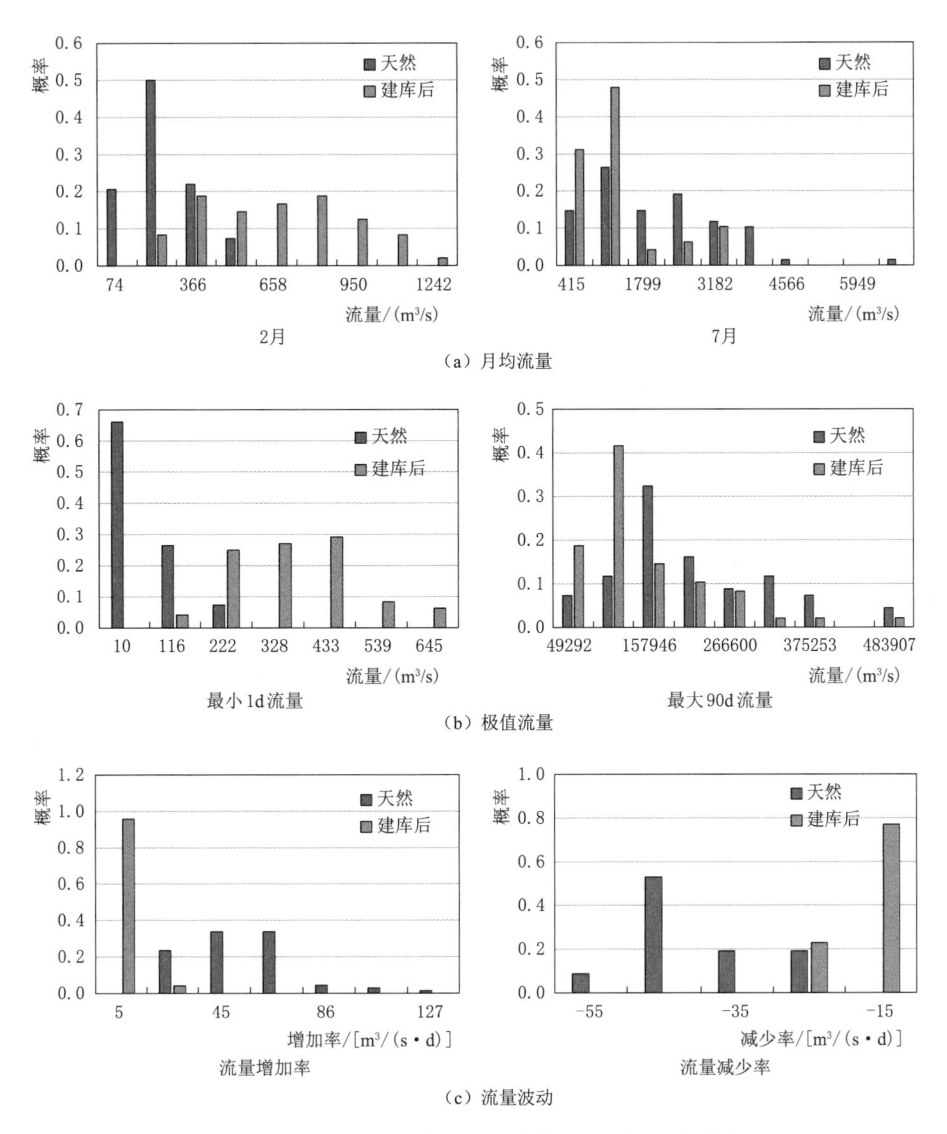

图 3.6 天然流量与水库影响后的各 IHA 指标概率直方图

对照表 3.4 内四种方法的数值，其结果大小关系基本相互吻合，揭示出的水文情势变化规律也相同。水库“削峰填谷”的特点及南水北调中线工程对水资源短缺地区的供水能够对防洪、发电、航运、灌溉、生产生活等有一定的积极作用，但也同时造成了年内流量过程均化、波动范围改变、水量减少等现象，南水北调中线工程也进一步减少了汉江中下游可利用水资源量。这些对原有自然水文节律的扰动不利于汉江中下游生态系统的稳定发展，尤其出现鱼类种类减少并伴随小型化趋势、浮游动植物的生物量增加、水生高等维管束植物种类大幅减少等显著的生物资源变化。

3.2.3 水文情势改变综合估算法

通过分析对比 RVA、RRVA、HMA 和 HCA 四种方法优缺点，王何予等[43] 提出水文情势改变综合估算法，在融合多种水文情势评估法的结果时，需要对各方案的结果进行权重分配。指标赋权方法有三种，分别是客观赋权、主观赋权、主客观赋权法。客观赋权主要对足够多的样本数据进行一定数学方法分析得到权重，但依托于数据本身的方法常存在权重与实际不符的情况。主观赋权主要通过人为给定指标权重，但主观性太强，不确定性较大。主客观赋权法融合了以上两种方法的优点，更适用于对实际问题赋权[44]。

3.2.3.1 客观赋权法

熵权法[45] 是一种基于数据本身的客观赋权法。设定 m 个 IHA 指标，共有 n 种水文变异性计算方法，并对 IHA 指标数据进行归一化处理，同质化异质指标，a_{ki} 为归一化后数值。

计算第 i 种水文变异性计算方法的第 k 个 IHA 指标的比重。为消除标准化对比重计算的影响在比重计算中加入平移系数，平移系数越小，评价结果越显著，选择平移系数为 0.01。

$$p_{ki}=(0.01+a_{ki})\Big/\sum_{k=1}^{m}(0.01+a_{ki})\quad(k=1,\cdots,m;\quad i=1,\cdots,n)\tag{3.33}$$

第 i 种水文变异性计算方法的熵值用 h_i 表示，对应熵权为 w_i，熵权法得到的权重向量表示为 W_i。

$$\begin{cases}h_i=-\left[\sum_{k=1}^{m}p_{ki}\ln(p_{ki})\right]\Big/\ln m\\ w_i=(1-h_i)\Big/\left(n-\sum_{i=1}^{n}h_i\right)\end{cases}\tag{3.34}$$

3.2.3.2 主观赋权法

20 世纪 70 年代由美国 Saaty 提出层次分析法（analytic hierarchy process，AHP）[46]，能够将定性、定量分析相结合，且将分析人员的思维系统层次化地融入分析方法中。

AHP 法主要思路是首先采用“1～9 标度法”分别构造准则层之间和指标层之间的判断矩阵，矩阵最大特征根 λ 对应的特征向量归一化后的 W_2 即为各准则层和指标层的权重。

3.2.3.3 主客观赋权法

陈伟等[44] 提出了基于离差平方和的最优组合赋权法，该法可得到两种及以上赋权方法的权重系数，不同方法的权重系数与权重相乘即为最终的组合权重，思路依据 i 个决策方案得到的评价值 D_i 各自之间尽量分散，即各 D_i 的离差平方和最大。使用该法融合主观赋权法与客观赋权法得到的权重。

设一共有 l 种赋权方法，每种赋权方法得到的权重如下：

$$\begin{cases}\boldsymbol{W}_k=(w_{1k},w_{2k},\cdots,w_{mk})^T\quad(k=1,2,\cdots,l)\\ w_{jk}\geqslant 0\\ \sum_{j=1}^{m}w_{jk}=1\end{cases}\tag{3.35}$$

为了使 D_i 的离差平方和最大，构造非负定方阵 $\boldsymbol{B}$：

$$B=\begin{bmatrix}\sum_{i=1}^{n}\sum_{i_1=1}^{n}(x_{i1}-x_{i_11})(x_{i1}-x_{i_11}) & \sum_{i=1}^{n}\sum_{i_1=1}^{n}(x_{i1}-x_{i_11})(x_{i2}-x_{i_12}) & \cdots & \sum_{i=1}^{n}\sum_{i_1=1}^{n}(x_{i1}-x_{i_11})(x_{im}-x_{i_1m}) \\ \sum_{i=1}^{n}\sum_{i_1=1}^{n}(x_{i2}-x_{i_12})(x_{i1}-x_{i_11}) & \sum_{i=1}^{n}\sum_{i_1=1}^{n}(x_{i2}-x_{i_12})(x_{i2}-x_{i_12}) & \cdots & \sum_{i=1}^{n}\sum_{i_1=1}^{n}(x_{i2}-x_{i_12})(x_{im}-x_{i_1m}) \\ M & M & M & M \\ \sum_{i=1}^{n}\sum_{i_1=1}^{n}(x_{im}-x_{i_1m})(x_{i1}-x_{i_11}) & \sum_{i=1}^{n}\sum_{i_1=1}^{n}(x_{im}-x_{i_1m})(x_{i2}-x_{i_12}) & \cdots & \sum_{i=1}^{n}\sum_{i_1=1}^{n}(x_{im}-x_{i_1m})(x_{im}-x_{i_1m})\end{bmatrix} \tag{3.36}$$

式中：x_{ij} 为归一化后的决策矩阵，共有 n 组样本，m 个指标。

共有 l 种赋权方法，每种赋权方法权重向量用 W_k 表示，不同赋权方法构成的矩阵为

$$\boldsymbol{W}=(W_1,W_2,\cdots,W_k)\quad(k=1,2,\cdots,l) \tag{3.37}$$

矩阵 W^TBW 的最大特征根 $\lambda_{\max}$ 对应的特征向量 $\Theta=(\theta_1,\ \theta_2,\ \cdots,\ \theta_k)$ 即为各个赋权方法的最优组合赋权系数。

组合权重 $\boldsymbol{W}'$ 可以表示为

$$\boldsymbol{W}'=\theta_1 W_1+\theta_2 W_2+\cdots+\theta_l W_l$$
$$\sum_{k=1}^{l}\theta_k^2=1 \tag{3.38}$$

式中：θ_k 为第 k 个赋权方法的权重系数。

3.2.3.4 水文情势改变综合估算结果

对比表 3.4 中不同评价方法得到的水文改变度，分析各方法之间的关系。RRVA 法包括频率差异和形态差异两部分，频率差异即为 RVA 法的计算结果，在此基础上又考虑了形态差异，所以 RRVA 法计算的水文改变度比 RVA 法大。同理，HCA 法是 HMA 法的改进和延伸，两种方法的关联性很强；HCA 法中的 $S_m^{(1)}$ 包含了 HMA 法中 $|h-k|$ 所代表的类内距离，$S_m^{(2)}$ 比 HMA 法多考虑了跨类信息，所以 HCA 法计算得到的水文改变度比 HMA 法偏大。RVA 法和 RRVA 法、HMA 法和 HCA 法的线性相关性分析如图 3.7 所示。经计算，RVA 法与 RRVA 法的 Pearson 相关系数为 0.994，HMA 法与 HCA 法的皮尔逊相关系数为 0.986，均呈 0.01 级别双尾显著相关。

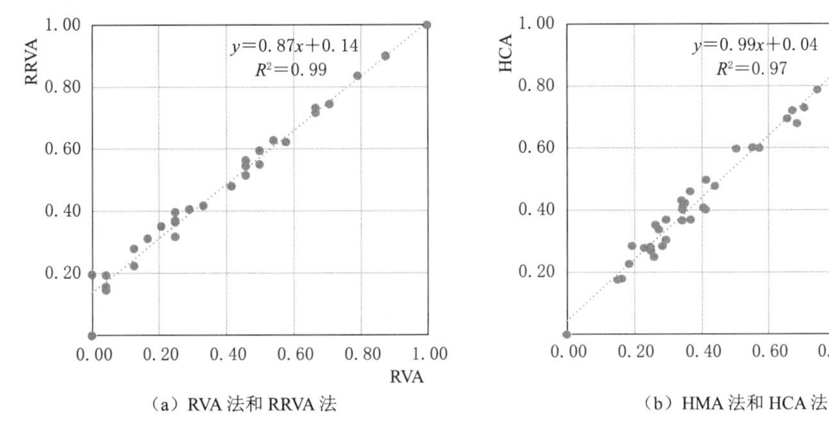

（a）RVA 法和 RRVA 法　　（b）HMA 法和 HCA 法

图 3.7　RVA 法和 RRVA 法、HMA 法和 HCA 法的线性相关关系

综合上述各种方法优点，提出水文情势变异综合估算法，具体说明如下：

（1）因RRVA法包含RVA法，HCA法包含HMA法的所有信息，为避免信息的冗余，分别为RRVA法和HCA法赋权，综合两方法的评价结果代表水文情势改变度的综合估算值。

（2）选择主客观融合法进行赋权。主观赋权法参考层次分析法的思路，保证各指标的重要程度与实际情况基本吻合，考虑到RRVA法与HCA法的假设与思路不同，RRVA法中包含水文情势改变指标的形态和时空信息，HCA法中包含水文情势改变指标的频率和分布信息，这些信息均很重要，因此在层次分析法对其评分赋权计算得到RRVA法与HCA法各自权重均为0.5；客观赋权法选择熵值法分析数据的数学关系，得到RRVA法与HCA法各自的客观权重分别为0.58和0.42。

（3）采用基于离差平方和的最优组合赋权法，融合主客观权重，得到层次分析法和熵权法各自权重系数分别为0.49和0.51。最终组合赋权下RRVA法和HCA法的权重分别为0.54和0.46（表3.5）。

表3.5　各类赋权方法的权重结果

水文变异性评估方法	层次分析法（0.49）	熵权法（0.51）	主客观融合权重
RRVA	0.50	0.58	0.54
HCA	0.50	0.42	0.46

（4）结合各指标的概率直方图（图3.6）对IHA指标做更细致的数值和频率分布分析。

3.2.3.5 综合法估算结果及优势分析

综合估算结果见表3.4，并在图3.8和图3.9展示。仍按照RVA法划分水文指标改变程度[9]，丹江口水库建设运行使黄家港水文站出现55.70%的中度水文改变，其中流量增减变化率为80.53%高度改变，反映流量量级的各月均值流量和极端流量大小也出现中度改变，改变度分别为41.28%和64.83%。水文情势改变与水库防洪、供水、发电等功能造成的影响相对应。

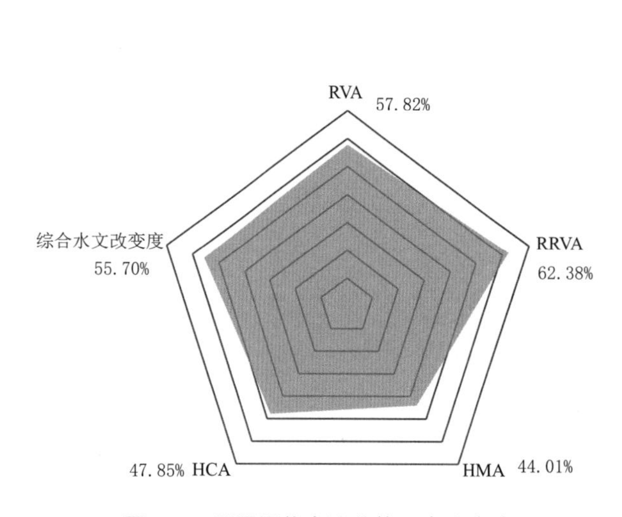

图3.8　不同评价方法整体水文改变度

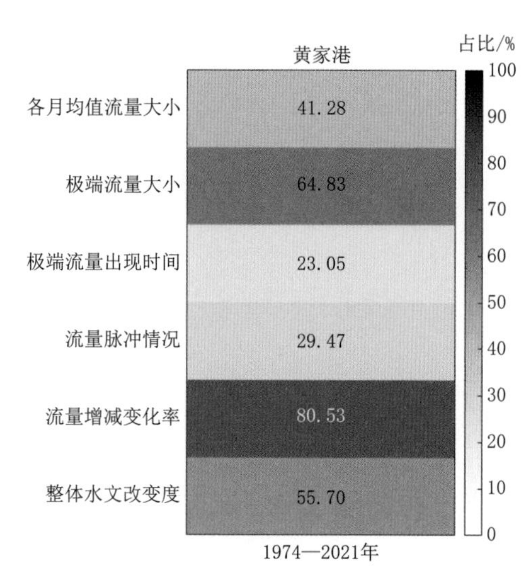

图3.9　水文改变度综合估算结果

分组别评估 IHA 指标改变程度，结合图 3.6 概率直方图可得到：第 1 组别各月均值流量在非汛期和汛期改变度较大的是 2 月和 6—7 月，第 2 组极端流量大小改变度较大的分别是最大和最小 1d 流量。如最小 1d 流量的综合水文改变度为 90.28%，成功避免了 RVA 法和 RRVA 法出现 100%的极大结果；最小流量出现时间综合改变度为 18.94%，其保留了 RRVA 法的形态变化和 HCA 法的分布信息，避免结果出现极小值。丹江口水库运行调控后，非汛期的低流量占比明显降低，汛期高流量占比也降低［图 3.6（a）］，流量分布出现平均化现象。极端流量程度削弱的现象更加明显［图 3.6（b）］。这符合水库调度的丰水期蓄水、削减上游来水，枯水期补水、下泄流量加大的原则。最大增加下泄水量可以达到 2 月的 $410m^3/s$，最大削减水量可以达到 7 月的 $848m^3/s$。虽然水库的防洪、供水、发电等功能具有显著的经济效益和社会效益，但下泄流量和极值流量的显著改变也会影响到河道形态结构、水陆生态系统的构建、竞争性和耐受性生物的平衡[47]。第 3 组年极值流量出现时间的改变程度最小，几乎均为轻度改变，这说明水库建设运行依然不能大幅改变天然来水的时间状态。第 4 组高低流量脉冲改变程度也较轻。洪水脉冲影响生物群落的多样性，其动态连通河流漫滩，促进多系统的物质能量交换，为不同物种提供栖息地。脉冲也作为鸟类迁徙、鱼类产卵洄游等信号[48]。丹江口水库防洪兴利调度，降低了高低流量脉冲次数，平均化了流量的年内分配，改变了天然水力条件，不利于动植物对其及时地响应。第 5 组流量增减变化率为高度改变，丹江口水库的“削峰填谷”功能使流量增加和减少率都降低。南水北调中线工程实施后，汉江中下游干流的水资源可利用量出现了整体下降，流量增加率进一步降低。流量逆转次数在水库控制下集中在 100～200 次之间，受人为调控明显。近年来汉江流域的降雨量及上游来水均偏少，且外调水量和沿江取水量逐年增加，导致汉江中下游水量在天然和人为共同作用下减少[49-50]。

综上，通过分析对比四种现有水文改变度计算方法的优缺点，采用层次分析和熵权法的主客观组合赋权，融合 RRVA 法和 HCA 法结果，提出一种新的水文情势改变综合估算法。综合估算法的评价结果与各基本方法的趋势一致，且具有以下几点优势：

（1）保留频率直方图的数据和图像信息，完整刻画 IHA 指标在所有数值区间的变化情况，清晰且细致地描述各指标的分布和变化趋势。

（2）避免由于计算方法的不完善而导致的结果出现极大或极小的极端数值。

（3）整合水文情势分布的形态差异信息，并通过形态差异来捕捉 IHA 指标数值在时空上的变化。

（4）综合估算法包括水文指标的频率、形态、分布、时刻等多方面信息，可有效降低水文变异性分析的不确定性。

（5）丹江口水库为达到防洪、供水、发电等效益，运行中“蓄洪补枯”、引调水等导致流量增减变化率很大，月均和极值流量大小都发生中度改变，汉江中下游干流可用水资源量减少。黄家港水文站水文情势整体上中度改变。

3.3 汉江流域水生态文明建设评价

随着水生态环境治理工作的推进，通过单个治理项目以点到面地催生流域整体治理效果已成为流域管理工作新常态。囿于水生态文明概念之新，目前多以试点城市为对象开展研究，因此城镇（县）和省域尺度的研究成果较丰富[51]。与之相对，流域尺度的研究则较少。严子奇等[52]以鄱阳湖流域为例，从自然、社会和人水关系三大系统出发，构建了包括25项指标的大湖流域水生态文明评价指标体系。我国目前水生态文明建设的重点区域多为省、市、县等行政单元，以流域为出发点的水生态文明建设评价研究尚待加强。

汉江上游黄金峡水库和丹江口水库等是我国重要的战略水源地，南水北调中线工程和引汉济渭工程承担着我国北方三省（河南、河北、陕西）两直辖市（北京、天津）的供水任务。2018年10月，国务院批复《汉江生态经济带发展规划》[53]，为汉江流域及沿江省市的高质量发展迎来历史性机遇。

本节以行政分区为评价单元，建立汉江流域水生态文明评价指标体系，由2个系统（自然、社会）、3种自然地貌单元（山区、平原、水域）、6类人水关系子系统（水安全、水生态、水环境、水节约、水监管、水文化）和25项指标构成，基于AHP法和熵值法计算融合权重，采用模糊综合评价法和灰色关联度分析，评价2017年汉江流域水生态文明建设水平。研究旨在通过分析现有汉江流域水生态文明建设空间格局，探究流域内部水生态文明建设程度的空间差异性，识别重点建设地区及其重点建设方向，为流域综合治理规划提供技术支撑。

3.3.1 流域水生态文明特征

流域从上游、中游到下游入汇，都存在着人类社会与自然系统交互发展的元素，而且在产流、汇流、取水、用水、排水等诸多环节中，都有各自的水生态文明表征方式。流域水生态文明建设既是流域整体概念的彰显，又处处体现着内部空间的差异化特征，因此流域水生态文明特征可以归纳为如下三点。

1. 多系统特征

多系统可以基本概括为自然系统和社会系统。其中，自然系统反映以水资源为主的自然禀赋，具体指标应向陆面产水过程及水循环等方面有所侧重；社会系统既要反映流域内部经济社会发展与水资源开发利用的制约关系及二者的现状水平，又要评估水资源的可持续利用前景，同时还应对人水关系有充分体现。

2. 多地貌特征

由于多系统的综合性，流域水生态文明研究不应局限于水体，应上溯到产水区（山区）、汇水区（丘陵），后演进至耗水区（平原），需涵盖产汇流等一系列陆面水循环过程所涉及的相关地貌单元。流域水生态文明建设既要把握河流水体的特点，又要体现流域内不同地貌类型（以山区、平原、水域为主）的水生态文明程度。

3. 多尺度特征

汉江流域所占国土面积较大，上、中、下游区域地理气候特征及经济社会发展水平差异明显，考虑到多系统的综合性和多地貌的复杂性，流域内部应划分不同尺度的评价单元。其中，微观单元以指标为要素，反映水生态文明建设的空间差异；中观单元反映流域内水生态文明建设的基本格局；宏观尺度则反映流域整体水生态文明建设程度。

3.3.2 评价指标体系和方法

3.3.2.1 评价分区

根据所收集统计资料的细化程度，基于《全国水资源调查评价技术细则》[54]，本书以汉江主要流经地陕西、河南和湖北 3 省的地级行政区为评价单元，并对行政区内流域面积占比小于 5%的行政区进行合并处理。其中，洛阳与三门峡合并，西安与宝鸡合并。此外，为统筹规划和简化计算，结合各行政区的实际情况，本书将神农架与十堰合并，将天门、潜江和仙桃合并为天潜沔地区综合考虑，得到 14 个评价单元，具体分区如图 3.10 所示。

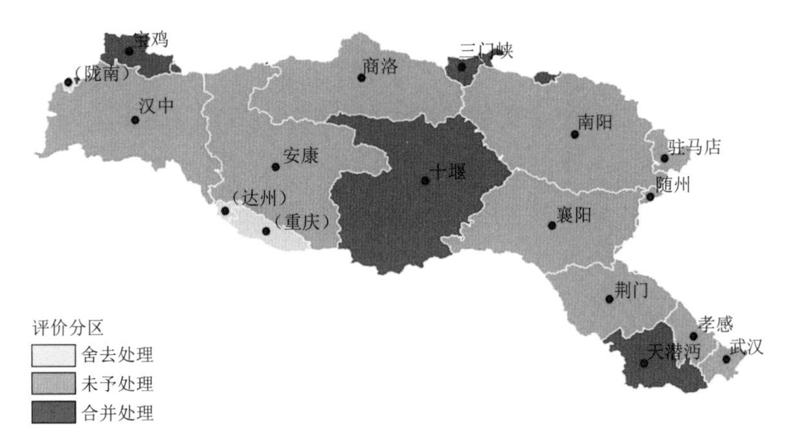

图 3.10 汉江流域水生态文明建设评价分区

3.3.2.2 评价指标体系

对于汉江流域水生态文明评价指标的选取，须以水资源为重点评价对象，立足《汉江生态经济带发展规划》，考虑流域内不同区域间的差异性。从局部到整体，从流域的上、中、下游到流域全境，从单一地貌到多种地貌，既体现分区特色，又能够把握全局。此外，由于本书以行政区为评价单元，《水生态文明城市建设评价导则》（SL/Z 738—2016）[55] 依然适用，应结合《水生态文明城市建设评价导则》，吸纳汉江流域内 4 个国家水生态文明城市建设试点的技术和成果，在保证指标可靠性的同时，又具有一定创新性。经综合考虑，本书构建了包含 1 个目标层、2 个系统层、9 个准则层共计 25 项指标的汉江流域水生态文明评价指标体系，详见表 3.6。

表 3.6　　汉江流域水生态文明建设评价指标体系

层次 A	层次 B	层次 C	层次 D	
汉江流域水生态文明建设	自然 B1	山区 C1	D1	森林覆盖率/%
			D2	地质灾害次数/次
		平原 C2	D3	人均水资源量/m^3
			D4	农业用水量占比/%
		水域 C3	D5	产水模数/（$10000m^3/km^2$）
			D6	水质优良度/%

续表

层次 A	层次 B	层次 C	层次 D	
汉江流域水生态文明建设	社会 B2	水安全 C4	D7	防洪堤达标率/%
			D8	排水管道长度/km
			D9	集中饮用水水源地安全保障达标率/%
			D10	供水普及率/%
		水生态 C5	D11	生态用水量占比/%
			D12	水土流失治理程度/%
			D13	生态环境质量指数/%
		水环境 C6	D14	水功能区水质达标率/%
			D15	污水处理率/%
			D16	湖库富营养化指数/%
		水节约 C7	D17	工业用水重复利用率/%
			D18	万元 GDP 用水量相对值/%
			D19	农田灌溉亩均用水量相对值/%
			D20	公共供水管网漏损率/%
		水监管 C8	D21	水资源监测指数/%
			D22	水生态文明建设重视度/%
		水文化 C9	D23	涉水公园个数/个
			D24	广播人口覆盖率/%
			D25	生态环境公众满意度/%

3.3.2.3 评价方法

现行众多确定权重的方法中，或考虑主观赋权的一个侧面，如层次分析（analytic hierarchy process，AHP）法；或考虑客观赋权的一个侧面，如熵值法。为消除或避免主客观赋权法的片面性，结合余建星等[56] 的研究，计算基于 AHP 法和熵值法的融合权重。具体思路为：首先采用 AHP 法确定指标主观权重，然后以专家所构建的判断矩阵为依据，结合熵值法，得到基于信息质量的专家客观权重，最后对主客观权重进行组合，计算融合权重。

层次分析法是一种系统化、多准则分析决策方法，由美国人 Satty 于 20 世纪 70 年代提出，因其原理简单、结构清晰，具有将主观问题客观量化的优势，从而被引入决策[46]。根据 AHP 法基本原理，对汉江流域水生态文明建设评价指标集归一化，引入“1～9 标度法”逐层比较元素间的重要性，构造判断矩阵，计算判断矩阵的最大特征根所对应的特征向量，若计算结果通过一致性检验，则所求即为该层元素相对于上层元素的权重 w'。

3.3.2.4 基于熵值法的专家客观权重

在信息论中，熵值反映了信息的无序化程度，可用以度量信息量的大小[57]。设想存在一名理想专家，其构建的判断矩阵最公正，则与理想专家给定结果差距越大的评判专家所给结果的可信度就越低。该差距若用熵表示，可建立如下模型：设有 m 个评判专家，n

个评价指标，a_{ij}（$i=1$，2，…，m；$j=1$，2，…，n）是第 i 个专家对第 j 个指标的评价值，向量 $\boldsymbol{a}_i=(a_{i1}, a_{i2}, \cdots, a_{in})^{\mathrm{T}}\subset E^n$ 和矩阵 $\boldsymbol{A}=(a_{ij})_{m\times n}$ 是各专家和专家组在一次评估中提供的结论，可视为在状态空间 $a\subset E^n$ 上的决策信息 D。记 i^* 为理想专家，即与专家群体有最高一致性的专家，其评分向量为 $\boldsymbol{a}^*=(a_1^*, a_2^*, \cdots, a_n^*)^{\mathrm{T}}$。

根据顾昌耀和邱菀华[58] 对传递熵的定义，这里用各专家的评分结果与 $\boldsymbol{a}^*$ 的差异度大小 e_{ij} 来度量评判专家的准确性，则各专家的评价水平向量为 $\boldsymbol{E}_i=(e_{i1}, e_{i2}, \cdots, e_{in})$，其中：

$$e_{ij}=1-\frac{|x_{ij}-\overline{x}_{ij}|}{\max x_{ij}} \tag{3.39}$$

式中：e_{ij} 为第 i 个专家对第 j 个指标的评分与全体专家评分均值的差异，并做标准化处理。e_{ij} 反映了状态 i 发生时信息 D 的平均准确度，故可视评价水平向量 $\boldsymbol{E}_i=(e_{i1}, e_{i2}, \cdots, e_{in})$ 为信息 D 的传递向量。

当状态 i 发生时信息 D 的熵值 h_j 为

$$h_j=\begin{cases}-e_j\ln e_j & \left(\dfrac{1}{e}\leqslant e_j\leqslant 1\right)\\ \dfrac{2}{e}-e_j\,|\ln e_j| & \left(\dfrac{-1}{n-1}\leqslant e_j<\dfrac{1}{e}\right)\end{cases} \tag{3.40}$$

由此可得信息 D 的传递熵为

$$H(D)=\sum_{j=1}^{n}h_j \tag{3.41}$$

式中：$H(D)$ 为信息 D 状态传递的不确定度，或称决策信息 D 的平均信息量。

该模型以专家所给评价结果的不确定性度量专家自身的评价能力。其中，传递熵 $H(D)$ 的大小反映了不确定性程度。熵值 $H(D)$ 越小，不确定性越低，专家决策水平越高；反之，专家决策水平越低。对此，可采用下式计算各专家的权重：

$$w_i''=\frac{1/H_i}{\sum_{i}^{m}1/H_i} \tag{3.42}$$

式中：w_i''为第 i 个专家的自身权重。

3.3.2.5 指标的加权融合权重

基于上述步骤计算可得，$\boldsymbol{W}'=(w_{ij}')_{m\times n}$ 为 m 个专家所给 n 个指标的权重矩阵，$\boldsymbol{W}''=[w_1'', w_2'', \cdots, w_m'']^{\mathrm{T}}$ 为专家自身权重向量。因此，融合权重 $\boldsymbol{W}$ 为

$$\boldsymbol{W}=[w_1,w_2,\cdots,w_n]^{\mathrm{T}}=\boldsymbol{W}'\times\boldsymbol{W}'' \tag{3.43}$$

式中：w_j 满足 $0\leqslant w_j\leqslant 1$，$\sum_{j=1}^{n}w_j=1(j=1, 2, \cdots, n)$。

3.3.2.6 模糊综合评价

模糊综合评价法是一种基于模糊数学的综合评价方法。该法根据模糊数学的隶属度理论把定性评价转化为定量评价，具有结果清晰、系统性强的特点，适合各种非确定性问题的解决。陈守煜和赵瑛琪[59] 所建立的“模糊优选理论”，设系统有 l 个评价分区组成区域集，有 n 个指标组成对区域集进行评判的指标集，对其规格化得到对应的隶属度矩阵

$\boldsymbol{R}=(r_{kj})_{l\times n}$，简称优属度矩阵。

若 $\boldsymbol{g}=(g_1,\ g_2,\ \cdots,\ g_n)^{\mathrm{T}}$，其中 $g_j=\bigvee_{k=1}^{l} r_{kj}=r_{1j}\vee r_{2j}\vee\cdots r_{lj}(j=1,\ 2,\ \cdots,\ n)$，则称 g 为相对最大优属度，也称为最优指标。则分区 k 的权距优距离 $D(r_k,g)$ 为

$$D(r_k,g)=u_k\left[\sum_{j=1}^{n}(w_j\left|r_{kj}-g_j\right|)^p\right]^{\frac{1}{p}} \tag{3.44}$$

式中：u_k 为第 k 个分区隶属于最优指标的隶属度；w_j 为第 j 个指标的权重；p 为距离参数，当 $p=1$ 时，为海明距离；当 $p=2$ 时，为欧式距离。

若 $\boldsymbol{b}=(b_1,\ b_2,\ \cdots,\ b_n)^{\mathrm{T}}$，其中 $b_j=\bigwedge_{k=1}^{l} r_{kj}=r_{1j}\wedge r_{2j}\wedge\cdots r_{lj}(j=1,\ 2,\ \cdots,\ n)$，则称 b 为相对最小优属度，也称为最劣分区。同理可得分区 k 的权距劣距离为

$$D(r_k,b)=(1-u_k)\left[\sum_{j=1}^{n}(w_j\left|r_{kj}-b_j\right|)^p\right]^{\frac{1}{p}}$$

为求解分区 k 的隶属度 u_k 的最优值，提出目标函数：

$$\min\left\{F(u_k)=u_k^2\left[\sum_{j=1}^{n}(w_j\left|r_{kj}-g_j\right|)^p\right]^{\frac{2}{p}}+(1-u_k)^2\left[\sum_{j=1}^{n}(w_j\left|r_{kj}-b_j\right|)^p\right]^{\frac{2}{p}}\right\} \tag{3.45}$$

即第 k 个分区的权距优距离平方与权距劣距离平方和最小。

求解该目标函数，得第 k 个分区的隶属于最优分区的隶属度 u_k 为

$$u_k=\frac{1}{1+\left\{\dfrac{\sum_{j=1}^{n}[w_j(r_{kj}-g_j)]^p}{\sum_{j=1}^{n}[w_j(r_{kj}-b_j)]^p}\right\}^{\frac{2}{p}}} \tag{3.46}$$

本书计算各分区与最优分区之间的欧氏距离，故取距离参数 $p=2$，并以此为基准比较各分区的水生态文明建设水平。

3.3.2.7 灰色关联度分析

灰色关联度分析（gray relational analysis）是一种系统态势的量化比较分析方法[60]。该法以数据序列（系统行为的映射量）曲线几何形状的相似程度为依据判断两者联系是否紧密。曲线变化趋势越接近，相应序列之间关联度就越大，反之越小。设有参考序列 X_o 和比较序列 X_s，两序列都包含 l 个时刻点，则在第 k 个分区（$k=1,\ 2,\ \cdots,\ l$）两者关联系数的计算公式为

$$\xi_{os}(k)=\frac{\min\limits_{s}\min\limits_{k}\left|x_o(k)-x_s(k)\right|+\rho\max\limits_{s}\max\limits_{k}\left|x_o(k)-x_s(k)\right|}{\left|x_o(k)-x_s(k)\right|+\rho\max\limits_{s}\max\limits_{k}\left|x_o(k)-x_s(k)\right|} \tag{3.47}$$

式中：$\xi_{os}(k)$ 为参考序列 X_o 与比较序列 X_s 在第 k 个分区的关联系数，反映了参考序列 X_o 与不同比较序列在同一分区的接近程度；$\min\limits_{s}\min\limits_{k}\left|x_o(k)-x_s(k)\right|$ 为两序列两极最小绝对值；$\max\limits_{s}\max\limits_{k}\left|x_o(k)-x_s(k)\right|$ 为两序列两极最大绝对值；ρ 为分辨系数，通过削弱最大值过大导致关联系数失真的影响，提高关联系数的分辨能力，$\rho\in[0,\ 1]$，一般取 0.5。

关联度的计算公式为

$$\gamma_{os}=\frac{1}{l}\sum_{k=1}^{l}\xi_{os}(k) \tag{3.48}$$

式中：γ_{os} 为关联度，反映了参考序列 X_o 与比较序列 X_s 整体上的接近程度。

3.3.3 评价结果分析

本书研究范围包括汉江流域内陕西、河南和湖北 3 省下辖的 14 个行政单元。研究数据主要来自 2017 年 3 省份及所涉及各行政单元的水资源公报、环境质量状况公报、国民经济和社会发展统计公报、国土资源公报、统计年鉴、部门报告等政府官方渠道。由于指标 D25"生态环境公众满意度" 2017 年统计数据不可得，按照可比性原则采用 2016 年数据。

结合 5 位专家所确定的判断矩阵，基于 AHP 法和熵值法计算得汉江流域水生态文明评价指标的融合权重见表 3.7。将所得结果代入式（3.46），根据模糊综合评价计算步骤，求得各分区隶属于最优分区的隶属度 u_k 及排序，见表 3.8。

表 3.7　基于 AHP 法和熵值法的融合权重

层次	权重向量
A	(0.3333，0.6667)
B1	(0.2599，0.3275，0.4126)
B2	(0.3221，0.2548，0.1656，0.1176，0.0855，0.0543)
C1	(0.1981，0.8019)
C2	(0.7841，0.2159)
C3	(0.3339，0.5928)
C4	(0.2441，0.1683，0.3867，0.2010)
C5	(0.3090，0.3718，0.3189)
C6	(0.3261，0.3488，0.3251)
C7	(0.1634，0.3352，0.2991，0.2023)
C8	(0.6723，0.3277)
C9	(0.1948，0.1949，0.6102)

表 3.8　评价分区隶属度及排序

排序	评价分区	隶属度 u_k
1	商洛	0.9816
2	十堰	0.9665
3	安康	0.9380
4	襄阳	0.9058
5	武汉	0.8765
6	宝鸡	0.8656
7	汉中	0.7423
8	荆门	0.6500
9	南阳	0.6049
10	随州	0.5301
11	三门峡	0.4788
12	驻马店	0.3047
13	孝感	0.1738
14	天潜沔	0.0982

按隶属度越大越优原则，采用 Jenks 自然断裂分类法[61] 划分优、良、中、较差、差 5 个级别，对比各分区的水生态文明建设水平，具体结果如图 3.11 所示。由图可知，商洛、十堰和安康的评价等级均达到优，襄阳、武汉和宝鸡均达到良。通过灰色关联度分析可知，在自然与社会两个系统中，汉江流域水生态文明建设与社会系统的关联度较高，达 0.8441；在 3 种自然地貌单元中，其与水域单元的关联度最高，达 0.6980，山区单元次之；在 6 类人水关系子系统中，其与水安全子系统的关联度最高，达 0.7450，与水环境、水节约和水生态子系统的关联度次之；其与全体评价对象的灰色关联度均在 0.6 以上。结果表明，汉江流域水生态文明建设具有较强的社会属性，侧重于流域水资源的安全保障、环境治理和节约教育，主要通过转变生产和生活方式，实现人与自然的和谐。

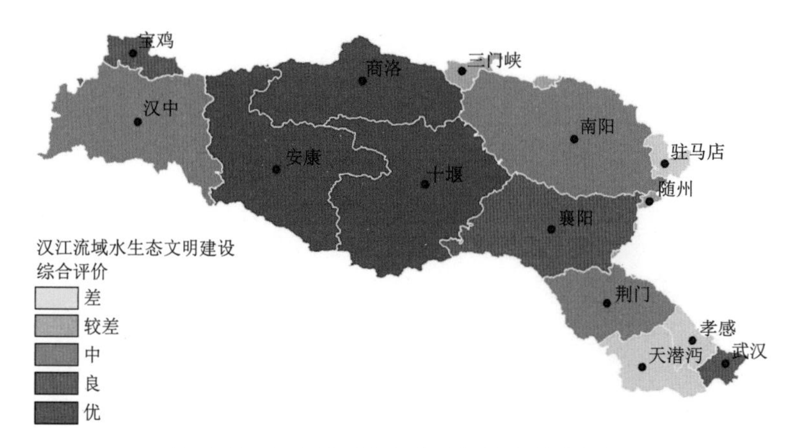

图 3.11 汉江流域水生态文明建设综合评价

在综合评价的基础上，分系统和单元逐层分析，如图 3.12 所示。对于自然系统，安康和汉中的评价等级达到优，商洛、十堰和襄阳均达到良。由图 3.12 (a)～(c) 可知，山区、平原和水域子系统的评价结果与自然系统相近。其中，自然系统与水域子系统的灰色关联度最高，达 0.8104，与平原和山区子系统的关联度次之。说明以汉江流域源头汉中、安康和商洛为代表，自然禀赋较好，水系发达，水量充沛，森林覆盖率高，自然系统建设水平也随之较高。与之相对，以天潜沔、孝感、驻马店和随州为代表的汉江中下游地区，水污染严重，水质优良度低，自然系统建设水平也较为落后。

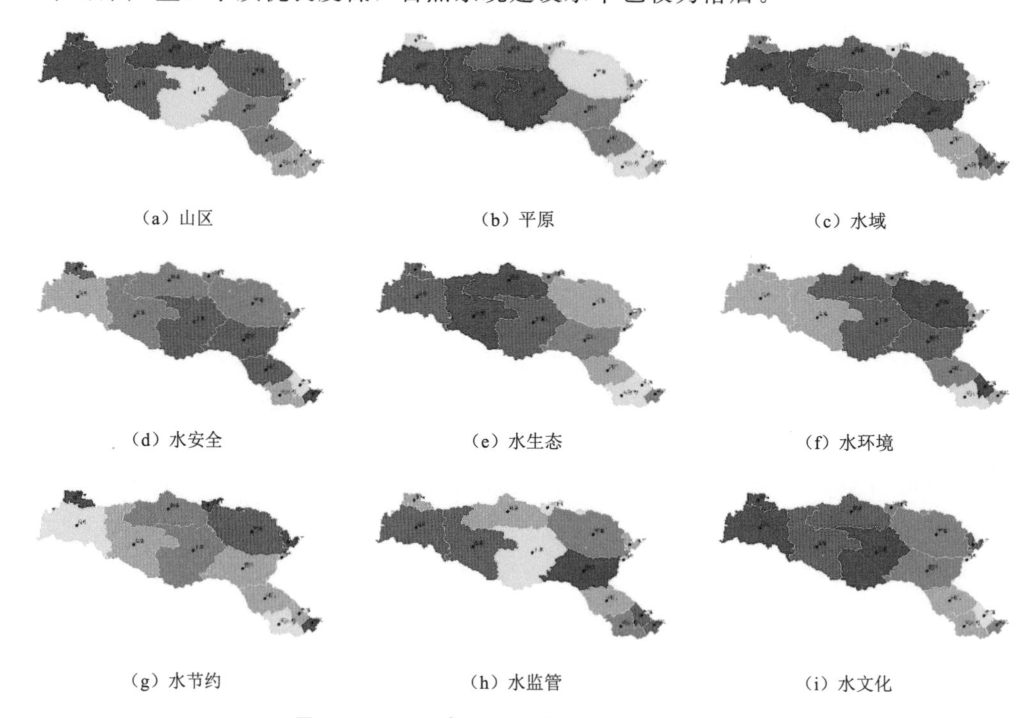

图 3.12 汉江流域水生态文明建设分层评价

对于社会系统，商洛和十堰的评级等级达到优，宝鸡、武汉、安康和襄阳均达到良。在其下设 6 类人水关系子系统中，社会系统与水安全子系统的灰色关联度最高，达

0.7339，水环境与水节约子系统次之。由图3.12（d）～(i）可知，汉江流域经济社会发展的核心区域位于汉江中下游，以湖北省中南部的江汉平原为主，该区不但工农业发达，在省内社会生产中占有重要地位，也是汉江生态经济带发展规划的重中之重。然而，发展的“天花板”效应，粗放型经济增长模式和结构性、布局性污染等问题在汉江中下游地区日渐凸显，已经达到了不容忽视的地步。

综上所述，目前汉江流域水生态文明建设呈中下游相对领先，上游略有滞后的空间格局。以汉中、安康和商洛为代表的汉江水源地及上游地区，自身禀赋占据优势，水资源丰富，水生态保护较好，但人水互动较少，集中表现在水安全、水环境和水节约3个方面，具体到指标如“排水管道长度”“污水处理率”“公共供水管网漏损率”等与其他行政单元差距较大，较为落后。以十堰、武汉和襄阳为代表的汉江中下游地区，经济社会发展迅速，虽然在经济和人口的刺激下，水资源开发强度大，水污染严重，资源压力与日俱增，生态环境质量较差，“生态环境公众满意度”较低，但是治水、用水、爱水、护水宣传教育普遍，节水意识较强，水生态文明理念深入人心，人水互动频繁，水生态文明建设程度较高。

本节以实际统计数据为基础，提出了汉江流域水生态文明建设评价指标体系，采用熵值法开展科学评价，评价结果与汉江流域现状基本一致，与2018年末所验收汉江流域内4个国家水生态文明城市建设试点情况相吻合[62]。

本节所提出的指标及分层方法仅是初步探讨，尚待修改和完善。在指标的选择方面，具体到某个指标的代表性还有待斟酌。应该指出，水生态文明建设程度是相对的，没有“文明”和“不文明”的截然界限和标准，只有相对优劣之分。旨在通过评价和分析汉江流域水生态文明建设现状水平，为确定汉江流域水生态文明建设重点方向提供技术依据。

3.4 汉江中下游湖北县市区“幸福河”综合评价

针对幸福河的内涵和幸福河评价，国内已有很多学者进行了研究讨论。左其亭等[63]首先给出了幸福河的定义，即“造福人民的河流”，他认为幸福河涵盖自然与社会双属性，是生态保护和人类经济社会对河流需求的平衡。陈茂山等[64]从人、河流、人与河流三个角度分析幸福河的内涵包含6个方面，分别是洪水防御、供水安全、水生态、水环境、流域高质量发展、水文化，基于以上方面提出了幸福河评价指标体系的6个准则层。谷树忠[65]从幸福河的定义、缘由、谁来建、为谁建、方法共5个方面探讨幸福河建设，立足于我国水情，强调幸福河是为全体人民而建。韩宇平等[66]认为“幸福河”是人与河流从冲突到和谐的过程，提出用需求层次理论划分幸福河评价层次，参照河流健康评价方法构建幸福河的指标体系，并将其用于黄河流域的幸福河研究。左其亭等[67]在之前研究基础上初步构建了幸福河评价指标体系表，研究中使用SMI－P方法评价黄河流域，并提出使用幸福河指数（happy river index，HRI）定量评估幸福河。王子悦等[68]认为幸福河是流域“多功能性”的体现，是建立在“生命共同体”“人与自然命运共同体”基础上的，引入需求层次理论将幸福河划分为5个层次对长三角三省一直辖市进行评价。贡力等[69]使用IPSO－PEE模型，依托ERG理论，从生存、生态、发展三个层级需求开展黄河流域甘肃段幸福河评价。

自2019年习近平总书记考察黄河提出打造“幸福河”的要求后，“幸福河”成为现阶段河流治理和发展的新目标，而打造“汉江流域幸福河”也是流域发展的必然要求。本节充分解读幸福河内涵和要求，结合水资源特具的流域与区域相结合的特性，将评价单元细分到县（市、区）行政区域，提出适用于汉江流域的“幸福河”评价体系和评分指标。从流域特有的自然禀赋与相关政策出发，以县（市、区）为切入点，有针对性且细致性地评估汉江流域湖北省的幸福河建设。继而依托于评价结果了解流域水生态情况，指导县（市、区）提升水生态环境。

3.4.1 幸福河概念及指标体系

3.4.1.1 幸福河概念

结合前人有关幸福河的研究成果，本节提出幸福河的概念和建设目标如下[70]：

（1）“健康河流”更多关注河流是否能够满足水文特性、水质、水生物、水生态、水功能等诸多方面要求，重点在河流本身水文健康；“水生态文明河流”将关注点逐渐向“人水和谐”上迈进，在保证河流可持续发展的同时满足人类社会文明需求，强调人类意识和行为；“幸福河”区别于以上的概念，增加了人类心理对河流的“反馈”角度，在河流功能逐步提升的基础上坚持“以人为本”的原则，人类对河流现状的满意度即体现在是否“幸福”这两个字上。

（2）幸福河是保证河流健康和水安全的同时满足人类社会发展和心理需求的河流，最终目标是造福人民。幸福河的核心要义是反映人类心理对河流的关注度，这是“客观”与“主观”的融合。“客观”体现在防洪安全、水资源保障、水环境健康等河流客观评估因素；“主观”更多展现了人类对水景观、水生态、涉水娱乐生活等方面的需求和满意度。河流自然属性和社会属性功能的实现也就标志着“幸福”的达成。

（3）构建幸福河的过程，实际上就是河流保护与开发的辩证统一过程，也是环境保护与开发利用协调力度不断循环上升的过程。河流需要造福人民、实现诸多功能；人类同时要保护河流健康，其中寻求保护措施、开展保护行动是建设“幸福河”的重要环节。实现经济社会发展必然会对水环境和水生态造成一定程度的扰动，如何将这种发展“矛盾”转化成“双向共赢”是所有研究者共同努力的目标。

3.4.1.2 “幸福河”评价指标体系

指标体系构建依据“目标-准则-指标”框架。目标层A为幸福河的评价；准则层B评估幸福河的各个方面；指标层C为各准则层内部的具体指标，用于量化流域“幸福”程度。

紧扣幸福河的概念和建设目标，结合新阶段水利高质量发展的六条实施路径，构建完善防洪体系、优化水资源配置、提升水环境质量、复苏河湖生态环境、强化节水制度、发展河湖文化的准则层。最终得到B1～B6共6个准则层。为使指标更加科学严谨、覆盖面广、具有较强说服力，参考《河湖健康评估技术导则》（SL/T 793—2020）[71]、《全面推行河长制湖长制总结评估工作方案》、《水生态文明城市建设评价导则》（SL/Z 738—2016）[55]，立足于研究区域自然社会特性，筛选出可用指标。最终得到30个指标即C1～C30，见表3.9。其中B2和B4准则层具有较强区域特色性，若更换研究流域，可根据评价流域生态环境、保护对象、用水习惯对其中生态指标进行替换。

表 3.9 幸福河的评价指标体系分级

目标层	准则层 B	序号	指标层	单位	指标趋势	等级划分				
						5 星	4 星	3 星	2 星	1 星
						幸福	较幸福	提升幸福	欠幸福	不幸福
						持续发展	可持续发展	尚可持续发展	欠持续发展	不可持续发展
A 幸福河评价	B1 完善防洪体系	C1	防洪标准	年	正向	[100，200]	[75，100)	[50，75)	[30，50)	[20，30)
		C2	排涝能力	km/km^2	正向	≥10	[8，10)	[5，8)	[3，5)	[0，3)
		C3	发生地质灾害经济损失占比	%	逆向	[0，1]	(1，3]	(3，5]	(5，10]	>10
		C4	水土流失治理程度	%	正向	[50，100]	[30，50)	[10，30)	[5，10)	[0，5)
	B2 优化水资源配置	C5*	集中饮用水水源地安全保障达标率*	%	正向	100	[97，100)	[95，97)	[90，95)	[0，90)
		C6	供水普及率	%	正向	[95，100]	[80，95)	[60，80)	[40，60)	[0，40)
		C7	人均水资源量	m^3	正向	≥3000	[2000，3000)	[1000，2000)	[500，1000]	[0，500)
		C8	水资源监测指数	%	正向	[90，100]	[75，90)	[60，75)	[40，60)	[0，40)
	B3 提升水环境质量	C9	重要断面水质优良比例	%	正向	[90，100]	[75，90)	[60，75)	[40，60)	[0，40)
		C10*	重要江河湖泊水功能区水质达标率*	%	正向	[95，100]	[90，95)	[85，90)	[80，85)	[0，80)
		C11	点源污染强度（COD）	kg/人	逆向	[0，10]	(10，20]	(20，30]	(30，50]	(50，100]
		C12	面源污染强度（COD）	kg/人	逆向	[0，10]	(10，30]	(30，60]	(60，80]	(80，100]
		C13	点源污染强度（TP）	kg/人	逆向	[0，0.1]	(0.1，0.5]	(0.5，1]	(1，2]	(2，3]
		C14	面源污染强度（TP）	kg/人	逆向	[0，0.1]	(0.1，0.8]	(0.8，1]	(1，2]	(2，3]
		C15	污水处理厂集中处理率	%	正向	[85，100]	[80，85)	[70，80)	[60，70)	[0，60)
		C16	湖库富营养化情况	—	逆向	[0，50)	[50，55]	(55，60]	(60，70]	(70，100]

续表

目标层	准则层B	序号	指标层	单位	指标趋势	等级划分				
						5星	4星	3星	2星	1星
						幸福	较幸福	提升幸福	欠幸福	不幸福
						持续发展	可持续发展	尚可持续发展	欠持续发展	不可持续发展
A幸福河评价	B4复苏河湖生态	C17	绿化（森林）覆盖率	%	正向	[50，100]	[40，50)	[30，40)	[20，30)	[0，20)
		C18	生态用水量占比	%	正向	>1.5	[1，1.5)	[0.5，1)	[0.2，0.5)	[0，0.2)
		C19	国家级水产种质资源保护区	个	正向	2	1	0	0	0
		C20	重要河流生态基流满足程度	%	正向	[98，100]	[90，98)	[80，90)	[60，80)	[0，60)
		C21	生态环境状况指数	%	正向	[75，100]	[55，75)	[35，55)	[20，35)	[0，20)
	B5强化节水制度	C22*	农田灌溉水有效利用系数*	—	正向	[0.7，0.9]	[0.6，0.7)	[0.5，0.6)	[0.45，0.5)	[0，0.45)
		C23	公共供水管网漏损率	%	逆向	[0，8]	(8，12]	(12，18]	(18，25]	(25，100]
		C24	工业用水重复利用率	%	正向	[95，100]	[75，95)	[40，75)	[30，40)	[0，30)
		C25*	万元工业增加值用水量相对值*	%	逆向	[0，25]	(25，50]	(50，100]	(100，400]	>400
	B6发展河湖文化	C26	公众对河流幸福满意度	%	正向	[95，100]	[80，95)	[60，80)	[30，60)	[0，30)
		C27	人均涉水公园绿地面积	m^2	正向	[50，100]	[40，50)	[30，40)	[20，30)	[0，20)
		C28	水污染防治行动实施情况	%	正向	[90，100]	[80，90)	[60，80)	[50，60)	[0，50)
		C29	国家级、省级湿地公园、自然保护区建设	个	正向	4	3	2	1	0
		C30	国家级水利风景点	个	正向	3	2	1	0	0

* 红线指标。若将评价体系应用于汉江流域以外的其他区域，需调整指标及其等级划分数值。

2012 年，国务院发布《关于实行最严格水资源管理制度的意见》（以下简称《意见》），明确了水资源管理“三条红线”，即水资源开发利用控制红线、用水效率控制红线、水功能区限制排污红线。《意见》中对至 2020 年的全国用水总量、万元工业增加值用水量、农田灌溉水有效利用系数、重要江河湖泊水功能区水质达标率、城镇供水水源地水质达标情况等指标的具体数值做出了规范要求。2018 年，湖北省人民政府发布《湖北省生态保护红线》，注重“四屏三江一区”基本格局的呈现，重点关注湿地、森林、风景区、水产种质资源保护区等的保护。依据各条红线指标的要求并结合汉江湖北省域的实际情况，规定指标 C5（集中饮用水水源地安全保障达标率）、C10（重要江河湖泊水功能区水质达标率）、C22（农田灌溉水有效利用系数）、C25（万元工业增加值用水量相对值）作为幸福河评价体系中的“红线指标”。

1. 幸福河指数（HRI）及需求层次理论

由于“幸福河”的概念存在很大的主观性且具有可变性，同时“幸福河”的动态性和区域性也让幸福河的评价及指标的选定无法统一。因此不能片面地判断河流或者流域“幸福”或者“不幸福”。需求层次理论是马斯洛提出的人类的五种需求[72]，高级需求的出现必须建立在满足低级需求的条件下，这样就构成需求金字塔。

需求层次理论可沿用至水资源研究和评价中，结合“幸福河”的概念，需求层应该从河流、人类社会、人水关系三个方面进行分析。底层需求需要满足河流连续、完整，人类供水保障、防洪安全等基础要求；中层需求满足河流的生态、水质、生物多样性，人类可以拥有较好的水环境；幸福层就是要满足人水和谐，丰富水文化。左其亭等[67] 提出幸福河指数，用来定量评估河流的幸福程度，其主要思路是通过指标值与指标权重结合得到能够代表流域“幸福”程度的具体数值。

$$HRI = \sum_{j=1}^{m} x'_j w_j \tag{3.49}$$

式中：x'_j 为各评价指标归一化后的结果；w_j 为第 j 个指标所占权重，共有 m 个指标。

本书结合需求层次理论最终提出五个等级划分“幸福河”指数，分别为幸福层（5 星）、较幸福层（4 星）、提升幸福层（3 星）、欠幸福层（2 星）、不幸福层（1 星），见表 3.10。每个指标各层次划分参考《水生态文明城市建设评价导则》（SL/Z 738—2016）等标准对应数值并结合流域现状进行适当调整，标准中未规定指标则结合当地实际情况、未来规划并参考专家意见对数值进行划分。

表 3.10　　幸福河的评价指标数值分级

等级	幸福河指数（HRI）范围		可持续发展指数（SDCI）范围		综合评估值（CI）范围	幸福层含义
5 星	幸福	0.78～1.00	持续发展	2.19～6.00	0.57～1.00	生态环境从根本上好转，社会文明达到新高度，河流实现造福人民的目标，经济、科技发展迅猛，人民生活幸福

续表

等级	幸福河指数（HRI）范围		可持续发展指数（SDCI）范围		综合评估值（CI）范围	幸福层含义
4星	较幸福	0.64～0.78	可持续发展	1.59～2.19	0.45～0.57	水质优良，河流景观优美，公众保水节水意识提高，监管制度完善，水文化繁荣。水环境、水生态仍有待优化提高
3星	提升幸福	0.49～0.64	尚可持续发展	1.09～1.59	0.34～0.45	河流生物多样性逐渐丰富，水质合格；水景观、水文化开始发展。但缺乏系统治理、政策支持和监管制度；公众意识有待提高；水环境污染和水生态破坏问题仍未彻底消除
2星	欠幸福	0.34～0.49	欠持续发展	0.67～1.09	0.23～0.34	河流生态、水质问题突出；人类基本具有可靠清洁供水；缺乏节水措施
1星	不幸福	0～0.34	不可持续发展	0～0.67	0～0.23	河流完整、连续；人类用水、防洪安全等仅得到基本保障；生态、环境、经济等多指标无法达标

注 综合评估值（CI）为HRI和SDCI的综合结果，在本节“评价准则”中有详细说明。

2. 可持续发展综合指标

可持续发展的概念包含社会、生态、经济三方面的可持续性，发展经济社会的同时保证对自然和生态的维护，使得子孙后代拥有满足持续进步和发展的资源。由于可持续发展理念与幸福河的人水和谐发展目标相似，故可选用可持续发展综合指标定量描述流域幸福程度。如 Abdi - Dehkordi 等[73] 将现代资产配置理论（modern portfolio theory，MPT）中的经济回报风险概念引用至水资源系统可持续发展评价中，评估 Big Karun River 流域的可持续发展水平；史习习等[74] 构建了黄河流域可持续发展综合指标体系并计算各子系统的耦合度及耦合协调度，评估黄河流域历史和未来的可持续发展能力。

基于可持续发展概念，在 Abdi - Dehkordi et al. [73] 选用的指标计算方法上进行改进，提出可持续发展综合指标（sustainable development combined index，SDCI）。其中偏离理想值的任何正或负波动都被视为风险，并使用均值表示收益，标准差表示风险。考虑投资操作中把低于期望值的情况视为“风险”，高于预期并不构成风险，所以需结合“半方差”概念[75]，避免过优数值导致结果偏好的影响，最终得到的 SDCI 指标用于表示该地区的可持续发展能力，指标越大则表示区域可持续发展水平更高，即更加幸福。

假设指标体系共有 g 个准则层，每个准则层有 h 个指标，则第 i 个样本的 $SDCI$ 表示为

$$SDCI_i = g - \sum_{B=1}^{g}\left[\sum_{C=1}^{h} w_C (U_i)^2\right]^{w_B} \tag{3.50}$$

其中

$$\sum_{C=1}^{h} w_C = 1$$

$$\sum_{B=1}^{g} w_B = 1$$

$$U_i = \begin{cases} xopt_{iC} - x_{iC} & x_{iC} < xopt_{iC} \\ 0 & x_{iC} \geqslant xopt_{iC} \end{cases}$$

式中：w_B 为每个准则层的权重；w_C 为每个准则层内的指标权重；U_i 为半方差函数；x_{iC} 为第 i 个指标值；$xopt_{iC}$ 为第 i 个指标理想值。

结合需求层次理论，SDCI 依然以 1～5 星五个等级划分，分别为持续发展（5 星）、可持续发展（4 星）、尚可持续发展（3 星）、欠持续发展（2 星）、不可持续发展（1 星）。

3.4.2 “幸福河”评价方法与准则

“幸福河”评价作为多目标综合评价，需要综合考虑多个指标，首先应确定指标权重，其次选择评价方法，最后得到评价结果。其中较为重要的环节就是指标权重的确定，本章选择融合层次分析法和投影寻踪的主客观赋权，融合方法为基于离差平方和的最优组合赋权法。计算得到幸福河指数（HRI）和可持续发展综合指标（SDCI），两种指标相互验证。为了保证评价结果的严谨性，再综合 HRI 和 SDCI 两种评价方法得到综合评估值。

3.4.2.1 归一化处理

为了防止各个指标的单位、量级不同导致的评价结果存在偏差，需要对指标进行无量纲化处理，并统一指标数值的变化范围。根据趋势（正向、逆向）不同，数据归一化公式为

$$x'_{uij} = \frac{x_{ij} - \min(x_{1j}, x_{2j}, x_{3j}, \cdots, x_{nj})}{\max(x_{1j}, x_{2j}, x_{3j}, \cdots, x_{nj}) - \min(x_{1j}, x_{2j}, x_{3j}, \cdots, x_{nj})}$$

$$x'_{dij} = \frac{\max(x_{1j}, x_{2j}, x_{3j}, \cdots, x_{nj}) - x_{ij}}{\max(x_{1j}, x_{2j}, x_{3j}, \cdots, x_{nj}) - \min(x_{1j}, x_{2j}, x_{3j}, \cdots, x_{nj})} \tag{3.51}$$

式中：x'_{uij} 为第 i 个样本的第 j 个指标归一化后的结果，且为正向指标（即越大越好）；x'_{dij} 为逆向指标（即越小越好）归一化结果。

3.4.2.2 层次分析法及投影寻踪法

采用层次分析法 AHP，通过向专家发放问卷，统计构造判断矩阵并通过一致性检验，得到各指标权重 W_1。

投影寻踪法（projection pursuit，PP）广泛应用于对非正态非线性的高维数据的处理[76]。其主要思路是将高维数据在经过一些组合后投影到低维空间上，通过对投影指标的限制以达到对原始高维数据特征的最大保留。对低维投影的处理和分析研究可避免“维数灾”问题。计算步骤如下：

（1）设共有 m 个指标，每个指标有 n 个样本。x_{ij}（$i=1, 2, \cdots, n$；$j=1, 2, \cdots, m$）为第 i 个样本的第 j 个指标，x_{ij} 构成的矩阵表示为 $\{A(i,j) \mid i=1, 2, \cdots, n; j=1, 2, \cdots, m\}$。首先要对指标数据进行归一化处理以避免数据量纲和大小对评价的影响。

（2）将 $A(i,j)$ 的 m 维数据投影至 $a=\{a(1), a(2), \cdots, a(m)\}$，得到投影在一维线性空间的特征值可表示为

$$z(i)=\sum_{j=1}^{m}a(j)A(i,j)\quad(i=1,2,\cdots,n;j=1,2,\cdots,m)\tag{3.52}$$

式中：a 为单位向量，$a=\{a(1),\ a(2),\ \cdots,\ a(m)\}$。

（3）最优投影 Z 具有以下特点：①在局部的投影点最好能够凝聚为点团，若干点团各自足够密集，用“类内距离”$d(a)$ 定量描述类内的密度；②整体上投影的点团之间应该分散开，用“类间距离”$s(a)$ 表示。为满足以上特点目标函数可定义为 $Q(a)$，可以推出 $Q(a)$ 越大则投影方向越优。

$$\begin{cases}s(a)=\left[\dfrac{\sum_{i=1}^{n}(z_i-\bar{z}_a)^2}{n}\right]^{\frac{1}{2}}\\ r_{ij}=|z_i-z_j|\\ f(R-r_{ij})=\begin{cases}1 & R\geqslant r_{ij}\\ 0 & R<r_{ij}\end{cases}\\ d(a)=\sum_{i-1}^{n}\sum_{j-1}^{m}(R-r_{ij})f(R-r_{ij})\\ Q(a)=s(a)d(a)\end{cases}\tag{3.53}$$

式中：$\bar{z}_a$ 为 $z(i)$ 的均值；r_{ij} 为特征值之间的距离；f 为阶跃函数；R 为宽窗参数。

寻找最佳的投影方法，即求解满足下式的优化问题。当找到最佳的投影方向 a 后，可得到每个指标的权重。本节选择的优化算法为基于实数编码的加速遗传算法 RAGA[77]。

$$\max Q(a)=s(a)\cdot d(a)\tag{3.54}$$

其中

$$\|a\|=\sum_{j=1}^{m}a_j^2=1$$

由于投影寻踪法训练样本的数量对结果影响较大，选择1～5星级阈值范围进行线性插值得到样本501组。将501组数据归一化后代入 RAGA - PP，可得到501组幸福指数结果及各指标投影后权重 W_2。

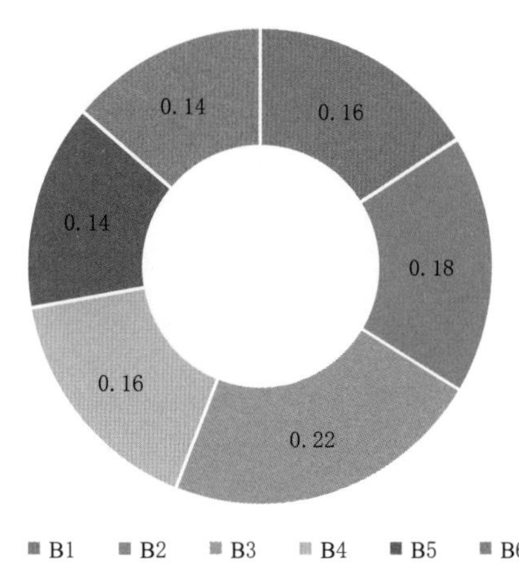

图3.13　各准则层权重

3.4.2.3　主客权重融合 PP - AHP

投影寻踪法属于客观赋权的范畴，存在客观权重与现实不符合等情况；而层次分析法又存在很大主观性，所以结合主客观赋权法形成组合赋权法。基于离差平方和的最优组合赋权法将 AHP 法和 PP 法组合，得到新的最优组合权重用于“幸福河”的分析评价，如图3.13所示。

3.4.2.4　评价准则

根据表3.9中1～5星级临界点数值和 AHP - PP 得到的权重，代入式（3.49）和式（3.50），求得的临界幸福河指数（HRI）和可持续发展综合指标（SDCI），可总结出各层的幸福和可持续发展指数范围。为综合 HRI 指数和 SDCI 指数的两种评价结果，对两组数据进行调整。首先将 SDCI 指数进行归一化处理，处理方法如式（3.51）。再取 HRI 指数与归一化处理后的 SDCI 指数的算术平均值作为最终的综合评估值（composite index，CI）。根据已经求出的各层临界 HRI 和 SDCI 指标范围可进一步获得综合指标的分级情况，见表 3.10。

具体区域分级方法遵循以下原则：

（1）若计算得到的 HRI、SDCI、CI 指数落在某一等级范围内，则判断该区域“幸福河”建设属于这一等级。

（2）红线指标作为评价的先决条件。若评价区域低于 C5（集中饮用水水源地安全保障达标率）、C10（重要江河湖泊水功能区水质达标率）、C22（农田灌溉水有效利用系数）、C25（万元工业增加值用水量相对值）红线指标，或受到省级及以上环保部门行政处罚或通报批评，则直接判定该区域为“不幸福”层、“不可持续发展”层。

（3）受到省级及以上环保部门表扬的区域，以及水系连通及水美乡村建设试点、节水型社会建设达标县（市、区）、全国水生态文明建设试点验收城市、中国海绵城市试点城市等予以适当的提分。

3.4.3 “幸福河”评价结果与制约因素

把流域与行政区相结合，以汉江流域内的湖北省区域为研究对象，将评价单元细分到县（市、区）。选择 2019 年为代表年（2020 年后因新冠肺炎疫情及防控措施，导致相关数据资料缺乏代表性）。流域面积占比小于 10%的行政区不再单独考虑，共得到 22 个评价单元（表 3.11 和图 3.14）。

表 3.11　各行政区等级评价结果及排名

排名	行政分区	HRI 指标值	SDCI 指标值	CI 指标值	等级划分（星级）
1	神农架林区	0.870	1.784	0.584	5
2	蔡甸区	0.680	1.600	0.473	4
3	汉南区	0.644	1.548	0.451	4
4	老河口市	0.655	1.477	0.451	4
5	襄阳市中心城区	0.657	1.446	0.449	3
6	丹江口市	0.637	1.430	0.437	3
7	房县	0.618	1.537	0.437	3
8	保康县	0.626	1.456	0.434	3
9	荆门市市区	0.625	1.451	0.433	3
10	谷城县	0.635	1.378	0.432	3
11	南漳县	0.632	1.383	0.431	3
12	襄州区	0.625	1.379	0.427	3
13	钟祥市	0.622	1.380	0.426	3
14	潜江市	0.614	1.388	0.423	3
15	应城市	0.599	1.340	0.411	3
16	宜城市	0.605	1.261	0.407	3
17	沙洋县	0.591	1.306	0.404	3

续表

排名	行政分区	HRI 指标值	SDCI 指标值	CI 指标值	等级划分（星级）
18	京山市	0.585	1.317	0.403	3
19	汉川市	0.587	1.288	0.401	3
20	枣阳市	0.595	1.187	0.396	3
21	天门市	0.545	1.126	0.366	3
22	仙桃市	0.533	1.112	0.359	3

注 襄阳市襄城区和樊城区合并为襄阳市中心城区，荆门市东宝区和掇刀区合并为荆门市市区。

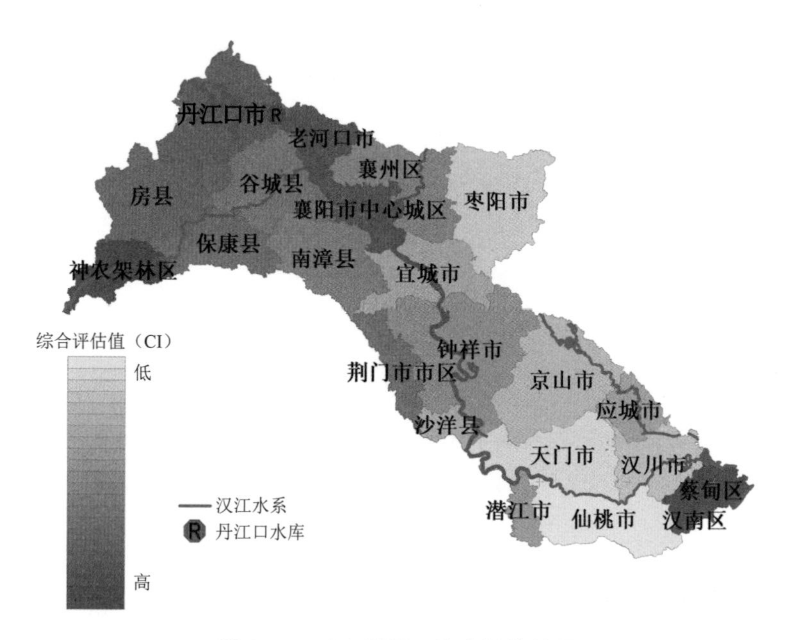

图 3.14 “幸福河”综合评估情况

数据来源于湖北省和各市 2019 年水资源公报、环境质量公报、水功能区水质通报、水土保持公报、自然资源综合统计年报、中国城市建设统计年鉴，以及政府公开文件等官方渠道。部分资料由湖北省水利厅、湖北省水利水电规划勘测设计院提供。

计算出各地区的“幸福河”指数、可持续发展综合指数和综合评估值，并进行等级划分，结果见表 3.11 和图 3.14。同时使用“幸福河”指数和可持续发展综合指数两种计算评价方法，两个指标的分级同步率达到 82%，两种方法相互验证以证明评价结果的可靠性。2018 年，水利部第二批通过全国水生态文明建设试点验收城市中，处于汉江流域内的武汉市、襄阳市和潜江市评分分别为 91.9、90.6 和 89.1，与研究得到三个城市综合评估指标大小关系一致。两种评价方法出现的差异性主要是可持续发展综合指数会比“幸福河”指数更加保守。以神农架林区为例，表 3.11 中神农架林区幸福等级按照“幸福河”指数划分为 5 星，按照可持续发展综合指数划分为 4 星。出现这种情况是因为神农架林区的植被覆盖率等生态指标极高，这会整体拉高“幸福河”指数，但可持续发展综合指数考虑的是“半方差”，“半方差”避免了过优数值的影响。为了使评价分级更加科学严谨，综合两种评价指数分析，兼顾了两种指数的优缺点。

“幸福河”综合评价结果表明：“幸福”程度呈现较为显著的空间差异性，自上中游向下游沿程降低。即使同在一个地级市的县（市、区），也因为经济发展、水环境现状和水生态保护实施情况等诸多方面的不同而导致评价等级存在差异。各县（市、区）中神农架林区（最高分）及十堰、襄阳所辖县（市、区）好于潜江、天门、仙桃市（最低分），符合流域上中游水生态、水环境优于下游的客观规律；地级市中心城区和武汉市所辖区重视程度高、政策完善，更加“幸福”。绝大部分地区为3星级，占比约为82%。整体上，湖北省内较多为“提升幸福”阶段且为“尚可持续发展”状况，不存在2星级和1星级地区。

分准则层评估如图3.15所示。完善防洪体系方面：汉江流域降水量大、强降雨多，由于其地理位置位于长江左岸，干流河道上宽下窄，安全泄量小，短时间内形成较大洪峰，下游长江汛期高水位的“顶托”更加剧了“漏斗”现象，且江汉平原大部分区域高程低于最高洪水位，基本都靠堤防防护，造成汉江湖北省域受洪水灾害威胁严重；强降雨、“客水”多等多个因素作用也加剧了涝情。优化水资源配置方面：导致干旱的主要原因是汉江湖北省域的降水时空分布不均，非汛期的水量占比不足30%，且中下游作为农业重点发展区域用水高峰也会加剧干旱情况，跨流域调水工程（南水北调中线工程等）的实施势必导致汉江湖北省域的可利用水资源总量减少，区域内水资源供需矛盾突出。在提升水环境、复苏水生态方面：重大水利工程的实施使水文情势改变明显，汉江湖北省域生境面临威胁；水环境状况不乐观，水华频发，中小湖泊的污染较重；汉江中游两岸高山、峡谷居多，河流曲折，污染物会随着较大较急的水流向下游聚集，水污染事故的发生影响沿岸人民的生产生活；生物多样性，尤其是鱼类繁殖均受到水质和人类活动等多重影响。强化节水制度方面：中心城区、省会城市区经济快速的发展不以消耗大量水为代价，人民节水意识强，重视节水且工程设施及政策更加完备。发展河湖文化方面：上中游的水质、水生态等自然禀赋好于下游，水利风景和自然保护区建设成效更好；下游部分地区采取整治措施，湿地公园、旅游风景区的加紧建设也让下游的潜江、武汉等地的水文化发展迅速。

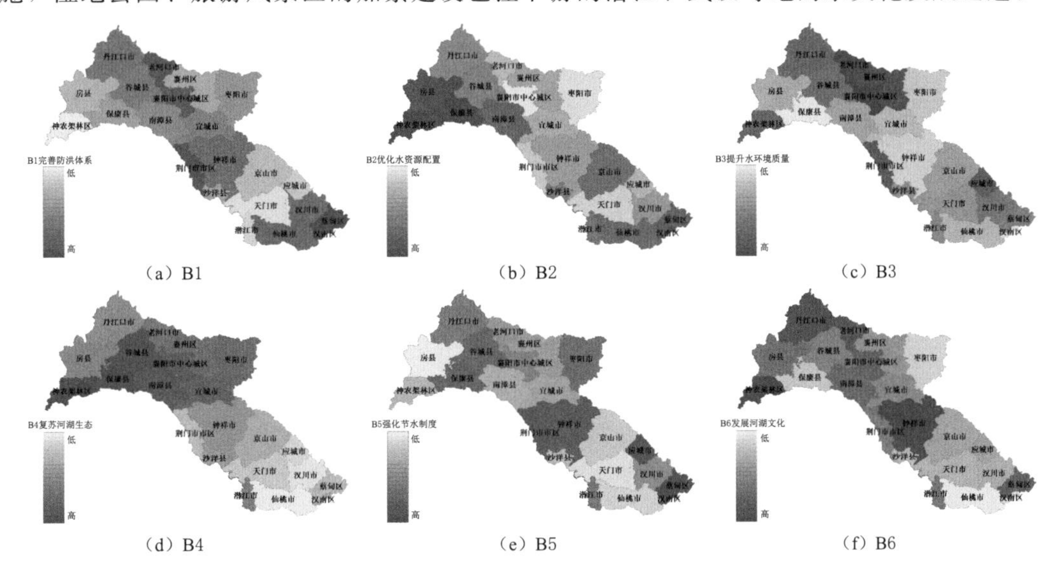

(a) B1　(b) B2　(c) B3

(d) B4　(e) B5　(f) B6

图3.15　各准则层“幸福河”评价

依据上述“幸福河”评价，总结主要制约湖北省汉江流域幸福河发展的因素是：①河流水质污染和生物多样性减少；②局部地区的可利用水资源量短缺；③大型水利工程和人类活动对生态环境的影响；④中下游洪涝灾害频发；⑤各县（市、区）保护、监管制度不完善，发展不平衡。建议：以水功能区划为单位，关注水质情况并保障河流生态需水；全面推进河湖长制；推动地区水生态保护和修复，保障生物多样性；建立全面的水华预警机制。其中占主导地位的水生态环境问题，可在详细分析生态环境需水的基础上，通过有关工程和非工程措施予以缓解，尤其是要注重发挥丹江口水库对生态环境需水的有效调节潜力和作用。

3.5 本章小结

本章开展了汉江上游径流变化归因分析，提出了水文情势改变综合估算法，开展汉江流域水生态文明建设和“幸福河”综合评价，主要结论以下：

（1）基于Budyko框架及径流变化情势指标同气象因子的拟合关系，拓展Budyko方程并得到微分方程。选择汉江上游安康水文站和白河水文站的年均径流、汛期平均径流和非汛期平均径流资料系列，开展径流情势变化及归因研究。结果表明：所有径流指标均发生变异且明显减小；多元对数线性回归模型拟合的相关系数大于0.90，能够较好预估径流变化情势指标，并捕捉到径流变化情势指标同气象参数之间的非线性关系；基于Budyko假设的互补关系法性能优于全微分法，气候（流域下垫面）变化对安康水文站年均径流量、汛期平均径流量和非汛期平均径流量贡献的绝对值分别为35.89%(64.11%)、34.58%(65.42%)和71.12%(28.88%)，对白河水文站年均径流量、汛期平均径流量和非汛期平均径流量贡献的绝对值分别为34.82%(65.18%)、26.29%(73.71%)和35.11%(64.89%)。

（2）水文情势改变综合估算法，采用层次分析和熵权法的主客观组合赋权，融合了现有评价方法的优势又避免信息冗余，得到综合水文改变度，以保留各水文改变指标的频率分布情况、形态和时空差异信息；同时用频率直方图分布对各指标进行详细分析。丹江口水库调度运行和引调水导致汉江中下游可利用水资源量减少，黄家港水文站的流量增减变化率为80.53%，重度改变；水文情势整体改变度为55.7%，属于中度改变。

（3）根据汉江流域水生态文明特征，以行政单元为评价分区，建立汉江流域水生态文明评价指标体系，包括自然和社会2个系统，山区、平原和水域3种流域地貌单元，水安全、水生态、水环境、水节约、水监管和水文化6类人水关系子系统及25项指标。引入基于AHP法和熵值法的融合权重，采用模糊综合评价法和灰色关联分析，评价2017年汉江流域水生态文明建设水平。结果表明：汉江流域水生态文明建设具有较强的社会属性，两者关联度达0.844，因而呈中下游相对领先、上游略有滞后的空间格局，其中水安全、水环境和水节约是影响水生态文明建设的要因。评价结果可为汉江生态经济带建设发展规划提供参考与依据。

（4）依据幸福河内涵和建设目标，以及研究区域汉江流域和湖北省的自然资源条件、生态环境、经济社会发展状况等特点，构建了汉江“幸福河”的评价指标体系，包括6个准则层、30个指标层。采用幸福河指数和可持续发展综合指数进行综合评估，得出汉江湖北省域大部分县（市、区）在2019年幸福河等级处于3星级，主要制约因素包括水生态环境破坏和可利用水资源量减少等。需推进落实各项生态调度，有针对性且高效地提高流域“幸福”程度。

参考文献

[1] CHENG C, LIU W, MU Z, et al. Lumped variable representing the integrative effects of climate and underlying surface system: Interpreting Budyko model parameter from earth system science perspective [J]. Journal of Hydrology, 2023, 620: 129379.

[2] 左其亭. 水科学的核心与纽带——人水关系学 [J]. 南水北调与水利科技（中英文），2022，20（1）：1-8.

[3] 朱惇，贾海燕，周琴. 汉江中下游河流健康综合评价研究 [J]. 水生态学杂志，2019，40（1）：1-8.

[4] 薛帆，张晓萍，张橹，等. 基于Budyko假设和分形理论的水沙变化归因识别——以北洛河流域为例 [J]. 地理学报，2022，77（1）：79-92.

[5] 郭伟，陈兴伟，林炳青. SWAT模型参数对土地利用变化的响应及其对不同时间尺度径流模拟的影响 [J]. 生态学报，2021，41（16）：6373-6383.

[6] LI D, PAN M, CONG Z, et al. Vegetation control on water and energy balance within the Budyko framework [J]. Water Resources Research, 2013, 49 (2): 969-976.

[7] 张丽梅，赵广举，穆兴民，等. 基于Budyko假设的渭河径流变化归因识别 [J]. 生态学报，2018，38（21）：7607-7617.

[8] 崔豪，肖伟华，周毓彦，等. 气候变化与人类活动影响下大清河流域上游河流径流响应研究 [J]. 南水北调与水利科技，2019，17（4）：54-62.

[9] LI Z, QUIRING S M. Projection of streamflow change using a time-varying Budyko framework in the contiguous United States [J]. Water Resources Research, 2022, 58 (10): e2022WR033016.

[10] 杜涛，曹磊，欧阳硕，等. 汉江上游流域水文要素演变规律及归因分析 [J/OL]. 长江科学院院报：1-7 [2023-07-06]. http://kns.cnki.net/kcms/detail/42.1171.TV.20230117.1738.007.html.

[11] 赵香桂，黄生志，赵静，等. 干旱与湿润区流域时变水热耦合参数的归因分析 [J]. 生态学报，2021，41（24）：9805-9814.

[12] 李敏欣，邹磊，夏军，等. Budyko框架下白河流域径流演变及其归因分析 [J]. 长江流域资源与环境，2023，32（4）：774-782.

[13] ZHANG Y, PANG X, XIA J, et al. Regional patterns of extreme precipitation and urban signatures in metropolitan areas [J]. Journal of Geophysical Research: Atmospheres, 2019, 124 (2): 641-663.

[14] MANN H B. Nonparametric tests against trend [J]. Econometrica, 1945, 13 (3): 245-259.

[15] ZHANG J, GAO G, FU B, et al. Explanation of climate and human impacts on sediment discharge change in Darwinian hydrology: Derivation of a differential equation [J]. Journal of Hydrology, 2018, 559: 827-834.

[16] 傅抱璞. 论陆面蒸发的计算 [J]. 大气科学，1981，5（1）：23-31.

[17] YANG Y-C E, CAI X, HERRICKS E E. Identification of hydrologic indicators related to fish diversity and abundance: A data mining approach for fish community analysis [J]. Water Resources Research, 2008, 44 (4).

[18] ZHOU S, YU B, HUANG Y, et al. The complementary relationship and generation of the Budyko functions [J]. Geophysical Research Letters, 2015, 42 (6): 1781 - 1790.

[19] ZHOU S, YU B, ZHANG L, et al. A new method to partition climate and catchment effect on the mean annual runoff based on the Budyko complementary relationship [J]. Water Resources Research, 2016, 52 (9): 7163 - 7177.

[20] 庄稼成，星寅聪，李艳忠，等. 基于改进模型ABCD的黄河源区径流变化与归因 [J]. 南水北调与水利科技（中英文），2022，20 (5)：953 - 965.

[21] HE Y, YANG H, LIU Z, et al. A framework for attributing runoff changes based on a monthly water balance model: An assessment across China [J]. Journal of Hydrology, 2022, 615: 128606.

[22] 彭维英，殷淑燕，刘晓玲，等. 汉江上游安康市近50年旱涝特征分析 [J]. 江西农业学报，2011，23 (5)：144 - 148.

[23] WANG W, ZHANG Y, TANG Q. Impact assessment of climate change and human activities on streamflow signatures in the Yellow River basin using the Budyko hypothesis and derived differential equation [J]. Journal of Hydrology, 2020, 591: 125460.

[24] 邓乐乐，郭生练，田晶，等. 汉江上游径流情势变化及归因分析 [J]. 南水北调与水利科技（中英文），2023，21 (4)：761 - 769.

[25] RICHTER B, BAUMGARTNER J, POWELL J, et al. A method for assessing hydrologic alteration within ecosystems [J]. Conservation Biology, 1996, 10: 1163 - 1174.

[26] POFF N L, ALLAN J D, BAIN M B, et al. The natural flow regime [J]. BioScience, 1997, 47 (11): 769 - 784.

[27] OLDEN J D, POFF N L. Redundancy and the choice of hydrologic indices for characterizing streamflow regimes [J]. River Research and Applications, 2003, 19 (2): 101 - 121.

[28] MONK W A, WOOD P J, HANNAH D M, et al. Selection of river flow indices for the assessment of hydroecological change [J]. River Research and Applications, 2007, 23 (1): 113 - 122.

[29] GAO Y, VOGEL R M, KROLL C N, et al. Development of representative indicators of hydrologic alteration [J]. Journal of Hydrology, 2009, 374 (1): 136 - 147.

[30] DUAN W, GUO S, WANG J, et al. Impact of cascaded reservoirs group on flow regime in the middle and lower reaches of the Yangtze River [J]. Water, 2016, 8 (6): 218.

[31] RICHTER B, BAUMGARTNER J, WIGINGTON R, et al. How much water does a river need? [J]. Freshwater Biology, 1997, 37 (1): 231 - 249.

[32] SHIAU J, WU F. Assessment of hydrologic alterations caused by Chi - Chi diversion weir in Chou - Shui Creek, Taiwan: opportunities for restoring natural flow conditions [J]. River Research and Applications, 2004, 20 (4): 401 - 412.

[33] KIM B, KWON H. Assessment of the impact of climate change on the flow regime of the Han River basin using indicators of hydrologic alteration [J]. Hydrological Processes, 2011, 25 (5): 691 - 704.

[34] 郭文献，李越，王鸿翔，等. 基于IHA - RVA法三峡水库下游河流生态水文情势评价 [J]. 长江流域资源与环境，2018，27 (9)：2014 - 2021.

[35] 康泽璇，王芳，刘扬，等. 基于IHA - RVA法的大通河上中游水文节律变化 [J]. 南水北调与水利科技（中英文），2022，20 (6)：1065 - 1075.

[36] SHIAU J, WU F. A histogram matching approach for assessment of flow regime alteration: Application to environmental flow optimization [J]. River Research and Applications, 2008, 24 (7): 914 - 928.

[37] YIN X A, YANG Z F, PETTS G E. A new method to assess the flow regime alterations in riverine ecosystems [J]. River Research and Applications, 2015, 31 (4): 497 - 504.

[38] BLACK A R, ROWAN J S, DUCK R W, et al. DHRAM: a method for classifying river flow regime alterations for the EC water framework directive [J]. Aquatic Conservation: Marine and Freshwater Ecosystems, 2005, 15 (5): 427-446.

[39] HUANG F, LI F, ZHANG N, et al. A histogram comparison approach for assessing hydrologic regime alteration [J]. River Research and Applications, 2017, 33 (5): 809-822.

[40] ZHENG X, YANG T, CUI T, et al. A revised range of variability approach considering the morphological alteration of hydrological indicators [J]. Stochastic Environmental Research and Risk Assessment, 2021, 35 (9): 1783-1803.

[41] SHEIKH V, SADODDIN A, NAJAFINEJAD A, et al. The density difference and weighted RVA approaches for assessing hydrologic regime alteration [J]. Journal of Hydrology, 2022, 613: 128450.

[42] ZHANG Q, GU X H, SINGH V P, et al. Evaluation of ecological instream flow using multiple ecological indicators with consideration of hydrological alterations [J]. Journal of Hydrology, 2015, 529: 711-722.

[43] 王何予，郭生练，田晶，等. 一种新的水文情势改变度综合估算法 [J]. 南水北调与水利科技(中英文) [J], 2023, 21 (3): 447-456.

[44] 陈伟，夏建华. 综合主、客观权重信息的最优组合赋权方法 [J]. 数学的实践与认识, 2007, 37 (1): 17-22.

[45] ZOU Z, YUN Y, SUN J. Entropy method for determination of weight of evaluating indicators in fuzzy synthetic evaluation for water quality assessment [J]. Journal of Environmental Sciences, 2006, 18 (5): 1020-1023.

[46] SAATY T L. A scaling method for priorities in hierarchical structures [J]. Journal of Mathematical Psychology, 1977, 15 (3): 234-281.

[47] RICHTER B D, BAUMGARTNER J V, BRAUN D P, et al. A spatial assessment of hydrologic alteration within a river network [J]. Regulated Rivers: Research & Management, 1998, 14 (4): 329-340.

[48] 徐聚臣，杜红春，王晓宁，等. 2017—2020年汉江干流水生生物资源现状及变化趋势 [J]. 华中农业大学学报, 2021, 40 (5): 126-137.

[49] 王何予，田晶，邓乐乐，等. 基于IHA-RVA法分析汉江中下游水文情势变化 [J]. 水资源研究, 2021, 10 (4): 350-361.

[50] 曾凌，陈金凤，刘秀林. 南水北调中线工程运行以来汉江中下游水文情势演变分析 [J]. 水文, 2022, 42 (6): 13-18.

[51] 王富强，王雷，魏怀斌，等. 郑州市水生态文明城市建设现状评价 [J]. 南水北调与水利科技, 2015, 13 (4): 639-642.

[52] 严子奇，周祖昊，温天福. 大湖流域水生态文明特征与评价体系研究——以鄱阳湖流域为例 [J]. 水利水电技术, 2018, 49 (3): 97-105.

[53] 国家发展改革委. 汉江生态经济带发展规划 [Z]. 北京：国家发展改革委, 2018.

[54] 水利部. 全国水资源调查评价技术细则 [Z]. 北京：水利部, 2017.

[55] 水利部. SL/Z 738—2016 水生态文明城市建设评价导则 [S]. 北京：中国水利水电出版社, 2016.

[56] 余建星，蒋旭光，练继建. 水资源优化配置方案综合评价的模糊熵模型 [J]. 水利学报, 2009, 40 (6): 729-735.

[57] 郭显光. 熵值法及其在综合评价中的应用 [J]. 财贸研究, 1994, 6: 56-60.

[58] 顾昌耀，邱菀华. 复熵及其在Bayes决策中的应用 [J]. 控制与决策, 1991, 6 (4): 253-259.

[59] 陈守煜，赵瑛琪. 模糊优选（优化）理论与模型 [J]. 应用数学, 1993, 6 (1): 1-6.

[60] 刘思峰，党耀国，方志耕，等. 灰色系统理论及其应用 [M]. 北京：科学出版社，2008：50-60.
[61] SURHONE L M，TENNOE M T，HENSSONOW S F. Jenks natural breaks optimization [M]. London：Betascript Publishing，2010.
[62] 李千珣，郭生练，邓乐乐，等. 汉江流域水生态文明建设评价 [J]. 南水北调与水利科技（中英文），2022，20（3）：498-505.
[63] 左其亭，郝明辉，马军霞，等. 幸福河的概念、内涵及判断准则 [J]. 人民黄河，2020，42（1）：1-5.
[64] 陈茂山，王建平，乔根平. 关于"幸福河"内涵及评价指标体系的认识与思考 [J]. 水利发展研究，2020，20（1）：3-5.
[65] 谷树忠. 关于建设幸福河湖的若干思考 [J]. 中国水利，2020，1（6）：13-14.
[66] 韩宇平，夏帆. 基于需求层次论的幸福河评价 [J]. 南水北调与水利科技（中英文），2020，18（4）：1-7.
[67] 左其亭，郝明辉，姜龙，等. 幸福河评价体系及其应用 [J]. 水科学进展，2021，32（1）：45-58.
[68] 王子悦，徐慧，黄丹姿，等. 基于熵权物元模型的长三角幸福河层次评价 [J]. 水资源保护，2021，37（4）：69-74.
[69] 贡力，田洁，靳春玲，等. 基于ERG需求模型的幸福河综合评价 [J]. 水资源保护，2022，38（3）：25-33.
[70] 王何予，郭生练，王俊，等."幸福河"综合评价指标体系研究——以汉江湖北省域为例 [J]. 水文，2023，43（2）：35-40.
[71] 水利部. SL/T 793—2020 河湖健康评估技术导则 [S]. 北京：中国水利水电出版社，2020.
[72] MASLOW A. A theory of human motivation [J]. Psychological Review，1943，50：370-396.
[73] ABDI-DEHKORDI M，BOZORG-HADDAD O，CHU X. Development of a combined index to evaluate sustainability of water resources systems [J]. Water Resources Management，2021，35（9）：2965-2985.
[74] 史习习，杨力. 黄河流域2008—2018年可持续发展评价与系统协调发展分析 [J]. 水土保持通报，2021，41（4）：260-267.
[75] 张鹏，龚荷珊. 可调整的均值-半方差可信性投资组合绩效评价 [J]. 模糊系统与数学，2018，32（1）：144-157.
[76] 方国华，黄显峰. 多目标决策理论、方法及其应用 [M]. 南京：河海大学出版社，2011.
[77] 金菊良，杨晓华，丁晶. 基于实数编码的加速遗传算法 [J]. 四川大学学报（工程科学版），2000，32（4）：20-24.

汉江中下游水华暴发成因分析及预测预警

水华指淡水水体中藻类大量繁殖而引起的水体颜色发生明显变化的一种自然生态现象，是水体富营养化的一种特征，与出现在湖泊、水库等静水生态系统中的蓝藻、绿藻水华相比，河流水华并不常见，但却具有影响范围广、暴发成因复杂、控制难度大等特点[1-2]。一般认为浮游植物细胞密度超过2万个/mL，或是叶绿素a大于30mg/m^{3}的水体发生了水华[3]。大量研究表明，水华的发生是由浮游植物的生理特点及外部物理、化学、生物等环境因子共同作用造成的，水华是水体富营养化的结果表征，也表现了水生态系统的衰退[4]。除了生理特征外，环境因素对藻类生长的作用也是水华形成的重要条件，其中营养盐是关键因素，适宜的气象、水文、生物等环境因子也是重要的促进因子。例如，在冬季，受到光照和低温的限制，使浮游植物进入了休眠状态；春季，在适宜的生境下，沉积物中的藻类复苏并逐渐向水层迁移，这一过程主要由温度、营养盐和溶解氧等因素决定；夏季和秋季适宜的温度、充足的营养盐和光照将会促使蓝藻大量繁殖，在适宜的水文气象条件下，浮游植物会上浮并在水面聚集，进而形成水华[5]。

变化环境下尤其是人类活动的作用，造成近年来汉江中下游水体富营养化加剧、水华频发生且规模呈逐步扩大趋势，给河道水生态环境带来十分不利的影响[6]。汉江水华的发生是水文、气象和营养盐条件多方面综合的结果。国内学者围绕汉江水华已开展了大量的研究工作，谢平等[7] 指出制约汉江水华发生的关键因子是流量和流速等水文因子，并非氮、磷等水质因子和水温等气候因子；吴兴华等[8] 基于2015—2016年汉江硅藻水华的监测数据，得出水华发生的成因是适宜的气候条件、较高的硅氮比和低流量；王俊等[9] 基于2018年汉江水华的应急监测数据，提出了严控污染输入、优化水量调度方案、完善管理机制等治理对策。总的来看，研究者基于不同时段、不同断面的监测数据得到的汉江水华的研究结论不尽相同。当前，汉江中下游水华的预警和防治，仍面临着一些难点和挑战[10]：

（1）水生态数据受限。汉江中下游河段目前还未建立常规的水华监测体系，应急监测期间的资料长度不仅短暂且受到水库调度的影响。受水生态数据的限制，汉江水华的暴发成因，特别是预警研究尚未取得突破性进展。

（2）在气候变化和人类活动（如大型水利工程）的影响下，汉江中下游的环境因素复杂多变。以往研究多是针对河流水文情势变化对浮游植物生长的单项研究，变化环境影响下的河流水华暴发与预测尚未取得好的效果。

（3）水华暴发成因复杂。由于藻类暴发对环境因子的响应并不一定是线性的，某些重要环境因子一旦超过阈值，藻类在浮游植物群落的比例就可能发生剧烈变化[11]。因此，有必要探索汉江硅藻暴发的重要环境因子阈值，为水资源优化配置模型中的河道内生态环境用水需求提供约束，为治理汉江富营养化提供技术支撑。

为了积极响应汉江生态经济带规划中的水生态环境保护，以及汉江中下游地区多目标水资源优化配置的要求，本章将针对汉江中下游地区开展河流水华成因分析及预测预警研究，提出预防藻类水华的水文气象条件阈值，为水华的预测预警和丹江口水库生态调度提供科学依据和参考。

4.1 研究区域和监测资料

4.1.1 汉江中下游历史时期水华情况

自1992年汉江中下游首次暴发硅藻水华以来，水华的发生频次持续上升，持续时间也有所延长，以往发生的河段多为兴隆以下河段，并有向支流蔓延的趋势[12]，兴隆低水头闸坝型水库建成后，2018年在兴隆库区也出现水华现象。水华发生时水体呈棕褐色、散发腥味，对汉江中下游生产生活用水产生一定的影响。因此，探究影响汉江水华发生的关键因子、精准防控水华的暴发，是目前迫切需要解决的问题。

表4.1显示了1992—2022年春季在汉江观察到的藻类水华事件。就暴发时间而言，所有水华事件主要集中在1—3月。水华发生的地点主要在汉江下游的皇庄水文站以下，而在汉江中游的丹江口水库和皇庄站之间则较少发生。这种现象可能与兴隆水库的蓄水和运行有关。一旦汉江水华暴发，水体就会变成褐色［图4.1（a）］，藻类会堵塞沿江的滤池，导致沿江居民的饮用水安全受到严重威胁。汉江水华的主要藻类是硅藻，可以在2℃下生长良好，甚至可以和15℃下的生长水平相媲美［图4.1（b）］。

表4.1　　1992—2022年期间汉江藻类水华特征

年份	时　期	河段	藻密度/(10^6个/L)	流量均值/(m^3/s)	水温均值/℃	总氮均值/(mg/L)	总磷均值/(mg/L)
1992	2月17—23日	潜江—武汉	15.7～20.2	473	10.50	1.22	0.08
1998	2月16日至3月8日	仙桃—武汉	17.0～26.0	322	11.30	0.85	0.18
2000	2月29日至3月19日	潜江—武汉	13.2～73.2	278	11.50	2.32	0.14
2003	2月3—9日	仙桃—武汉	11.0～31.0	375	12.50	1.54	0.13
2005	3月9—15日	汉川	—	—	7.00	1.54	0.10

续表

年份	时 期	河段	藻密度 /(10^6个/L)	流量均值 /(m^3/s)	水温均值 /℃	总氮均值 /(mg/L)	总磷均值 /(mg/L)
2008	2月25日至3月8日	仙桃—武汉	19.4～55.3	466	9.00	2.69	0.12
	2月25日至3月2日	东荆河	11.4～61.5	—	11.00	1.40	0.81
2009	1月29日至2月22日	东荆河	17.0～96.4	—	8.90	1.74	0.09
		潜江—武汉	14.9～61.4	750	10.95	1.68	0.09
2010	1月25日至2月25日	襄阳—武汉	14.4～24.5	655	8.30	1.50	0.14
2015	2月22日至3月2日	天门—武汉	13.6～17.1	760	11.50	1.19	0.08
2016	3月1—9日	钟祥—潜江	30.0～40.0	650	14.10	1.46	0.12
2018	2月11—18日	皇庄—武汉	10.0～35.0	898	11.00	1.67	0.06
2021	1月23日至2月2日	皇庄—武汉	12.0～20.0	811	9.96	1.83	0.05

(a) 汉江硅藻水华水体颜色

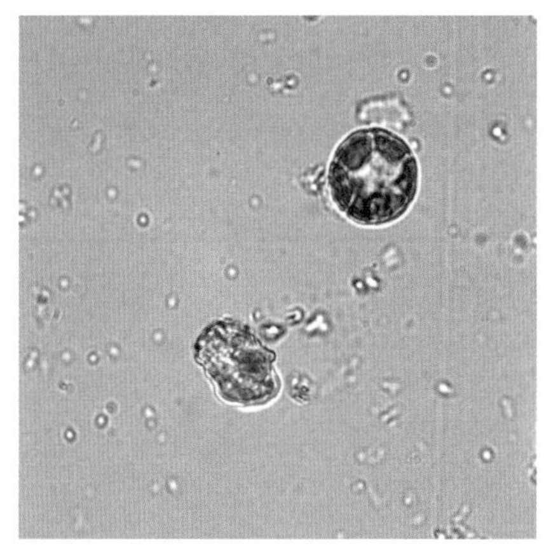
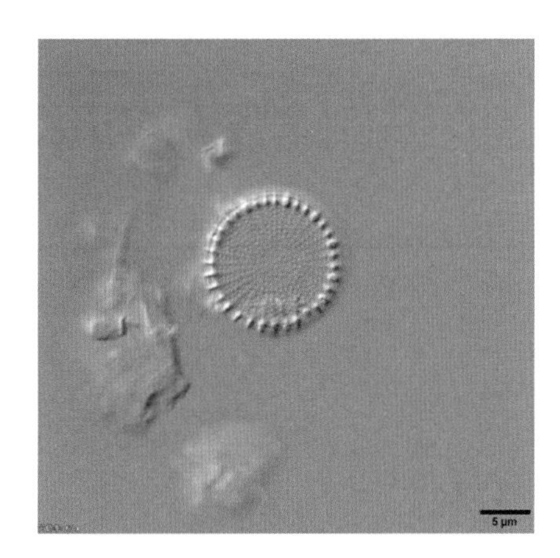

(b) 藻类优势物种小环藻（左）和冠盘藻（右）

图 4.1 河流水华的颜色和藻类繁殖的主要种类识别

4.1.2 研究区域和监测资料

本研究区域为汉江中下游皇庄—宗关水厂河段，以仙桃站为基本分析断面。2021年1月18日，仙桃断面疑似发生水华，长江委水文局启动应急响应，于1—2月开展应急监测和调度，分别在汉江中下游的皇庄、沙洋、兴隆坝上、泽口、仙桃和宗关水厂6个汉江干流控制断面，开展跟踪取样监测，断面位置如图4.2所示。

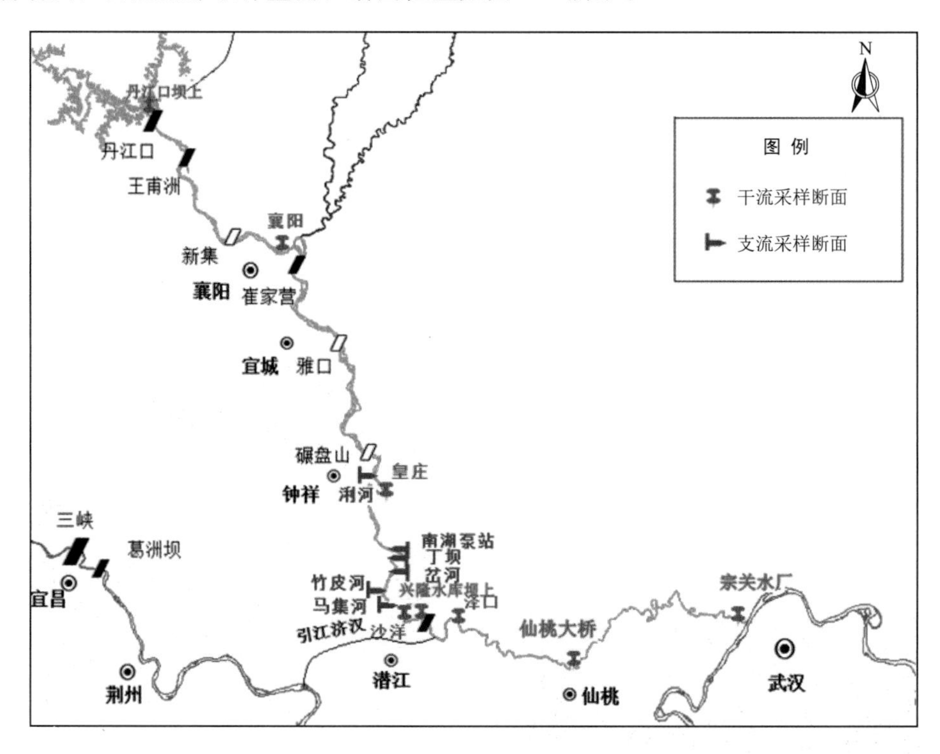

图4.2 汉江中下游干流采样点示意图

本章采用的水华监测数据均来自长江委水文局《汉江“水华”连续应急监测调查报告》及历史水文水质资料。皇庄、沙洋、兴隆坝上、泽口、仙桃和宗关水厂6个汉江干流控制断面涉及的关键要素指标共分环境指标和浮游植物两类；气象数据来自国家气象信息中心中国气象数据网。

4.1.2.1 藻密度分析

2021年水华应急监测期间，汉江干流不同监测断面的藻密度如图4.3所示。由图可知，从皇庄到宗关水厂断面，不同监测断面之间具有显著的空间差异性，其中宗关水厂的藻密度最大，仙桃断面次之，皇庄断面最小，表明汉江中下游的藻密度基本呈沿程增加的趋势。随着时间的推移，藻密度持续下降。1月24日各断面间的藻密度差异最大。

根据《水华程度分级与监测技术规程》(DB44/T 2261—2020)，各个断面在不同时间的水华程度见表4.2。由此可见，1月23日水华程度最为严重，所有监测断面的水华程度均达到Ⅲ级轻度水华的标准，1月24日后，皇庄、沙洋和兴隆坝上断面的水华程度均降

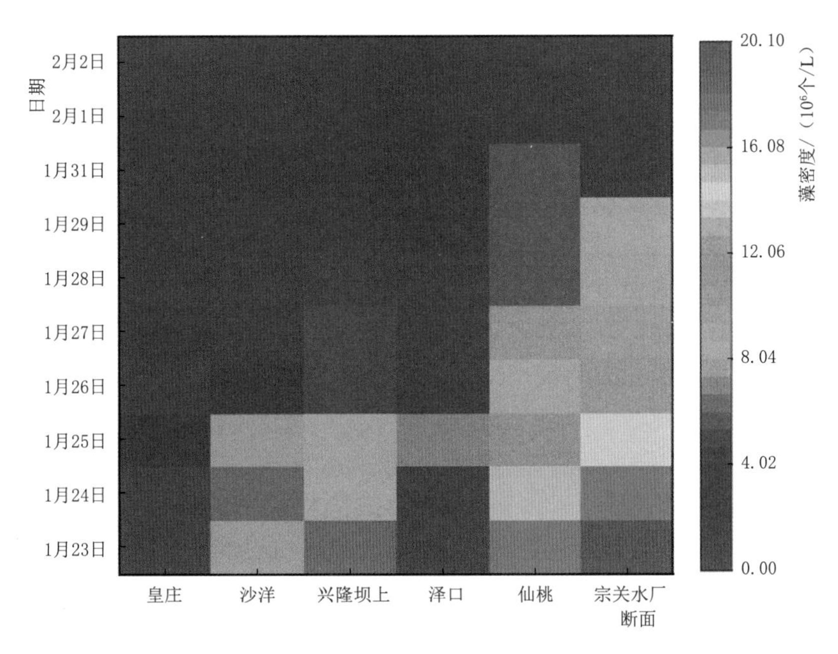

图 4.3 各监测断面藻密度的时空变化

到Ⅱ级及以下，仙桃和宗关水厂断面分别在 1 月 28 日和 1 月 27 日后保持Ⅱ级无明显水华的标准。

表 4.2 各监测断面的水华程度分级

时间	水华程度等级					
	皇庄	沙洋	兴隆坝上	泽口	仙桃	宗关水厂
1 月 23 日	—	Ⅲ	Ⅲ	—	Ⅰ	Ⅲ
1 月 24 日	—	Ⅱ	Ⅱ	—	Ⅲ	Ⅲ
1 月 25 日	Ⅱ	Ⅱ	Ⅱ	Ⅱ	Ⅲ	Ⅲ
1 月 26 日	Ⅱ	Ⅱ	Ⅱ	Ⅱ	Ⅱ	Ⅲ
1 月 27 日	Ⅱ	Ⅰ	Ⅱ	Ⅱ	Ⅲ	Ⅱ
1 月 28 日	Ⅱ	Ⅰ	Ⅱ	Ⅱ	Ⅱ	Ⅱ
1 月 29 日	Ⅱ	Ⅱ	Ⅱ	Ⅱ	Ⅱ	Ⅱ
1 月 31 日	Ⅰ	Ⅱ	Ⅱ	Ⅱ	Ⅱ	Ⅱ
2 月 1 日	Ⅰ	Ⅰ	Ⅱ	Ⅱ	Ⅱ	Ⅱ
2 月 2 日	Ⅰ	Ⅰ	Ⅱ	Ⅱ	Ⅱ	Ⅱ

4.1.2.2 理化指标监测结果

2021 年汉江中下游干流水华发生期间，仙桃站各项理化指标的监测值随时间变化趋势如图 4.4 所示，其均值和最大值见表 4.3。由表 4.3 可知：干流透明度均值基本呈递减趋势，在皇庄断面最高为 90.25cm，宗关水厂断面最低为 43.60cm；水温的最大值在沙洋断面达到 12.7℃，水温均值在仙桃断面最低为 9.08℃，沙洋断面最高为 10.77℃；溶解氧 DO 的均值和最大值均在兴隆水库坝上断面最高，均值在仙桃断面为 12.65mg/L，皇庄断面最低为 11.35mg/L。这是由于当水体中充满高密度的藻类细胞时，由于光合放氧导致水中的 DO 含量过高。pH 均值范围在 8.18～8.61 之间，呈现沿程递增趋势，在宗关水厂断面达到最大值。Chl－a 均值也呈沿程递增趋势，在宗关水厂断面最高，为 70.02μg/L，皇庄断面最低为 23.10μg/L；COD_{Mn} 在 2.67～4.20mg/L 之间。所有断面的 TP 浓度均不小于 0.03mg/L，TN 均值浓度在 1.5mg/L 左右，可见汉江下游河段较高的 TN、TP 浓度，为水华的发生提供了充足的营养盐条件。

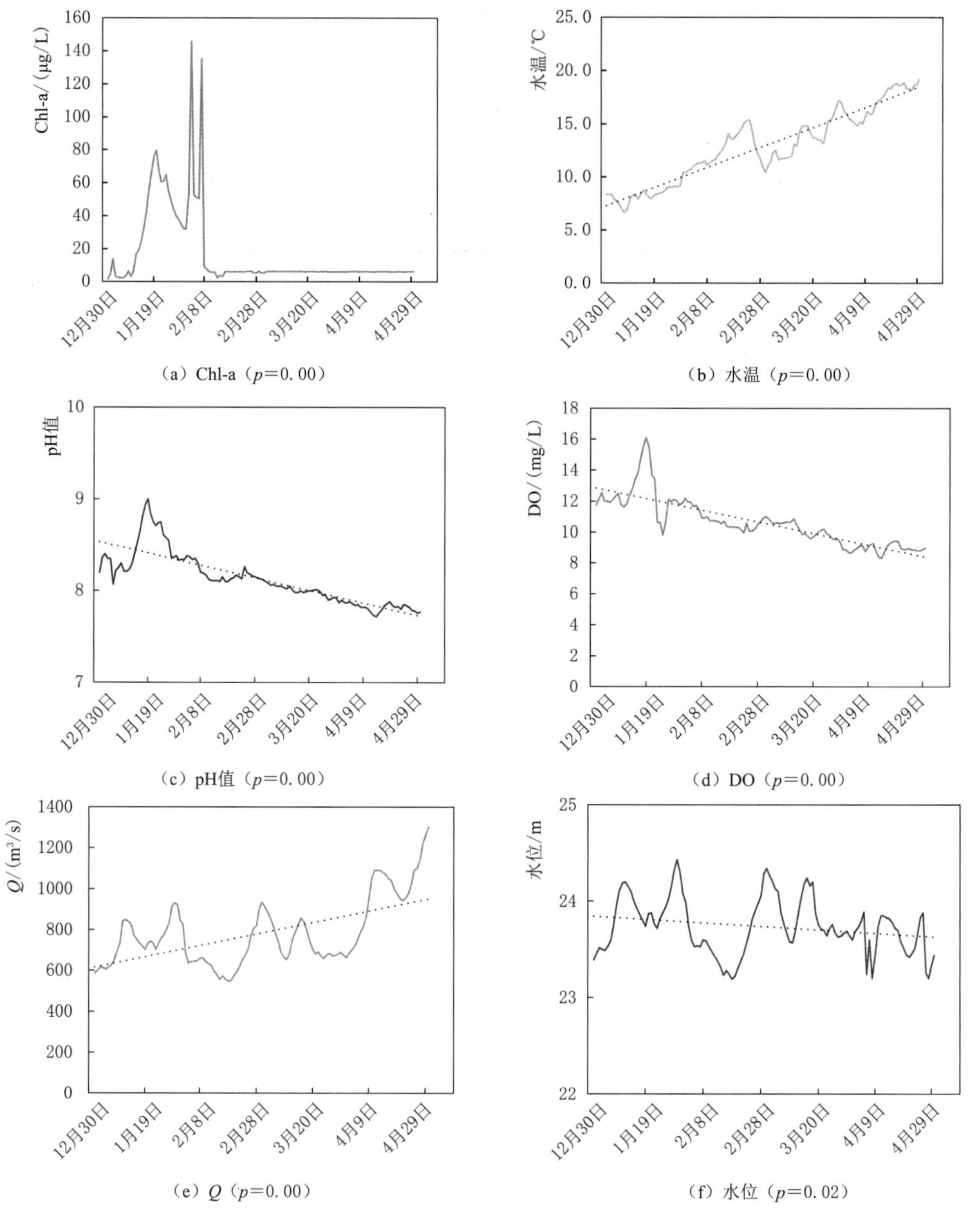

图 4.4（一） 汉江仙桃站 2021 年 1—4 月期间各理化指标的波动过程

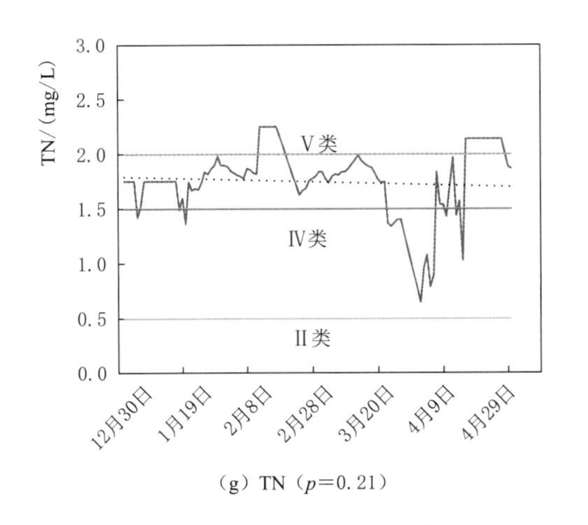

(g) TN (p=0.21)

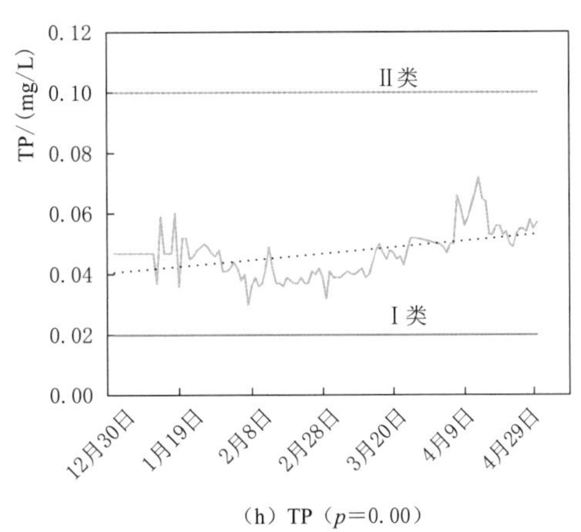

(h) TP (p=0.00)

图 4.4（二） 汉江仙桃站 2021 年 1—4 月期间各理化指标的波动过程

表 4.3　　2021 年汉江水华发生期间各理化指标监测的均值和最大值

环境因子	皇　庄		沙　洋		兴隆坝上	
	均值	最大值	均值	最大值	均值	最大值
透明度/cm	90.25	105.00	86.80	118.00	71.50	86.00
水温/℃	10.46	12.00	10.77	12.70	9.96	10.70
pH 值	8.18	8.59	8.47	8.85	8.58	9.03
DO/(mg/L)	11.35	12.42	11.82	13.27	12.78	14.70
Chl - a/(μg/L)	23.10	35.17	40.11	62.04	54.87	111.00
COD_{Mn}/(mg/L)	3.67	5.70	4.20	6.90	3.03	3.40
TP/(mg/L)	0.03	0.03	0.03	0.03	0.03	0.03
TN/(mg/L)	1.63	1.92	1.55	1.72	1.46	1.60
藻密度/(10^6 个/L)	1.87	3.23	3.97	10.01	6.03	18.03
环境因子	泽　口		仙　桃		宗关水厂	
	均值	最大值	均值	最大值	均值	最大值
透明度/cm	78.88	90.00	55.90	75.00	43.60	65.00
水温/℃	9.41	11.00	9.08	10.50	9.94	11.00
pH 值	8.46	8.99	8.59	8.96	8.61	9.01
DO/(mg/L)	11.84	12.21	12.65	13.78	11.97	13.00
Chl - a/(μg/L)	36.89	68.55	61.94	103.50	70.02	124.00
COD_{Mn}/(mg/L)	2.80	3.00	2.67	3.40	2.67	3.20
TP/(mg/L)	0.03	0.04	0.04	0.04	0.04	0.05
TN/(mg/L)	1.49	1.61	1.45	1.53	1.40	1.48
藻密度/(10^6 个/L)	4.00	7.20	8.70	17.11	10.07	20.05

4.2 汉江中下游水华暴发成因和时滞效应分析

4.2.1 Pearson 相关性分析结果

找出影响藻类形成的关键因素对预防藻类的繁殖具有重要意义。由于汉江藻类水华受到多种驱动因素的影响，因此以 Pearson 相关性系数为指标进行双侧检验，分别分析藻类细胞密度与监测的气象、水质、水文因子的相关性，以期找到相关性最大的关键环境因子。

由于藻密度仅在水华发生后进行监测，数据量极少，无法体现水华的生消过程，因此选取常年自动观测且系列较长的 Chl－a 来表征浮游植物的生物量。由于仙桃断面水华暴发的频率较高且该断面设置了自动监测站，因此重点对该站进行分析。首先验证了仙桃站 Chl－a 与藻密度的相关性。由图 4.5 可知，Chl－a 与藻密度呈显著线性正相关（$R^2=0.8$），说明 Chl－a 对浮游植物生物量的代表性好。基于水华程度分级标准，当藻密度小于 1×10^7 个/L 时，无明显水华，选择该藻密度值作为水华的临界值。因此依据藻密度和 Chl－a 的拟合公式，Chl－a 的临界值为 76.469μg/L（可以作为水华发生与否的一项判别标准）。然后分别判断 Chl－a 与气象、水文、水质因子的相关性。

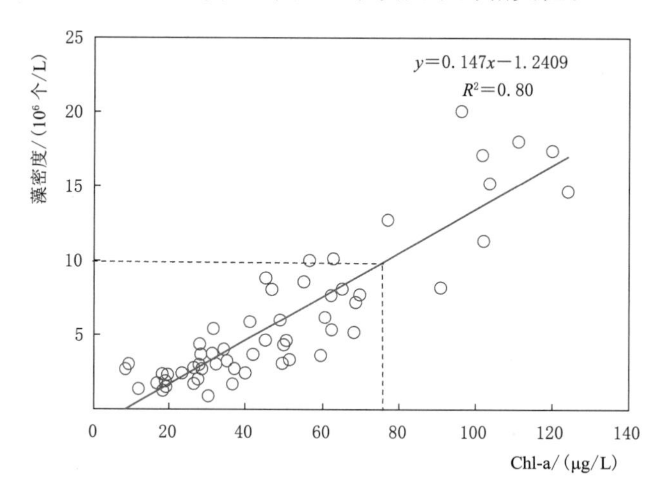

图 4.5 仙桃站 Chl－a 与藻密度的相关关系

4.2.1.1 气象因子与 Chl－a 的相关性

以仙桃站为例，气象因子与 Chl－a 的 Pearson 相关性分析结果见表 4.4 和图 4.6。结果表明：Chl－a 与平均气温呈显著正相关关系，与平均风速和日照时数均无显著相关关系。

表 4.4 仙桃站气象因子与 Chl－a 的 Pearson 相关性分析

指标	Chl－a	平均风速	平均气温	日照时数
Chl－a	1	−0.104	0.639**	−0.279
显著性（双侧）		0.142	0.823	0.538

** 在 0.01 级别（双尾），相关性显著。

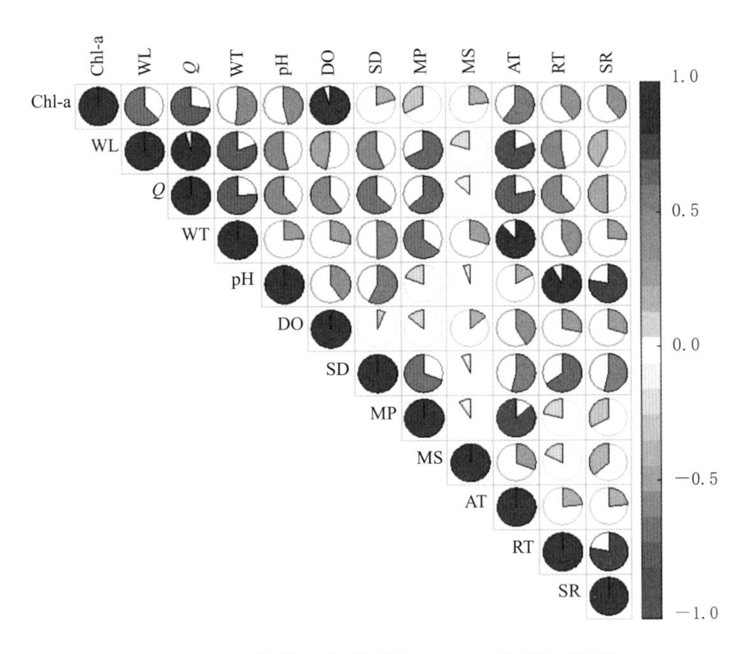

图 4.6 仙桃站气象因子与 Chl－a 的相关关系

4.2.1.2 水文因子与 Chl－a 的相关性

以仙桃站为例，Chl－a 与水位和流量的 Pearson 相关性结果均呈现显著负相关关系，相关系数分别为－0.723 和－0.592。这与以往的研究结果一致，即汉江水华的发生与枯水期低流量有关。因此，通过对流量与 Chl－a 进行过程分析（图 4.7）可知，1 月 20 日前，流量呈下降趋势且整体偏低，此时 Chl－a 逐渐上升并在 20 日达到最大值，之后 Chl－a 持续下降。这是由于在本次汉江水华发生后，自 1 月 19 日开始兴隆水库按“冲蓄结合”方式进行应急调度。兴隆水利枢纽以上河段的水华影响通过丹江口、王甫洲等梯级水库的应急调度解决，1 月 24 日开始丹江口水库日均下泄流量自 620m^3/s 加大至 800m^3/s 并持续 6d。兴隆水利枢纽以下汉江河段的水华影响在维持兴隆水库出入库平衡的基础上，通过引江济汉工程应急调度解决。

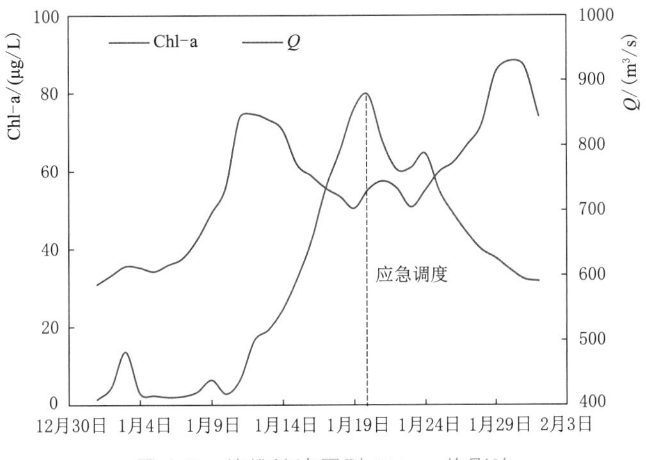

图 4.7 仙桃站流量对 Chl－a 的影响

4.2.1.3 水质指标与Chl-a的相关性

水质指标与Chl-a的Pearson相关性检验结果表明：Chl-a与水温、pH值和溶解氧DO均有显著的正相关性（$p<0.01$），相关性系数分别为0.388、0.526和0.407。图4.8绘出1月21日汉江中下游干支流营养盐含量的沿程变化状况，可以看出：①支流N、P营养盐水平明显高于干流，表明支流汇入带来的营养盐负荷可能对汉江干流水质造成一定影响；②干流断面的TN、TP浓度虽与非水华期无明显差异，但TN、TP的浓度较高（TN浓度普遍超过1.5mg/L，TP浓度普遍超过0.03mg/L），说明此次汉江的硅藻水华是多种环境因子综合作用的结果，即适宜的气象和水文条件加上较高的营养盐所致。

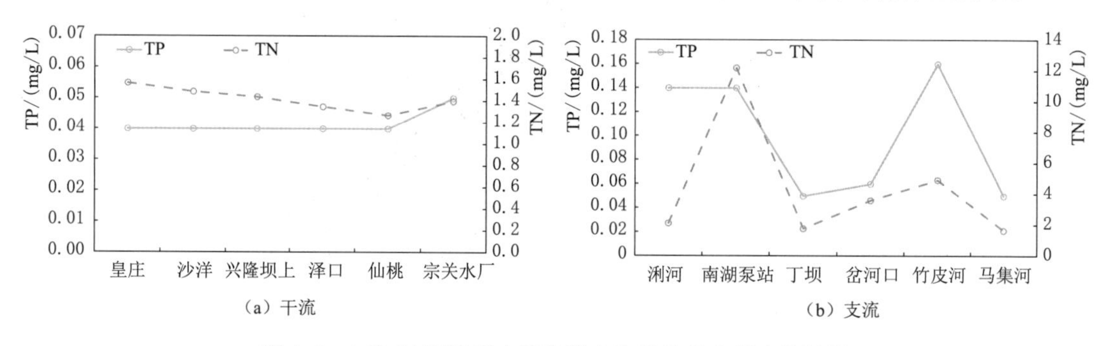

图4.8 1月21日汉江中下游干支流营养盐含量变化状况

4.2.2 分位数回归方法和结果

4.2.2.1 分位数回归方法

浮游植物的生长周期短，在环境因子变化较为剧烈时，其生物量会发生剧烈的时空变化，数据具有较强的时空异质性，不能很好地满足传统最小二乘法中正态、等方差及无自相关性等假设条件。而分位数回归方法适用的条件较为广泛，可以很好地处理数据中的方差异质性和异常值[13]。该方法由Koenker和Bassett[14]于1978年提出，可以根据响应变量的条件分位数对预测变量进行回归，进而得到所有响应变量分位水平上的回归模型。

假设Y是一个连续型随机变量，$F_Y(y)$是其分布函数，对于$F_Y(y)$分布，一个特定的y值发生的概率是τ，即

$$F_Y(y)=P(Y\leqslant y)=\tau \tag{4.1}$$

那么第τ分位数就是指发生概率为τ时的y值，即

$$y_\tau=F_Y^{-1}(\tau) \tag{4.2}$$

如果$p(Y<y_p)\leqslant p$，以及$p(Y>y_p)\leqslant 1-p$，那么y_p称为随机变量Y的第p分位数。与普通最小二乘法把预测变量的期望平均值作为响应变量的函数不同，分位数回归可模拟一个或更多响应变量的分位数，将下式最小化：

$$\sum_{i=1}^{n}\rho_\tau[y_i-\xi(x_i,\beta)]\rightarrow \min \tag{4.3}$$

式中：当预测变量$x>0$时，$\rho_\tau=\tau x$；当预测变量$x<0$时，$\rho_\tau=(\tau-1)x$，以保证$\rho_\tau>0$。

分位数回归的特征是可以度量预测变量在响应变量分布中心的影响，还可以度量预测变量对响应变量整体分布的影响。

4.2.2.2 分位数回归结果

前文分析结果表明：2021 年仙桃站水华暴发期间，气温、pH 值、DO、流量均与 Chl－a 显著相关。由于 pH 值和 DO 是水华发生对水质的影响结果（藻密度增加后，水中的 CO_2 因被浮游植物利用而减少，导致 pH 值上升，同时导致 DO 增加），因此，pH 值和 DO 因子不适宜用来分析对藻类的影响。图 4.9 展示了随着仙桃站 Chl－a 丰度分位数的变化，气温和流量的参数估计结果，包括分位数回归斜率及其 95%的置信区间和普通最小二乘法得出的斜率及其 95%的置信区间。

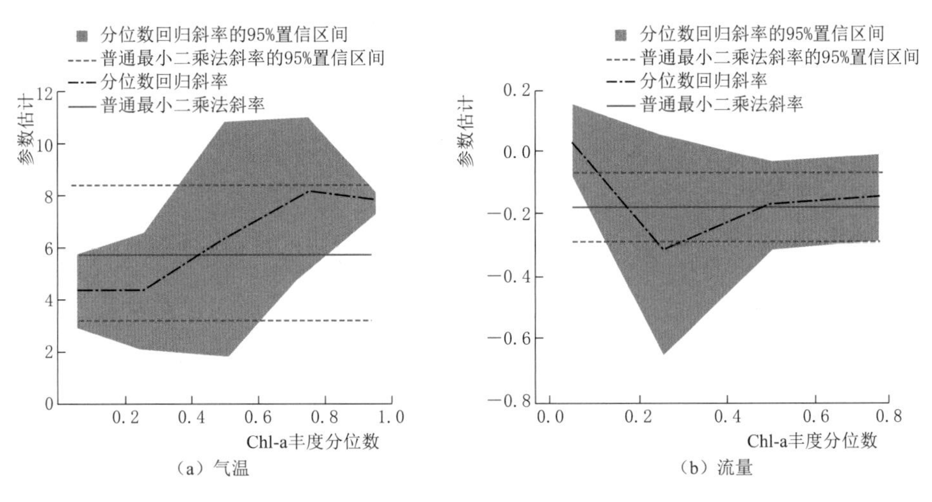

图 4.9 Chl－a 丰度分位数回归结果

由图 4.9 可见，气温在 Chl－a 的所有丰度上均具有显著的正斜率；流量在 Chl－a 的所有丰度上均具有显著的负斜率，各个因素对 Chl－a 的影响作用都是非线性的。以流量因子为例对结果进行说明：最小二乘法得到的斜率始终在－0.2 附近，表明是一种均值回归；而分位数回归结果表明，在 0.05、0.25、0.50、0.75 丰度分位数下，流量对 Chl－a 的影响斜率分别为 0.03、－0.3、－0.18、－0.16，可见在不同的 Chl－a 分布条件下，流量对 Chl－a 的影响不同（图 4.10）。

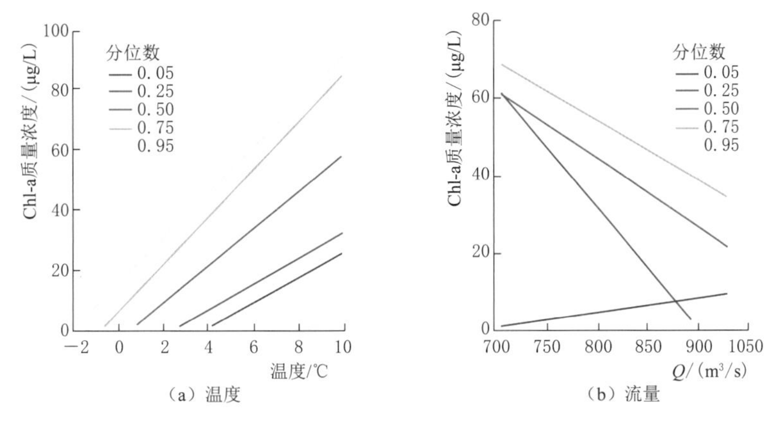

图 4.10 不同分位数下 Chl－a 质量浓度的预测线

研究结果发现：汉江中下游春季硅藻水华暴发的原因主要集中在以下三个方面：①适宜的气候条件；②水体中的氮、磷等营养盐浓度过高；③枯水期缓慢的水流条件促进了藻类迅速增殖[15-16]。

4.2.3 Almon 分布滞后模型

许多研究表明，浮游植物的生长不是对驱动因素的"即时"反应，藻类水华和环境变量之间存在一定的滞后反应时间[17]。因此，基于藻类的时间变化规律，有必要对藻类繁殖与影响因素之间的时间滞后做进一步的定量分析。如果因变量 Y 在当期受到自变量 X 在前期的滞后值的影响，那么自变量的滞后模型就称为分布滞后模型。时滞响应方程的构造为

$$Y_t=\alpha+\sum_{i=0}^{k}\beta_i X_{t-i}+u_t \tag{4.4}$$

式中：Y_t 为因变量；X_{t-i} 为自变量的线性组合；u_t 为随机干扰项；α、β_i 分别为未知分布的滞后系数和权重；i 为时间滞后；k 为最大滞后长度。

对于分布滞后模型，使用普通最小二乘法进行估计会受到时间滞后长度不确定、缺乏足够的自由度和存在多重共线性的影响[18-19]。为了解决这些问题，到目前为止，最流行的方法是 Almon 分布滞后模型[20]，其主要思想是通过有限多项式减少解释变量的数量。在这个模型中，代表 i 的多阶多项式表达如下：

$$\beta_i=a_0+a_1 i+a_2 i^2+\cdots+a_m i^m \tag{4.5}$$

$$\begin{aligned}Y_t&=\alpha+\sum_{i=0}^{k}(a_0+a_1 i+a_2 i^2+\cdots+a_m i^m)X_{t-i}+u_t\\&=\alpha+a_0 Z_{0t}+a_1 Z_{1t}+a_2 Z_{2t}+\cdots+a_m Z_{mt}+u_t\end{aligned} \tag{4.6}$$

式中：m 为多项式的阶数；k 为最大滞后长度，假设 $k>m$；a_0，a_1，…，a_m 为多项式的系数；Z 为重构的解释变量。

多项式分布滞后模型建立后，需要确定多项式的阶数 m 和最大滞后长度 k。Almon 多项式的阶数 m 通常取为 2 或 3，因为如果 m 取得过大，就无法通过多项式变换达到减少变量数量的目的。测量值和估计值之间的相关系数被用来确定最佳的时间滞后长度[21-22]。同时，常用的标准包括 Akaike 信息准则（Akaike information criterion，AIC）和 Schwarz 准则（Schwarz criterion，SC）也被用来评估最佳的时间滞后长度，它们的计算公式如下：

$$AIC=\ln\left(\frac{SSR}{n}\right)+\frac{2q}{n} \tag{4.7}$$

$$SC=\ln\left(\frac{SSR}{n}\right)+\frac{q}{n}\ln n \tag{4.8}$$

式中：n 为样本数；q 为回归模型系数；SSR 为残差误差总和。

AIC 和 SC 的值越小，模型的性能就越好。

4.2.4 水华暴发时滞效应定量分析

由于藻类水华在汉江中下游中通常持续 10d 左右[23]，在 Almon 分布滞后模型中，关键驱动因素的时间滞后范围被设定为 1～10d。然后将 Chl－a 的浓度分别与当日和前 10d

的关键驱动因素相关联。在前一节的研究基础上，在此分析藻类水华与四个关键驱动因素（流量 Q、气温 AT、TP 和 TN）的时间滞后关系。

由表 4.5 可知，对于驱动因子 Q，当时滞长度 TL 等于 3～7d 时，AIC 的值分别为 8.58、8.47、8.39、8.56、8.70，而 SC 的值分别为 8.74、8.63、8.55、8.63 和 8.85。因此，Q 的最佳时滞长度可以确定为前 1～5d 的时间。其他驱动因素（AT、TN、TP）都显示出类似的结果（图 4.11 和表 4.5）。总的来看，每个关键驱动因素影响汉江中下游河流藻类繁殖的最重要时期是前 1～5d。

表 4.5　　不同时滞和环境因素下的标准值

环境因子	指标	TL=3d	TL=4d	TL=5d	TL=6d	TL=7d
Q	AIC	8.58	8.47	8.39	8.56	8.70
	SC	8.74	8.63	8.55	8.63	8.85
AT	AIC	7.99	7.92	7.88	8.06	8.12
	SC	8.15	8.08	8.04	8.15	8.28
TN	AIC	8.62	8.56	8.50	8.69	8.70
	SC	8.78	8.71	8.67	8.74	8.86
TP	AIC	8.32	8.16	8.03	8.26	8.51
	SC	8.48	8.32	8.19	8.42	8.67

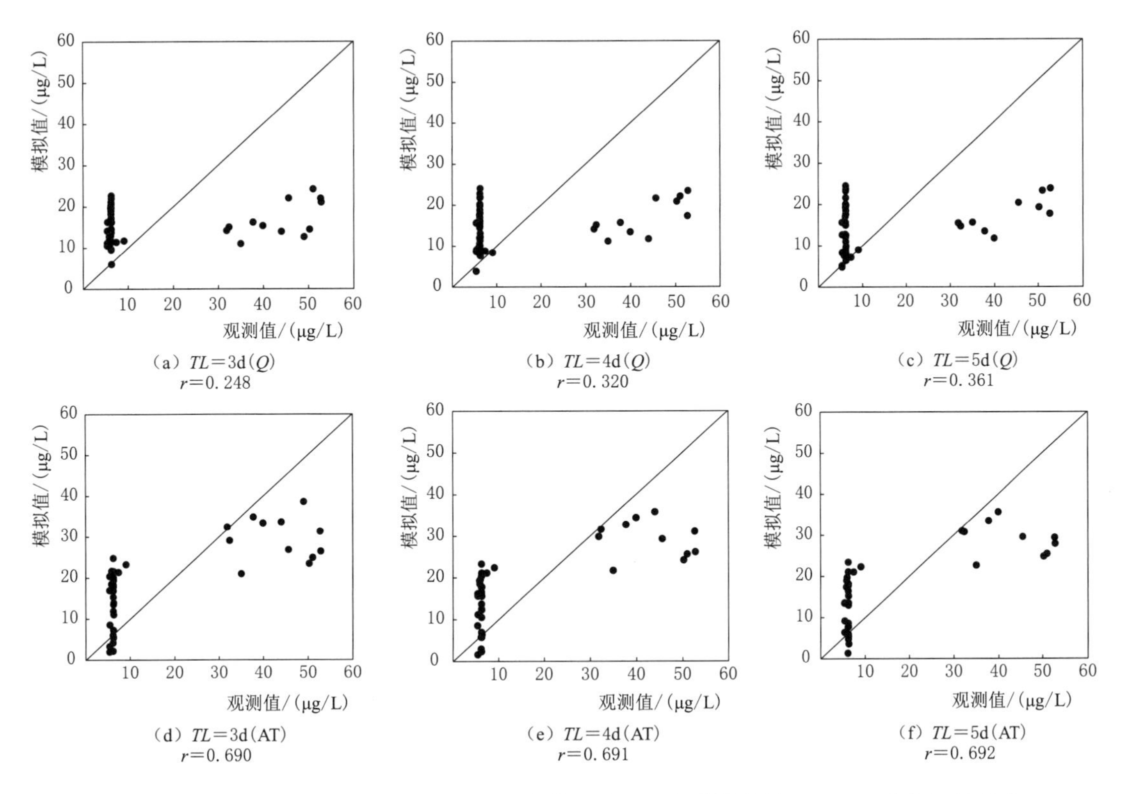

(a) TL=3d(Q) r=0.248　(b) TL=4d(Q) r=0.320　(c) TL=5d(Q) r=0.361

(d) TL=3d(AT) r=0.690　(e) TL=4d(AT) r=0.691　(f) TL=5d(AT) r=0.692

图 4.11（一）　Almon 分布滞后模型中不同滞后时间下实测和模拟 Chl－a 浓度的相关系数

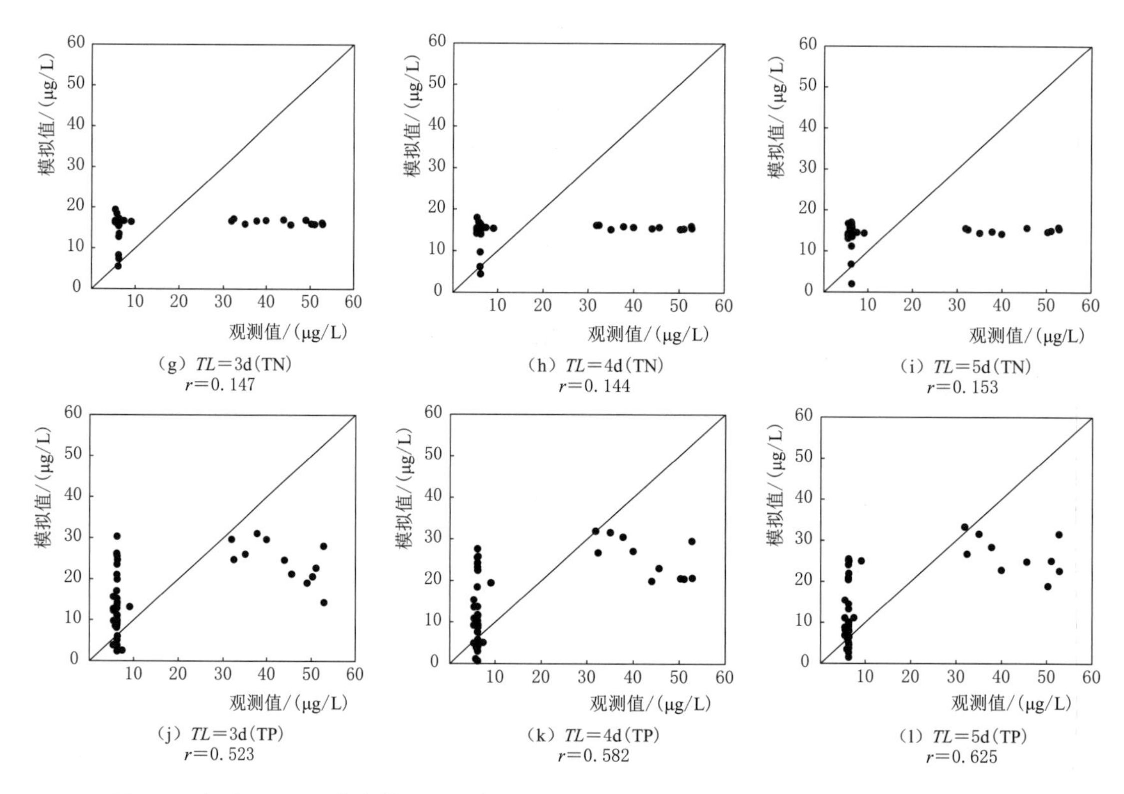

图 4.11 (二) Almon 分布滞后模型中不同滞后时间下实测和模拟 Chl-a 浓度的相关系数

4.3 汉江中下游水华的预测模型与环境阈值分析

4.3.1 随机森林机器学习模型

Breiman[24] 首次提出随机森林机器学习模型（random forest machine learning, RFML)，通过集合学习的 Bagging 算法思想整合了多棵决策树。作为高维数据特征选择的有力工具，随机森林模型的主要步骤如下：假设待预测对象的原始数据集中的观察样本为 n，每个观察样本的特征属性为 m 维；利用带回放的自助重采样（bootstrap）技术从原始样本中随机抽取训练样本，共抽取 N 轮，得到 N 个子采样集。至于采样集，则是完全随机地抽取特征集来构建决策树。

随机森林中的每棵决策树都是一棵二叉树。从根节点开始，将训练样本集分成两个节点。然后根据同样的原则继续分割节点，直到满足分支停止规则。对于不纯度函数标准，回归问题依据最优分割特征 V^* 来分割节点。

$$V^* = \underset{i}{\operatorname{argmin}} \frac{\sum (X_i - \overline{X}_i)^2}{n_c} \tag{4.9}$$

式中：V^* 为该最优分割特征；n_c 为提取样本的大小；X_i 为第 i 个提取样本的值；$\overline{X}_i$ 为

提取样本的平均值。

在这项研究中，应用三个评价指标来评估 RFML 模型的表现，即相关系数（correlation coefficient，CC）、均方根误差（root mean squared error，RMSE）和偏差系数（BIAS）。

$$CC=\frac{\mathrm{Cov}(Y_{\mathrm{obs}},Y_{\mathrm{sim}})}{\sqrt{Var(Y_{\mathrm{obs}})Var(Y_{\mathrm{sim}})}} \tag{4.10}$$

$$RMSE=\sqrt{\frac{\sum_{t=1}^{T}[Y_{\mathrm{obs}}(t)-Y_{\mathrm{sim}}(t)]^2}{T}} \tag{4.11}$$

$$BIAS=\frac{\sum_{t=1}^{T}[Y_{\mathrm{obs}}(t)-Y_{\mathrm{sim}}(t)]}{\sum_{t=1}^{T}Y_{\mathrm{obs}}(t)} \tag{4.12}$$

式中：$Y_{\mathrm{obs}}(t)$ 为因变量的观察值；$Y_{\mathrm{sim}}(t)$ 为因变量的模拟值。

变量的重要性测量（variable importance measure，VIM）主要评估每个特征对随机森林树的贡献程度。这种贡献通常可以用袋外数据误差作为评价指标来衡量[25]。对于每棵决策树，选择相应的袋外数据误差来验证其性能，通过计算得到均方差 MSE_j。然后，将噪声扰动随机加入到袋外数据的每个特征 X_k，并且对每个决策树再次计算袋外数据误差，得到平均平方误差矩阵 MSE_{kj}。

$$MSE_{kj}=\begin{bmatrix} MSE_{11} & MSE_{12} & \cdots & MSE_{1N} \\ MSE_{21} & MSE_{22} & \cdots & MSE_{2N} \\ \vdots & \ddots & & \vdots \\ MSE_{m1} & MSE_{m2} & \cdots & MSE_{mN} \end{bmatrix} \tag{4.13}$$

第 k 个变量的重要性得分通过下式计算：

$$VIM_k=\frac{\frac{1}{T}\sum_{j=1}^{T}(MSE_j-MSE_{kj})}{S_E} \tag{4.14}$$

式中：VIM_k 为第 k 个变量的重要性得分；S_E 为 N 个回归树的标准误差。

4.3.2 Chl - a 浓度预测结果

如前节所述，每个关键驱动因素对汉江中下游藻类水华的影响最显著的时期是前 1～5d。因此，根据仙桃水文站前 1～5d 的环境因素，建立了藻类水华预测模型。模型被运行 1000 次，挑选评价指标最佳性能下的模拟结果进行分析。需要说明的是，对模型进行多次训练（可取 1～10000 次甚至更多，考虑到运行时间本研究取 1000 次），是为了评估模型性能和输出的不确定性[26]，与 Xia et al.[27] 采用的训练方法一致。

表 4.6 所列结果显示：RFML 模型的 *CC*、*RMSE*、*BIAS* 值在训练期分别为 0.98、3.46、0.27%，验证期为 0.62、0.19、－6.39%。可以看出，虽然 RFML 模型在验证期的性能比训练期差，但评价指标的数值表明模拟结果是可以接受的。因此，可以用 RFML 模型来模拟 Chl - a 浓度。由于 RFML 模型的输入为前 1～5d 的环境因子（$Q_{\mathrm{p1\sim5d}}$、$AT_{\mathrm{p1\sim5d}}$、

$TN_{p1\sim5d}$ 和 $TP_{p1\sim5d}$)，因此对于河流藻类水华的预测和预警具有重要意义。图 4.12 显示了 RFML 模型利用前 1～5d 的环境因子预测出的 Chl-a 值与实测值的比较情况。结果表明，与高浓度 Chl-a 的模拟效果相比，Chl-a 在低浓度下的模拟值更接近于实测值。这是因为在所有的历史实测样本中，水华的发生（对应高浓度的 Chl-a）是一个小概率事件。同时，考虑到影响水华发生的各种生物和非生物因素的多样性、相互作用和复杂性，利用有限的历史样本数据很难模拟出一个高准确度的、确定性的藻类水华预报模型。

表 4.6　　RFML 模型各评价指标的表现

评价指标	RFML 模型	
	率定期	检验期
CC	0.98	0.62
RMSE	3.46	0.19
BIAS	0.27%	−6.39%

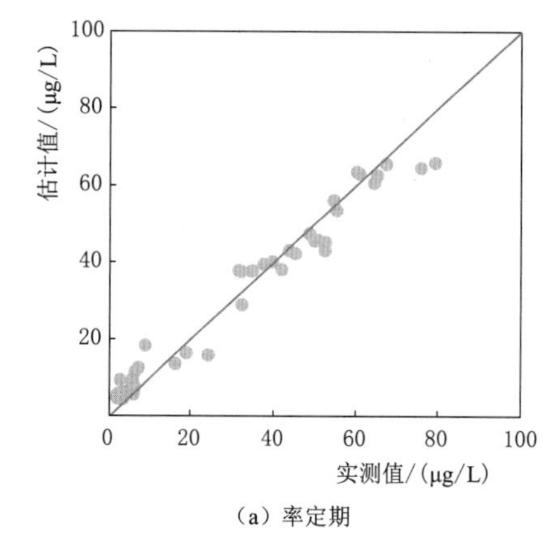

(a) 率定期

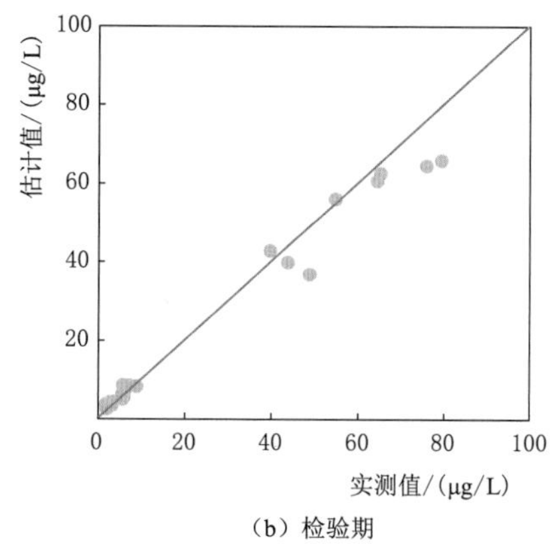

(b) 检验期

图 4.12　RFML 模型模拟的 Chl-a 浓度与实测浓度比较结果

在 RFML 的模拟过程中，对变量的重要性进行了评估。RFML 模型中的变量包括 $Q_{p1\sim5d}$、$AT_{p1\sim5d}$、$TN_{p1\sim5d}$ 和 $TP_{p1\sim5d}$，每个变量的重要性用 0～1 的数值表示。每个因素中的下标“p1～5d”表示“前 1～5d 的时期”。结果表明（图 4.13），$AT_{p1\sim5d}$ 是最重要的变量（$VIM=0.434$），$TP_{p1\sim5d}$（$VIM=0.318$）和 $Q_{p1\sim5d}$（$VIM=0.316$）比 $TN_{p1\sim5d}$（变量重要性值=0.272）更重要。虽然营养物质是藻类生长的前提，但一些研究证实，在大多数河流中，营养物质（如 TN 和 TP）浓度并不是藻类繁殖的主要限制因素，这是因为 TN 和 TP 的浓度全年都很高，波动相对较小，已经满足硅藻生长的基本条件。综上所述，在水华敏感期，气温和流量一般比营养物质更重要。

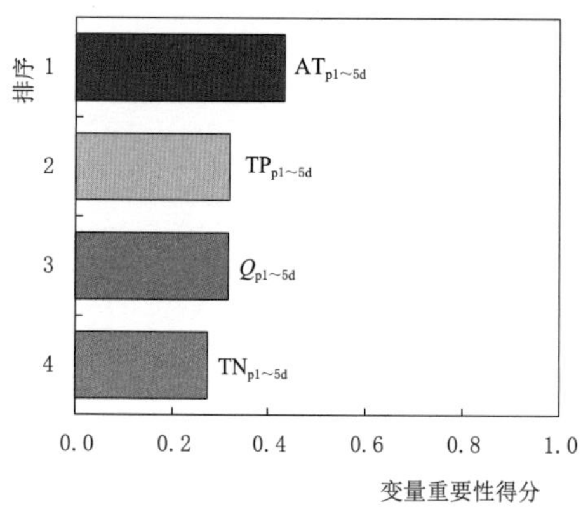

图 4.13　关键环境因子的重要性排序

此外，还比较了汉江仙桃站有无藻类水华年份的关键环境因子（图 4.14）。结果表明，有水华年份的 pH 值、DO 和 TP 值都明显高于无水华年份的值。在春季，TN 浓度的变化一般较小，在藻类水华的发生和未发生时期没有明显差异。此外，水华发生年份的流量明显低于无水华发生年份的流量值。例如，在水华发生时期，流量的中值为 695m^3/s；而在不发生水华的时期，流量的中值为 740m^3/s。总的来看：汉江河流水华暴发的特点是较低的流量、温度，以及较高的 TN 和 TP 浓度。

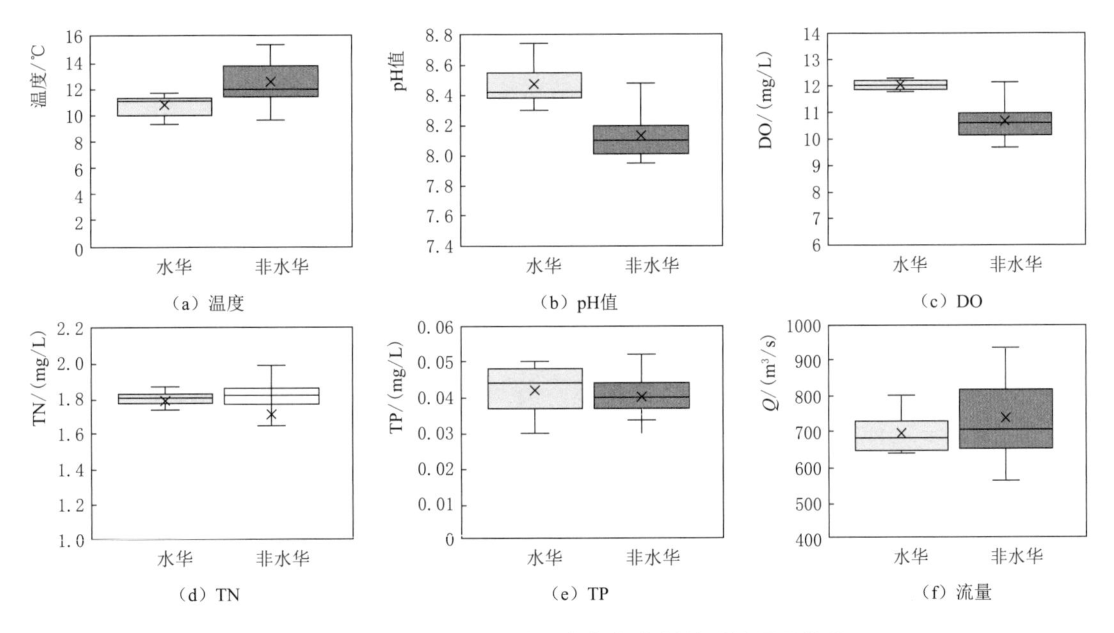

图 4.14 仙桃站有无藻类水华年份的关键环境因子比较

以往的一些研究表明，连续的高温（或水温）是导致藻类水华出现的关键环境因素之一。注意到在本研究中，有藻类繁殖时期的水温明显低于未发生藻类繁殖时期的水温，与 Xia 等[27] 对汉江水华的研究结果相似。这是由于藻类水华的出现大多发生在 1 月，而 1 月的气温低于未发生藻类水华时期（2—3 月）的气温。

4.3.3 汉江水华暴发的环境阈值分析

通常藻类尤其是硅藻的生物监测烦琐、费时，资料搜集比较困难。所以本研究采用其他相关因子作为水华暴发的指示因子，在实际应用中简单操作，具有应用价值。基于本章前面几节的分析结果，选用温度、营养盐、水文水力条件这几个因素作为预警汉江水华暴发的指示因子，并提出各因子对应的警界值。

4.3.3.1 温度阈值

前文分析可知，气温是显著影响 Chl－a 含量的因子之一。为了探究气温的阈值，将监测的日平均气温分别统计为前 3d、前 5d、前 7d、前 9d、前 11d 滑动积温，分别计算其与 Chl－a 的相关关系［图 4.15（a）］，发现 Chl－a 与前 7d 滑动积温的相关性最大，达到 0.909。拟合 Chl－a 与 7d 滑动积温的方程，如图 4.15（b）所示，7d 滑动积温的阈值为 56.02℃。即当 7d 积温超过 56.02℃时，将是硅藻水华暴发的危险时刻。

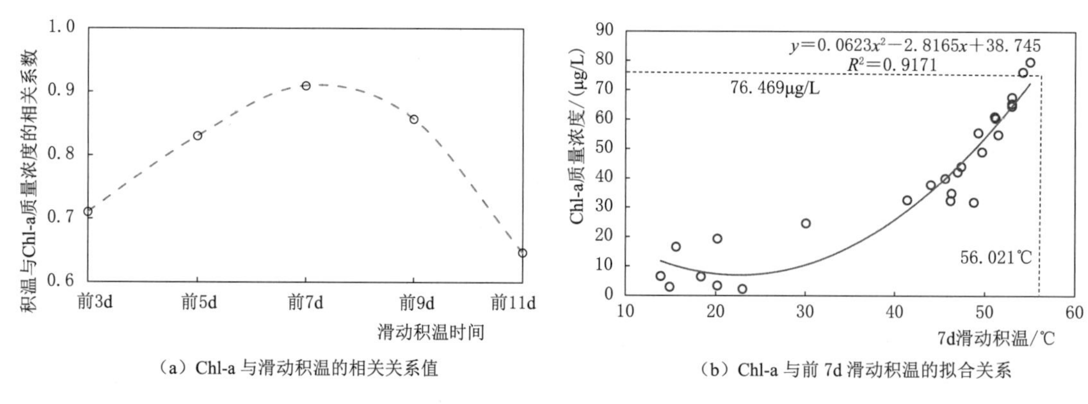

(a) Chl-a与滑动积温的相关关系值　　(b) Chl-a与前7d滑动积温的拟合关系

图 4.15　Chl－a与积温关系

4.3.3.2　营养盐负荷条件阈值

图4.16列出了1992—2022年仙桃站1—3月的TN和TP浓度。对这些营养盐负荷指标按发生水华年份和不发生水华年份进行统计分析发现（表4.7），发生水华年份的1—3月TN浓度平均值和最小值分别为1.68mg/L和0.85mg/L，明显大于不发生水华年份的平均值1.27mg/L和最小值0.05mg/L；在TP方面，发生水华年份的TP浓度的均值为0.13mg/L，也明显大于不发生水华年份的相应数值。因此，当监测的TN和TP分别大于1.68mg/L和0.13mg/L时，需要警惕。

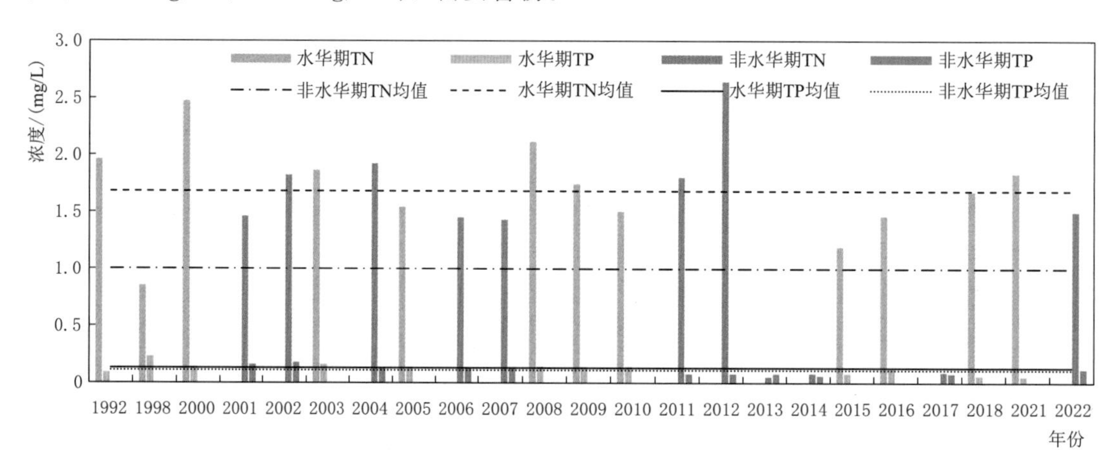

图 4.16　汉江中下游1—3月的营养盐负荷水平

表 4.7　仙桃站发生和不发生水华年份1—3月营养盐因子特征统计　单位：mg/L

指　标	TN		TP	
	平均值	最小值	平均值	最小值
发生水华年份	1.68	0.85	0.13	0.05
不发生水华年份	1.27	0.05	0.11	0.06

4.3.3.3　水文水力条件阈值

前文的分析表明，自1992年汉江开始发生水华以来，汉江中下游1—3月的营养盐负荷水平已能满足发生水华所需的水质条件。加之气象条件不可控，故汉江水华的控制性指标主要是水文水力条件。河流的水力学条件，特别是流速变化很大，不同的河段由于其河宽河道状况导致其流速差异大，难以从流速角度提出控制水华暴发的流速阈值。而对某个具体的河流断面，流量与流速之间的相关性较好。因此，从流量的角度出发，对汉江中下游藻类的暴发进行分析，并给出相应的控制阈值，是一种较为科学和可行的方法。

根据以往水华暴发的区域，以钟祥—汉口区间为主。鉴于引江济汉工程已在汉江中下游正式通水，渠道设计流量为 350m^3/s，最大引水流量 500m^3/s，可使汉江兴隆水库下游的干流流量增加 350～500m^3/s，对抑制兴隆以下干流春季硅藻水华暴发具有重要意义。基于此，本研究以汉江的兴隆河段为界，将其分为上下两段。选择沙洋站和仙桃站两个水文站点作为兴隆以上河段和兴隆以下河段的代表站，分别提出两站控制水华暴发的水文阈值。

1. 控制兴隆以上干流水华暴发的水文阈值

沙洋水文站在 2014 年因汉江下游建成兴隆水利枢纽而改为水位站，因此采用搜集到的 1992—2013 年的沙洋日平均流量资料进行分析。分别对 1—3 月的平均流量、最小日流量和最小 7d 平均流量，按水华发生与否进行统计分析发现（表 4.8），发生水华年份沙洋站 1—3 月平均流量为 648m^3/s，平均流量最小值为 336m^3/s，明显小于不发生水华年份的平均值 1035m^3/s 和最小值 699m^3/s；在最小 7d 平均流量方面，发生水华年份的最小 7d 平均流量的平均值和最小值分别为 537m^3/s 和 265m^3/s，也明显小于不发生水华年份的相应数值。统计检验表明，发生水华年份的 1—3 月平均流量、最小日流量和最小 7d 平均流量与不发生水华年份的对应流量具有显著的差异性。

表 4.8　　沙洋站发生和不发生水华年份 1—3 月流量特征统计　　单位：m^3/s

流量指标	1—3 月平均流量		最小日流量		最小 7d 平均流量	
	平均值	最小值	平均值	最小值	平均值	最小值
发生水华年份	648	336	503	260	537	265
不发生水华年份	1035	699	835	556	853	572

为了方便比较，绘制了 1992—2013 年水华发生期间的最小 7d 平均流量（图 4.17），图中的橙色虚线是区分水华发生与否的标识线。由图可见，2008 年以前最小 7d 平均流量小于 540m^3/s 的年份都发生了水华，但 2008 年后水华发生期间的最小 7d 流量有了明显上升，这一点和 1—3 月平均流量具有相同的特征。

经分析，水华暴发期间的最小 7d 平均流量与水华发生与否具有高度的相关性，因此选择 1992—2013 年间的 1—3 月最小 7d 平均流量作为样本，将流量样本与水华事件相关联，计算不同流量级别下发生水华的概率，推求汉江中下游春季硅藻水华暴发的水文阈值。对沙洋站最小 7d 平均流量和其对应的水华发生频率进行了线性拟合，拟合相关系数达到 0.93，拟合关系如图 4.18 所示。根据拟合关系图，计算出最小 7d 平均流量下不发生水华的概率（表 4.9）。最小 7d 平均流量按 50m^3/s 为基本单位，沙洋站对应 445m^3/s、600m^3/s、750m^3/s、850m^3/s 流量下不发生水华的概率约为 60%、70%、80%、90%。即要保证兴隆以上河段不发生水华，对应 70%、80%、90%保证率下的最小 7d 流量不能低于 600m^3/s、750m^3/s 和 850m^3/s。

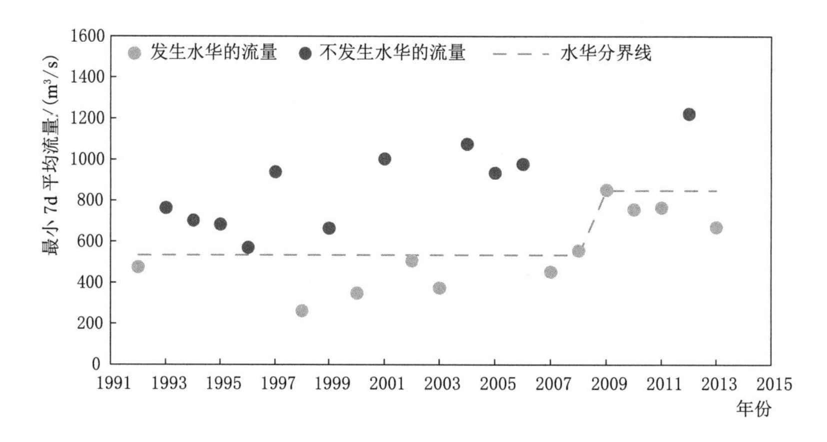

图 4.17 1992—2013 年沙洋站水华发生期间的最小 7d 平均流量

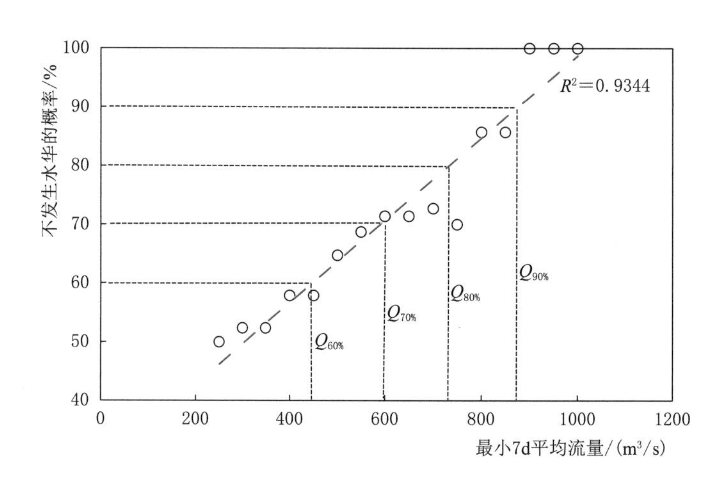

图 4.18 沙洋站最小 7d 平均流量与不发生水华概率的拟合关系

表 4.9 不同最小 7d 平均流量下沙洋站不发生水华的概率

最小 7d 平均流量/(m^3/s) (流量以 $50m^3/s$ 为步长)	445	600	750	850
高于该流量不发生水华的概率/%	60	70	80	90

2. 控制兴隆以下干流水华暴发的水文阈值

统计分析仙桃站 1992—2022 年 1—3 月的平均流量过程与所有水华发生期间的藻密度关系，如图 4.19（a）所示。结果表明：大多数的水华事件均发生在平水年和枯水年，并且对应 1—3 月的平均流量频率均大于 37%。对 1—3 月的最小 7d 平均流量过程的比较表明［图 4.19（b）］，2008 年以前最小 7d 平均流量低于 $550m^3/s$ 的年份都发生了水华，但 2008 年后发生水华的最小 7d 平均流量有了明显上升。有水华年份的流量明显低于无水华年份的流量，当流量高于 $800m^3/s$ 时，从未发生过藻类水华；当流量高于 $700m^3/s$ 时，有时会发生水华（2009 年）。

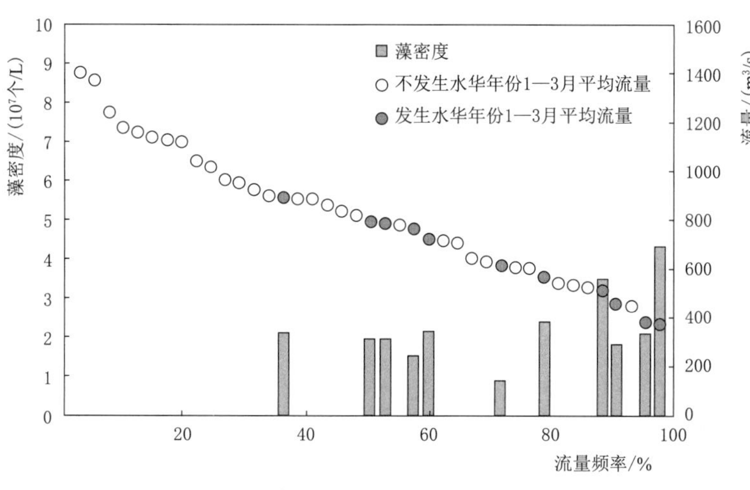

(a) 历年1—3月平均流量与藻密度关系

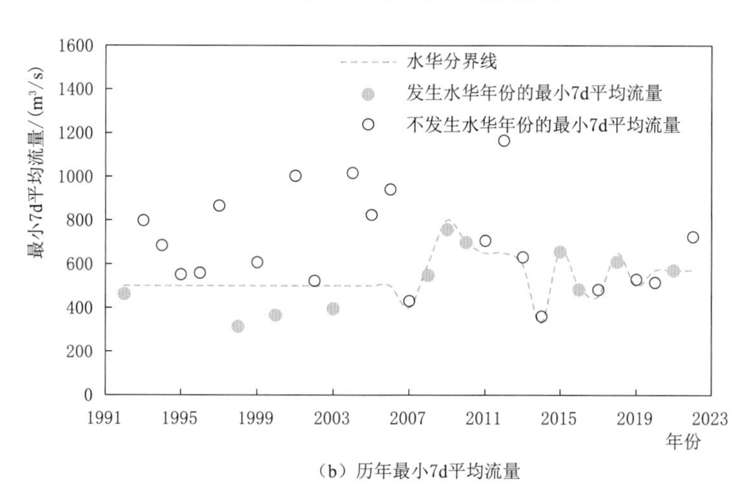

(b) 历年最小7d平均流量

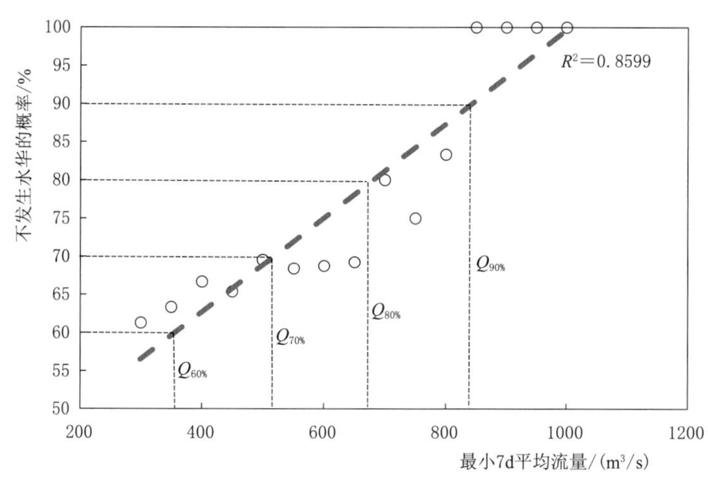

(c) 最小7d流量下不发生水华的概率

图 4.19 仙桃站流量阈值分析结果

仙桃站1992—2022年1—3月的最小7d平均流量的范围为314～1164m^3/s。为简化起见，以50m^3/s为步长，统计在不同流量区间内发生水华的次数，据此得到不同流量下发生水华的概率如图4.19（c）所示。由图可知，流量与不发生水华概率的拟合相关性较好，相关系数达到0.92。通过拟合关系图推求得到了不同最小7d平均流量下不发生水华的概率（表4.10），由表可知：基于1992—2022年的样本数据，仙桃站在60%、70%、80%、90%不发生水华的概率下，对应的最小7d平均流量应分别高于356m^3/s、519m^3/s、681m^3/s、843m^3/s。

表4.10　仙桃站不同最小7d平均流量下不发生水华的概率

最小7d平均流量/(m^3/s)（流量以50m^3/s为步长）	356	519	681	843
高于该流量不发生水华的概率/%	60	70	80	90

4.4 抑制水华暴发的水量调度方案及河道内生态流量约束

4.4.1 抑制水华暴发的水量调度方案

控制汉江中下游水华暴发的水量调度方案应分别考虑兴隆以上和兴隆以下河段。缓解下游水华暴发的水库水量调度方式定位于应急调度，具体的调度方案建议为：

（1）对汉江干流兴隆以上河段，若藻密度接近1×10^7个/L，出现水华暴发征兆时，采取应急调度的方式增大丹江口水库的下泄流量，增加沙洋站的流量至850m^3/s（对应90%不发生水华的概率），持续7d使得钟祥以下水体水华藻类冲刷到兴隆水利枢纽坝前水体，从而实现汉江兴隆以上河段春季水华的有效防控。

（2）对汉江干流兴隆以下河段，若藻密度累计接近1×10^7个/L，出现水华暴发征兆时，采用应急调度的方法，加大兴隆水利枢纽的下泄并与引江济汉工程的调水量联合运用，将仙桃站的流量提高到843m^3/s（对应90%不发生水华的概率），并持续7d，以实现控制汉江兴隆以下河段春季硅藻水华的目的。

4.4.2 水华敏感期河道内生态流量约束

采用水华防控的水文阈值作为汉江下游在水华敏感期（1—2月）的流量约束。依据水华防控的流量阈值研究，汉江下游仙桃河段硅藻水华暴发的流量临界预警时刻为：在90%不发生水华的概率下，1月最小7d平均流量847m^3/s左右，2月最小7d平均流量835m^3/s左右。若将该站水华暴发阈值流量往河段上游递推，需构建站点间实测流量相关关系（图4.20），发现黄家港与皇庄两站低流量（$Q\leqslant1000m^3/s$）在1月和2月均呈显著的线性正相关关系。因此，由线性关系构建黄家港站防治水华的1—2月需水量值分别为771m^3/s、764m^3/s，皇庄站防治水华的1—2月需水量值分别为887m^3/s、874m^3/s，最终汉江中下游干流各控制断面的基于水华防控的河道内逐月最小流量见表4.11。

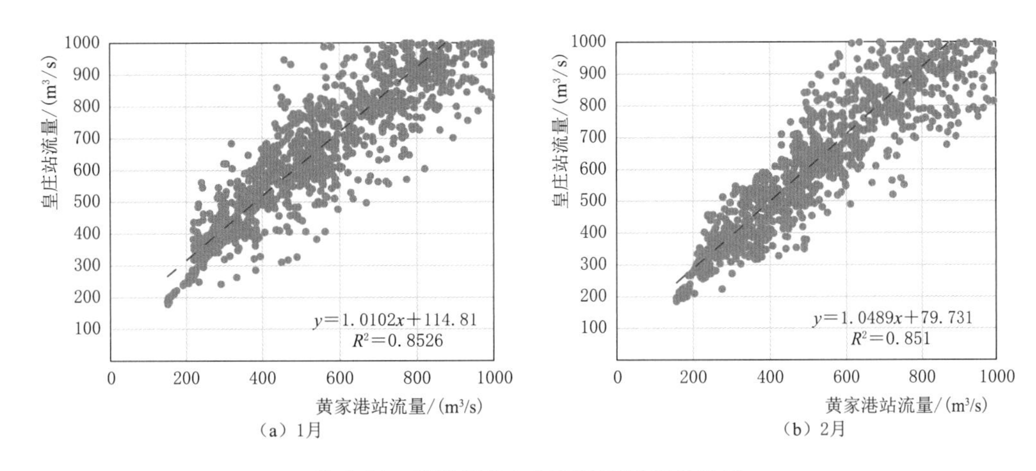

(a) 1月 (b) 2月

图 4.20 黄家港站与皇庄站流量相关关系

表 4.11 各控制断面河道内逐月最小流量 单位：m^3/s

断面名称	1月	2月	3月	4月	5月	6月	7月	8月	9月	10月	11月	12月
黄家港	771	764	490	490	490	490	490	490	490	490	490	490
皇庄	887	874	752	596	545	639	639	639	639	639	544	500
仙桃	847	835	764	620	670	648	648	648	648	648	566	515

4.5 本章小结

本章以汉江中下游仙桃站为研究对象，提出了一个河流藻类水华预测和预警的框架。首先调查了1992—2022年期间汉江发生的水华情况，分析了汉江水华发生的成因及控制性指标。然后，应用Almon分布滞后模型确定了关键环境因子与藻类生长之间的时间滞后关系，并建立了随机森林模型用于预测Chl-a浓度。最后提出了控制汉江水华的水文、气象阈值及相应的水量调度方案建议。研究得到的主要结论如下：

(1) Chl-a质量浓度分别与气温、流量因子有显著的正相关性和负相关性，但各个因子对Chl-a质量浓度的影响都是非线性的。

(2) 影响汉江中下游水华的关键环境因子的重要性排序分别为气温、TP、流量、TN；藻类生长与关键环境因子之间的时间滞后关系为前1～5d。

(3) 基于仙桃站水华防控的环境阈值分析表明，硅藻水华暴发的水质、气温和流量临界预警时刻为：Chl-a质量浓度高于76.47μg/L，7d滑动积温超过56.02℃，最小7d平均流量低于843m^3/s。以上阈值可以视为将要发生硅藻水华的警戒条件。

(4) 从控制水华的可操作性方面，提出了控制汉江中下游水华最有效且最现实的途径是改变河流的水文水力条件。兴隆以上沙洋断面，在70%、80%、90%不发生水华的概率下，最小7d流量不能低于600m^3/s、750m^3/s和850m^3/s；兴隆以下仙桃断面，对应

70%、80%、90%保证率下，不发生水华的最小7d流量分别为519m^3/s、681m^3/s和843m^3/s。

（5）建议控制下游水华暴发的丹江口水库水量调度方式定位于应急调度，若出现水华暴发征兆时，则启动应急调度。对兴隆以上河段，主要利用丹江口水库和引江补汉工程加大下泄流量，使沙洋站的流量增加到850m^3/s，并持续7d；对于兴隆以下河段，加大兴隆水利枢纽的下泄并与引江济汉工程的调水量联合运用，将仙桃站的流量提高到843m^3/s，并持续7d。

（6）在90%不发生水华的概率下，黄家港站防治水华的1—2月河道内生态需水量值分别为771m^3/s、764m^3/s；皇庄站防治水华的1—2月河道内生态流量值分别为887m^3/s、874m^3/s；仙桃站防治水华的1—2月河道内生态流量值分别为847m^3/s、835m^3/s。

参考文献

[1] 孔繁翔，高光. 大型浅水富营养化湖泊中蓝藻水华形成机理的思考［J］. 生态学报，2005，25（3）：589-595.

[2] SUNDARESHWAR P V，UPADHAYAY S，ABESSA M，et al. Didymosphenia geminata：Algal blooms in oligotrophic streams and rivers［J］. Geophysical Research Letters，2011，38（10）：L10405.

[3] 秦伯强，高光，朱广伟，等. 湖泊富营养化及其生态系统响应［J］. 科学通报，2013，58（10）：855-864.

[4] 周云龙，于明. 水华的发生、危害和防治［J］. 生物学通报，2004（6）：11-14.

[5] 张远，夏瑞，张孟衡，等. 水利工程背景下河流水华暴发成因分析及模拟研究［J］. 环境科学研究，2017，30（8）：1163-1173.

[6] 梁开学，王晓燕，张德兵，等. 汉江中下游硅藻水华形成条件及其防治对策［J］. 环境科学与技术，2012，35（S2）：113-116.

[7] 谢平，夏军，窦明，等. 南水北调中线工程对汉江中下游水华的影响及对策研究（Ⅱ）：汉江水华发生的概率分析与防治对策［J］. 自然资源学报，2004（5）：545-549.

[8] 吴兴华，殷大聪，李翀，等. 2015—2016年汉江中下游硅藻水华发生成因分析［J］. 水生态学杂志，2017，38（6）：19-26.

[9] 王俊，汪金成，徐剑秋，等. 2018年汉江中下游水华成因分析与治理对策［J］. 人民长江，2018，49（17）：7-11.

[10] 殷大聪，尹正杰，杨春花，等. 控制汉江中下游春季硅藻水华的关键水文阈值及调度策略［J］. 中国水利，2017，819（9）：31-34.

[11] 吴卫菊，陈晓飞. 汉江中下游冬春季硅藻水华成因研究［J］. 环境科学与技术，2019，42（9）：55-60.

[12] 李建，尹炜，贾海燕，等. 汉江中下游硅藻水华研究进展与展望［J］. 水生态学杂志，2020，41（5）：136-144.

[13] CADE B S，NOON B R. A gentle introduction to quantile regression for ecologists［J］. Frontiers in Ecology and the Environment，2003，1（8）：412-420.

[14] KOENKER R，BASSETT Jr G. Regression quantiles［J］. Econometrica：Journal of the Econometric Society，1978，46（1）：33-50.

[15] TIAN J，GUO S L，WANG J，et al. Preemptive warning and control strategies for algal blooms in the downstream of Han River，China［J］. Ecological Indicators，2022，9（142）：109190.

[16] 田晶，郭生练，王俊，等. 汉江中下游干流水华生消关键因子识别及阈值分析 [J]. 水资源保护，2022，38 (5)：196 - 203.

[17] DAVIS M B. Lags in vegetation response to greenhouse warming [J]. Climatic Change，1989，15 (1 - 2)：75 - 82.

[18] ÖZBAY N. Two - parameter ridge estimation for the coefficients of Almon distributed lag model [J]. Iranian Journal of Science and Technology，Transactions A：Science，2019，43 (4)：1819 - 1828.

[19] ÖZBAY N，KAÇIRANLAR S. The Almon two parameter estimator for the distributed lag models [J]. Journal of Statistical Computation and Simulation，2016，87 (4)：834 - 843.

[20] ALMON S. The distributed lag between capital appropriations and expenditures [J]. Econometrica，1965，32 (1)：178.

[21] ÖZBAY N，TOKER S. Prediction framework in a distributed lag model with a target function：an application to global warming data [J]. Environmental and Ecological Statistics，2021，28 (1)：87 - 134.

[22] LIU C J，CHEN Y，ZOU L，et al. Time - lag effect：river algal blooms on multiple driving factors [J]. Frontiers in Earth Science，2022，9：1299.

[23] CHENG B，XIA R，ZHANG Y，et al. Characterization and causes analysis for algae blooms in large river system [J]. Sustainable Cities and Society，2019，51：101707.

[24] BREIMAN L. Random forests [J]. Machine learning，2001，45：5 - 32.

[25] GENUER R，POGGI J，TULEAU - MALOT C. Variable selection using random forests [J]. Pattern Recognition Letters，2010，31 (14)：2225 - 2236.

[26] NELSON N G，MUNOZ - CARPENA R，PHLIPS E J，et al. Revealing biotic and abiotic controls of harmful algal blooms in a shallow subtropical lake through statistical machine learning [J]. Environmental Science & Technology，2018，52 (6)：3527 - 3535.

[27] XIA R，WANG G，ZHANG Y，et al. River algal blooms are well predicted by antecedent environmental conditions [J]. Water Research，2020，185：116221.

汉江中下游地区未来水资源供需预测分析

水资源的供水预测是水资源配置的基础。为了预测气候变化影响下汉江中下游地区未来时期的水资源量变化，基于日偏差校正方法（daily bias correction，DBC）对10种全球气候模式（global climate models，GCMs）的输出结果（日降水和日最高气温、最低气温序列）进行偏差校正，得到汉江流域未来时期的降水和气温变化；并作为SWAT流域水文模型的输入，对未来气候变化下汉江流域的径流响应进行模拟预测[1]。

区域需水量的预测过程涉及复杂的社会经济和技术因素，是水资源可持续管理的重要基础。大多数研究仍采用传统的定额法对需水量进行预测，没有从理论上系统地描述流域用水与需水间的复杂动态反馈关系，亦忽视了流域用水需求预测过程中的各种影响因子及它们之间的内在联系。本章采用综合、系统的方法构建汉江中下游地区未来水资源需水量预测模型，并考虑未来气候变化和人类活动等诸多因素，预测汉江中下游地区各行业的需水量。

5.1 汉江流域降雨径流模拟分析

5.1.1 SWAT模型与数据

5.1.1.1 SWAT模型

SWAT模型是由美国农业部（USDA）农业服务中心（ARS）在20世纪90年代初期研制开发的，可以模拟和预测大型复杂流域在不同时间尺度上的水文变量变化[2]。其主要的技术优势是具有参数自动敏感性分析和参数自动优化模块，提高了模型效率。SWAT模型首先根据流域的地形因子、河网分布等特征，将整个研究流域划分为若干子流域。其次，在此基础上，进一步按流域的土地利用类型、土壤类型和坡度面积阈值划分水文响应单元HRUs并单独计算产流量。最后通过河道汇流演算求得出口断面的总径流量。该模型很好地处理了农业生产管理措施（灌水、施肥、农药使用、作物种植管理、作物种植结构调整）对流域水文过程的影响，是不同于当前许多大型分布式水文模型的显著特征。从应用的角度来看，SWAT 模型具有以下显著优势[3-4]：①可移植性较强；②适宜进行情景分析；③空间分异性好；④污染模拟能力强；⑤界面友好。因此，本研究将利用 SWAT 模型，对汉江中下游的径流量进行模拟。模型的水量按照下式进行计算：

$$SW_t = SW_0 + \sum_{t=1}^{n}(R - Q_s - ET - S - QR) \tag{5.1}$$

式中：SW_t 为土壤最终含水量，mm；SW_0 为前期的土壤含水量，mm；t 为模型模拟的时间步长，d；R 为降雨量，mm；Q_s 为地表径流量，mm；ET 为实际的蒸散发量，mm；S 为土壤剖面底层的渗透量与侧流量，mm；QR 为基流量，mm。

5.1.1.2 研究数据

构建 SWAT 模型数据库所需的数据类型为数字高程模型（DEM）、气象数据、土地利用/覆被数据、土壤数据、水文数据等。研究数据的具体信息和来源见表 5.1。汉江流域的 DEM 和气象站点的分布如图 5.1 所示。汉江流域 2022 年土地利用类型分布现状如图 5.2 所示，土壤类型分布如图 5.3 所示，基于 SWAT 模型划分的子流域如图 5.4 所示。关于水文数据，依据汉江干流各水文站的实测资料情况，选取汉江干流安康、白河、丹江口入库和皇庄 4 个水文站作为干流主要测站，分析其未来径流变化情况。

表 5.1 研究数据的具体信息和来源

数据类型	描述	数据来源
DEM 数据	空间分辨率为 90m×90m	地理空间数据云
气象数据	来自 25 个气象站的日尺度数据，包括降水、日最高气温、日最低气温、风速、太阳辐射、相对湿度	中国气象资料服务中心（CMDC）
土地利用/覆被数据	空间分辨率为 1km×1km	中国科学院资源环境科学数据中心
土壤数据	空间分辨率为 1km×1km	联合国粮食及农业组织（粮农组织）
水文数据	安康、白河、丹江口入库、皇庄 4 个水文站的月径流数据	水利部长江委水文局

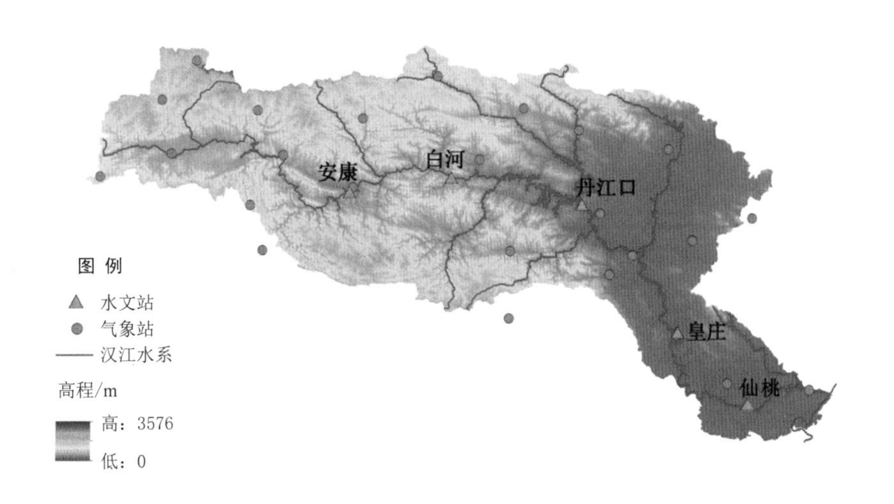

图 5.1 汉江流域的 DEM 和气象站点的分布示意图

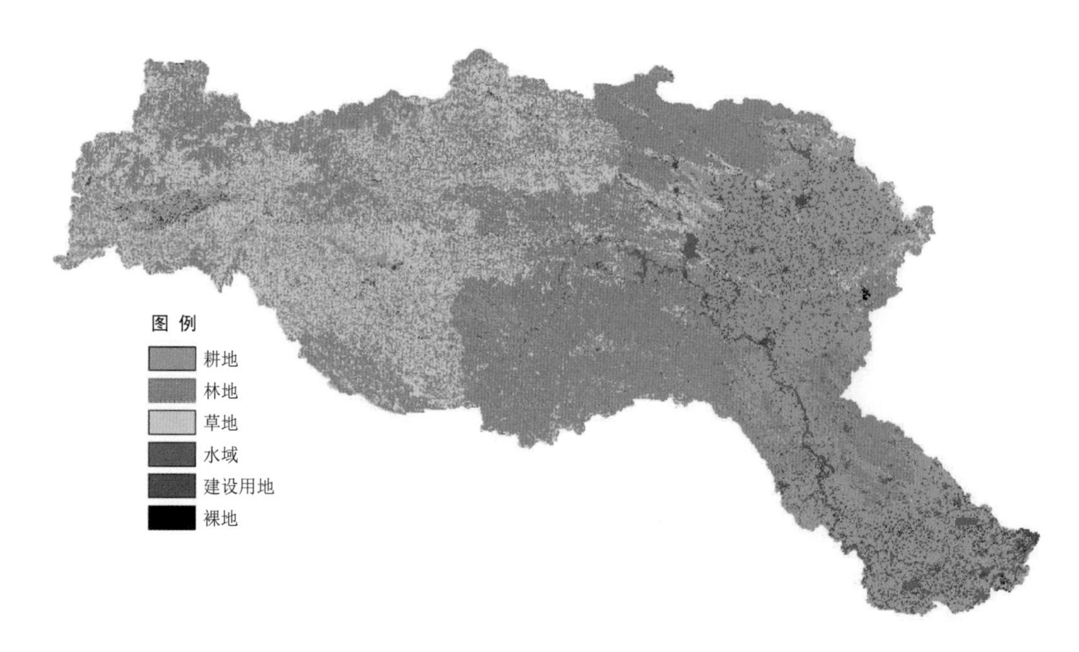

图5.2 汉江流域2020年土地利用类型分布现状示意图

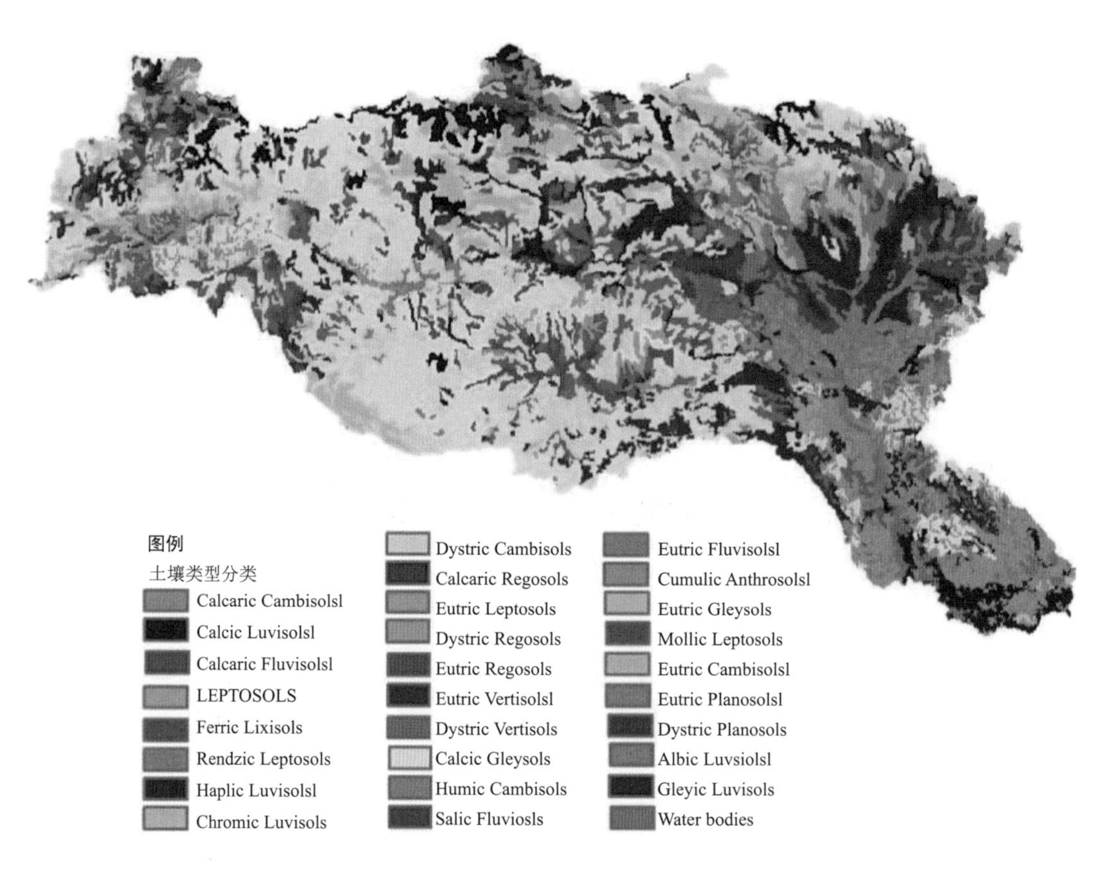

图5.3 汉江流域土壤类型分布

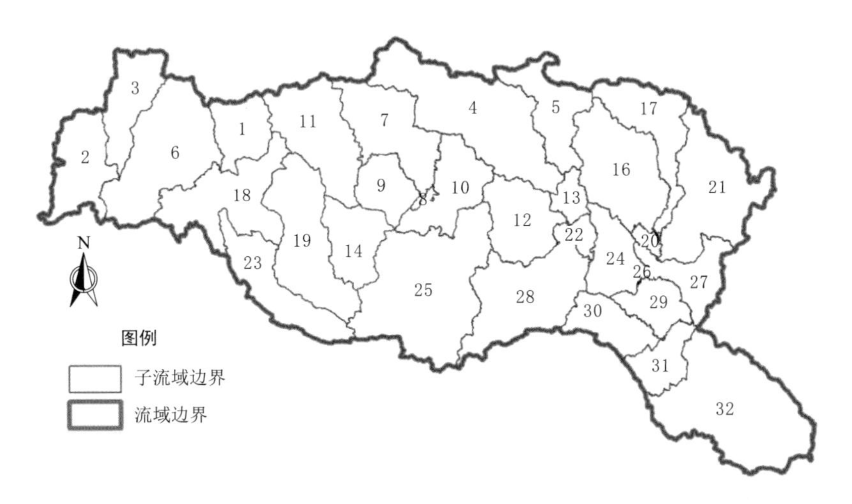

图 5.4 汉江流域基于 SWAT 模型划分的子流域分布

5.1.2 SWAT 模型适用性分析

5.1.2.1 评价指标

选取纳什效率系数（*NSE*）和水量相对误差（*RE*）作为评价指标，对 SWAT 模型的适用性进行评价。*NSE* 值越接近 1，表明模型效率越高；*NSE* 值达到 0.5 以上的模拟结果可以接受，*NSE* 值达到 0.75 以上的模拟效果很好。*RE* 值越接近 0 表明模拟和实测的吻合程度越高，若 *RE* 值在 15%以内，则表明模拟效果很好。两个评价指标的计算公式如下：

$$NSE = 1 - \frac{\sum_{t=1}^{n}(Q_o^t - Q_s^t)^2}{\sum_{t=1}^{n}(Q_o^t - \overline{Q_o})^2} \tag{5.2}$$

$$RE = \frac{\sum_{t=1}^{n}(Q_o^t - Q_s^t) \times 100\%}{\sum_{t=1}^{n} Q_o^t} \tag{5.3}$$

式中：Q_o^t 为实测值；Q_s^t 为模拟值；$\overline{Q_o}$ 为实测平均值；n 为实测数据的个数。

如果模型在率定期和检验期都满足 $NSE>0.5$ 和 $RE<15\%$这两个条件，则表明模拟效果是可以接受的，SWAT 模型被认为适用于该流域。

5.1.2.2 模拟结果与适应性分析

根据 1980—2000 年的实测径流数据，选择 1980—1993 年为率定期，1994—2000 年为验证期。率定过程表明：基流分割系数（Alpha _ Bf）、主河道水力传导度（Ch _ K2）、河道曼宁系数（Ch _ N2）、正常湿润情况下植被覆盖值（Cn2）、地下水延迟系数（Gw _ Delay）、地下水蒸发系数（Gw _ Revap）、浅水层补给深（Gwqmn）、土壤蒸发补偿系数（Esco）、土壤有效含水量（Sol _ Awc）和土壤饱和水力传导度（Sol _ K）是模拟径流的敏感性参数。图 5.5 显示了 4 个水文站在率定期和检验期的模拟表现，其中率定期每个水文站的 *NSE* 值都大于 0.8，*RE* 值都在 15%以内。在剧烈的人类活动（水库、取用水等）

作用下，流域内的自然水文循环过程遭到破坏，尽管采用多站校准方法来处理流域的空间异质性，仍很难模拟好所有站点的径流（如皇庄站的检验期）。图5.6显示了4个水文站的实测和模拟的月径流。总的来看，率定期和检验期的 *NSE* 和 *RE* 的绝对平均值分别为0.90、2.8%和0.76、6.2%，表明SWAT模型在汉江流域具有适用性。

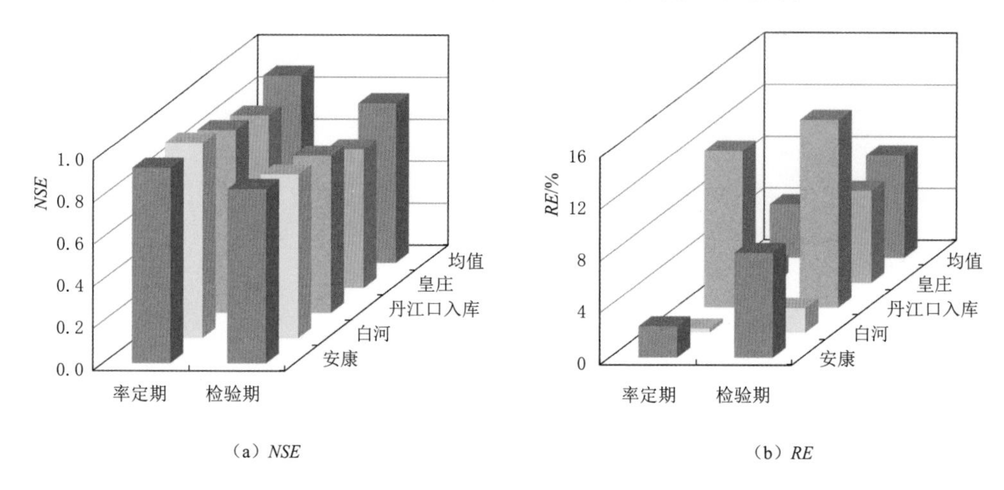

（a）*NSE*　　（b）*RE*

图5.5 SWAT模型在率定期和检验期的模拟结果

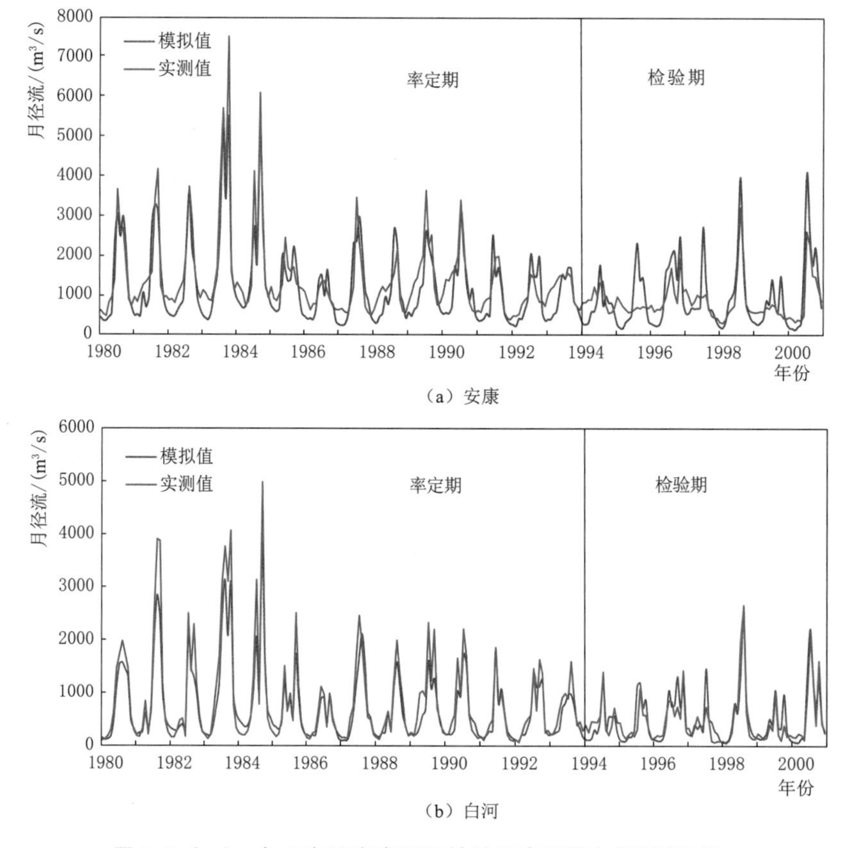

（a）安康

（b）白河

图5.6（一） 各水文站率定期和检验期实测值与模拟值对比

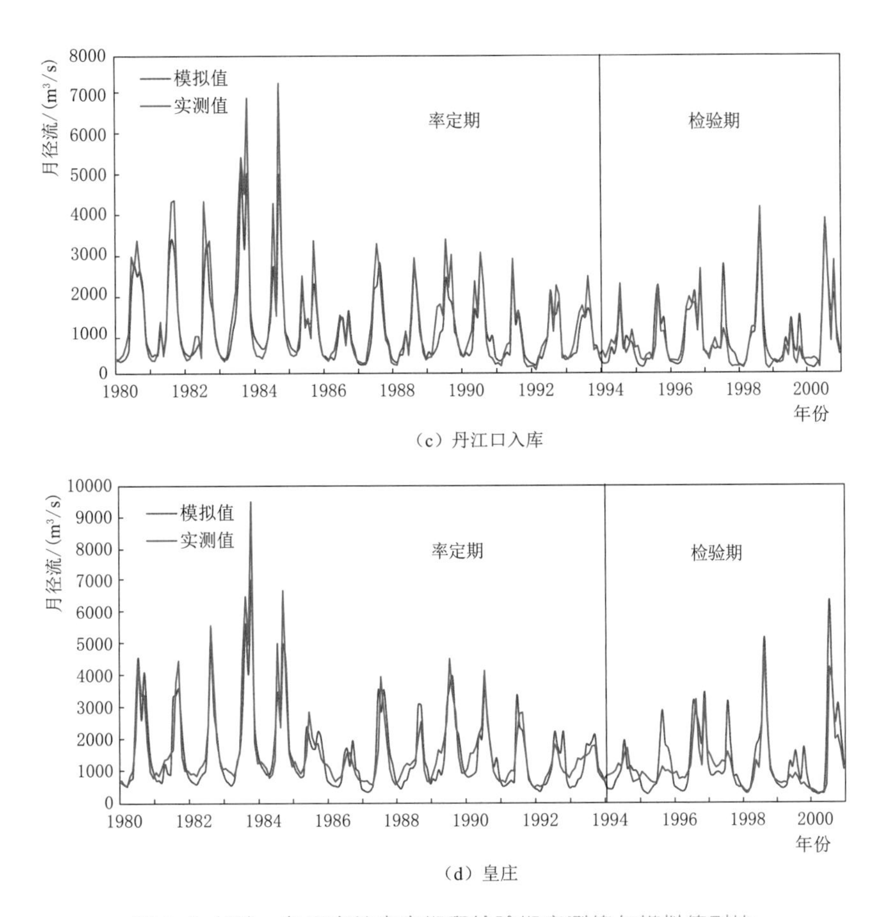

图 5.6(二) 各水文站率定期和检验期实测值与模拟值对比

5.1.3 考虑水库调蓄影响的径流模拟研究

5.1.3.1 水库调度函数

水利工程的调度运行会改变河流的天然特性，因此在水文模拟中有必要考虑水利工程的影响。前人的研究表明：SWAT 模型自带的水库算法有明显的缺陷，为了进一步提高径流模拟的精度，探索更为有效的水库出流算法十分必要。

调度函数是应用广泛的水库调度方法之一，其通过寻求决策变量与自变量之间的函数关系，指导水电站运行。相比于水库的常规调度图，它具有简单操作、易于实现、操作性强等优点。调度函数的决策变量可以从时段末水位、时段平均下泄流量、时段末蓄水量或时段平均出力等中选择。本研究的目的是协助 SWAT 模型进行径流模拟，因此决策变量选择下泄流量。相关研究表明：水库的下泄流量与当前时段的库水位、入库流量密切相关，可近似看作是线性关系[5]，因此本节基于汉江大型水库的实际运行数据，选取当前时段下泄流量为决策变量，选取当前时段入库流量、前一时段出库流量为自变量，构建的调度函数形式如下：

$$Q_t^{out}=\alpha Q_t^{in}+\beta Q_{t-1}^{out}+\gamma \tag{5.4}$$

式中：Q_t^{out}、Q_{t-1}^{out} 分别为当前和上一时段的出库流量；Q_t^{in} 为当前时段的入库流量；α、β 为回归系数；γ 为常数项。

5.1.3.2 SWAT 模型水库模块改进

选取汉江流域安康、丹江口两座大型水库进行回归建模，因水库在不同时期的调度规则有显著差异，故将水库按照汛期和非汛期分别构建调度函数。搜集到的水库的实际运行资料为 2010—2017 年，因此选取 2010—2015 年的运行数据用于模型的率定，2016—2017 年的运行数据进行模型的检验。出库流量拟合效果评价选取相关系数、纳什效率系数、均方根误差三个评价指标，最终出库流量的回归效果见表 5.2。结果表明：对于安康水库，汛期的 *CC* 和 *NSE* 均大于 0.9，非汛期的效果不太理想，*NSE* 仅大于 0.65；对于丹江口水库，无论是汛期还是非汛期，*CC*、*NSE*、*RMSE* 几个评价指标均表现优异。图 5.7 展示了丹江口和安康水库实测出库流量和拟合出库流量的对比效果，结果表明：汛期的模拟效果要普遍优于非汛期；除了安康水库在非汛期的检验效果不理想以外，其余模拟情况下的出库流量的拟合效果均比较好（*NSE*＞0.9）。分析原因发现，安康水库在非汛期的出库流量波动比较大，因此拟合效果欠佳。

表 5.2　　安康、丹江口水库出库流量拟合效果

水库	指标	率定期（2010—2015 年）		检验期（2016—2017 年）	
		汛期	非汛期	汛期	非汛期
安康	*CC*	0.973	0.808	0.969	0.731
	NSE	0.947	0.652	0.938	0.493
	RMSE	742.010	217.260	394.050	164.769
丹江口	*CC*	0.995	0.789	0.996	0.975
	NSE	0.990	0.622	0.993	0.847
	RMSE	177.730	229.650	174.570	108.990

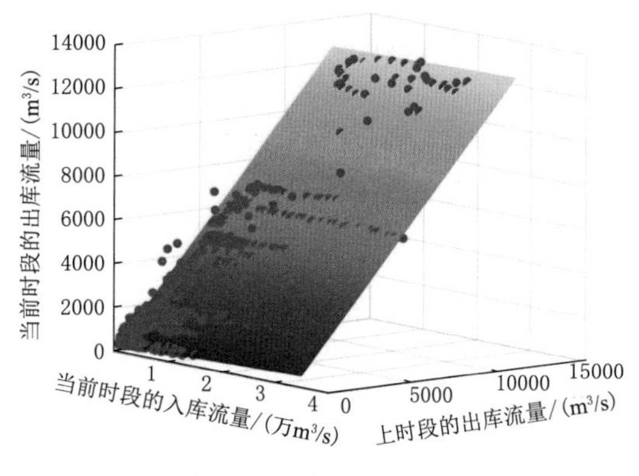

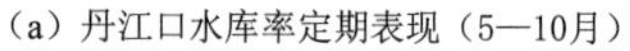
（a）丹江口水库率定期表现（5—10月）

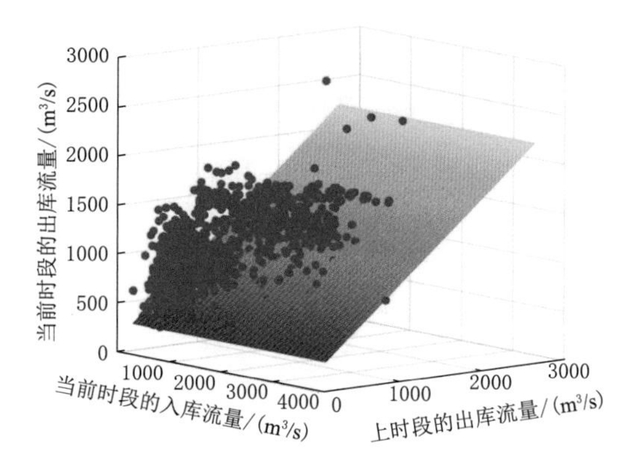

（b）丹江口水库率定期表现（11月至次年4月）

图 5.7（一）　丹江口、安康水库基于调度函数的出库流量回归效果

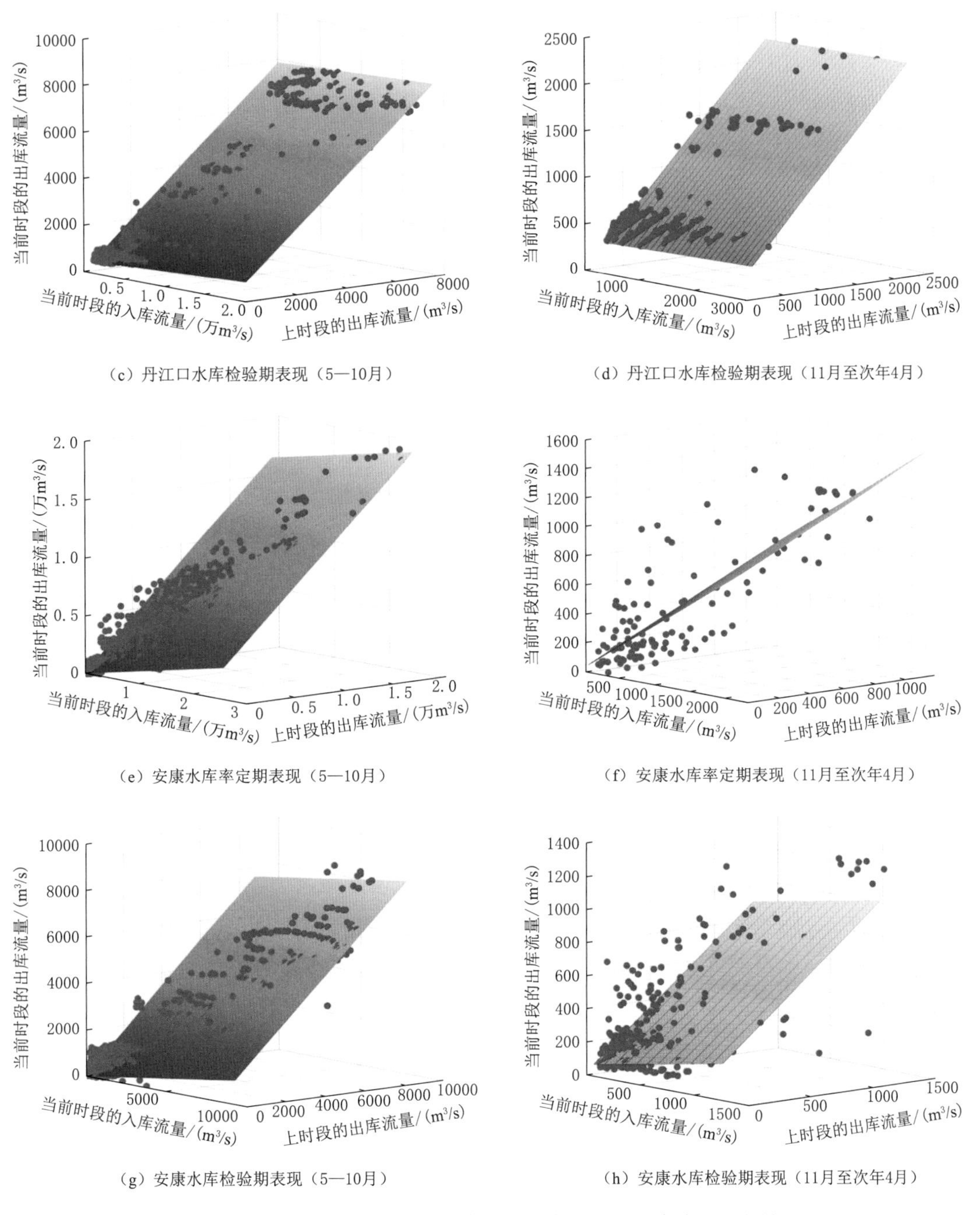

(c) 丹江口水库检验期表现(5—10月)

(d) 丹江口水库检验期表现(11月至次年4月)

(e) 安康水库率定期表现(5—10月)

(f) 安康水库率定期表现(11月至次年4月)

(g) 安康水库检验期表现(5—10月)

(h) 安康水库检验期表现(11月至次年4月)

图 5.7(二) 丹江口、安康水库基于调度函数的出库流量回归效果

综上分析可知:所选用的回归模型适用于安康、丹江口水库出库流量的拟合,进而最终确定的水库调度函数,见表 5.3。这里需要说明的是,在计算出库流量时,除使用调度函数外,还需要添加水库运行约束(包括库水位约束、出库流量约束等),依据历史实测出库资料为各水库的出库流量设置上下限,防止因计算发散导致较大的模拟误差。

表 5.3 安康、丹江口水库的调度函数

水库	汛期（5—10月）	非汛期（11月至次年4月）
安康	$Q_t^{out}=0.11Q_t^{in}+0.85Q_{t-1}^{out}+46.01$	$Q_t^{out}=0.38Q_t^{in}+0.57Q_{t-1}^{out}+38.35$
丹江口	$Q_t^{out}=0.01Q_t^{in}+0.98Q_{t-1}^{out}+6.89$	$Q_t^{out}=0.02Q_t^{in}+0.77Q_{t-1}^{out}+185.37$

5.1.3.3 模拟效果评估

为分析不同水库算法得到的出库流量模拟效果，将水库真实的出库流量序列与两种算法下 SWAT 模拟得到的出库序列进行对比，并采用 *NSE* 和 *RE* 这两个指标评估拟合效果，结果见表 5.4。在 SWAT 目标库容法中，其将非汛期的目标蓄水量设定为非常溢洪道水量，并且不预留防洪库容。而在汛期按照不同的土壤含水量状况，预留一定的防洪库容，从而造成水库的目标蓄水量在汛期与非汛期的过渡中突然变化，使得水库相应的出库流量也会发生变化。从表 5.4 中的评价指标值来看，SWAT 自带的目标库容法对水库出库流量的模拟效果很差。其原因是，SWAT 自带的目标库容法的出流计算规则不适用于大型多功能综合利用水库。

表 5.4 三种出库算法下 SWAT 模拟的安康和丹江口出库流量效果评价

水库	模拟效果	目标库容法	不考虑水库	调度函数法
安康	*NSE*	0.56	0.83	0.85
	RE/%	−1.8	8.1	−1.0
丹江口	*NSE*	0.36	0.75	0.78
	RE/%	−18.7	7.6	−1.9

从表 5.4 可看出，对于安康水库，调度函数法与目标库容法和不考虑水库的算法相比，对出库流量模拟的 *NSE* 值分别提升了 0.29 和 0.02。从丹江口水库出库流量的模拟效果来看，调度函数法与目标库容法相比，*NSE* 值提升了 0.42；与不考虑水库的算法相比，*NSE* 值提升了 0.03。与以往大多采取忽略水库影响的研究相比，考虑水库影响的调度函数法可以在一定程度上提升径流模拟效果，尤其是在水库显著影响的地区。

5.2 汉江流域未来径流变化模拟预测

5.2.1 汉江流域未来降水气温预测

5.2.1.1 研究数据

采用 GCMs 输出的历史和未来时期的日降水和气温序列数据。为了降低单一气候模式的不确定性，选择了 10 个 GCMs 生成未来情景，表 5.5 列出了所选 10 种 GCMs 的详细信息。在本研究中，选择了代表中排放和高排放的两种代表性浓度路径（RCP4.5 和 RCP8.5）进行研究和分析，对应 2100 年的总辐射强迫值分别约为 4.5W/m^2 和 8.5W/m^2。

表 5.5　　所选 10 种 GCMs 的基本信息

编号	模　型	机　构	分辨率（Lon. ×Lat.）
G1	BCC-CSM1.1（m）	BCC，China	1.125°×1.125°
G2	BNU-ESM	GCESS，China	2.8°×2.8°
G3	CanESM2	CCCMA，Canada	2.8°×2.8°
G4	CCSM4	NCAR，USA	1.25°×0.94°
G5	CNRM-CM5	CNRM-CERFACS，Canada	1.4°×1.4°
G6	CSIRO-Mk3.6.0	CSIRO-QCCCE，Australia	1.8°×1.8°
G7	GFDL-ESM2M	NOAA-GFDL，USA	2.5°×2.0°
G8	MRI-CGCM3	MRI，Japan	1.1°×1.1°
G9	MPI-ESM-LR	MPI-M，Germany	1.875°×1.875°
G10	NorESM1-M	NCC，Norway	2.5°×1.875°

5.2.1.2　偏差校正方法和结果

由于 GCMs 模式的特点为大尺度、低分辨率，其输出结果与区域尺度的实测信息之间存在偏差，故一般采用降尺度方法建立气候模式与流域水文模型的耦合机制。采用 Chen et al.[6] 提出的 DBC 方法来对 GCMs 预测的未来降水、气温进行校正。该方法假定未来和历史气候事件在各分位数上具有相同的偏差，是将局部强度缩放（local intensity scaling，LOCI）方法和分位数映射法（daily translation method，DT）相结合的偏差校正方法，已在国内外多个流域得到应用[7]。首先，基于 LOCI 方法校正降水的发生概率。其次，采用分位数映射法，分析实测的日降水（气温）与历史期模拟系列在不同月份的频率分布函数，推求出各分位数对应的校正系数。最后，将该校正系数应用于未来时期的模拟气象数据，具体如下：

$$\left.\begin{aligned} P_{G,m}^{\text{cor}} &= P_{G,m}^{\text{raw}} \times \{F_{\text{obs}P,m}^{-1}[F_{GP,m}(P_{G,m})]/P_{G,m}\} \\ T_{G,m}^{\text{cor}} &= T_{G,m}^{\text{raw}} + \{F_{\text{obs}T,m}^{-1}[F_{GT,m}(T_{G,m})] - T_{G,m}\} \end{aligned}\right\} \tag{5.5}$$

式中：$P_{G,m}^{\text{cor}}$、$T_{G,m}^{\text{cor}}$（$P_{G,m}^{\text{raw}}$、$T_{G,m}^{\text{raw}}$）分别为全球气候模式校正后（前）第 m 月的日降水和气温系列；$P_{G,m}$、$T_{G,m}$ 分别为历史时期校正前第 m 月的日降水和气温系列；$F_{\text{obs}P,m}$、$F_{GP,m}$（$F_{\text{obs}T,m}$、$F_{GT,m}$）分别为历史期日降水（气温）实测系列和模拟系列的累积分布函数。

GCMs 直接输出的气象资料时间长度为 1961—2100 年，实测日降水和日最高气温、最低气温采用汉江流域 25 个国家气象站点观测的 1966—2005 年共 40 年资料，取 1991—2005 年对 DBC 偏差校正模型的效果进行检验。

图 5.8 展示了校正前与校正后各 GCMs 在检验期的日降水、气温模拟效果对比。图中方格的值分别表示日降水和气温模拟系列的评价指标相对于实测系列的相对误差与绝对误差，X 轴代表 10 种 GCMs，Y 轴分别代表 6 个评价指标：①均值；②均方差；③50%分位数；④75%分位数；⑤90%分位数；⑥95%分位数。由图可知，相较于实测系列，校正前 GCMs 模拟降水系列的均值偏高、均方差偏低，50%、75%、90%分位数偏高，95%分位数偏低，存在高估降水均值、低估降水极值的缺陷。通过 DBC 模型进行偏差校正

后，降水系列中几个评价指标的相对误差值均小于15%，气温系列各评价指标的绝对误差均小于1.5℃，说明该模型能够较好地模拟汉江流域的日降水、日最低气温和最高气温。

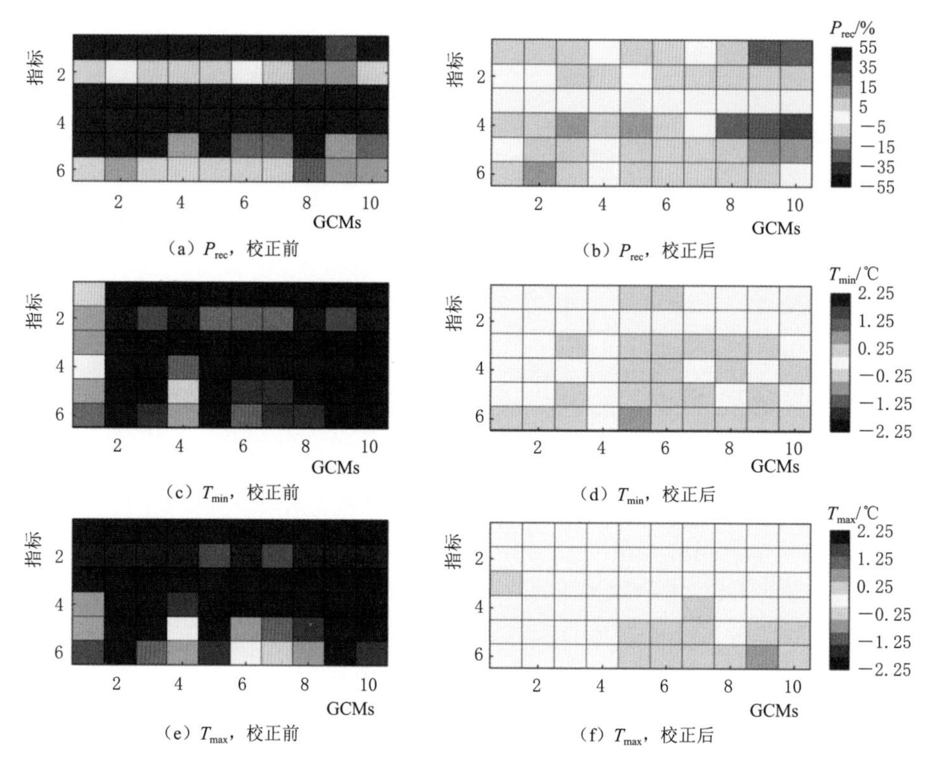

图5.8 日降水和气温模拟效果

偏差校正模型除了校正降水量外，还对降水的发生频率进行校正。为分析该模型在汉江流域不同站点和不同月份降水发生频率的校正效果，图5.9对比了校正前后各气象站点1—12月的湿日百分比效果。图中方格的值代表GCMs模拟降水系列的湿日百分比与实测系列的偏差。从图中可以看出：校正前，模拟降水系列的各月湿日百分比均明显高于实测序列（+55%），高估了降水发生频率；校正后，所有站点的偏差基本均在±15%以内，说明该模型能较好地模拟汉江流域各月的降水发生频率。

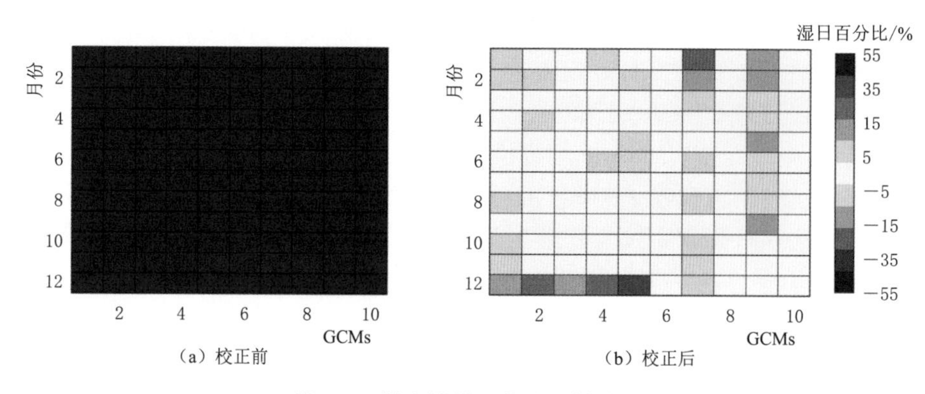

图5.9 降水湿日百分比模拟效果

5.2.1.3 汉江未来降水和气温预测

将 DBC 方法应用于 10 个 GCMs 的未来输出序列，预估得到汉江流域在 RCP4.5 情景和 RCP8.5 情景下未来时期的降水和气温预测值。图 5.10 显示了与历史时期相比，未来年份年平均降水量的相对变化和日最高气温、最低气温的绝对变化情况。在图中，每个箱体是由 10 个 GCMs 的输出值构建的，一个子图中的 40 个箱体代表未来时期 40 年的值。

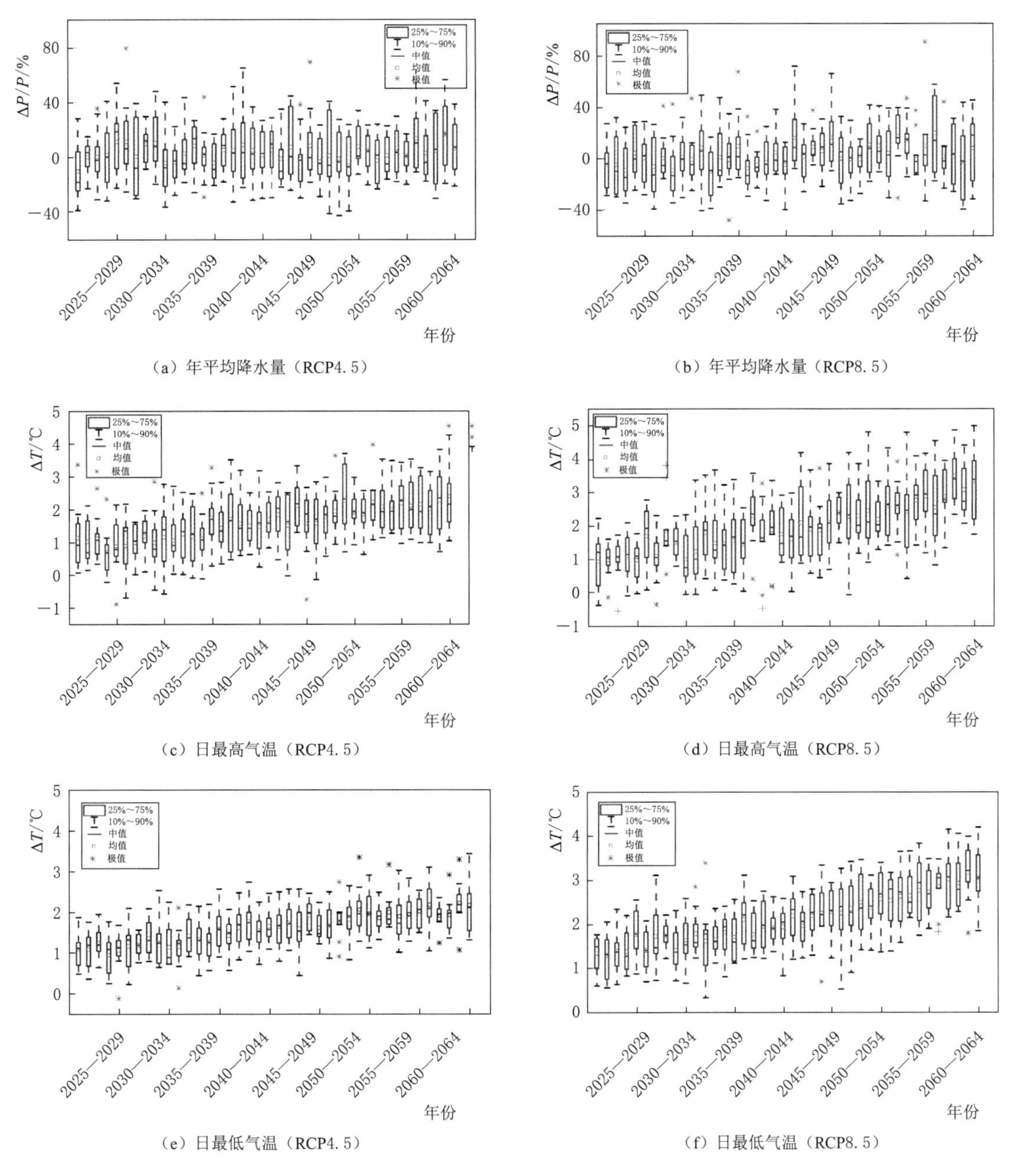

(a) 年平均降水量（RCP4.5）　(b) 年平均降水量（RCP8.5）

(c) 日最高气温（RCP4.5）　(d) 日最高气温（RCP8.5）

(e) 日最低气温（RCP4.5）　(f) 日最低气温（RCP8.5）

图 5.10　偏差校正后 10 个 GCMs 预测的未来降水气温变化

与基准时期相比，RCP4.5 情景下预测的年降水量集合均值在 2021—2040 年、2041—2060 年将分别增加 2.99%、3.16%；RCP8.5 情景下，预测的 2021—2040 年、2041—2060 年的降水量集合均值增加率分别为 1.80% 和 6.25%。在 2021—2040 年，RCP4.5 情景下预测的降水量比 RCP8.5 情景下增加更快，而在 2041—2060 年呈现相反的趋势。此外，所有 GCMs 的预测结果都表明：RCP4.5 和 RCP8.5 情景下未来时期的日最高气温、最低气温均将增加，且 RCP8.5 情景下的增长幅度更大。从 10 个 GCMs 的中位数来看，RCP4.5 和 RCP8.5 情景下预测的 2021—2040 年的日最高气温将分别增加 1.23℃、1.44℃，2041—2060 年将分别增加 2.01℃、2.57℃。对于日最低气温，在 RCP4.5 和 RCP8.5 情景下，10 个 GCMs 预测的日最低气温中位数在 2021－2040 年将分别增加 1.23℃和 1.34℃，在 2041—2060 年将分别增加 1.66℃和 2.56℃。

为了降低单一气候模式带来的不确定性，统计 10 个 GCMs 的降水和气温多年均值变化情况，见表 5.6。可以看出：与基准期相比，汉江流域未来时期（2021—2060 年）的年降水量在 RCP4.5 和 RCP8.5 情景下将分别增加 5.07%、6.06%；日最高气温将分别增加 1.55℃、2.10℃；日最低气温将分别增加 1.46℃、1.96℃。表明 RCP8.5 情景下，降水和气温要素的增长幅度均大于 RCP4.5 情景。

表 5.6　汉江流域未来降水和气温年均值变化情况

全流域	基准期（1966—2005 年）	未来（2021—2060 年）			
		RCP4.5		RCP8.5	
	均值	均值	变化量	均值	变化量
降水量/mm	849.39	882.50	+33.11	890.80	+41.41
最高气温/℃	20.29	21.84	+1.55	22.39	+2.10
最低气温/℃	10.52	11.98	+1.46	12.48	+1.96

5.2.2 汉江流域未来径流对气候变化的响应

在未来气候变化情景下，汉江流域 2021—2060 年均径流的变化情况如图 5.11 所示。由图可知：①在气候变化的影响下，汉江干流四个站点的未来多年平均径流在两种情景下都大于基准期，且 RCP8.5 情景下的径流流量增幅稍大于 RCP4.5 情景；②在 RCP4.5 情景下，预估的径流量将在 2037 年达到最大值、在 2026 年达到最小值；在 RCP8.5 情景下，预估径流量最大值出现在 2052 年、最小值出现在 2025 年；③在每一个阶段，其径流量的变化趋势与降水量的演变规律都是吻合的。通过对两种径流序列的 Mann - Kendall 趋势分析，得出 RCP4.5 情景下的标准正态统计量 Z 值为 1.59，RCP8.5 情景下为 1.34。结果表明：在 95%的置信区间内，汉江流域的未来径流量均呈现出不显著的增长趋势（临界值 $Z=1.96$）。

为了分析空间尺度上的径流响应，图 5.12 显示了干流四个水文站在未来气候变化影响下的径流变化情况。以 RCP4.5 情景为例，1966—2005 年间，AK_b（安康基准期）、BH_b（白河基准期）、DJK_b（丹江口基准期）和 HZ_b（皇庄基准期）的多年平均径流量分别为 $542m^3/s$、$721m^3/s$、$1127m^3/s$ 和 $1607m^3/s$。2021—2060 年间 $AK_{HL4.5}$、$BH_{HL4.5}$、

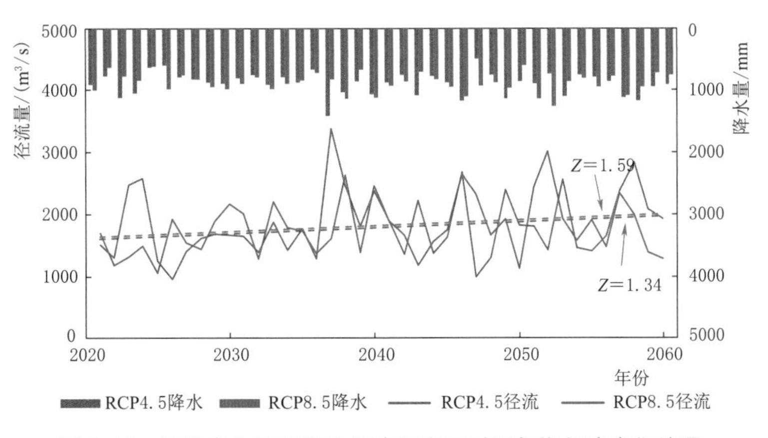

图 5.11 气候变化情景下汉江流域未来时期年均径流变化情况

$DJK_{HL4.5}$ 和 $HZ_{HL4.5}$ 的多年平均径流量分别为 573m³/s、765m³/s、1189m³/s 和 1690m³/s，与 1966—2005 年相比，变化幅度分别为 5.68%、6.04%、5.50%和 5.16%。在 10 个 GCMs 中，BCC-CSM1.1、BNU-ESM、CSIRO-Mk3、GFDL-ESM2G 和 NorESM1-M 等气候模型在 RCP4.5 情景下的未来径流均呈上升趋势，而 CanESM2、CCSM4、CNRM-CM5、MPI-ESM-LR、MRI-CGCM3 等气候模型下的径流均呈下降趋势。究其原因，发现前 5 个模型的降水量比历史时期多，进而导致径流增加。而后 5 个模型的气温与历史时期相比表现出更明显的升高趋势，温度升高从而导致蒸发量变多、径流量减少。降水量的改变对流域产流量有直接的影响，且两者呈显著的正相关关系，而气温的改变与产流量成负相关关系。因此，前 5 个模型预测的未来径流值较高，而后 5 个模型预测的未来径流值则略低于基准期。然而，10 个 GCMs 集合均值的结果表明，四个水文站的未来径流与基准期相比都在增加。

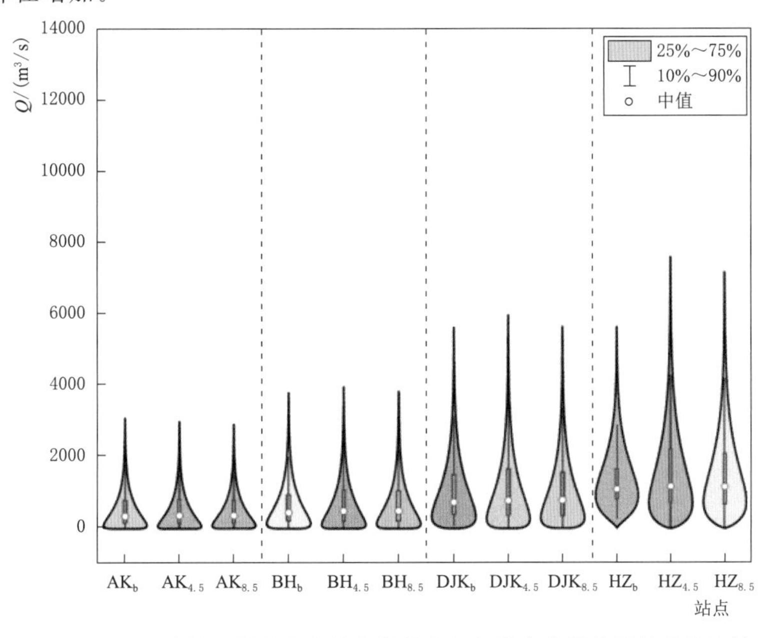

图 5.12 汉江流域不同站点在基准期和未来气候变化下的模拟径流比较

5.2.3 未来径流预测的不确定性分析

在水资源响应评估领域，尽管不确定性可能来自气候变化和人类活动影响评估中的各种环节，但GCMs的选择是所有不确定性来源中最大的一个[8]。在研究中，使用了10个GCMs组成的多模型集合来降低潜在的不确定性。

5.2.3.1 降水、气温预测的不确定性

汉江流域未来日降水和气温的不确定性范围如图5.13所示。以RCP4.5情景下的结果为例，与历史时期（1966—2005年）相比，未来时期（2021—2060年）日降水量的相对变化范围为［−40%，70%］，而10个GCMs集合中值的不确定性范围为［−20%，20%］。日最高气温和最低气温的绝对变化范围分别为［−1℃，5℃］和［0℃，4℃］。结果表明：不同GCMs的模拟结果存在显著差异，再次证明GCMs的选择是导致预测结果不确定性的一个重要因素，有必要采用多种气候模式集合求平均的方法来降低不确定性。

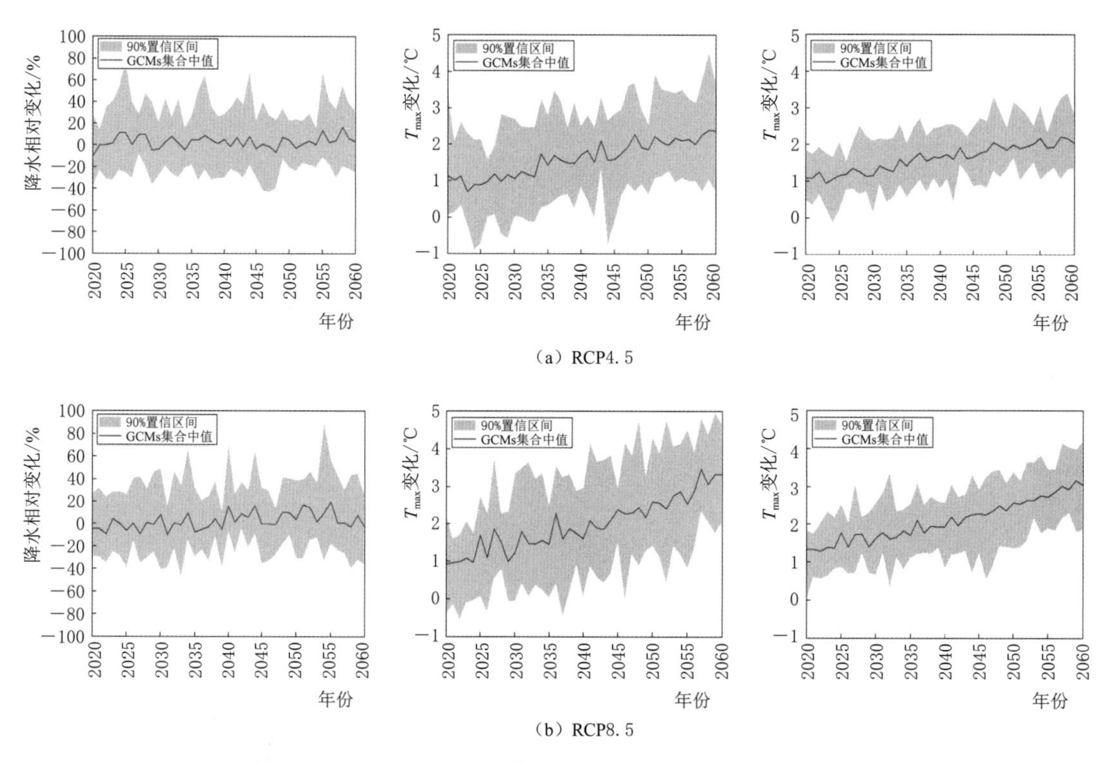

图5.13 10个GCMs预测的未来降水和气温的不确定性范围

5.2.3.2 径流预测的不确定性

图5.14显示了汉江流域干流四个水文站未来径流预测的不确定性范围。以RCP4.5情景下的不确定性结果为例进行说明，从径流95%分位数的置信区间可以看出：白河站、安康站、丹江口站和皇庄站的径流相对变化主要在［−80%，100%］范围内。至于GCMs集合中值，四个站点的径流相对变化主要在25%左右波动。从径流均值的置信区间来看，白河站、安康站、丹江口站和皇庄站的径流相对变化率主要在［−50%，50%］范围内。对于径流均值的GCMs集合中值，四个水文站的相对变化都在0%左右波动，这说明

GCMs集合中值的结果可以有效减少径流预测的误差和不确定性。因此，在评价气候变化对流域未来水文水资源的影响时，如果只用一个GCM模拟的结果作为依据，很可能会得出失之偏颇的结论。

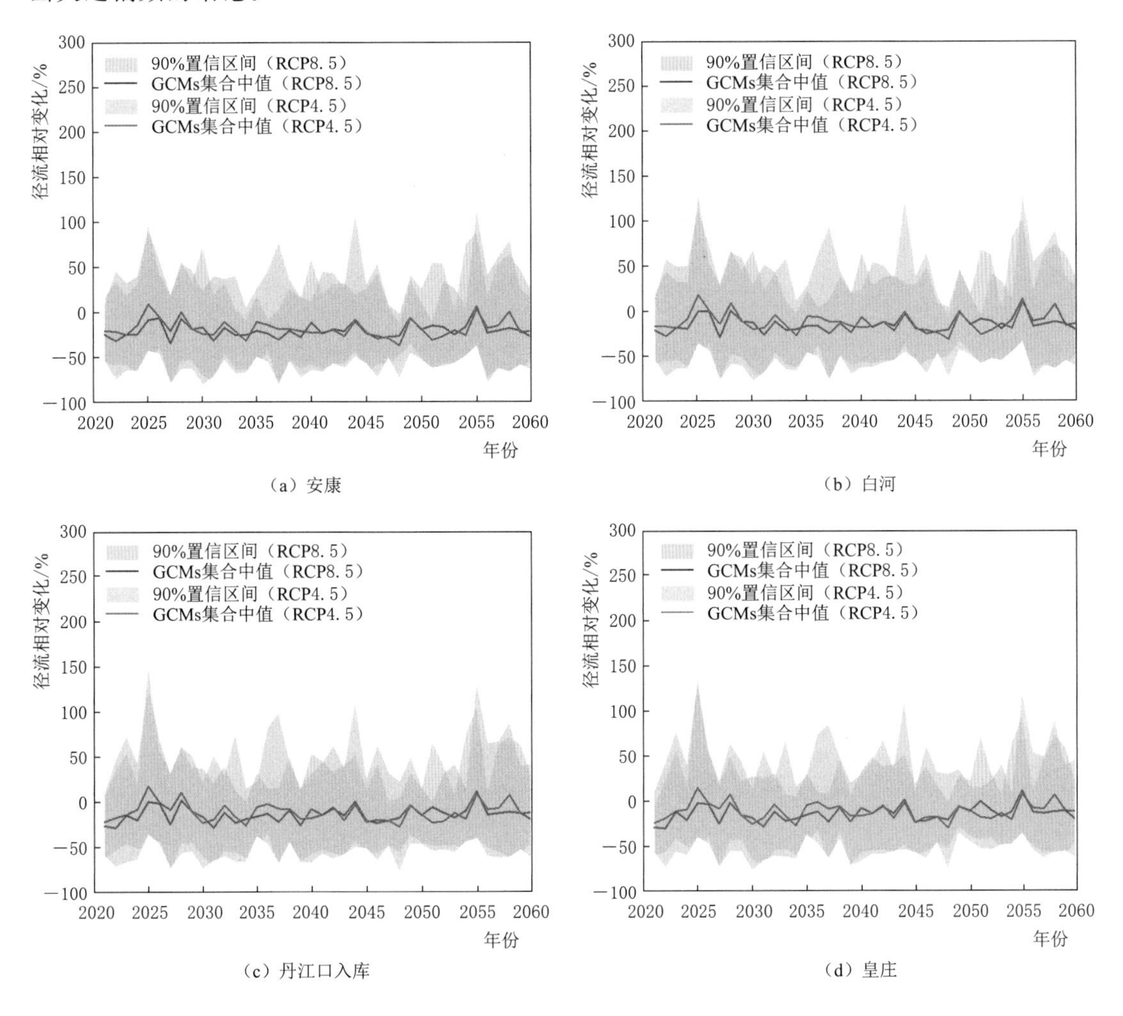

图5.14　汉江流域四个水文站的未来径流预测的不确定性范围

从降水和径流的不确定性区间比较（图5.13和图5.14）来看，径流的不确定性范围要比降水大得多。这说明径流的不确定性不仅来自GCMs，而且来自降尺度方法和水文模型等，这加剧了径流预测的不确定性。

5.3　汉江中下游地区未来水资源量预测

5.3.1　汉江中下游地区水资源分区

本研究采用水资源综合规划的分区方法，即将水资源四级区嵌套在县（市）级行政区域内，作为汉江中下游地区水资源配置模型的计算分区。经过合并和简化，研究范围最终被分为了28个计算分区，各水资源分区空间位置如图5.15所示。

图5.15 汉江中下游地区水资源分区及水库位置

5.3.2 汉江中下游地区未来水资源量预测

5.3.2.1 总体变化

在历史时期（1966—2005年），基于《长江流域水资源综合规划》成果，计算汉江中下游28个计算分区的本地水资源量。在未来时期（2021—2060年），基于GCMs耦合SWAT模型计算得到的各片区的径流模拟结果，可得出各计算单元在未来时期的本地水资源量[9-10]。

图5.16展示了未来时期汉江中下游地区流域出口的水资源量相较于历史时期的变化情况。结果表明：相较于基准年，两种情景下，流域出口在未来时期的水资源量均表现为增加趋势，且RCP8.5情景下的增加幅度大于RCP4.5情景；在非汛期，两种情景下的未来本地水资源量均较基准年变化不大，RCP4.5情景下有微弱的增加趋势，RCP8.5情景下有微弱的减小趋势。

丹江口水库未来时期的入库水资源量与基准期相比的变化情况如图5.17所示。从图可以看出：与历史同期相比，丹江口水库在未来一定时期内，在两种情景下的入库水资源量在汛期均表现出增长趋势，其中在RCP8.5情景下的增加幅度要高于在RCP4.5情景下的增加幅度。在非汛期，未来时期丹江口水库的入库水资源量在两种浓度路径下较历史时期有微弱的减少趋势。结果表明：在未来气候和LUC共同变化的驱动下，丹江口水库在未来时期的防洪压力可能会加重，水资源在时间上分布不均的现象可能会进一步加剧。但是，汉江上游作为南水北调中线工程以及引汉济渭等工程的水源地，未来时期水量的增加对这些调水工程非常有利。

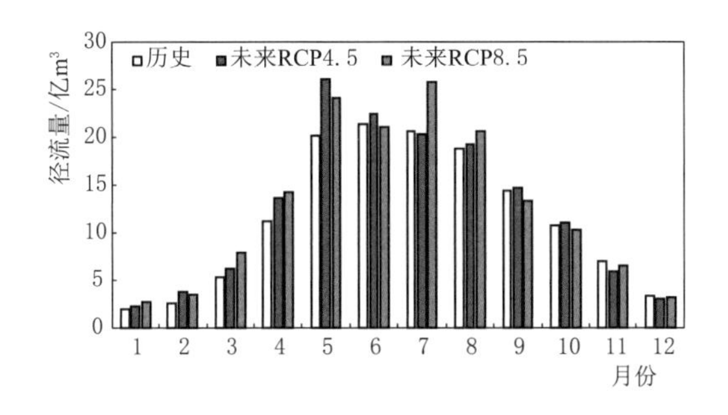

图 5.16 未来情景下的汉江中下游地区流域出口水资源量年内变化预测

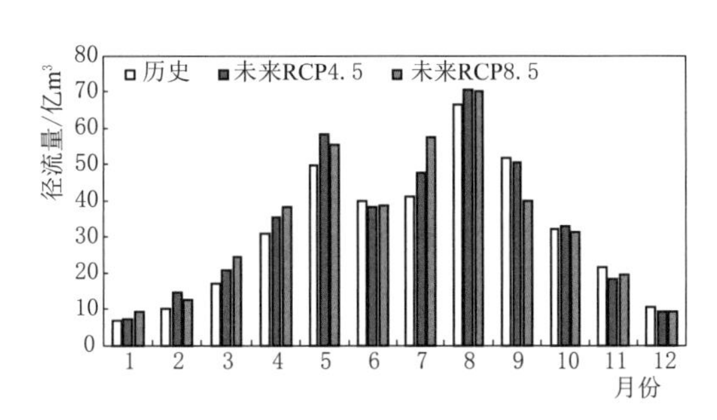

图 5.17 未来情景下的丹江口入库水资源量年内变化预测

5.3.2.2 空间上变化

三种来水条件下汉江中下游各分区本地水资源量见表 5.7。历史气候和土地利用/覆被情景下，SWAT 模型模拟的汉江中下游本地总水资源量为 128.06 亿 m³。在未来 RCP4.5 和 RCP8.5 情景下，汉江中下游地区的本地总水资源量预估将分别达到 136.85 亿 m³ 和 138.70 亿 m³。

表 5.7 三种来水条件下汉江中下游各分区本地水资源量 单位：亿 m³

区域代码编号	历史来水情景	RCP4.5 情景	RCP8.5 情景	区域代码编号	历史来水情景	RCP4.5 情景	RCP8.5 情景
U1	3.81	4.01	4.03	U15	6.35	6.86	6.88
U2	1.46	1.54	1.59	U16	4.58	4.89	4.96
U3	5.05	5.30	5.33	U17	2.59	2.76	2.80
U4	6.68	7.15	7.31	U18	3.85	4.09	4.16
U5	3.56	3.76	3.77	U19	5.89	6.30	6.39
U6	6.90	7.38	7.48	U20	9.61	10.29	10.43
U7	2.05	2.19	2.25	U21	6.45	6.96	7.07
U8	3.97	4.24	4.35	U22	2.28	2.45	2.49
U9	1.85	1.99	2.01	U23	5.19	5.59	5.68
U10	2.70	2.89	2.89	U24	1.97	2.11	2.14
U11	3.18	3.42	3.47	U25	9.30	9.96	10.10
U12	1.90	2.04	2.07	U26	10.71	11.47	11.63
U13	2.45	2.62	2.66	U27	2.88	3.09	3.13
U14	2.04	2.18	2.21	U28	8.83	9.33	9.48
28 个分区合计					128.06	136.85	138.70

图5.18绘出汉江中下游地区各片区未来径流变化率。与历史来水情景下的本地水资源量相比，汉江中下游各片区在RCP4.5和RCP8.5情景下的本地水资源量变化幅度不同。例如，各片区在RCP4.5情景下的径流与历史时期相比均有增大的趋势，RCP8.5情景下这种增加趋势更加显著，除十堰房县U1、神农架U2、保康县U3、老河口市（三北引丹灌区）U5片区的径流增加率在6%以内外，其余片区的增加率均在6%～10%之间。表明在未来气候变化的影响下，研究区域的水资源供需矛盾有望得到缓解。因此，为定量分析汉江中下游地区未来时期的水资源供需平衡情况，亟须开展未来气候变化下的水资源优化配置研究。

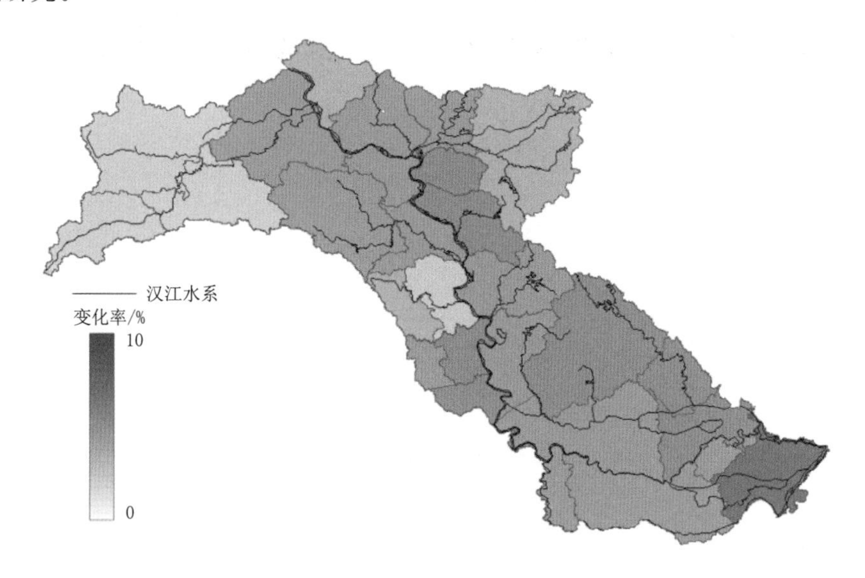

（a）未来（RCP4.5情景下）各片区径流变化

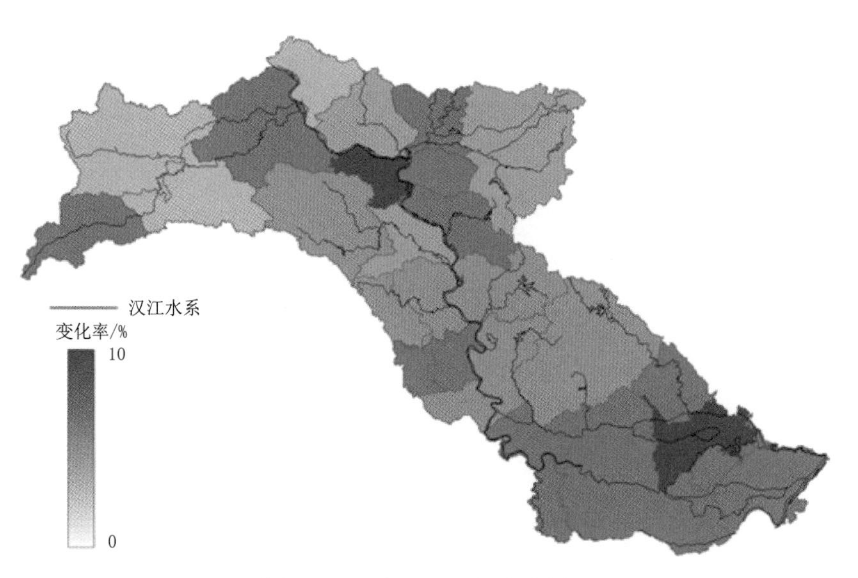

（b）未来（RCP8.5情景下）各片区径流变化

图5.18 汉江中下游地区未来RCP4.5和RCP8.5情景下各片区径流变化率

5.4 基于系统动力学的汉江中下游需水量预测

需水预测的用水户包括生态环境、生活和生产三类。河道外生态环境需水包含在生活需水中；生产需水包括城镇工业需水和农业灌溉需水；生态需水是指河道内生态系统所需要的水资源量。

因此，各研究分区的用水部门包括生活需水量、城镇工业需水量、农业需水量（灌溉需水量、牲畜需水量、林渔业需水量）和河道内生态环境用水。其中，生活用水需求、城镇工业用水和灌溉用水需求的计算是基于系统动力学模型，该模型综合了宏观经济、水文气象等多种影响因素。牲畜需水量的计算仍采用定额法。

5.4.1 水资源-社会-生态耦合系统动力学模型

系统动力学（system dynamic）方法最早出现于 1956 年，是以计算机仿真为框架，分析复杂系统内在动力学特性的有效手段。该法对问题的认识，是在对问题内在机理的研究基础上对其进行建模，并逐渐探索产生变化模式的因果关系。该法擅长处理具有高度非线性、高阶次、多变量、多重反馈等特征的问题，它在复杂的非线性系统研究中具有无可取代的优点[11]。当前，该法在工业、农业、水利、生态、环境等诸多领域得到了广泛的应用[12]。系统动力学方法可以同时考虑气候变化与人类活动对流域需水量预测的影响，通过模拟，可以获得区域水资源的供需状况，有助于准确合理地刻画水资源供需关系中诸多因素的复杂关系，为需水量预测与水资源可持续利用提供强有力的研究工具。

通过对汉江中下游的流域用水需求进行分析，本章将需水量预测的系统动力学模型划分成多个子系统，即人口、工业和农业三个子系统，建立了各个变量之间的系统动力学流图，如图 5.19 所示。图中箭头代表了系统内的信息链，以便展示各个变量之间的逻辑结构关系。

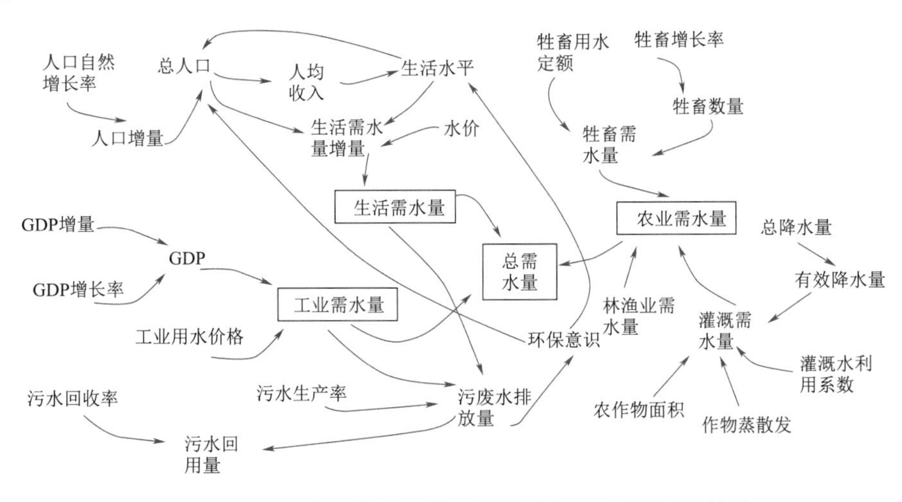

图 5.19 汉江中下游地区需水量预测的 SD 模型因果关系

5.4.2 计算方程和结果验证

5.4.2.1 人口方程

Malthusian 方程和 Logistic 方程是模拟人口自然增长状态的两种常用的数学模型。但由于环保意识的抑制作用和生活水平的促进作用均会影响人口的增长，江慧宁等[13] 结合两种方程的特点并在此基础上进行了修正，本研究采用下式来计算人口的动态变化：

$$\frac{\mathrm{d}P}{\mathrm{d}t}=rP\left(1-\frac{P}{P_{\max}}\right)[n(E)+n(L)] \tag{5.6}$$

其中

$$n(E)=\mu_E(\mathrm{e}^{-0.0015E}-1) \tag{5.7}$$

$$n(L)=\mu_L(1-\mathrm{e}^{-L}) \tag{5.8}$$

式中：r 为汉江中下游地区的人口自然增长速度；P 为流域内的人口数量；$P_{\max}$ 为流域内资源所能容纳的最大人口数；$n(E)$ 为环保意识的抑制作用；$n(L)$ 为生活水平的促进作用；μ_E 为环保意识的校正因子；μ_L 为生活水平的校正因子。

5.4.2.2 生活需水方程

从需水量预测的 SD 模型因果关系图可知，一个地区生活需水量的计算取决于当地的人口、水价、人均收入等。本研究中生活需水量的计算公式[14-15] 为

$$W_{li}^{i}(t)=W_{li}^{i}(t-\Delta t)+\{\varphi_{li}^{i}(t)P_{li}^{i}(t)^{\eta_p}f(WSI)\}\mathrm{d}t \tag{5.9}$$

其中

$$\varphi_{li}^{i}(t)=\varphi_{\mathrm{pop}}(t)+\eta_{\mathrm{gdp}}(t)\varphi_{\mathrm{gdp}}(t) \tag{5.10}$$

式中：$W_{li}^{i}(t)$ 为 t 时刻第 i 个区域的生活需水量；Δt 为时间步长；$P_{li}^{i}(t)$ 为 t 时刻第 i 个区域的生活水价；η_p 为生活水价的弹性系数；WSI 为缺水指数；$f(WSI)$ 为缺水指数的函数；$\varphi_{\mathrm{pop}}(t)$ 为 t 时刻的人口增长率；$\eta_{\mathrm{gdp}}(t)$ 为 t 时刻生活需水量的收入弹性系数；$\varphi_{\mathrm{gdp}}(t)$ 为 t 时刻的人均收入增长率。

$f(WSI)$ 采用下式计算：

$$f(WSI)=\begin{cases}1 & WSI(t)=0\\ WSI(t)^{\eta_{WSI}} & WSI(t)\neq 0\end{cases} \tag{5.11}$$

其中

$$WSI(t)=\begin{cases}0 & WS(t)\leqslant 0\\ \dfrac{WS(t)}{TWD(t)}=\dfrac{TWD(t)-TWS(t)}{TWD(t)} & WS(t)>0\end{cases} \tag{5.12}$$

式中：η_{WSI} 为缺水指数的弹性系数；$WSI(t)$ 为 t 时刻的缺水指数；$TWD(t)$ 为 t 时刻的总需水量；$TWS(t)$ 为 t 时刻的总供水量；$WS(t)$ 为需水量与供水量的差值。

5.4.2.3 工业需水方程

从需水量预测的 SD 模型因果关系图可知，工业需水量的计算与人均收入、国民生产总值、工业用水技术，以及工业水价等因素有关。参照前人的研究[14,16]，工业需水量的计算公式为

$$W_{\mathrm{in}}^{i}(t)=\mathrm{GDP}^{i}(t)DI_{\mathrm{in}}^{i}(t)[P_{\mathrm{in}}^{i}(t)^{\eta_{\mathrm{in}}}] \tag{5.13}$$

其中

$$DI_{\text{in}}^{i}(t)=\alpha+\beta_{\text{in}}^{i}(t)\text{GDP}_{\text{per}}(t)+\gamma(t)T(t) \tag{5.14}$$

$$\begin{cases}\alpha>0\\ \beta_{\text{in}}^{i}=\dfrac{\partial DI_{\text{in}}}{\partial \text{GDP}_{\text{per}}}<0\\ \gamma=\dfrac{\partial DI_{\text{in}}}{\partial T}<0\end{cases} \tag{5.15}$$

式中：$W_{\text{in}}^{i}(t)$ 为 t 时刻第 i 个区域的工业需水量；$P_{\text{in}}^{i}(t)$ 为 t 时刻第 i 个区域的工业水价；η_{in} 为工业水价弹性系数；$DI_{\text{in}}^{i}(t)$ 为 t 时刻第 i 个区域的工业需水强度；α 为截距，在模型中为固定值；$\beta_{\text{in}}(t)$ 为收入系数，反映的是工业需水强度随人均 GDP[$\text{GDP}_{\text{per}}(t)$] 的变化；$\gamma(t)$ 为工业用水技术随着科技进步发生的变化；T 为时间变量。

5.4.2.4 灌溉需水方程

采用的灌溉需水量方程如下：

$$W_{\text{ag}}^{i}(t)=W_{\text{ag}}^{i'}(t)/\delta^{i} \tag{5.16}$$

其中

$$W_{\text{ag}}^{i'}(t)=\sum_{k=1}^{m}A_{k}(t)\left\{\sum_{gi}\left[CC_{k,gi}^{i}ET_{k,gi}^{i}(t)-ER_{k,gi}^{i}(t)\right]\right\}(1+SL) \tag{5.17}$$

式中：$W_{\text{ag}}^{i}(t)$ 为 t 时刻第 i 个区域的农业净灌溉需水量；δ^{i} 为第 i 个区域的灌溉水有效利用系数；$W_{\text{ag}}^{i'}(t)$ 为 t 时刻第 i 个区域的农业毛灌溉需水量；$A_{k}(t)$ 为 t 时刻的农作物面积；k 为农作物的第 k 种类，共 m 种；gi 为农作物在生长阶段的指数；$CC_{k,gi}^{i}$ 为第 i 个区域第 k 种农作物的作物系数（不同发育期中需水量与可能蒸散量的比值）；$ET_{k,gi}^{i}(t)$、$ER_{k,gi}^{i}(t)$ 分别为 t 时刻第 i 个区域第 k 种农作物的蒸散发和有效降水量；SL 为盐分浸出因素，通常为灌溉需水量的 10%～15%。

参考作物蒸散发量 ET 主要反映气象因素（气温、湿度、日照时数、风速等）对作物需水量的影响，采用联合国粮农组织（FAO）推荐的 Penman - Monteith 方程[17] 计算，公式如下：

$$ET=\frac{0.408\Delta(R_{n}-G)+\gamma\dfrac{900}{T+273}u_{2}(e_{\text{a}}-e_{\text{d}})}{\Delta+\gamma(1+0.34u_{2})} \tag{5.18}$$

式中：R_{n} 为作物表面净辐射量，MJ/(m^{2} · d)；G 为土壤热通量，MJ/(m^{2} · d)；γ 为干湿表常数，kPa/℃；T 为日平均气温，℃；u_{2} 为地面以上 2m 高处的风速，m/s；e_{a} 为饱和水汽压，kPa；e_{d} 为实际水汽压，kPa；Δ 为饱和水汽压-温度曲线的斜率，kPa/℃。

5.4.2.5 模型验证指标

模型的校准周期是 2010—2016 年，时间步长为 1 年，通过校准使得模拟需水量与实际需水量贴近。采用相对误差 RE、均方根误差 $RMSE$、相关系数 R 三个指标来评估需水模拟结果与实测用水数据之间的差异性。

$$RE=\sum_{t=1}^{N}(WD_{\text{sim}}^{t}-WD_{\text{obv}}^{t})/\sum_{t=1}^{N}WD_{\text{obv}}^{t} \tag{5.19}$$

$$RMSE=\sqrt{\sum_{t=1}^{N}(WD_{sim}^{t}-WD_{obv}^{t})^{2}/N} \tag{6.20}$$

$$R=\frac{\sum_{t=1}^{N}(WD_{obv}^{t}-\overline{WD_{obv}})(WD_{sim}^{t}-\overline{WD_{sim}})}{\sqrt{\sum_{t=1}^{N}(WD_{obv}^{t}-\overline{WD_{obv}})^{2}}\sqrt{\sum_{t=1}^{N}(WD_{sim}^{t}-\overline{WD_{sim}})^{2}}} \tag{5.21}$$

式中：WD_{obv}^{t}、WD_{sim}^{t} 分别为第 t 年的历史实测需水结果和模拟需水结果；N 为模拟的总年份；$\overline{WD_{obv}}$、$\overline{WD_{sim}}$ 分别为历史实测需水结果和模拟需水结果的均值。

5.4.3 情景设计和数据来源

由于未来降水、气温等气候因子的变化会导致生活用水定额以及农作物蒸发量的改变，进而影响生活需水和农业灌溉需水；未来耕地、林地、草地等土地利用类型的变化会影响农业灌溉面积以及畜牧业的需水；未来经济的发展会影响工业用水强度、工业用水技术等的变化，因此，本节共设计了三大类共六种情景分别进行需水量的预测，三大类情景分别为：第一类（未来气候变化情景）；第二类（未来人类活动情景），包括未来土地利用变化情景和未来经济高速发展情景；第三类（未来气候变化与人类活动综合情景），为未来气候变化与各种人类活动情景的组合。各个情景的具体描述见表 5.8。需要说明的是，为避免情景过多过杂，采用 RCP4.5 情景下的气候变量值。

表 5.8 需水量预测的设计情景

情景类别	编号	简　　称	具体描述
未来气候变化情景	S1	future climate change (FCC)	在现状保持的基础上考虑未来气候变化
未来人类活动情景	S2	future land use/cover change (FLUC)	在现状气候保持不变的基础上考虑未来土地利用变化
	S3	future rapid economic development (FRED)	在现状气候保持不变的基础上考虑未来经济的高速发展
未来气候变化与人类活动综合情景	S4	FCC-LUC	未来气候变化与未来土地利用变化情景组合
	S5	FCC-RED	未来气候变化与未来经济高速发展情景组合
	S6	FCC-LUC-RED	未来气候变化与未来土地利用变化及经济高速发展情景组合

模型采用的水资源资料来自汉江中下游各市的水资源公报，人口、经济等数据来自《湖北省统计年鉴》；农作物系数参考前人的研究[15,18]而确定；各年份、各水资源三级市的实际用水数据来自长江委水文局第三次全国水资源调查评价结果；历史时期气象数据来自中国气象数据网，未来时期的气象数据与第 5.2 节一致，即通过 DBC 偏差校正方法得

到的 10 种 GCMs 的平均值；未来的土地利用变化情景采用文献［8］预测得到的 LUC2030 和 LUC2040 情景，分别用于 2035 年和 2045 年的计算。假设未来经济高速发展情景下，流域在 2035 年和 2045 年的经济增速与历史时期相比将达到 15%和 20%的预期水平，其他参数与历史时期保持一致。

5.4.4 需水模拟结果与分析

历史时期需水模拟结果的评价指标值见表 5.9。由表可知，在几个用水部门中，生活需水模拟的效果最好（*RMSE* 仅 0.805 亿 m^3，*R* 达到 0.998），其次是工业需水（*RMSE* 为 1.684 亿 m^3，*R* 达到 0.985），农业灌溉需水的拟合效果最差（*RMSE* 为 3.898 亿 m^3，*R* 仅达到 0.449），这主要是因为在实际的农业生产中过量灌溉的现象十分常见，而模型无法准确地模拟。但总的来看，几个评价指标的值均处于可接受水平，说明 SD 模型模拟需水结果具有合理性和可行性。

表 5.9　SD 模型需水模拟结果的评价指标值

用水部门	*RE*/%	*RMSE*/亿 m^3	*R*
生活需水	5.22	0.805	0.998
工业需水	−4.17	1.684	0.985
农业灌溉需水	4.26	3.898	0.449
总需水	−0.14	3.303	0.997

5.4.4.1 生活需水量模拟结果

由 SD 模型的因果关系图可知，生活需水量的计算取决于当地的人口、水价、人均收入等，而人口的预测又与人口自然增长率、环保意识及生活水平相关。图 5.20 首先展示了汉江流域人口及环保意识预测结果。由图 5.20（a）可知，汉江流域 2000—2020 年的人口模拟值与实测值虽然不完全重合，但各年份的相对误差均在 4%以内。由于受到环保意识的抑制作用，加之前期的生育政策和现在的经济社会发展原因，预测的未来人口并不呈持续增长的趋势，预估在 2025 年左右达到峰值而后呈现缓慢下降的趋势，这与世卫组织对中国人口的预测结果相符合。从图 5.20（b）可以看出，环保意识在 2015 年之前增长速度较大，而后逐渐变缓。这是由于环保意识变化受到很多因素的影响，包括人均用水量、人均排污量、科技水平等。2011 年之前，流域水资源的开发利用相对比较粗放，人均用水量和污染物排放量较高。因此，环境意识行为的变化导致了环保意识的快速增长。2011 年中央一号文件提出实施水资源管理制度的“三条红线”后，流域内的人均水资源利用效率逐渐提升，造成了人均用水量的减少，进而使得排污量也呈现降低的趋势。

图 5.21 展示了汉江中下游 9 个市的总生活需水量模拟结果，与实测值相比，各年的生活需水量误差均不大。从 2010—2016 年间，生活需水量模拟的相对误差分别为 0.23%、0.29%、0.52%、3.74%、6.11%、9.81%和 13.36%。这是由于生活需水量的预测与人口密切相关，而人口的模拟值与实测值相比偏大，因此导致生活需水量的模拟值与实测值相比也较大。随着年份的推移，无论是生活需水量实测值还是模拟值，都呈现逐渐增加的趋势。

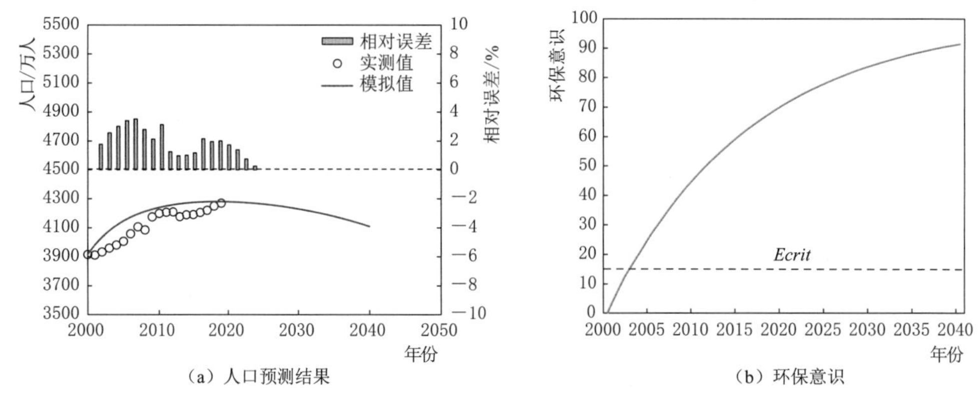

(a) 人口预测结果　　(b) 环保意识

图 5.20　人口及环保意识预测结果

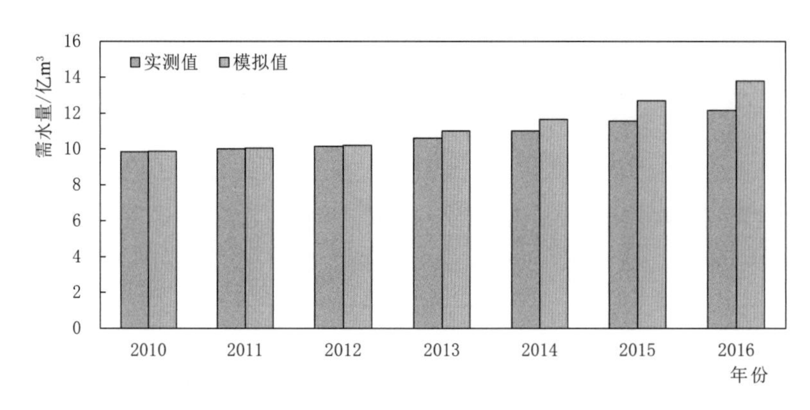

图 5.21　历史时期生活需水量模拟结果

5.4.4.2　工业需水量模拟结果

汉江中下游9个市的工业需水量模拟值与实测值的比较如图5.22所示。由图可以看出，各个市的工业需水量模拟值均与实测用水量值非常接近，拟合效果较好。其中武汉市、襄阳市、十堰市的相对误差大多数在5%以内。从年份来看，2012年拟合的相对误差较大。总的来看，工业需水量的拟合效果较好，可以用作下一步对不同情景的预测与分析。

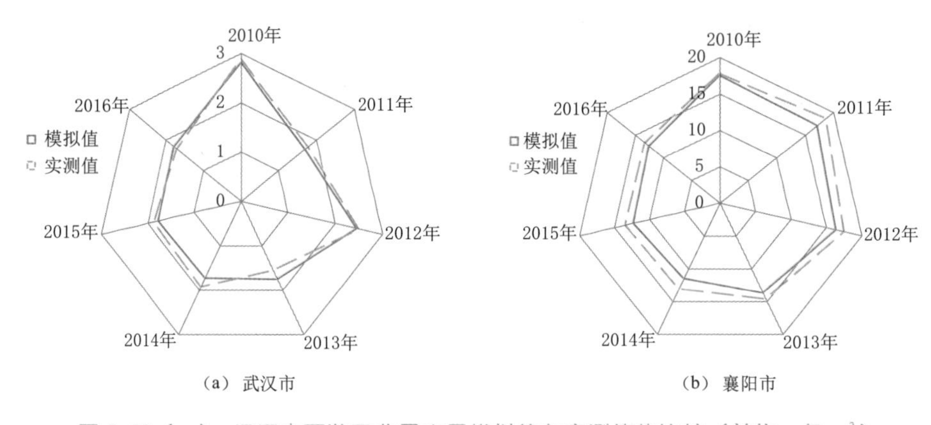

(a) 武汉市　　(b) 襄阳市

图 5.22 (一)　汉江中下游工业需水量模拟值与实测值的比较（单位：亿 m³）

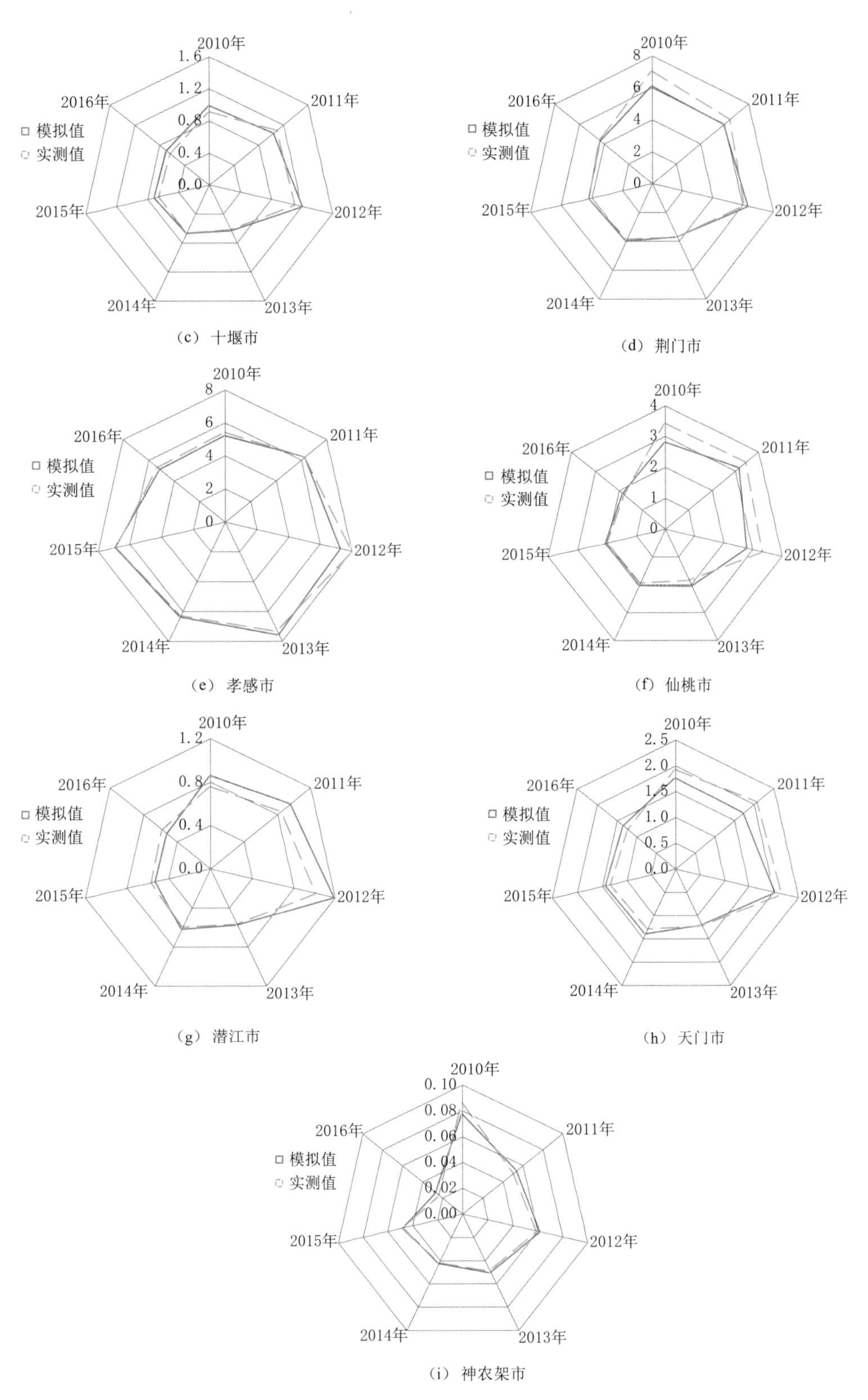

(c) 十堰市

(d) 荆门市

(e) 孝感市

(f) 仙桃市

(g) 潜江市

(h) 天门市

(i) 神农架市

图 5.22（二） 汉江中下游工业需水量模拟值与实测值的比较（单位：亿 m^3）

5.4.4.3 农业灌溉需水量模拟结果

汉江中下游各市的农业灌溉需水量模拟值与实测值的比较如图 5.23 所示，由图可以看出，武汉市、荆门市、天门市、神农架市的农业灌溉需水量模拟值均与实测用水量值相对接近，而孝感市、仙桃市、潜江市的农业需水量模拟值与实测用水量值的误差略大。以武汉市为例，2010—2016 年间，农业灌溉需水量模拟的相对误差分别为 0.97%、9.67%、2.10%、−15.10%、−19.18%、−21.92%、4.55%。几个误差较大年份的模拟需水量均小于实际灌溉需水量，这是由于在实际的农业活动中，农民为了农作物的丰收可能存在过量灌溉的情况，而模型无法精准衡量。总的来看，虽然农业灌溉需水量的模拟效果比生活需水和工业需水量差，但仍然处于可接受水平，可以用来进行未来不同情景下的农业灌溉需水预测。

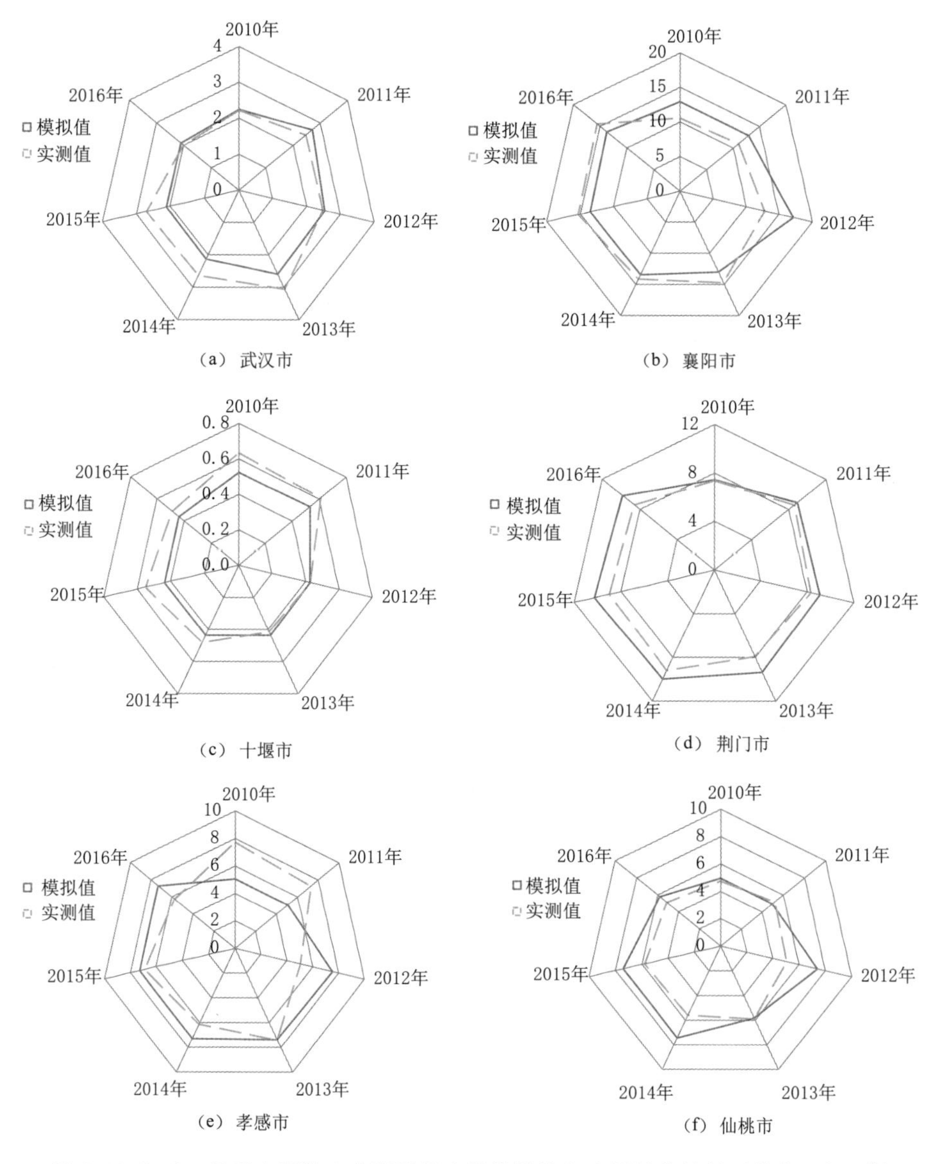

图 5.23（一） 汉江中下游农业灌溉需水量模拟值与实测值的比较（单位：亿 m^3）

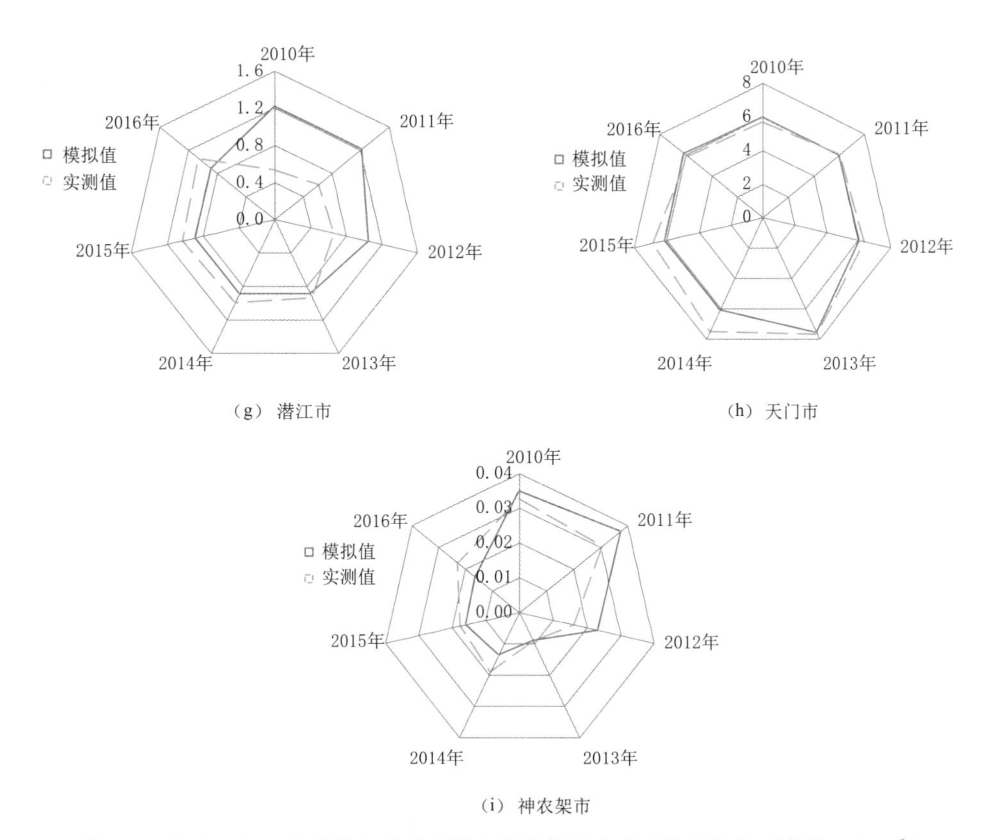

图 5.23(二) 汉江中下游农业灌溉需水量模拟值与实测值的比较(单位:亿 m^3)

5.4.4.4 河道外需水量模拟结果

表 5.10 展示了汉江中下游历史时期河道外需水量模拟结果。由表可知,SD 模型模拟的 2016 年汉江中下游总需水量为 88.22 亿 m^3,其中农业灌溉需水量、工业需水量和生活需水量分别为 46.26 亿 m^3、28.17 亿 m^3、13.79 亿 m^3。2010—2016 年间模拟值与实测值的相对误差分别为−1.42%、−2.49%、8.49%、−0.78%、0.51%、0.22%和 3.13%,表明除 2012 年以外(该年份农业灌溉需水量模拟值与实测值差异大),其余年份模拟值均表现良好;从各用水部门来看,农业灌溉用水量最大,工业用水量次之,生活用水量最小。从不同年份来看:①随着时间的推进,生活需水表现为增长的趋势,这是因为 2010—2016 年间,居民的生活水平持续提升,从而使得生活用水需求增大;②2010—2016 年间,农业用水量有降低的趋势,这是由于随着灌溉技术的不断进步,灌溉效率不断提升,并且伴随着国家推进各项节水措施,农业灌溉用水的需求也在逐渐降低;③社会经济的快速发展推进了工业技术的革新,使得工业生产用水需求整体上呈现降低的趋势。

表 5.10 汉江中下游历史时期河道外需水量模拟结果

年份		2010	2011	2012	2013	2014	2015	2016
农业灌溉需水量	历史值/亿 m^3	39.65	41.97	41.33	47.87	46.57	48.02	44.50
	模拟值/亿 m^3	40.46	42.42	51.35	46.98	47.61	48.03	46.26
	相对误差/%	2.04	1.06	24.26	−1.86	2.24	0.03	3.96

续表

年 份		2010	2011	2012	2013	2014	2015	2016
工业需水量	历史值/亿 m^3	40.40	40.91	42.05	31.4	29.52	30.84	28.88
	模拟值/亿 m^3	38.29	38.12	39.92	31.19	28.25	29.89	28.17
	相对误差/%	−5.23	−6.82	−5.08	−0.66	−4.31	−3.06	−2.45
生活需水量	历史值/亿 m^3	9.84	10.01	10.15	10.60	11.00	11.57	12.16
	模拟值/亿 m^3	9.86	10.04	10.20	11.00	11.67	12.70	13.79
	相对误差/%	0.23	0.29	0.52	3.74	6.11	9.81	13.36
河道外总需水量	历史值/亿 m^3	89.89	92.89	93.53	89.87	87.09	90.42	85.54
	模拟值/亿 m^3	88.61	90.58	101.47	89.17	87.53	90.62	88.22
	相对误差/%	−1.42	−2.49	8.49	−0.78	0.51	0.22	3.13

5.4.4.5 河道内生态需水量预测结果

本研究中，通过分区内水资源量乘以最小生态流量的百分比的方法，来计算每个计算单元的河道内最小生态需水量[19]。根据《长江流域水资源综合规划》成果，唐白河区域、丹江口以下区域的汛期和非汛期的最小生态环境需水量占全年总量的百分比见表5.11。在历史来水情景和未来气候变化情景下，各计算分区的河道内生态需水计算结果如图5.24所示，图中各分区的河道内生态需水量差异显著，这是由于各分区的本地水资源量有很大不同。合并所有分区的计算结果得到：两种来水条件下，整个汉江中下游地区的河道内生态需水量分别为37.37亿 m^3、39.99亿 m^3。

表5.11　　最小生态环境需水量占全年总量的百分比

分 区	最小生态环境需水量占全年总量的百分比/%	
	汛期（5—10月）	非汛期（11月至次年4月）
唐白河区域	27	35
丹江口以下区域	29	29

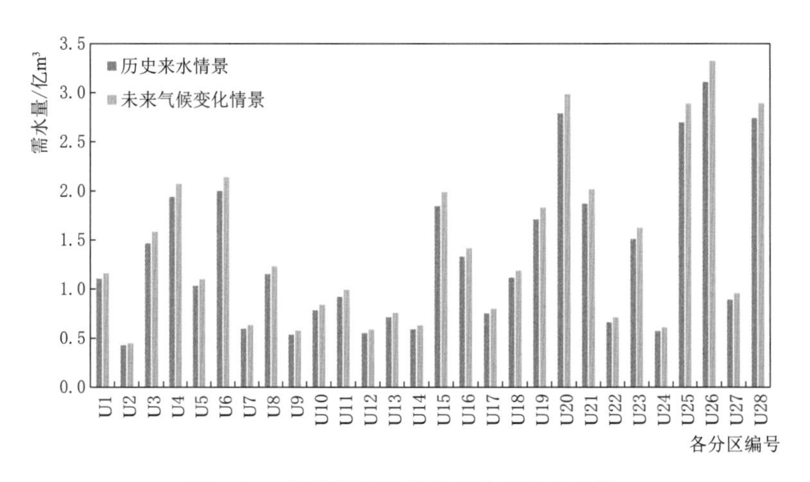

图5.24　各计算分区河道内生态需水结果

特别要指出的是，对于汉江中下游干流各控制断面，河道内生态环境需水和航运需水取外包即得到各控制断面河道内最小生态流量需求。此外，由于河道内生态环境需水量还必须留足应对汉江中下游突发性水华事件（如硅藻水华）的水量，因此，在汉江中下游干流水华高发期1—3月，取水华防控的流量阈值作为河道内生态流量约束。

5.4.4.6 未来不同情景下河道外需水量预测结果

基于设计的情景和历史时期SD模型获得的参数来预测未来需水量，表5.12展示了各情景下汉江中下游在2035年和2045年生活用水、工业生产用水、农业灌溉用水和河道外总需水量的预测结果。

表5.12 汉江中下游未来时期需水量的预测结果 单位：亿 m^3

年份	用水部门	未来气候变化情景	未来人类活动情景		综合情景		
		S1	S2	S3	S4	S5	S6
2035	生活用水	10.32	10.08	10.08	10.32	10.32	10.32
	工业生产用水	34.66	34.66	45.89	34.66	34.66	45.89
	农业灌溉用水	46.71	39.31	44.26	43.01	45.49	43.43
	河道外总需水量	91.69	84.05	100.23	87.98	90.46	99.64
2045	生活用水	10.00	9.76	9.76	10.00	10.00	10.00
	工业生产用水	37.55	37.55	61.24	37.55	37.55	61.24
	农业灌溉用水	47.47	38.97	44.12	42.84	45.80	43.52
	河道外总需水量	95.01	86.28	115.12	90.38	93.34	114.76

与2016年的实测数据相比，S1～S6情景下，2035年汉江中下游河道外总需水量将分别变化7.19%、−1.74%、17.17%、2.85%、5.75%、16.48%，但不同情景下的需水量变化原因具有差异性。未来气候变化情景下，农田灌溉用水量将会不断上升，从而使河道外总需水量不断增加。通常，当地天气的变化，特别是温度和降水模式，会影响土壤水分平衡，从而影响灌溉需求。Shahid的研究表明[20]，温度升高导致的蒸散量增加和土壤水分减少，将增加灌溉用水需求，并导致用水户之间的竞争加剧。因此，灌溉用水需求是气候变化下最敏感的用水需求部门。Zhou和Richard[21]的研究表明，在我国较温暖的地区灌溉的需水量较高，估计温度每升高1%，灌溉用水量就会增加0.2%。1%的降雨量变化对灌溉没有显著影响。与历史时期的生活需水量相比，预测的2035年和2045年各个情景下汉江中下游的生活需水量将减少，主要原因是预测的人口数量与历史时期相比将降低；汉江中下游在经济高速发展的S3情景下，其河道外总需水量高于现状保持情景下的河道外总需水量。由于生活用水总量对温度和降水不是很敏感，与其他情景相比，气候变化情景下生活需水量仅高出2.38%，这与未来时期预测的温度和降水将分别变化3.96%和8.87%有关。同时，我们的研究结果与以往的研究结果相似：1%的温度上升将使生活用水量增加0.23%，1%的降水增加将使生活需求量减少0.1%[21]。S3情景下，汉江中下游的工业需水量增加迅速，导致河道外总需水量是所有情景中最大的。如果经济高速发展继续成为首要任务（S3情景），那么到2035年和2045年，汉江中下游河道外需水量将分别为100.23亿 m^3 和115.12亿 m^3；若同时考虑未来气候变

化、土地利用变化（S4 情景），汉江中下游河道外总需水量在 2035 年和 2045 年将分别达到 87.98 亿 m^3 和 90.38 亿 m^3。若同时考虑未来气候变化、土地利用变化、经济高速发展（S6 情景），那么到 2035 年和 2045 年，汉江中下游河道外总需水量将分别达到 99.64 亿 m^3 和 114.76 亿 m^3。

由于未来气候变化和人类活动的影响同时存在，因此选取 S6 综合发展情景作为最终考虑的情景。图 5.25 展示了 S6 情景下未来年份汉江中下游地区河道外毛需水量的组成，预测在 2035 年，生活用水、工业生产、农业灌溉所占河道外毛需水的比例分别为 10.35%、46.06%和 43.59%；到 2045 年，生活用水、工业生产、农业灌溉所占河道外毛需水的比例分别为 8.71%、53.37%和 37.92%。从河道外毛需水量的组成来看，农业灌溉需水占有主导地位，其次是工业生产需水，生活需水所占的比例最小。这是因为汉江流域中下游地区地形平坦、土地肥沃，自古以来就是湖北省的粮食、棉花、食用油的主产区，在湖北省乃至我国的农业生产中起着举足轻重的作用，所以对农业灌溉用水需求也很大。统计河道外和河道内生态需水量结果表明：在 S6 综合发展情景下，汉江中下游地区 2035 年和 2045 年的总需水量将分别达到 139.63 亿 m^3 和 154.75 亿 m^3。

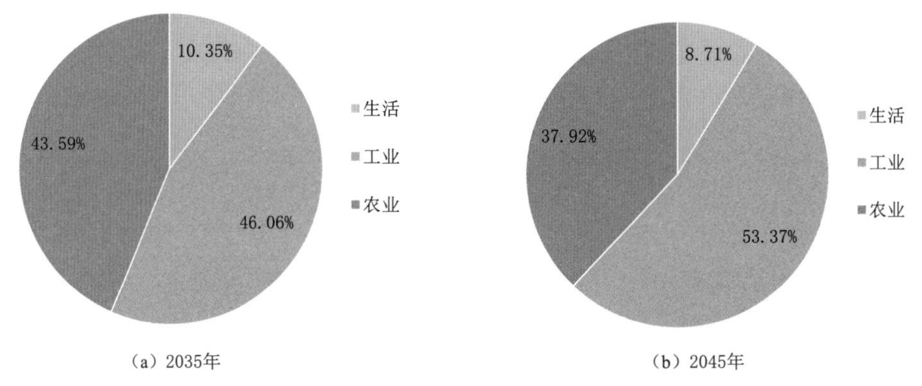

图 5.25 未来年份下预测的河道外毛需水量的组成比例

5.5 本章小结

本章构建了汉江流域 SWAT 分布式水文模型，对汉江流域未来的径流变化进行模拟及预测，对汉江中下游地区的未来水资源量进行了预估；采用系统动力学模型，考虑了汉江中下游的水文、气候、社会经济和技术因素及它们之间的相互作用，分析了水资源-社会-生态耦合系统的演化规律；对 2010—2016 年各水资源三级套市的用水量进行了模拟，并通过设定不同的情景，预测了未来气候变化和人类活动双重影响下的各行业的水资源需求量，得到的主要研究结论如下：

(1) 利用 4 个位于汉江干流的主要控制站点，对 SWAT 分布式水文模型在汉江流域的适用性进行检验。采用调度函数法考虑水库调节的径流模拟效果。丹江口入库模拟径流的 NSE 和 RE 的均值分别为 0.78 和 −1.9%，表明 SWAT 模型在汉江流域具有较好的适用性。

（2）汉江流域未来径流对气候和土地利用/覆被变化的综合响应结果表明：在RCP4.5情景下，安康、白河、丹江口和皇庄等站在未来时期的径流与基准期模拟值相比分别增加6.32%、6.37%、5.93%和5.38%；而在RCP8.5情景下，分别增加5.91%、6.61%、6.26%和6.93%。

（3）通过比较历史和未来时期各计算分区的本地水资源量的变化情况，结果表明：在未来RCP4.5和RCP8.5情景下，汉江中下游地区的本地总水资源量预估将分别达到136.85亿m^3和138.70亿m^3。表明未来气候和土地利用/覆被共同变化将在一定程度上缓解汉江中下游地区的水资源短缺压力。

（4）系统动力学模型模拟结果显示：生活、工业需水量的模拟效果较好，农业模拟效果的评价指标值也处于可接受水平，说明SD模型模拟需水结果具有合理性和可行性。不同情景下的需水预测结果表明：未来气候变化可能对汉江中下游的水资源需求量产生很大影响，生活用水总量对温度和降水不是很敏感，而灌溉用水需求是气候变化下最敏感的用水需求部门。

（5）由于未来气候变化和人类活动的影响同时存在，因此选取S6综合发展情景作为最终考虑情景。在该情景下，预测到2035年和2045年，河道外总需水量将分别达到99.64亿m^3和114.76亿m^3，总需水量将分别达到139.63亿m^3和154.75亿m^3。

参考文献

[1] 郭生练，田晶，段维鑫，等. 汉江流域水文模拟预报与水库水资源优化调度配置［M］. 北京：中国水利水电出版社，2020.

[2] GASSMAN P W，REYES M R，GREEN C H，et al. The soil and water assessment tool：historical development，applications，and future research directions［J］. Journal of Hydrology，2007，4（50）：1211－1250.

[3] LIANG Z，TANG T，LI B，et al. Long－term streamflow forecasting using SWAT through the integration of the random forests precipitation generator：case study of Danjiangkou Reservoir［J］. Hydrology Research，2018，49（5）：1513－1527.

[4] LI Y，CHANG J，LUO L，et al. Spatiotemporal impacts of land use land cover changes on hydrology from the mechanism perspective using SWAT model with time－varying parameters［J］. Hydrology Research，2019，50（1）：244－261.

[5] 纪昌明，苏学灵，周婷，等. 梯级水电站群调度函数的模型与评价［J］. 电力系统自动化，2010，34（3）：33－37.

[6] CHEN J，BRISSETTE F P，CHAUMONT D，et al. Performance and uncertainty evaluation of empirical downscaling methods in quantifying the climate change impacts on hydrology over two North American river basins［J］. Journal of Hydrology，2013，479：200－214.

[7] YIN J B，GENTINE P，ZHOU S，et al. Large increase in global storm runoff extremes driven by climate and anthropogenic changes［J］. Nature Communications，2018，9（1）：1－21.

[8] 田晶，郭生练，刘德地，等. 气候与土地利用变化对汉江流域径流的影响［J］. 地理学报，2020，75（11）：2307－2318.

[9] TIAN J，GUO S L，YIN J B，et al. Quantifying both climate and land use/cover changes on runoff variation in Han River basin，China［J］. Frontiers of Earth Science，2022，16（3）：711－733.

[10] SHEN M，CHEN J，ZHUAN M，et al. Estimating uncertainty and its temporal variation related

to global climate models in quantifying climate change impacts on hydrology [J]. Journal of Hydrology，2018，556：10 - 24.

[11] 张波，袁永根. 系统思考和系统动力学的理论与实践：科学决策的思想方法和工具 [M]. 北京：中国环境科学出版社，2010.

[12] 朱洁，王烜，李春晖，等. 系统动力学方法在水资源系统中的研究进展述评 [J]. 水资源与水工程学报，2015，26（2）：32 - 39.

[13] 江慧宁，闫宝伟，刘昱，等. 汉江上游水资源复合系统演化规律与驱动机制探究 [J]. 中国农村水利水电，2021（12）：60 - 65.

[14] ROSEGRANT M W，CAI X. Global water demand and supply projections [J]. Water International，2002，27（2）：170 - 182.

[15] 秦欢欢，赖冬蓉，万卫，等. 基于系统动力学的北京市需水量预测及缺水分析 [J]. 科学技术与工程，2018，18（21）：175 - 182.

[16] CAI X，MCKINNEY D C，LASDON L S. A framework for sustainability analysis in water resources management and application to the Syr Darya Basin [J]. Water Resources Research，2002，38（6）：1085.

[17] ALLEN D G，PEREIRA L O，RAES D，et al. Crop evapotranspiration：guidelines for computing crop water requirements [M]. Rome：Food and Agriculture Organization of the United Nations，1998.

[18] 周宪龙. 北京地区种植业水资源优化利用研究 [D]. 北京：中国农业大学博士论文，2005.

[19] 孙增峰，孔彦鸿，姜立晖，等. 城市需水量预测方法及应用研究——以哈尔滨需水量预测为例 [J]. 水利科技与经济，2011，17（9）：60 - 62.

[20] SHAHID S. Impacts of climate change on irrigation water demand of dry season Boro rice in northwestern Bangladesh [J]. Climate Change，2011，105（3 - 4）：433 - 453.

[21] ZHOU Y，RICHARD S J. Water use in China's domestic，industrial and agricultural sectors：an empirical analysis [J]. Working Papers，2005，FNU - 67：1 - 21.

汉江中下游地区水资源的公平配置研究

为了能同时解决流域内不同区域间及同区域不同用水部门间的竞争冲突，本章按照经济学中“公平分蛋糕”的思路，基于 Sperner 引理和多目标水资源优化配置模型，提出了流域内公平分配水资源的方法，并将其应用于汉江中下游地区[1]。其中，第 4 章的水文水力条件阈值结果作为本章的生态流量约束，第 5 章的预测结果分别作为本章的来水和需水输入，以汉江中下游 9 个市（共 28 个计算分区）为研究区域，结合中下游 17 座大中型水库的运行调度，构建了汉江中下游地区的水资源优化配置和公平分配模型，开展汉江中下游地区未来水资源的公平分配研究，以期实现水量的公平配置，减少分水过程中各区域之间的利益冲突。该方法可以为管理部门提供针对性的决策依据，同时也可为解决流域缺水问题和水资源的合理配置提供新的思路和方法。

6.1 水资源公平配置的协商框架

由于流域内各区域的特殊性和复杂性，流域内的下游和边缘区域极有可能由于运行能力与可利用水量的不足而严重缺水，而上游区域则由于取水优先级的优势，可能拥有过多的水资源。从水资源获取的优先顺序来看，上游地区的利益优先于下游地区。此外，以往的水资源优化配置方法总是考虑整个系统的效益，而不是个体的偏好。因此，水量分配的结果并不能让每个参与者都满意。

公平的观念包括 Pareto 最优、单调性、一致性、公正性和无嫉妒性。根据资源的性质，并非所有上述的原则都可以实现，选择哪一种原则取决于个人的价值体系。本研究在水资源的分配过程中，选择 Pareto 最优和无嫉妒性作为水资源公平配置的原则[2]。

为了解决多目标、多参与者之间的水资源分配问题，本研究不仅着眼于同一区域内经济效益和环境效益的协商问题，而且试图使分配给每个区域的水量结果不受其他区域的嫉妒，实现不同区域之间的无嫉妒性。首先通过构建水资源多目标优化配置模型，让每个参与者都试图优化自己的目标，而不考虑其他参与者的利益，得到每个区域的 Pareto 最优解集。然后，利用基于 Sperner 引理的公平分配方法，以无嫉妒约束和水资源的可利用总量为约束条件，得到所有水资源分配方案后，每个参与者依据自己的偏好集合从水资源分配方案中选择自己满意的水量值。最后输出所有参与者均满意的分配方案。

6.2 多目标水资源优化配置模型和优化求解

在独立优化的过程中，每个区域都作为一个独立的个体充分利用他们的取水能力来获得可以利用的水资源，使自己的目标函数最优化，而不关心同一个流域中其他区域的利益[3]。本节构建的多目标水资源优化配置模型是解决同一区域内不同利益爱好者之间的冲突，模型由目标函数、约束条件和优化算法求解三部分组成[4]。

6.2.1 水资源配置模型构建

6.2.1.1 目标函数

目标函数1：供水效益最大。

$$\max f_1(x)=\sum_{t=1}^{T}\sum_{j=1}^{m}(NER_{i,j}x_{i,j}^{t}) \tag{6.1}$$

式中：$NER_{i,j}$ 为第 i 计算分区第 j 用水部门的用水效益系数，元/m^3；$x_{i,j}^{t}$ 为决策变量，为 t 时刻分配给第 i 计算分区第 j 用水部门的水量；T 为时刻数；m 为部门数。

目标函数2：污染物排放量之和最小。

水中有机污染物总量（表示为化学需氧量 COD）为

$$\min f_2(x)=\sum_{t=1}^{T}\sum_{j=1}^{m}(d_{i,j}p_{i,j}x_{i,j}^{t}) \tag{6.2}$$

式中：$d_{i,j}$ 为第 i 计算分区第 j 用水部门的单位废污水排放量中重要污染因子的含量，mg/L；$p_{i,j}$ 为第 i 计算分区第 j 用水部门的污水排放系数。

6.2.1.2 约束条件

1. 水量平衡约束

$$W_i^t=\sum_{n=1}^{N_i}\alpha_{n,i}W_n^t+R_i^t+\sum_{k=1}^{K_i}\beta_{k,i}O_k^t-\sum_{j=1}^{m}(x_{i,j}^{t})+\sum_{j=1}^{m}(cc_{i,j}^{t}x_{i,j}^{t})-L_i^t-TW_i^t \tag{6.3}$$

式中：W_i^t 为 t 时刻第 i 计算分区的流量；W_n^t 为与第 i 计算分区有水力联系的 n 个上游区间的流量；根据第 n 个上游分区是否与第 i 计算分区相关，$\alpha_{n,i}$ 取值0或1；R_i^t 为第 i 计算分区总的天然来水量；O_k^t 为第 k 水库的出流量；$\beta_{k,i}$ 为第 i 计算分区与第 k 水库之间的水力联系，根据河流在第 i 计算分区与第 k 水库中的分水系数确定，$0\leqslant\beta_{k,i}\leqslant1$；$cc_{i,j}^{t}$ 为第 i 计算分区第 j 用水部门的回归水系数，$0\leqslant cc_{i,j}^{t}\leqslant1$；$L_i^t$ 为水量损失（包括蒸发损失、渗漏损失和输水损失）；TW_i^t 为流域外调水量。

$\beta_{k,i}$ 和 $cc_{i,j}^{t}$ 均由长江委提供。需要指出的是，$\beta_{k,i}$ 在同一个水库和同一个计算分区之间是常数，$cc_{i,j}^{t}$ 对该模型的同一计算分区的同一用水部门也是常数。

2. 水库约束

水库水量平衡约束：

$$V_{t+1} = V_t + I_t - O_t - EV_t \tag{6.4}$$

水库库容约束：

$$V_{\min,t} \leqslant V_t \leqslant V_{\max,t} \tag{6.5}$$

式中：V_t 为 t 时刻库容；V_{t+1} 为 $t+1$ 时刻库容；I_t 为 t 时刻水库入库流量；O_t 为 t 时刻基于操作规则的水库出库流量；EV_t 为 t 时刻水库蒸发损失；$V_{\min,t}$ 为 t 时刻水库最小库容；$V_{\max,t}$ 为 t 时刻水库最大库容。

3. 供需水约束

供水约束：

$$x_{i,j}^t \leqslant WD_{i,j}^t \tag{6.6}$$

式中：$WD_{i,j}^t$ 为 t 时刻第 i 计算分区第 j 用水部门的需水量。

4. 河道内生态环境需水约束

河流中应保留一定的水流，以维持健康的环境条件，从而维持水中生物的生存和满足其他生态用途。河道内生态环境需水和航运需水取外包即得到各控制断面河道内生态流量需求。

$$W_{i,t} \geqslant EWD_i^t \tag{6.7}$$

式中：EWD_i^t 为 t 时刻第 i 计算分区的河道最小生态需水量。

可采用第 5 章水华防控的水文阈值作为汉江下游干流在水华敏感期（1—2 月）的流量约束。

5. 供水能力约束

$$\sum_{j=1}^{l} x_{i,j}^t \leqslant AWR_i^t \tag{6.8}$$

式中：AWR_i^t 为 t 时刻第 i 计算分区的可供水量。

6. 非负约束

$$x_{i,j}^t \geqslant 0 \tag{6.9}$$

6.2.1.3 优化算法求解

Deb et al.[5] 提出的第二代非支配排序遗传算法（NSGA－Ⅱ）可以求解多边谈判问题中的解，它是一种寻找复杂多目标优化问题最优解的进化方法[6]。NSGA－Ⅱ将水资源优化配置问题模拟为生物进化问题，以分配至各子区各用水户的供水量作为决策变量，对决策变量进行编码并组成可行解集，通过判断目标函数的优化程度来优胜劣汰，从而产生新一代可行解集，如此反复迭代来完成水资源优化配置。算法采用拥挤度和拥挤度比较算子，不但降低了非劣排序遗传算法的复杂性，而且具有运行速度快，解集的收敛性好等优点。因此，本研究选用了 NSGA－Ⅱ算法来对模型进行求解。

6.2.2 模型输入资料

6.2.2.1 径流过程

历史径流过程为：1956—2011 年各分区本地水资源量；未来径流过程为第 5 章计算

得到的未来时期各分区的长系列径流过程。

6.2.2.2 需水过程

未来河道外需水过程为第5章计算得到的S6情景下的各分区、各部门的需水量。第4章计算得到的防止水华发生的水文条件阈值，作为水资源配置模型的河道生态流量约束。

6.2.2.3 引调水过程

汉江流域内主要的引调水工程分别为南水北调中线工程、引汉济渭工程、引江济汉工程、清泉沟隧洞引水工程、刁河灌区引水工程，以及建设中的引江补汉工程。本研究共考虑前5处引调水过程。根据《汉江流域水量分配方案》，南水北调中线工程（含刁河灌区引水工程）按2035规划水平年调水131.3亿m^3控制；引汉济渭工程按调水15亿m^3控制；引江补汉工程按31亿m^3控制；清泉沟隧洞引水工程按13.98亿m^3控制，包括襄阳市引丹工程（6.28亿m^3）和鄂北水资源配置工程（7.7亿m^3）两部分。

6.2.2.4 模型参数

1. 经济效益系数

工业、农业效益系数根据各自产业用水量和总产值确定，基础数据来源于湖北省统计局。而居民生活用水和生态环境用水效益难以量化，为了保证生活用水优先得到满足，本书对生活用水的效益系数赋予工业、农业效益系数中的较大值，生态环境用水效益系数取其他三个行业的平均值。汉江中下游地区各市各行业的经济效益系数见表6.1。

表6.1 汉江中下游地区各市各行业的经济效益系数 单位：元/m^3

区域	经济效益系数			
	工业	农业	生活	生态
十堰	285.16	120.18	285.16	230.17
神农架	77.25	55.45	77.25	69.98
襄阳	180.06	20.42	180.06	126.85
荆门	282.23	28.11	282.23	197.53
天门	182.79	10.96	182.79	125.51
孝感	322.68	52.07	322.68	232.48
潜江	565.50	64.76	565.50	398.59
仙桃	156.67	17.11	156.67	110.15
武汉	1436.21	130.46	1436.21	1000.96

2. 污水排放系数

根据《城市排水工程规划规范》(GB 50318—2000）和汉江流域排污现状，本书中的生活和工业的污水排放系数分别取0.6和0.2。而单位废污水排放量中重要污染因子的含量由各行业的废水排放总量和COD排放总量确定，基础数据来源于《湖北省环境统计公报》。

6.2.2.5 水利工程数据

汉江中下游17座大中型水库特征参数见表6.2。本研究中设置的水库供水规则为：①汛期水库水位不得超过汛限水位；②枯季水库水位不得超过正常蓄水位；③水库供水首先满足当地的用水需求，然后考虑下游缺水需求。

表 6.2　　汉江中下游 17 座大中型水库特征参数表

水库编号	水库名称	集雨面积 /km^2	总库容 /万 m^3	兴利库容 /万 m^3	死库容 /万 m^3	汛限水位 /m
1	三里坪水库	524.0	51000	21100	26100	403.00/412.00
2	寺坪水库	186.0	26900	14500	10200	313.86
3	丹江口水库	95200.0	3391000	2122000	1269000	160.00/163.50
4	孟桥川水库	82.0	11033	8815	270	142.20
5	华阳河水库	139.0	10700	7080	140	144.19
6	熊河水库	314.5	19590	11590	2000	125.00
7	西排子河水库	412.0	22040	2200	223	111.80
8	红水河水库	190.0	10360	5890	540	117.00
9	石门集水库	252.3	15403	11469	185	195.00
10	三道河水库	780.0	15460	12742	2	154.00
11	云台山水库	236.5	12300	8900	500	163.00
12	莺河水库	147.5	12166	7631	362	132.70
13	黄坡水库	281.0	12561	7025	1010	76.00
14	温峡口水库	595.0	52000	26900	17600	105.00
15	石门水库	305.0	15910	6860	1300	195.00
16	高关水库	303.0	20108	15432	3089	118.00
17	惠亭水库	283.5	31340	17350	3250	84.75

丹江口水库是南水北调中线工程的水源地，同时也是汉江中下游地区入流的控制性调节水库，直接影响研究区域的水资源可利用量的多少。因此，南水北调中线工程调水量的多少也将直接影响汉江中下游地区水资源可利用量大小，从而影响水资源的配置结果，南水北调从丹江口调水的规则根据《丹江口水利枢纽调度规程（2014）》设置。丹江口水库的供水调度如图 6.1 所示。

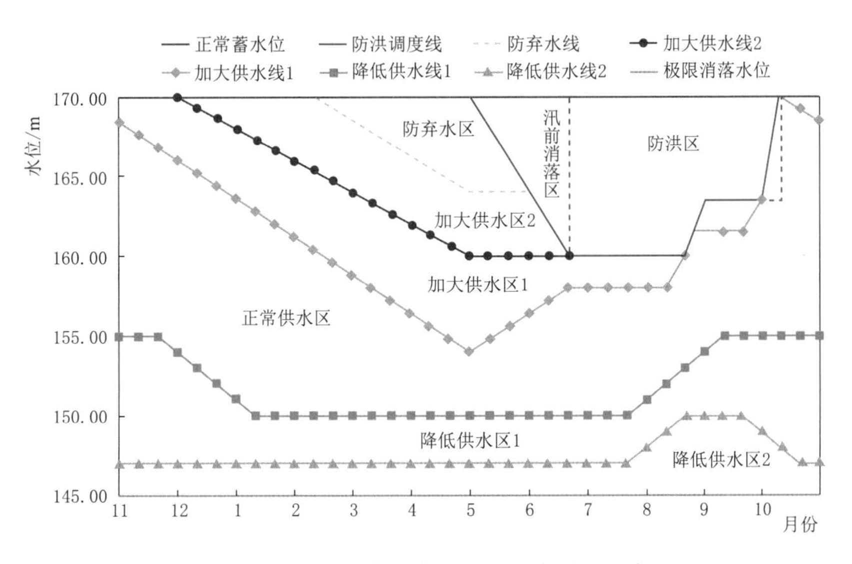

图 6.1　丹江口水库正常运行期水库供水调度图

6.3 水资源公平配置模型

在实际的配置过程中，水资源的总量一定，各区域想要分得更多的水量就需要区域之间相互竞争和博弈。如何在分配过程中建立各个区域均能接受的分配方式，是本研究主要解决的问题。本节通过构建公平配置模型，解决流域内不同区域之间的用水冲突。

6.3.1 Sperner 引理和应用

本节提出的公平配置方法基于一个简单的组合引理，由 Sperner 在 1928 年提出：任意一个满足 Sperner 式标识的 n 维单纯形内一定包含着奇数个（至少一个）完全标识的基本 n 维单纯形。

从引理的描述可以看出，Sperner 式标识三角形是引理存在的前提。Sperner 式标识必须满足两个条件：①n 维单纯形的所有主顶点应具有不同的标号；②n 维单纯形任何边的顶点标号应与该边的一个主顶点标号匹配；n 维单纯形内部的标号是任意的。关于引理，需要知道单纯形的概念。零维单纯形是一个点，一维单纯形是一个线段，二维单纯形是一个三角形［图 6.2（a)］，三维单纯形是一个四面体［图 6.2（b)］。n 维单纯形可以被认为是一个 n 维的“四面体”，凸面的外表由 $n+1$ 个独立的点构成，这些点构成了单纯形的顶点。

以 Sperner 引理用于三角形为例，取一个大三角形 T，把大三角形的顶点分别标成 1、2、3。然后将其细分成很多小三角形，如图 6.2（a）所示。之后再给每个小三角形的顶点随机标号。标号遵循一个原则：在大三角形边上的顶点只能出现与该边相连的顶点上的那两个数字。比如，图 6.2（a）中的底边上不能出现 3，但是随机选择标 1 或 2。大三角形内部的标号完全随机。

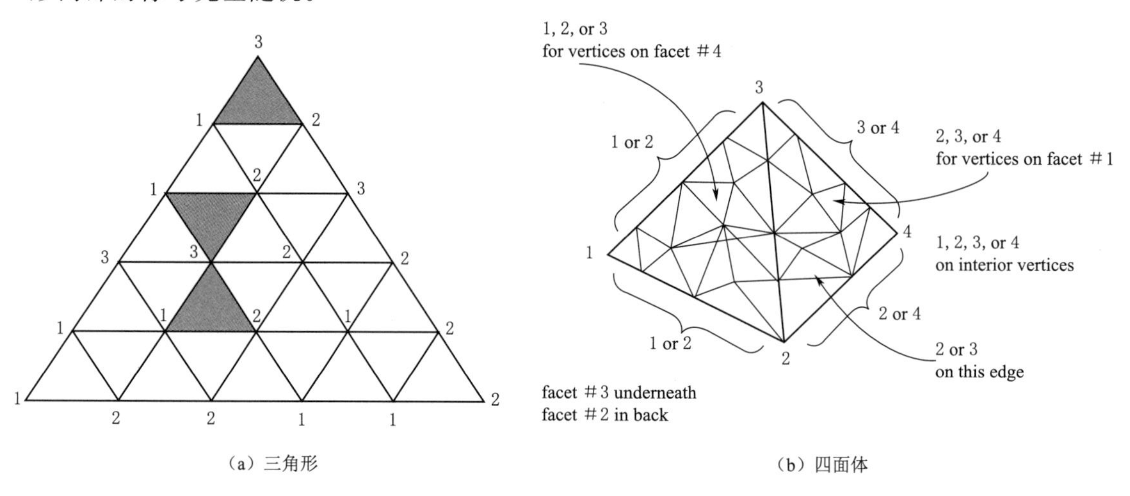

（a）三角形　　（b）四面体

图 6.2　一个 Sperner 式标识的三角形及四面体

任何满足上面叙述要求的标号方式称为 Sperner 式标识的三角形化，这样的标号方式使得 T 一定包含奇数个（至少一个）小三角形，使得小三角形的三个顶点标号各不相同，比如图 6.2（a）中灰色部分（数字标号有多种可能的方式，图中所示只是其中一种可能性，但是所有可能数字标号都一定满足 Sperner 引理要求的编号方式）。

Sperner 引理已经在许多领域都得到了应用，包括蛋糕的公平切割[7]、家务的公平分配、房租的公平分摊等[8]。

6.3.1.1 Simmons 分蛋糕的方法

首先以分蛋糕问题来描述：假设有 n 个极度自私的人分一个长方形的蛋糕，蛋糕上面不均匀地分布着不同的装饰配料，比如草莓、猕猴桃、樱桃等。每个人在选择的时候既考虑蛋糕的大小，也考虑装饰配料。有的人可能非常喜欢草莓，所以如果有草莓，蛋糕小一点也没关系。在用 $n-1$ 刀沿平行于蛋糕边缘的平面切割的情况下，采用什么策略，能让大家都觉得公平？

Simmons[9] 提出了一个蛋糕问题的解决方案，利用了 Sperner 引理。

对于一个给定的切割集，如果有人不认为其他蛋糕更好的话，他们会选择一块给定的蛋糕。假设这种偏好取决于个人和整个游戏设定，而不是其他人的选择。注意：给定一个分割集，一个人总是喜欢至少一块蛋糕，并且可以根据假设更喜欢其中的一个。假设：

（1）每个人都是饥饿的。相比于没有蛋糕，每个人都偏爱任何一块有质量的蛋糕。

（2）偏好集合的闭合性。这意味着，在极限切割集中，优选的切割集收敛序列的任何部分都是优选的。

这里以三个人的分配情况为例，假设这三个人分别为 A、B、C，他们要分一个总量为 1 的蛋糕。三块水量蛋糕的大小为 x_1、x_2、x_3。因为 $x_1+x_2+x_3=1$ 且所有的 $x_i \geqslant 0$，所以解集为一个平面三角形。然后，把大三角形细分成很多小三角形，给每个小三角形的顶点按如图 6.3（a）所示的方法标上 A、B、C。三角形中的每一个点的值都对应着一组切好的蛋糕，即代表着一种分配方式，并且任何点的坐标数值相加的和都为 1。比如，三角形内某一个点的坐标为（1/2，1/4，1/4），它意味着编号为 1、2、3 的蛋糕体积分别占整个蛋糕的 1/2、1/4、1/4。

接下来问在顶点标记的玩家："如果根据你所在的这一点的方式来分配蛋糕，你会选择哪一块？"比如在大三角形的上顶点，分配方式为（0，0，1），这时候 A 一定会选 3（这个结果用到了第一个假设）。重复上述步骤，就有可能达到如图 6.3（b）所示的结果。而图中的结果就形成了一个 Sperner 式标识的三角形！通过 Sperner 引理，可以知道一定有至少一个小三角形有着三个标号不同的顶点，如图 6.3（b）中的粉色区域。因为每一个这样的单纯形结构都是由 ABC 三角形产生的，这意味着已经找到了 5 个符合结果的切割集——不同的人选择不同的蛋糕。

6.3.1.2 公平分水定理

事实上，水资源的公平分配问题完全类似于上述问题。它可以被看作古老的"水量蛋糕"切割问题，在这个问题中，一个水量蛋糕试图在几个人之间公平地分配。其中，区域可分配的水资源总量对应于整个蛋糕的大小；每一子区域对水量的偏好集合对应

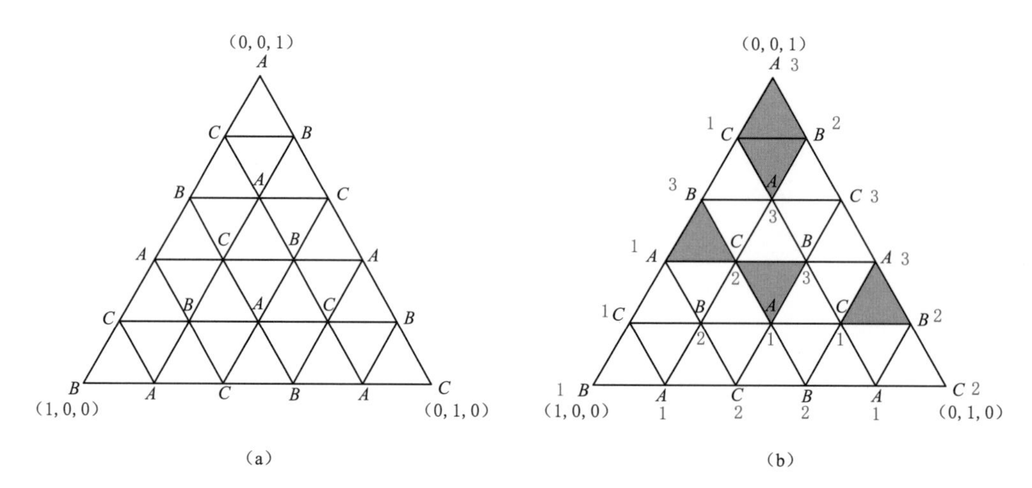

图6.3 选择标识蛋糕的所有权

于每个人对蛋糕的大小和蛋糕上装饰配料的偏好；每一区域是否满意分配的结果，取决于该区域分配的水量是否在自己的偏好范围内，直到所有区域都满足，则分配过程结束。

基于此，本研究提出的公平分水定理如下：

n 个区域想要分配一个总水量为1的水量“蛋糕”，假设以下三个条件成立：

(1) 每个区域都需要水。与一块代表没有水量的“蛋糕”相比，每个区域都偏爱任何一块有水量的“蛋糕”。

(2) 偏好集是闭合的。每一区域对水量的偏好集合对应于该区域通过水资源优化配置模型求得的非劣解集。

(3) 给定一种水量分配方案，每个区域都会接受至少一块水量蛋糕，并且可以根据定义的偏好集合更喜欢其中的一个。

那么，基于这三种假设，一定存在一种水量分配方式使得每个区域都“选择”不同的水量蛋糕，使得各个区域之间无嫉妒性。

对于定理的三个假设的说明：假设1，毕竟大家能够一起协商，说明每个区域都是想要分得水量的；假设2，每个区域对水量的偏好并不是越多越好（多余的水量会造成浪费），所以基于水资源优化配置模型得到的非劣解集同时兼顾了该区域内的经济和生态效益，用来作为区域的偏好集合是合适的；假设3，对于一种给定的分配方式，如果有区域不认为其他水量蛋糕更好的话，那么，他们会选择一块给定的水量蛋糕。假设这种偏好取决于区域自己和整个分配方式，而不是其他区域的选择。

6.3.2 近似分配算法

采用Su[10] 提出的近似分配算法，对任意一个区域预先设定的期望（水量的偏好集合），可以找到一系列的分配方式，在这些分配方式下，每个区域都能找到一个他认为是“最好”的水量（在可接受的误差范围内）。给定总水量和水量分配误差 ε，算法从 n 维单纯形的顶点开始启动搜索过程，然后寻找一个完全标识的基本单纯形。选择这个基本单纯形的任意顶点会得到一个表示期望的近似解的解集。对于出现多个基本单纯形的情况，所有这些基本单纯形在理论上都是等价的，算法会随机选择一个。如果目前的基本单纯形内误差较大，无法使每个区域都“选择”不同的水量，说明该分配方式不合理，算法会选择一个基本单纯形继续细分，并重复之前步骤，最终一定可以找到至少一个点（分配方式）使得每个区域“选择”不同的水量（由于符合要求的分配方式有很多，所以本书对算法设置的搜寻次数上限为 100 次）。由于含有水量分配误差 ε，所以称为近似分配算法。

6.3.3 个体的无嫉妒策略

在资源分配中，个体更喜欢某一块蛋糕，这意味着从他的价值标准来看，严格意义上讲没有比这个更好的一块蛋糕了[11]。一个无嫉妒蛋糕分配方案中，每个人得到的那块蛋糕都是自己最满意的一块。同样，无嫉妒水量分配是指每个参与者都对分配方案感到满意，因此没有任何参与者感到嫉妒。当一个蛋糕要分给 n 名玩家时，如果每个玩家根据自己的估值获得至少 $1/n$ 的蛋糕，那么简单的公平性就得到了满足。然而，在水资源配置中，总水量的 $1/n$ 可能不在每个参与者的偏好范围内。因此，假设如果每个玩家在其偏好集中获得的水量低于平均值，但其他玩家没有，他会根据自己的估值感到嫉妒。根据式（6.10）得出简单的公平性。

$$\forall x_i \geqslant 1/m \sum_{j=1}^{m} s_j \tag{6.10}$$

或

$$\forall x_i \leqslant 1/m \sum_{j=1}^{m} s_j$$

式中：x_i 为分配给区域 i 的水量；s_j 为区域 j 偏好集合中的一个解；m 为偏好集合中解的数目。

当决定是否接受给定的水分配方案时，每个区域将比较 x_i 和它的偏好集合。如果 x_i 在偏好集的范围内并且满足式（6.10），则区域 i 将满意它分配到的水量。如果每个区域都满意，说明该分配方案处于无嫉妒状态。如果至少有一个区域拒绝了给定的水量分配方案或感到嫉妒，下一个搜寻阶段就开始了，新的分配方案将不同于之前的分配方案。

6.4 计算结果分析

6.4.1 多目标水资源优化配置结果与分析

在本研究建立的配置模型中，丹江口水库的供水顺序为引汉济渭工程、汉江中下游干流、南水北调工程，最后为清泉沟引水工程。经分析计算，历史来水条件下各水文站的多年平均缺水量和生态需水量时段保证率见表 6.3。发现在历史来水条件下，随着河段向下游的推进，水文站的生态流量缺水量逐渐增大、相应的时段保证率逐渐减少（黄家港、皇庄、仙桃站的河道内生态流量的缺水量分别为 16.69 亿 m^3、16.28 亿 m^3 和 18.8 亿 m^3，相应的时段保证率分别为 79.56％、59.30％和 43.97％)。这是由于在水资源配置模型中，上游比下游有优先的取水权；且防控水华的生态流量需求为仙桃站（211.76 亿 m^3）＞皇庄站（207.45 亿 m^3）＞黄家港站（169.13 亿 m^3）。

表 6.3　　各水文站的多年平均缺水量和生态需水量时段保证率

水文站	缺水量/亿 m^3	保证率/%
黄家港	16.69	79.56
皇庄	16.28	59.30
仙桃	18.80	43.97

根据不同来水情景（历史来水条件、未来 RCP4.5 情景和未来 RCP8.5 情景下来水系列）与需水情景，形成了三种组合情景作为输入条件。根据前述建立的多目标水资源优化配置模型，分别计算了各分区在不同情景下的水资源供需情况，结果分析如下。

通过单独优化的多目标水资源优化配置模型优化 500 代后（参数取值参考杨光等[12]的研究），依次得到流域内各个市的 30 个 Pareto 最优解，如图 6.4 所示。图 6.4（a）、（b）和（c）分别展示了历史来水、未来 RCP4.5 情景和 RCP8.5 情景下研究区域各市的 Pareto 非劣解集。以图 6.4（a）为例，可以看出，经济效益与 COD 排放量呈正相关关系。这显示了经济效益和 COD 排放量之间的权衡，在这些点中，没有任何一个点比其他点更好。由于优化的目标是经济效益最大和 COD 排放量最小，因此得到两个目标之间的关系是互相冲突的。在这两个目标博弈的过程中，经济效益越大，COD 排放量就越大，同时每个市通过独立优化得到的供水量也在增加，说明 COD 的排放量受供水量的影响。

在同一来水情景下，以图 6.4（a）为例，可以发现：汉江中下游地区各个市的非劣解集存在明显差异。9 个市中，襄阳市的经济效益及 COD 排放量范围的阈值均为最大，荆门市次之，其次是孝感市和武汉市，神农架市最小。原因为襄阳市的需水量最大，供水量相对较多，在各效益系数（COD 排放系数、经济效益系数）相同的情况下，供水量大的市区，其目标函数值也越大。

在同一优化市区下，通过对比图 6.4（a）、（b）和（c）可以发现，不同来水情景下的经济效益和 COD 排放量有较大的差异。以十堰市为例，历史来水条件下，30 个非劣解的经济效益范围为 13.83 亿～17.82 亿元，COD 排放量为 0.50 万～0.67 万 t 之间；未来 RCP4.5 情景来水条件下，30 个非劣解的经济效益范围为 11.78 亿～22.15 亿元之间，COD 排放量为 0.40 万～0.92 万 t 之间；未来 RCP8.5 情景来水条件下，30 个非劣解的经济效益范围为 13.78 亿～22.24 亿元，COD 排放量为 0.40 万～1.10 万 t 之间。这一结果表明：与历史来水情景相比，随着未来来水量的增加，各个市的解集中的最大经济效益和 COD 排放量值也在不断增加。与历史来水情景相比，RCP8.5 情景下两个目标函数的增加幅度均高于 RCP4.5 情景。

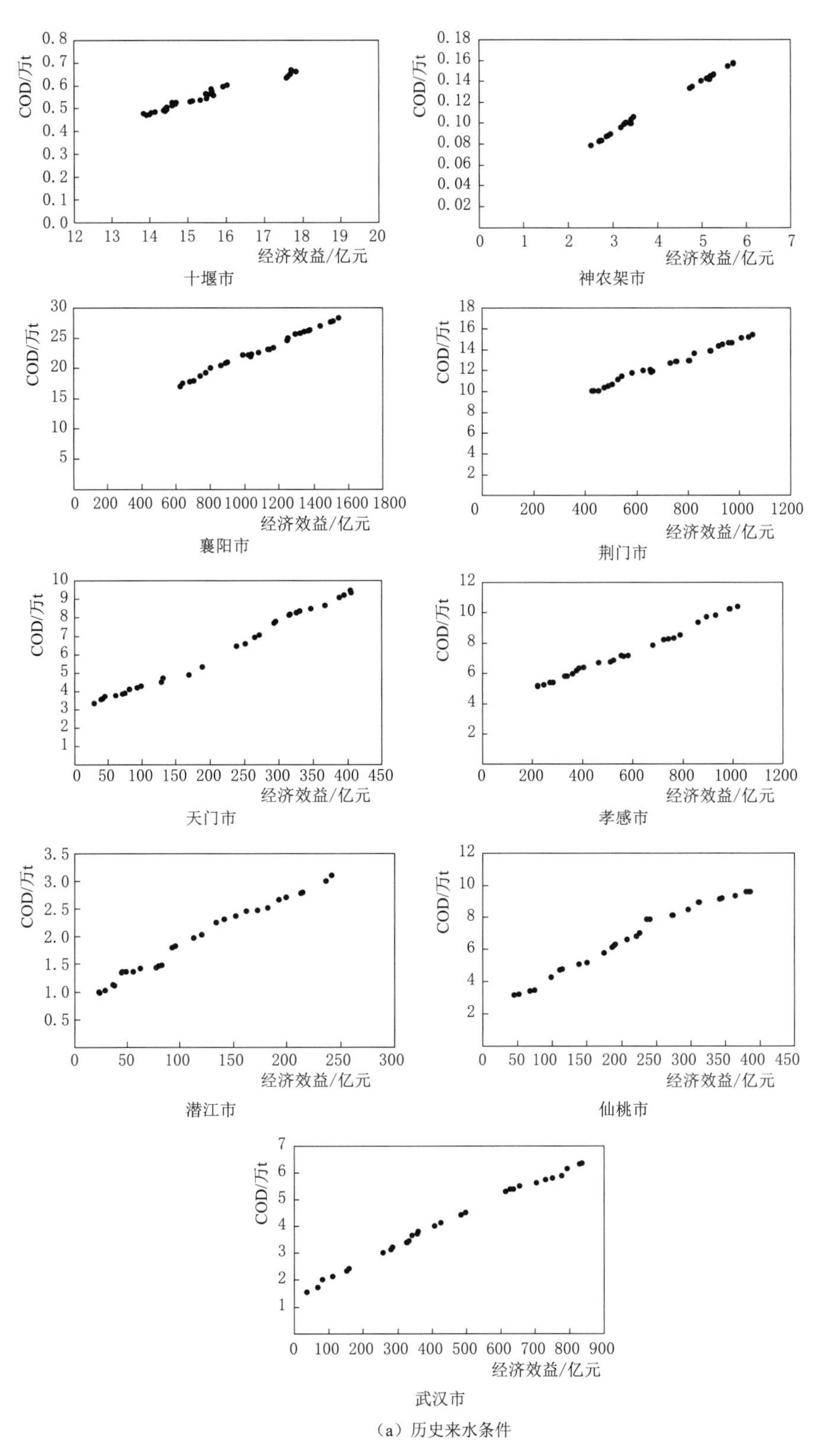

(a) 历史来水条件

图 6.4（一） 三种来水条件下汉江中下游地区每个市的 Pareto 前沿

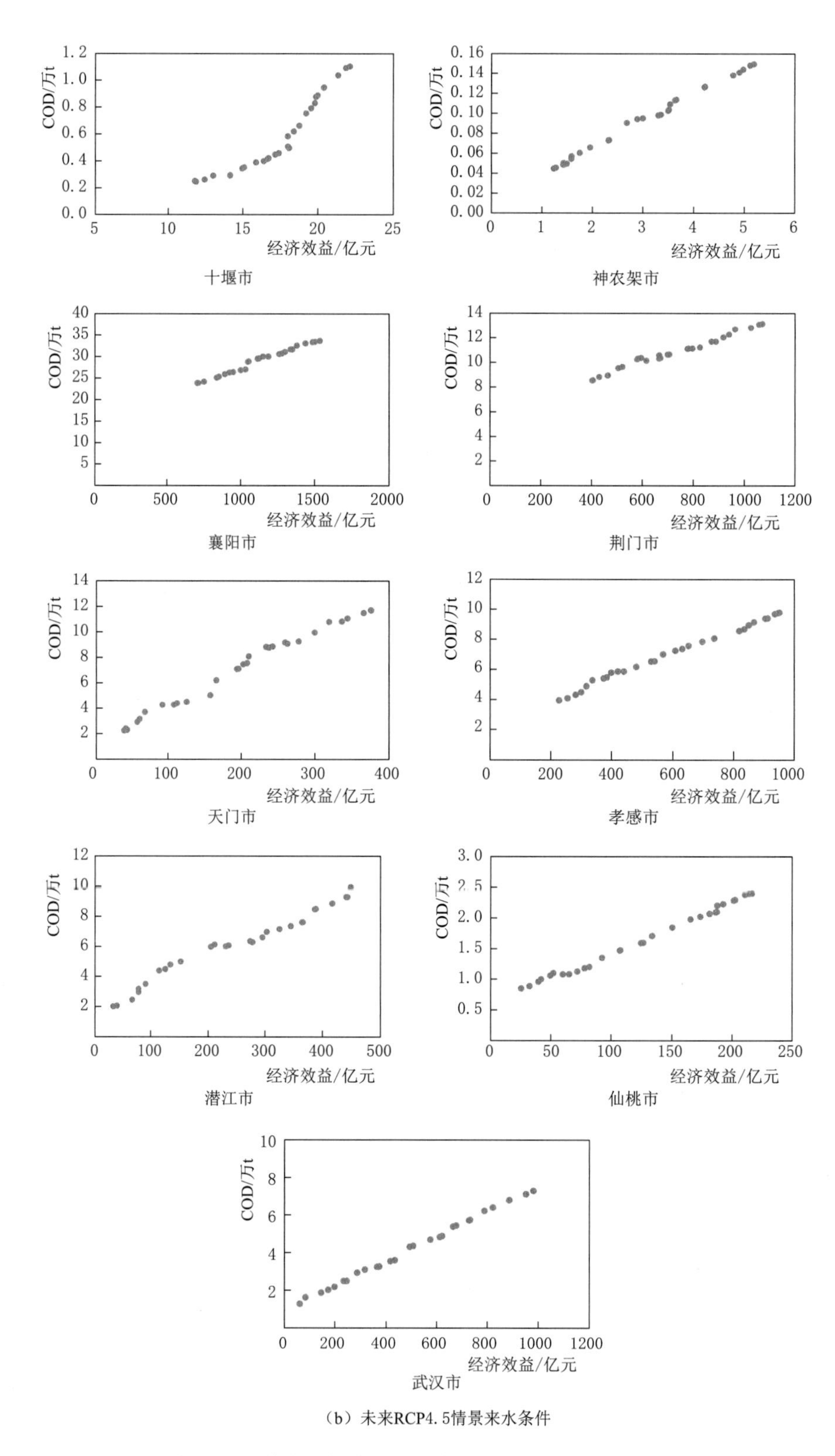

（b）未来RCP4.5情景来水条件

图6.4（二） 三种来水条件下汉江中下游地区每个市的 Pareto 前沿

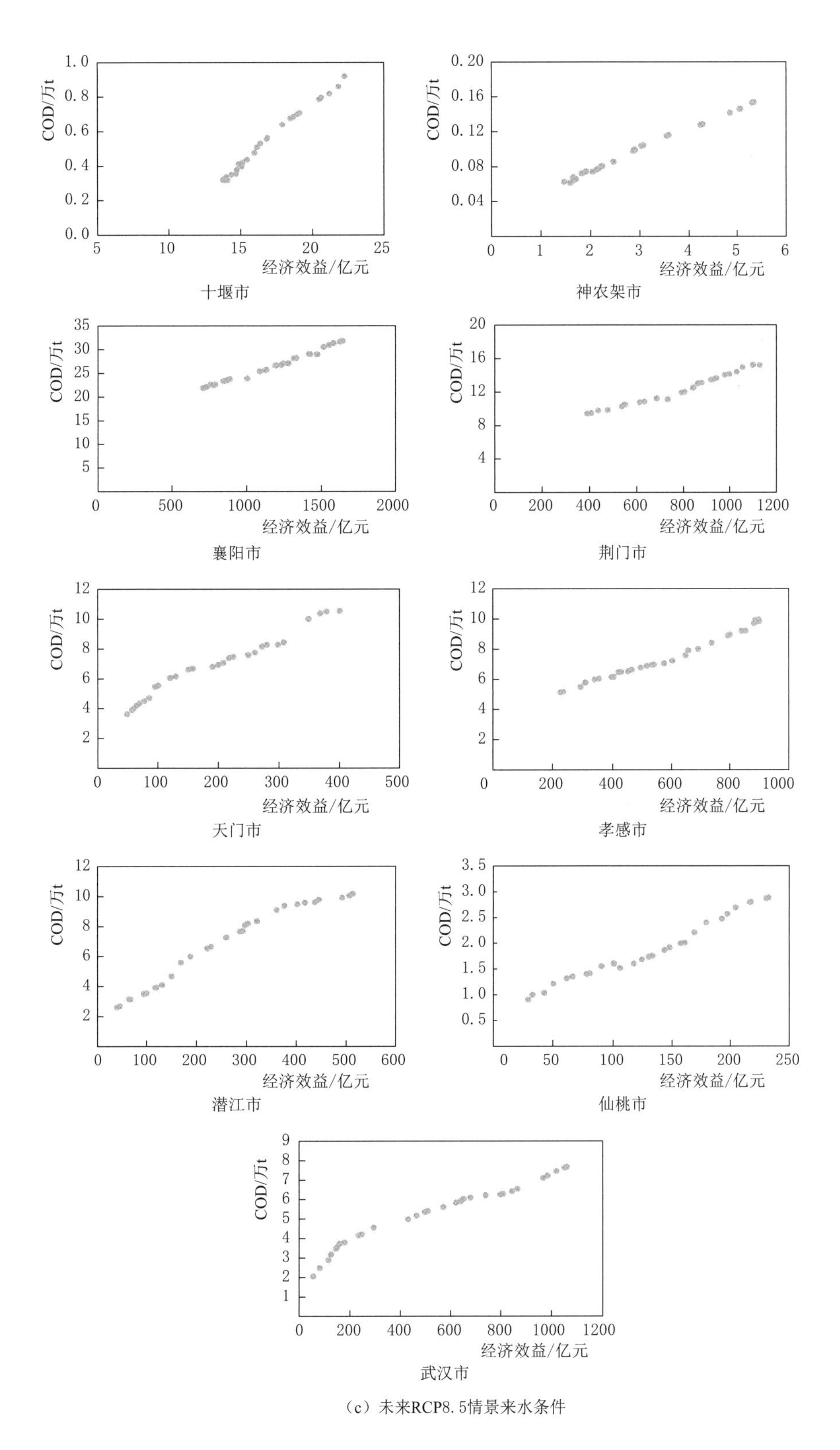

（c）未来RCP8.5情景来水条件

图6.4（三） 三种来水条件下汉江中下游地区每个市的Pareto前沿

每个市的Pareto前沿上水量的最小值或最大值列于表6.4中。从表中可以看出：无论采用何种水量方案，襄阳市的供水量在9个市中都为最大，历史来水条件下对应的水量最大值和最小值分别为45.78亿m^3、29.40亿m^3。而神农架市的供水量最小，历史来水条件下对应的水量最大值和最小值分别为1.23亿m^3、0.92亿m^3。原因是整个汉江中下游的28个计算分区中，11个计算分区在襄阳市。因此，襄阳市各用水部门的需求量远远超过了其他城市。然而，在这两种情况下，在9个市中经济效益最大的是武汉市，而不是襄阳市。究其原因，发现武汉市各部门的经济效益系数是最大的（表6.1），因此计算得到的经济效益的目标函数值也最大。对同一市的计算结果进行比较，可以看出：可接受水量的最大值和最小值之间存在较大差异。三种来水情况下，汉江区中下游地区各市的水量的可接受范围如图6.5所示。图中实线和虚线分别表示非劣解集背后的供水量最大值与最小值，阴影部分表示水量的可接受范围（6.3.1.2节公平分水定理的假设条件2）。通过对比图6.5（a）、（b）和（c），可以得出：①与历史来水条件相比，各市在未来来水情景下得到的Pareto前沿上的水量最大值均高于历史来水条件；②由于RCP8.5情景来水量的增幅大于RCP4.5情景，因此，其供水量的增加幅度也高于RCP4.5情景；③各市可接受水量的范围在逐渐变宽。根据公平假设条件3，如果水量分配方案落在图6.5中的阴影范围内，则分配方案可以被所有的个体接受，但这并不意味着各个体之间不相互嫉妒（分配方案需要满足无嫉妒约束）。

表6.4　各市Pareto前沿上的水量最大值和最小值

情景	区域	最大水量			最小水量		
		水量/亿m^3	供水效益最大/亿元	污染物排放量之和最小/万t	水量/亿m^3	供水效益最大/亿元	污染物排放量之和最小/万t
历史来水条件	十堰	2.37	17.71	0.67	1.81	13.93	0.47
	神农架	1.23	5.72	0.16	0.92	2.52	0.08
	襄阳	45.78	1540.64	28.22	29.40	623.36	16.97
	荆门	12.16	956.87	14.65	8.81	424.65	10.06
	天门	11.27	403.61	9.49	6.47	29.10	3.35
	孝感	13.68	988.00	10.22	8.20	220.34	5.12
	潜江	3.37	214.35	2.80	1.76	23.63	0.98
	仙桃	12.96	383.94	9.59	6.06	44.93	3.17
	武汉	11.41	836.89	6.35	9.45	37.55	1.53
RCP4.5情景	十堰	2.56	22.15	1.11	1.85	11.85	0.25
	神农架	1.25	5.19	0.15	0.93	1.24	0.04
	襄阳	52.15	1535.26	33.67	29.43	709.19	23.91
	荆门	13.56	962.94	12.84	9.53	402.22	8.54
	天门	11.78	375.60	11.73	6.49	38.16	2.27
	孝感	13.80	950.92	9.86	8.28	227.52	4.23
	潜江	3.45	443.61	9.29	2.10	31.83	2.03
	仙桃	13.38	214.01	2.40	6.55	25.42	0.85
	武汉	11.46	981.03	7.31	9.90	60.46	1.29

续表

情景	区域	最大水量			最小水量		
		水量/亿 m^3	供水效益最大/亿元	污染物排放量之和最小/万 t	水量/亿 m^3	供水效益最大/亿元	污染物排放量之和最小/万 t
RCP8.5情景	十堰	2.80	22.24	0.92	1.92	14.10	0.32
	神农架	1.26	5.34	0.15	0.96	1.60	0.06
	襄阳	52.91	1642.77	31.87	29.92	708.19	21.96
	荆门	13.88	1128.86	15.23	9.68	390.30	9.47
	天门	12.26	378.52	10.52	6.70	48.86	3.63
	孝感	14.00	897.86	9.96	8.37	228.03	5.14
	潜江	3.60	232.37	2.89	2.18	29.18	0.91
	仙桃	13.78	417.30	9.60	6.79	39.46	2.62
	武汉	11.54	1060.94	7.68	10.18	54.83	2.07

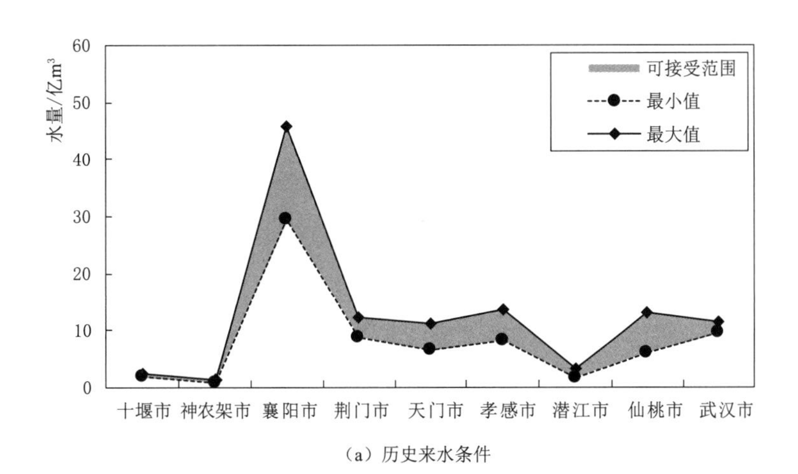

(a) 历史来水条件

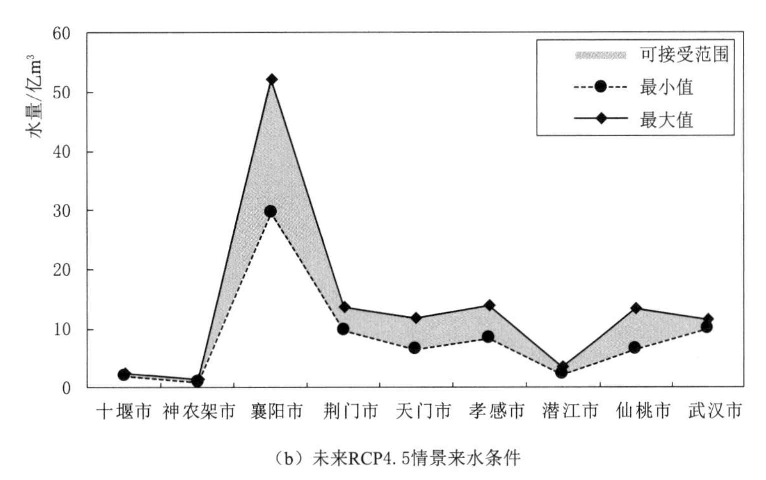

(b) 未来RCP4.5情景来水条件

图 6.5（一） 汉江中下游地区三种来水情景下水量分配方案的可接受范围

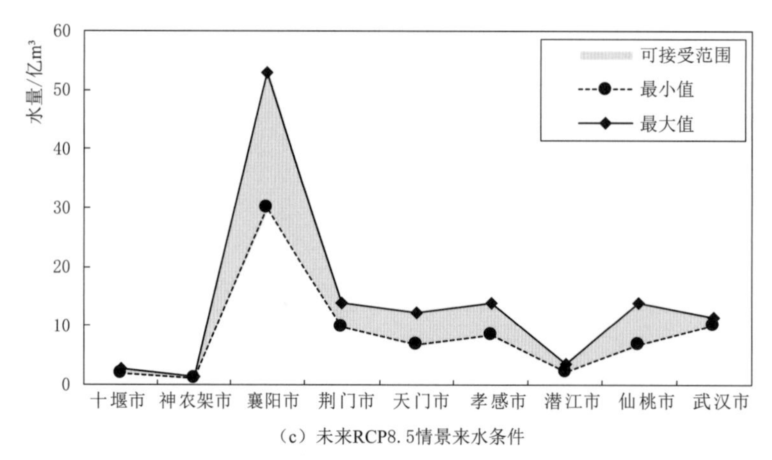

(c) 未来RCP8.5情景来水条件

图 6.5（二） 汉江中下游地区三种来水情景下水量分配方案的可接受范围

6.4.2 水资源公平分配结果与分析

基于多目标水资源优化配置模型结果和6.3节建立的公平配置模型，进行水资源在不同区域之间的配置调算。在这个研究区域内，个体（市）的数量是9，在8 - simplex（根据Sperner引理，9个个体的解集范围构成了八维凸面体）中每条边上的搜索步数被设置为100。

最初，通过独立优化，每个市得到了自己的水量偏好集合（表6.4）。在输入区域内的总水量和搜索步长后，建设性近似算法会基于无嫉妒约束，在每个市的Pareto前沿面上搜索可接受的方案。最后，基本单纯形中的公平分配方案被算法选出。图6.6为搜索出的多种水量分配方案下，研究区域内9个市的水量雷达图。从图6.6（a）可以看出，历史来水条件下，共搜索出了27种公平分水方案。值得一提的是，在27种水量分配方案中，神农架市的水量一直是相同的，原因是神农架市可接受的水量范围是从0.92亿到1.23亿m^3。可接受的区间长度值为0.31亿m^3，小于建设性近似算法中设置的搜索步长。在这种情况下，神农架市分配得到的水量值始终只有一个并且等于搜索步长1.0162亿m^3。也就是说，个体可接受的水量的区间长度值越大，分配过程中满足条件的水量值的个数也就越多。从图6.6（b）可以看出，未来RCP4.5情景来水条件下，共搜索出了31种公平分水方案。从图6.6（c）可以看出，未来RCP8.5情景来水条件下，共搜索出了36种公平分水方案。总的来说，当搜索步长一定时，哪个市的可供水量范围越大，搜索出的分配方案就越多；当需水量一定时，哪种情景下的来水量越多，搜索出的分配方案就越多。

各个市在Pareto前沿上的偏好集合范围，用图6.7中的红线表示。只有当水量方案在无嫉妒的允许范围之内时，它才能被选中，在这种情况下，根据假设条件3，所有个体都感到无嫉妒。这意味着所有个体现在都对水量分配方案感到满意，从而达到纳什均衡（纳什均衡指的是这样的情况：在博弈中，对于每个市来说，只要其他市不改变策略，它就无法改善自己的状况）。各市的两个目标函数值随着商讨的水量变化而改变。从结果来看，纳什均衡为决策者的选择提供了依据。由于每个参与者的接受范围越来越窄，这有助于利益相关者在决策过程中感到更自在。一般来说，讨价还价过程可以反映参与者的行为，他们只能通过独立优化来关注自己的目标函数变化，并且能更好地理解他人的选择如何影响自己得到的水量，反之亦然。

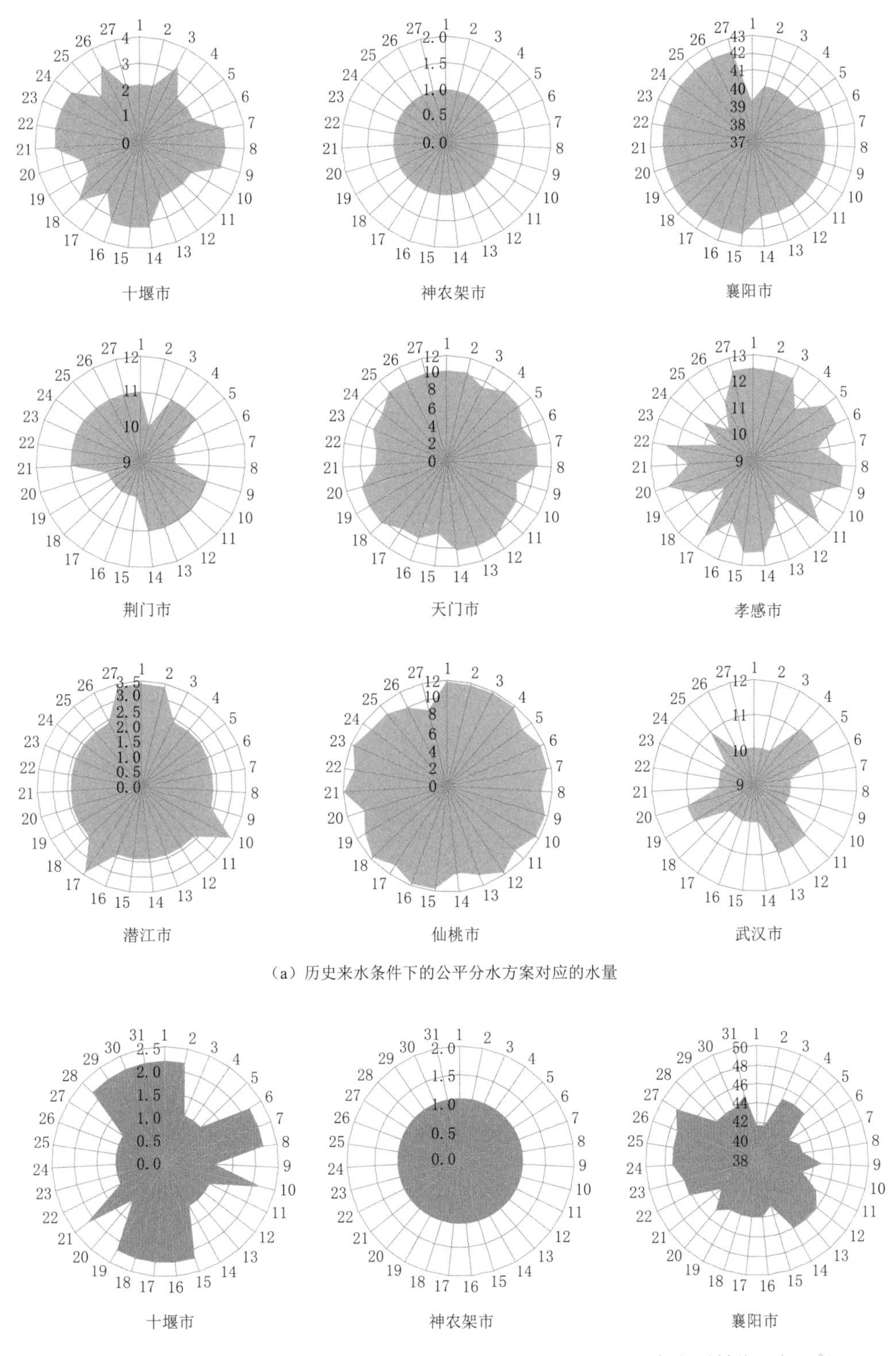

图 6.6（一） 研究区内各市在不同来水条件下得到的水量分配方案（单位：亿 m^3）

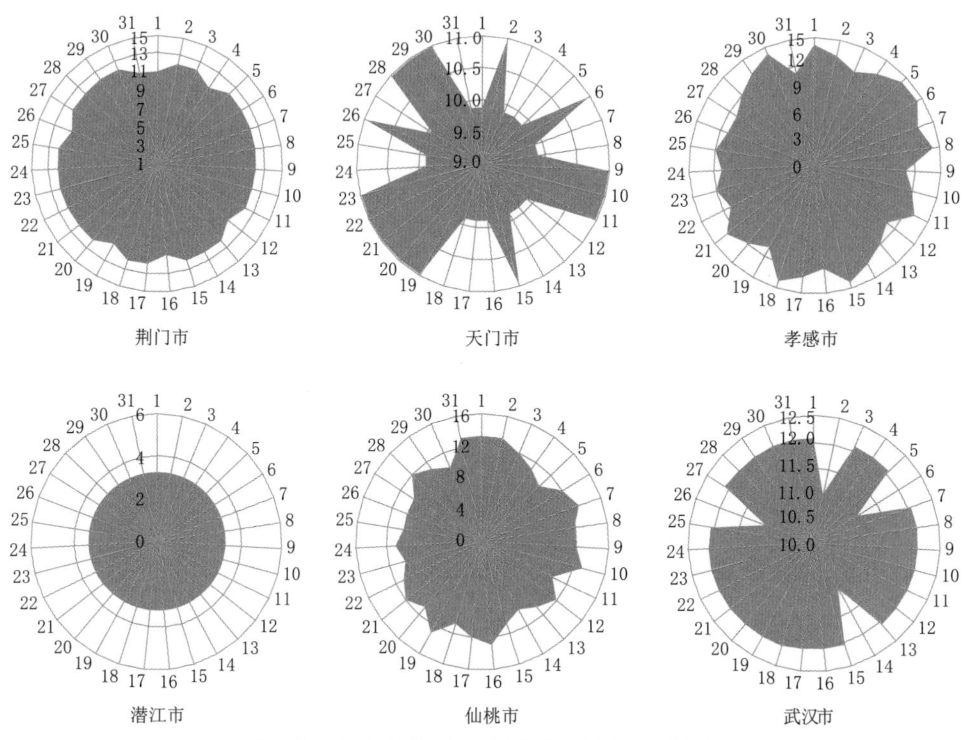

（b）未来RCP4.5情景来水条件下的公平分水方案对应的水量

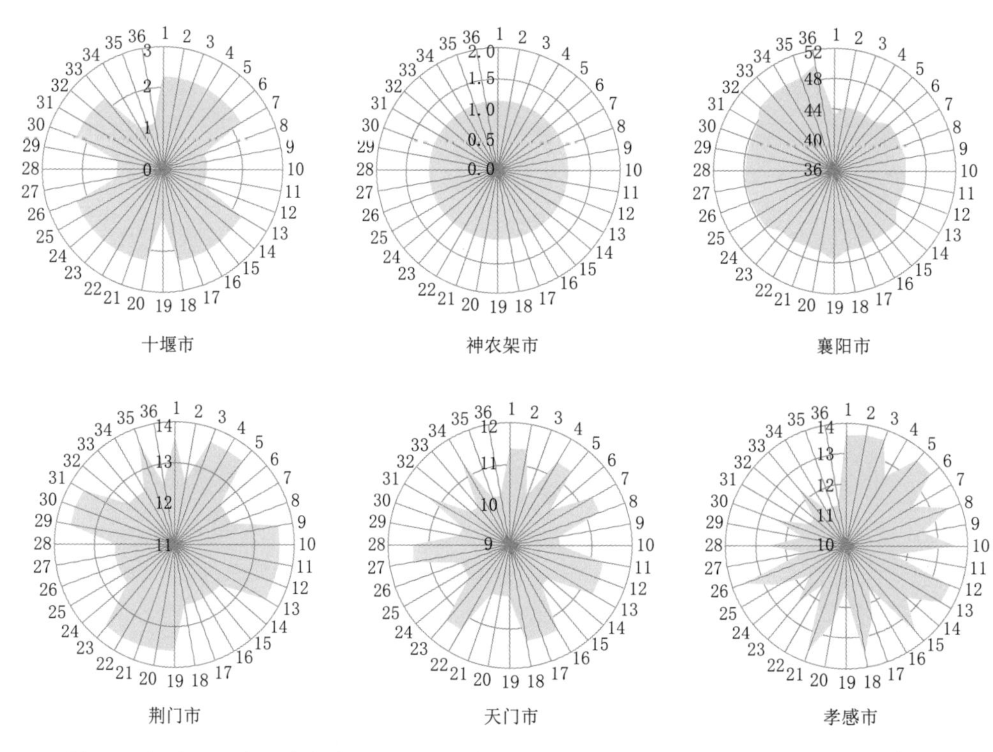

图 6.6（二） 研究区内各市在不同来水条件下得到的水量分配方案（单位：亿 m^3）

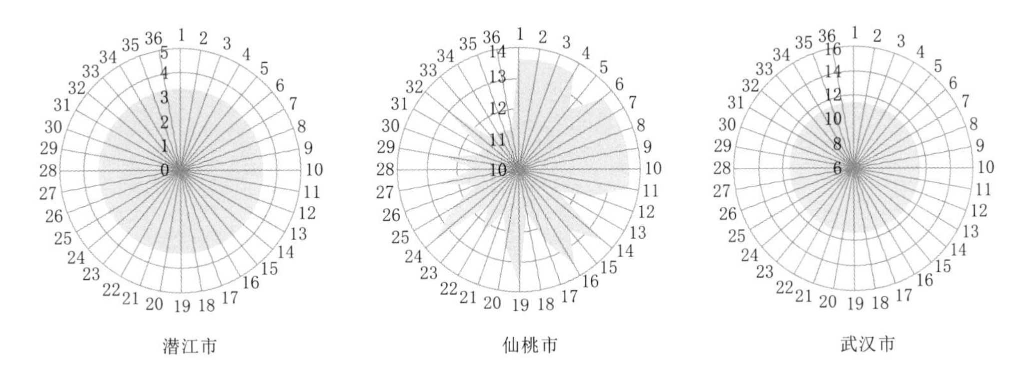

（c）未来RCP8.5情景来水条件下的公平分水方案对应的水量

图 6.6（三） 研究区内各市在不同来水条件下得到的水量分配方案（单位：亿 m³）

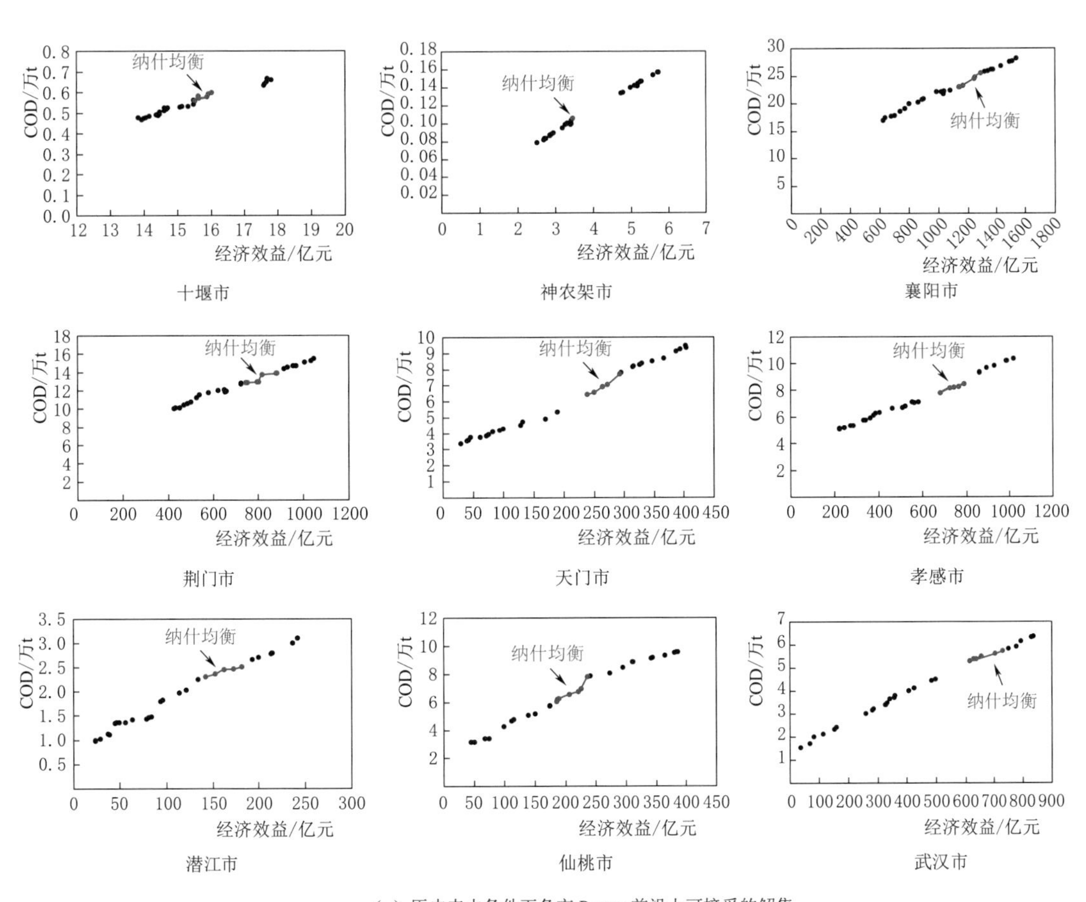

（a）历史来水条件下各市 Pareto 前沿上可接受的解集

图 6.7（一） 各市在不同来水条件下得到的纳什均衡解

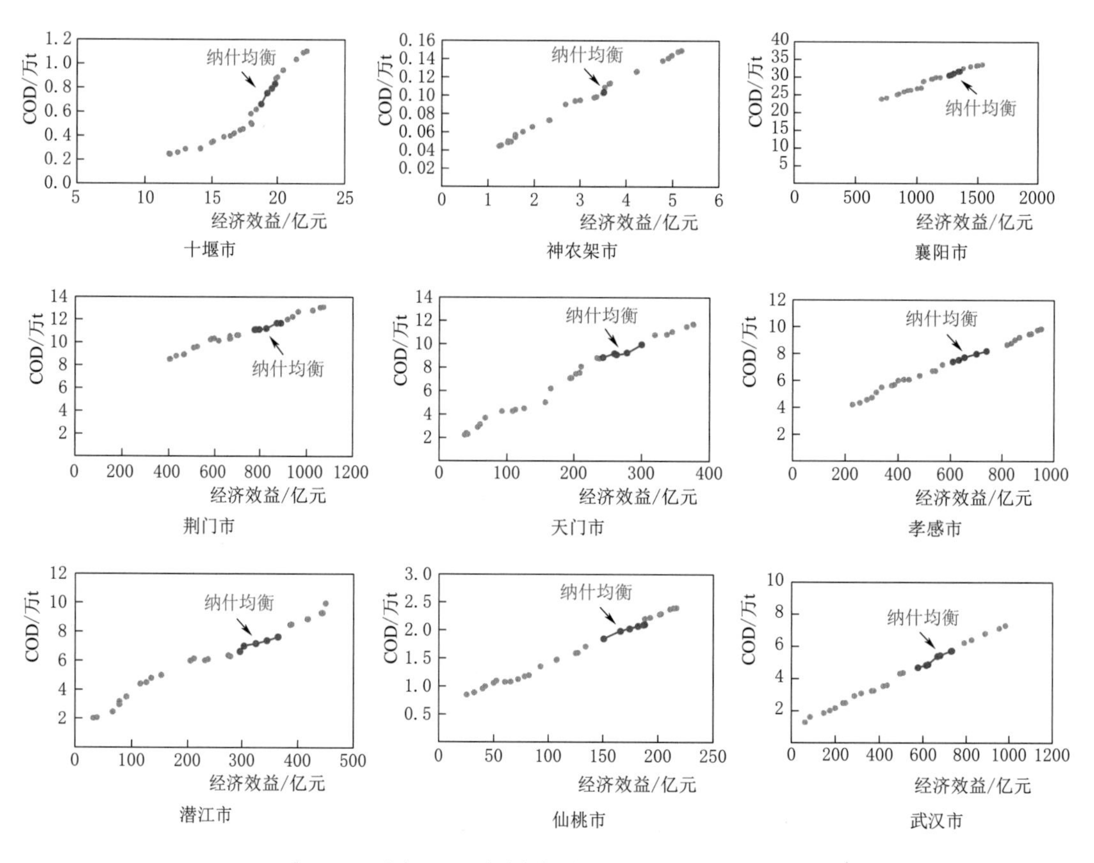

(b) 未来RCP4.5来水条件下各市Pareto前沿上可接受的解集

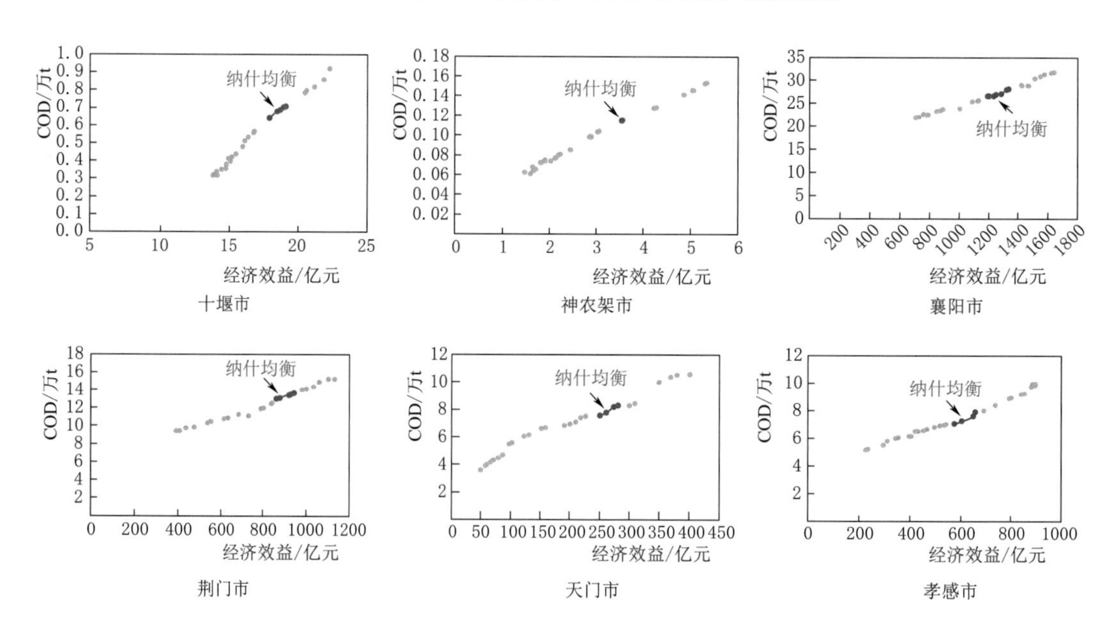

图6.7(二) 各市在不同来水条件下得到的纳什均衡解

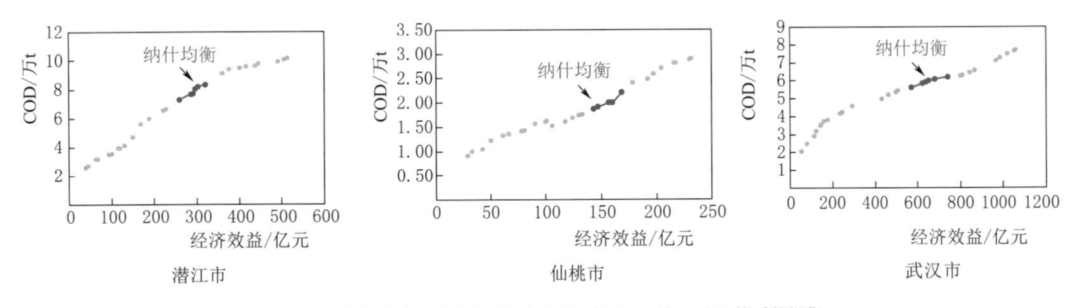

（c）未来 RCP8.5来水条件下各市 Pareto 前沿上可接受的解集

图 6.7（三） 各市在不同来水条件下得到的纳什均衡解

以历史来水为例，通过传统的以整体为优化对象的多目标优化方法得到的结果如图 6.8 所示。

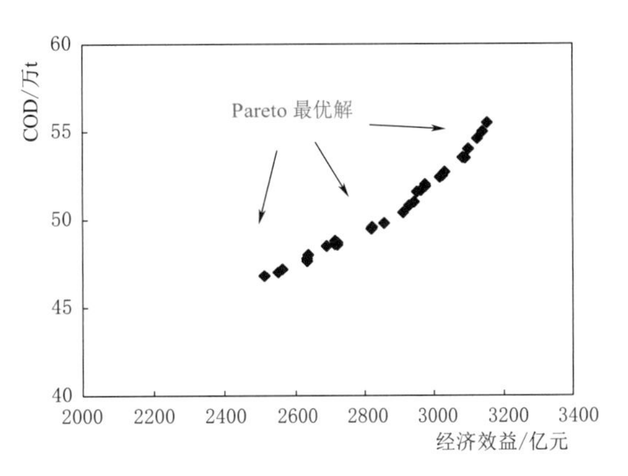

图 6.8 历史来水条件下以研究区域为整体得到的 Pareto 前沿

通过对比公平的水量分配方法和传统的多目标方法，可以看出纳什均衡解不同于 Pareto 最优解。前者是基于每个个体的两个目标，试图优化其自身的利益（降低 COD 排放量和增加经济效益）。然后，基于 Sperner 引理构建的搜寻算法来帮助找到公平的水量分配方案，在这些方案中没有个体感到嫉妒。相反，后者侧重于整个系统的利益。在得到整体的 Pareto 前沿之后，该问题变为一个单一的决策问题。然而，后者在决策水量分配方案的时候，并不考虑每个市的偏好集，所以它不可能让每个个体都感到满意。此外，传统的多目标优化方法提供的方案选择范围为整个系统的 Pareto 前沿，选择范围比较宽，它给决策者的选择带来了困难。公平的水量分配方法在协商的过程中，每个市关注于自身的偏好集合，从而得到了纳什均衡解，这使得决策者的选择面较窄，平衡每个市的经济效益和 COD 排放量去选择相对容易。此外，通过传统的多目标方法得到的方案，只能提供系统的总体效益而不知道每个个体单独的效益。相反，通过本研究提出的方法得到水量分配方案后，每个个体都可以依据自己的 Pareto 前沿，直接获得自身的两个目标函数值以及对应的水量值。

图 6.9～图 6.11 显示了三种来水情景下搜寻出的公平分水方案的经济效益和 COD 排放量值。图 6.9 结果表明，27 种方案的经济效益均在 2600 亿元以上，但无显著差异。方案 26 的经济利益最大，超过 2670 亿元。方案 25 的 COD 排放量值最低，为 71.01 万 t。同样，图 6.10 结果表明，未来 RCP4.5 情景来水条件下，31 种分水方案的经济效益均在 3000 亿元以上。其中，方案 25 的经济利益最大为 4080 亿元。方案 1 的 COD 排放量值最低，为 71.56 万 t。图 6.11 结果表明，36 种方案的经济效益均在

4000 亿元以上。方案 1 的经济利益最大，为 5430 亿元。方案 33 的 COD 排放量值最低，为 73.74 万 t。三种情景结果对比表明：与历史来水条件相比，随着未来来水的增加，得到分配方案的经济效益和 COD 排放量值均增大。在实际分配中，水资源管理部门应根据现实的需要做出最终决策。例如，如果水资源管理者更关注研究区域内的社会经济发展，建议依据来水情况，采用经济效益最佳的方案，即图 6.9 中的方案 26、图 6.10 中的方案 25、图 6.11 中的方案 1。如果水管理者想控制流域内的污染状况，建议采用排污量最小的方案，即图 6.9 中的方案 25、图 6.10 中的方案 1、图 6.11 中的方案 33。因此，分配方案结果可以为决策者提供一些灵活的选择。在做决定时，决策者可以根据区域发展的实际情况来选择和权衡这些方案。

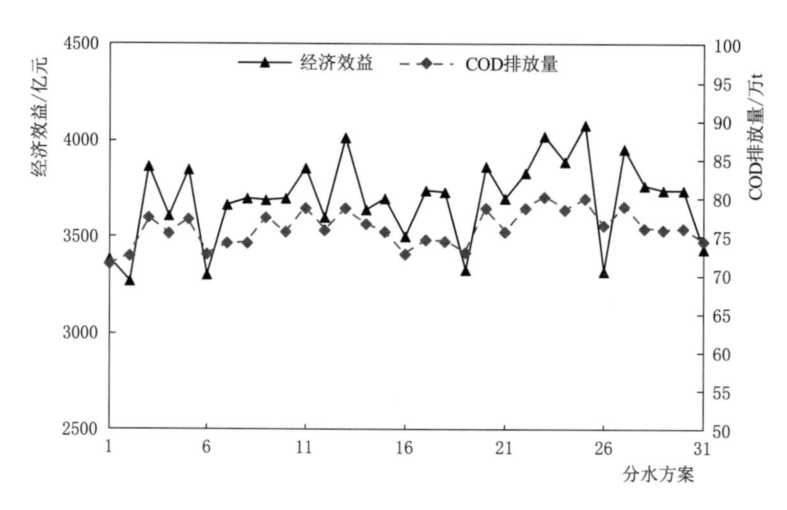

图 6.9 历史来水条件下研究区域的总经济效益和 COD 排放量总和

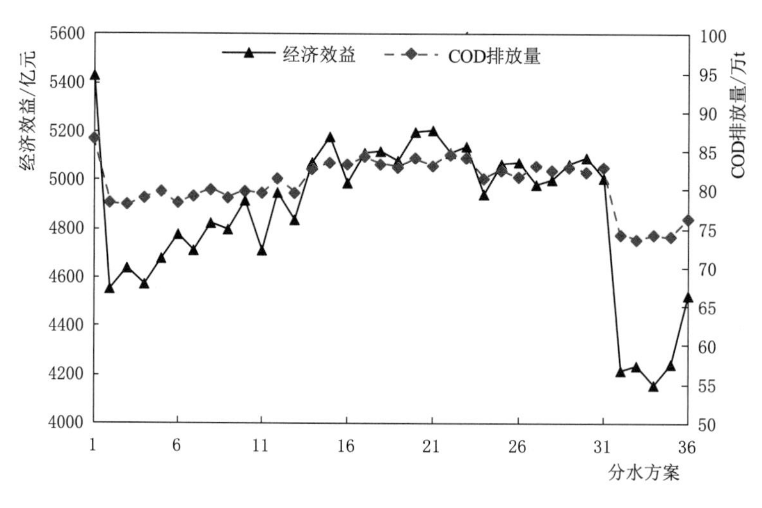

图 6.10 未来 RCP4.5 情景来水条件下研究区域的总经济效益和 COD 排放量总和

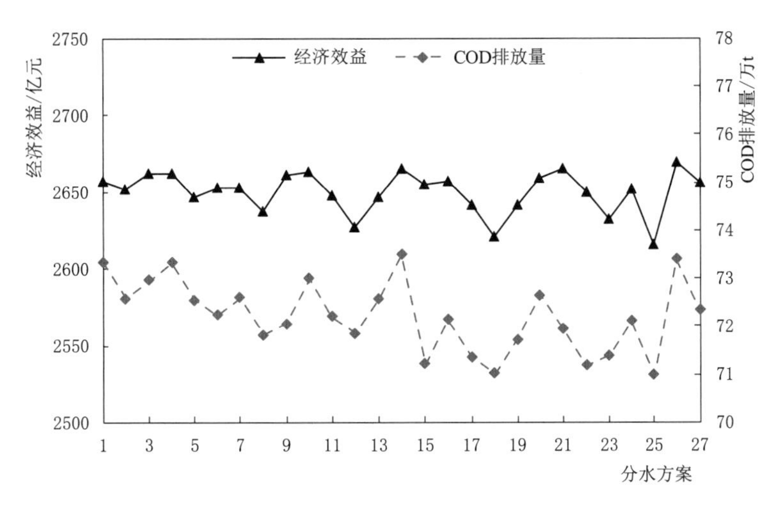

图 6.11 未来 RCP8.5 情景来水条件下研究区域的总经济效益和 COD 排放量总和

6.5 本章小结

本章以汉江流域中下游地区的水资源优化配置为例，提出了一种公平的水资源分配方法，以解决水资源配置中的矛盾冲突问题，并寻求区域内经济和环境上均可接受的方案。公平的分配过程包括两个层次：首先，以最大化经济利益并最小化 COD 排放量为目标函数，通过独立优化的多目标水资源配置模型来生成每个区域的 Pareto 前沿解。然后，通过引入 Sperner 引理的概念，构造近似分配算法来搜索公平分配方案。冲突的解决方法中，应用三种来水情景和一种需水情景，根据每个参与者的偏好集合筛选出无嫉妒的分配方案，来实现水资源的公平分配。本章提出的分配方法为有效利用 Pareto 前沿面提供了新的视角，并减少了决策者的选择，这是寻求复杂问题最优解的一个有用工具，可有效地应用于类似的水资源冲突中。研究得到的主要结论如下：

（1）多目标水资源优化配置结果表明：与历史来水情景相比，各市在未来来水情景下得到的 Pareto 前沿上的水量最大值、最大经济效益和 COD 排放量值均高于历史来水情景；由于 RCP8.5 情景来水量的增幅大于 RCP4.5 情景，三种来水条件下各市可接受水量的范围在逐渐变宽。

（2）公平的水资源分配结果表明：历史来水情景、未来 RCP4.5 情景来水和未来 RCP8.5 情景来水条件下，分别搜索出了 27 种、31 种、36 种公平分水方案。总的来说，当搜索步长一定时，哪个市的可供水量范围越大，搜索出的分配方案就越多；当需水量一定时，哪种情景下的来水量越多，搜索出的分配方案就越多。如果水资源管理者更关注区域内的社会经济发展，建议依据来水情况，采用经济效益最佳的方案（图 6.9 方案 26、图 6.10 方案 25、图 6.11 方案 1）；如果管理者想改善流域内的生态环境，建议采用排污量最小的方案（图 6.9 方案 25、图 6.10 方案 1、图 6.11 方案 33）。

（3）在平衡经济发展和环境保护的冲突目标时，区域之间存在复杂的权衡。公平分配方法中，如果水资源分配的博弈结果具有可行解，则纳什均衡总是存在的。

参 考 文 献

[1] TIAN J，GUO S L，LIU D D，et al. A fair approach for multi - objective water resources allocation [J]. Water Resources Management，2019，33（10）：3633 - 3653.

[2] YOUNG H P. Equity：in theory and practice [M]. Princeton：Princeton University Press，1995.

[3] BRITZ W，FERRIS M，KUHN A. Modeling water allocating institutions based on multiple optimization problems with equilibrium constraints [J]. Environmental Modelling & Software，2013，46：196 - 207.

[4] TIAN J，GUO S L，DENG L L，et al. Adaptive optimal allocation of water resources response to future water availability and water demand in the Han River basin，China [J]. Scientific Reports，2021，11（1）：7879.

[5] DEB K，PRATAP A，AGARWAL S，et al. A fast and elitist multiobjective genetic algorithm：NSGA - Ⅱ [J]. IEEE transactions on evolutionary computation，2002，6（2）：182 - 197.

[6] LOTFAN S，GHIASI R A，FALLAH M，et al. ANN - based modeling and reducing dual - fuel engine's challenging emissions by multi - objective evolutionary algorithm NSGA - II [J]. Applied Energy，2016，175：91 - 99.

[7] BRAMS S J，TAYLOR A D. Anenvy - free cake division protocol [J]. The American Mathematical Monthly，1995，102（1）：9 - 18.

[8] PETERSON E，SU F E. Four - person envy - free chore division [J]. Mathematics Magazine，2002，75（2）：117 - 122.

[9] SIMMONS F W. Private communication to Michael Starbird [Z]. 1980.

[10] SU F E. Rental harmony：Sperner's lemma in fair division [J]. The American Mathematical Monthly，1999，106（10）：930 - 942.

[11] MARENCO J，TETZLAFF T. Envy - free division of discrete cakes [J]. Discrete Applied Mathematics，2014，164：527 - 531.

[12] 杨光，郭生练，李立平，等. 考虑未来径流变化的丹江口水库多目标调度规则研究 [J]. 水力发电学报，2015，34（12）：54 - 63.

考虑生态需水的丹江口水库多目标优化调度

水库建设运行和跨流域调水工程，改变了汉江中下游河道的水文情势，并对生态环境造成扰动影响。目前汉江中下游突出的生态问题包括如何促进四大家鱼繁殖、抑制伊乐藻泛滥、改善江段水质、防控水华等。本章首先模拟分析丹江口水库优化调度方案运行情况，计算汉江中下游河道的生态需水量及过程，提出一种基于水文改变指标的丹江口水库多目标优化调度方案，将供水量、发电量和水文改变生态指标设置为目标函数，开展丹江口水库多目标优化调度研究。

在确保防洪和供水安全前提下，通过对汛前和汛期控制水位做适当调整，优化蓄水方案，即在规定时段增加特殊生境需水过程作为水库下泄水量的生态需求，分析生态调度方案的供水、生态满足率、蓄满率、弃水、水位等多种特征值，论证多目标生态调度的可行性，为丹江口水库开展多目标生态调度等提供理论和技术支撑。

7.1 丹江口水库优化调度方案模拟分析

7.1.1 丹江口水库调度规程和运行情况

2016 年水利部批复《丹江口水利枢纽调度规程》[1]，2021 年水利部批复《丹江口水利枢纽优化调度方案》[2]。调度按照兴利服从防洪、区域服从流域、电调服从水调的原则，统筹上下游、左右岸、干支流，充分发挥水电工程的综合效益。

7.1.1.1 丹江口水库设计特征值

丹江口水利枢纽工程分两期建设，初期工程于 1973 年年底建成。后期工程在初期工程的基础上加高续建，2013 年通过蓄水验收。2014 年 12 月南水北调中线一期工程正式向北方调水。丹江口水利枢纽电站采用 6 台单机额定容量 150MW 的竖轴混流式水轮发电机组，满发流量 $280m^3/s$。丹江口水库的特征水位及库容依据批准的丹江口水利枢纽大坝加高工程设计文件确定，见表 7.1。

表 7.1 丹江口水库的特征水位及库容

<table>
<tr><th>特征水位名称</th><th>水位/m</th><th>库容/亿 m³</th><th colspan="2">备 注</th></tr>
<tr><td rowspan="2">校核洪水位</td><td rowspan="2">174.35</td><td rowspan="2">319.50</td><td rowspan="2">调洪库容/亿 m³</td><td>夏汛期 139.64</td></tr>
<tr><td>秋汛期 109.96</td></tr>
<tr><td>设计洪水位</td><td>172.20</td><td>295.49</td><td colspan="2">—</td></tr>
<tr><td rowspan="2">防洪高水位</td><td rowspan="2">171.70</td><td rowspan="2">290.07</td><td rowspan="2">防洪库容/亿 m³</td><td>夏汛期 110.21</td></tr>
<tr><td>秋汛期 80.53</td></tr>
<tr><td rowspan="2">正常蓄水位</td><td rowspan="2">170.00</td><td rowspan="2">272.05</td><td rowspan="2">调节库容/亿 m³</td><td>150m 以上 161.22</td></tr>
<tr><td>145m 以上 186.97</td></tr>
<tr><td rowspan="2">防洪限制水位</td><td>160.00</td><td>179.86</td><td colspan="2">夏汛期（6 月 21 日至 8 月 20 日）</td></tr>
<tr><td>163.50</td><td>209.55</td><td colspan="2">秋汛期（9 月 1 日至 10 月 10 日）</td></tr>
<tr><td>死水位</td><td>150.00</td><td>110.83</td><td colspan="2">—</td></tr>
<tr><td>极限消落水位</td><td>145.00</td><td>85.08</td><td colspan="2">—</td></tr>
</table>

7.1.1.2 丹江口水库调度规程

1. 防洪调度

《丹江口水利枢纽调度规程》规定汛期水库水位控制在不高于防洪限制水位运行。6 月 21 日至 8 月 20 日为夏汛期，防洪限制水位为 160m；9 月 1 日至 10 月 10 日为秋汛期，其中 9 月 1—30 日的防洪限制水位为 163.5m，10 月 1 日后水库可综合汉江来水情况和预报信息逐步充盈至 170m。实时调度时，水库运行水位可在防洪限制水位上下 0.5m 范围波动。

《丹江口水利枢纽优化调度方案》提出，综合水情和供水情况，在《丹江口水利枢纽调度规程》基础上，5 月末汛前消落水位可按不低于 159.0m 控制，6 月 20 日汛初控制水位不高于 160m。长系列模拟操作的调度运行图如图 7.1 所示。

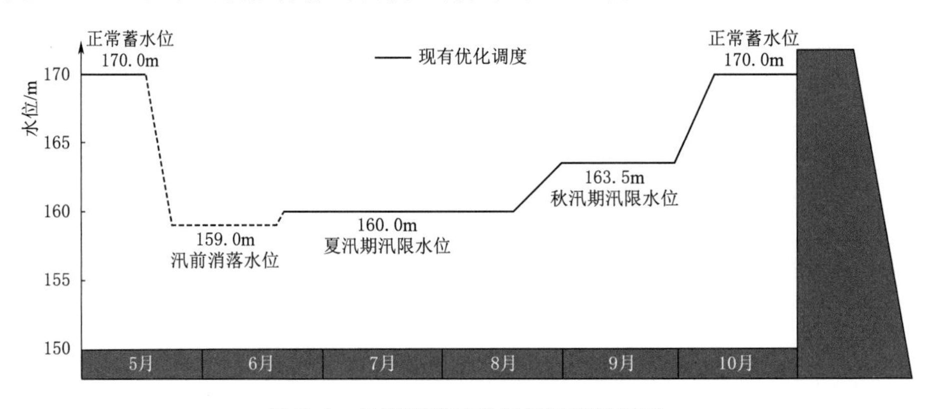

图 7.1 长系列模拟操作的调度运行图

2. 供水调度

丹江口水库需要满足清泉沟和南水北调中线一期工程的调水及汉江中下游需水量。以供水调度线划分供水调度区，按照供水调度图（图 7.2）执行。库水位位于加大供水区 2

及加大供水区1时，总供水量增加值分别不超过计划供水的15%和5%；库水位位于正常供水区时按计划供水；库水位位于降低供水区1及降低供水区2时，总供水量的减少值分别不超过计划供水量的15%和20%；库水位位于防洪区时可适当增加供水量；库水位位于防弃水区和汛前消落区时，结合汛前水位消落，加大供水、减少弃水。

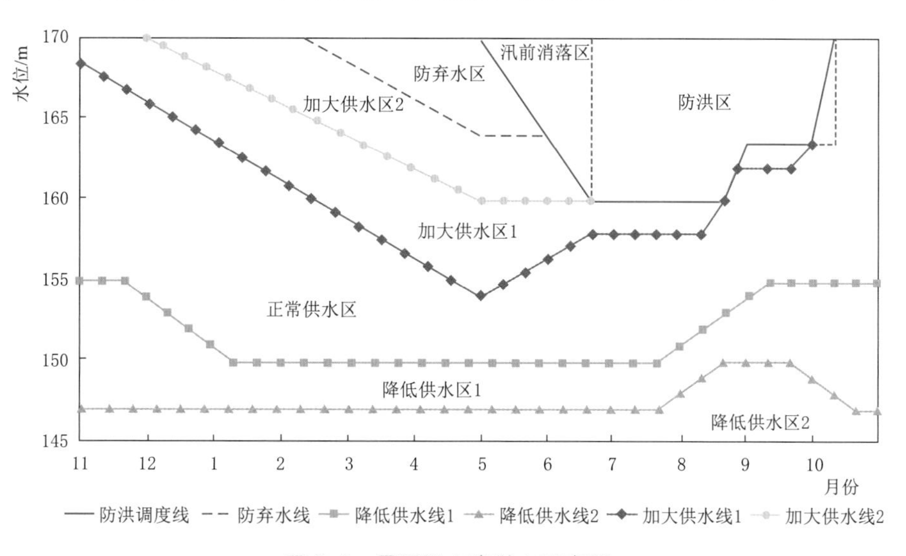

图7.2 丹江口水库供水调度图

依据《汉江流域水量分配方案编制说明》[3] 中重点跨流域调水方案（表7.2）：陶岔渠首多年平均北调水量94.76亿m^3，清泉沟多年平均引水水量6.28亿m^3；陶岔渠首75%频率下北调水量79.51亿m^3，清泉沟75%频率下引水水量9.47亿m^3；95%频率下陶岔渠首北调水量62.03亿m^3，清泉沟引水水量9.75亿m^3。按此要求规定并评价丹江口水库生态调度的供水目标及满足情况。其中清泉沟隧洞最大过流能力100m^3/s；陶岔渠首设计过水流量350m^3/s、加大流量420m^3/s。

表7.2　　南水北调中线工程（丹江口水库）调水方案　　单位：亿m^3

频率	供水量	1月	2月	3月	4月	5月	6月	7月	8月	9月	10月	11月	12月	合计
多年平均	清泉沟引水水量	0.12	0.22	0.36	0.25	1.04	1.29	1.36	0.83	0.24	0.34	0.13	0.10	6.28
	陶岔渠首北调水量	7.86	7.58	7.37	7.81	7.19	8.81	7.36	8.23	7.52	8.86	8.09	8.08	94.76
75%	清泉沟引水水量	0.18	0.33	0.54	0.37	1.57	1.95	2.05	1.26	0.35	0.52	0.20	0.15	9.47
	陶岔渠首北调水量	8.32	2.72	0.00	0.00	6.95	8.49	7.24	10.36	8.58	9.61	8.61	8.63	79.51
95%	清泉沟引水水量	0.19	0.34	0.55	0.38	1.62	2.01	2.11	1.30	0.36	0.53	0.20	0.16	9.75
	陶岔渠首北调水量	0.00	0.00	0.00	8.70	7.32	9.42	6.71	8.55	6.66	9.30	5.37	0.00	62.03

本研究为了讨论优化调度方案对供水量的优化空间，依据来水情况和供水调度图供水。实际操作中，供水量是按照每年的《汉江水量调度计划》中的供水计划进行引调水，即根据各引调水工程上报的各年调水计划建议，并按照《丹江口水利枢纽调度规程》和《丹江口水利枢纽优化调度方案》，结合实际来水情况和供水安排进一步优化。

3. 发电调度

丹江口水电站按照丹江口水库供水调度图（图7.2）进行发电。在防洪和供水得到保证的前提下，配合航运调度，充分发电。合理承担湖北电力系统调峰、调频和事故备用任务。汛前和汛期应该尽可能减少弃水，以获得更多的发电量。

4. 生态目标

根据《丹江口水利枢纽优化调度方案》，调度过程中仍需满足下泄流量的要求：库水位位于降低供水区且低于150m时，若来水大于350m³/s，汉江中下游流量不小于490m³/s；若来水小于350m³/s，汉江中下游流量不小于400m³/s。需要说明的是，依据长江流域主要控制节点生态环境需水要求，汉江黄家港断面需174m³/s生态基流[4]，而490m³/s（400m³/s）是取通航流量和生态流量的外包结果，该流量具有航运、生态、社会需求等多功能。

7.1.1.3 实际运行情况

丹江口水库自运行以来，在1974—2022年间，多年平均来水量为353亿m³，多年平均发电量为37.2亿kW·h，多年平均弃水量为47.7亿m³。由于2014年年底，南水北调中线一期工程开始通水，实际供水量不具有太大参考价值。因此，实际运行的发电量和弃水量资料系列，可用于验证现有优化调度的模拟结果的合理性。

7.1.2 构建丹江口水库优化调度模型

首先依据《丹江口水利枢纽调度规程》要求，满足防洪和供水需求，结合生态、发电和航运进行丹江口水库常规调度（以下简称“原设计方案”）；其次遵循《丹江口水利枢纽优化调度方案》，构建调度模型及优化算法，实现对丹江口水库的多目标优化调度（以下简称“优化调度方案”）。对比分析两方案的特征值，总结优化调度方案相比于原设计方案的改进程度，也归纳现有方案的不足，进一步讨论优化调度方案的不足和挖潜改进空间。

南水北调陶岔渠首与鄂北调水清泉沟渠首的调水量，统称为供水量，依照供水调度图供水（图7.2），遵循供水需求（表7.2）。调走水量不参与发电。水库下泄流量包括汛期泄洪和发电流量。采用高斯径向基函数拟合水库优化调度规则[5]。考虑到影响水库调度运行的因素包括入库流量、时段信息、水库当前蓄水量，设定径向基函数的决策因子为Q_t、t、V_t。采用4个径向基函数描述调度规则，每个径向基函数有5个参数$c_{1,u}$、$c_{2,u}$、$c_{3,u}$、b_u、w_u，共有20个参数需要确定[6]。优化算法为NSGA-Ⅱ，每一代种群数300，进化代数200代。

$$Q_i^{\mathrm{out}}=\sum_{u=1}^{U}w_u\varphi_u(X_t)\quad t=1,2,\cdots,T\quad 0\leqslant w_u\leqslant 1 \tag{7.1}$$

$$\varphi_u(X_t)=\exp\left\{-\sum_{j=1}^{M}\frac{[(X_t)_j-c_{j,u}]^2}{b_u^2}\right\}\quad c_{j,u}\in[-1,1]\quad b_u\in(0,1) \tag{7.2}$$

式中：U为径向基函数个数，本研究为4个；w_u为各径向基函数权重；φ_u为第u个径向基函数；$(X_t)_j$为归一化后第j个决策因子状态值；M为决策因子的个数，本研究为3个；c_{ju}、b_u为高斯径向基函数的参数。

丹江口水库具有防洪、供水、发电等功能，目标函数共有供水量及发电量两个。目标使供水量在调水方案范围内较大，发电量在满足供水需求后较大。

$$W(T)=\max\sum_{t=1}^{T}(Q_t^S M_t K_t) \tag{7.3}$$

$$E(T)=\max\sum_{t=1}^{T}(P_t M_t)=\max\sum_{t=1}^{T}(KQ_t^P H_t M_t) \tag{7.4}$$

式中：$W(T)$、$E(T)$ 分别为计划调度时长 T 内的供水量（m^3）和发电量（kW・h）；Q_t^S、P_t 分别为t 时段平均供水流量（m^3/s）和平均出力（kW）；M_t 为t 时段内的时间间隔，h；K_t 为时间转换系数，取 3600s/h；K 为电站综合出力系数；Q_t^P 为 t 时段的发电流量，m^3/s；H_t 为t 时段的平均发电净水头，m。

约束条件包括水量平衡约束、水库蓄水量约束、过流能力限制、电站出力约束、汛期运行水位约束和汛前水位消落约束等。

$$V_{t+1}=V_t+(I_t-Q_t^S-Q_t^P-S_t)\Delta t \tag{7.5}$$

$$V_{t,\min}\leqslant V_t\leqslant V_{t,\max} \tag{7.6}$$

$$Q_{t,\min}\leqslant Q_t\leqslant Q_{t,\max} \tag{7.7}$$

$$P_{t,\min}\leqslant P_t\leqslant P_{t,\max} \tag{7.8}$$

$$Q_{t,\mathrm{tc}}\leqslant Q_{\max,\mathrm{tc}} \tag{7.9}$$

$$Q_{t,\mathrm{qqg}}\leqslant Q_{\max,\mathrm{qqg}} \tag{7.10}$$

$$Z_t^{\mathrm{flood}}\leqslant Z_{\max}^{\mathrm{flood}},Z_t^{\mathrm{pre-flood}}\geqslant Z_{\min}^{\mathrm{pre-flood}} \tag{7.11}$$

式中：I_t、S_t 分别为 t 时段的入库流量和泄流弃水量，m^3/s；V_t、V_{t+1} 为 t 时段初和时段末的水库蓄水量，m^3；$V_{t,\max}$、$Q_{t,\max}$、$P_{t,\max}$、$Q_{\max,\mathrm{tc}}$、$Q_{\max,\mathrm{qqg}}$ 分别为 t 时段保证的水库最大蓄水量（m^3）、最大允许下泄流量（m^3/s）、水电站最大出力（kW）、陶岔渠首和清泉沟渠首的最大供水流量（m^3/s）（最小限制同理）；$Q_{t,\min}$ 为下泄流量约束的 490m^3/s（400m^3/s）；$Z_{\max}^{\mathrm{flood}}$、$Z_{\min}^{\mathrm{pre-flood}}$ 分别为丹江口水库汛期允许的最高水位和汛前允许最低消落水位，m。

水库蓄满率是指每年的库容百分比。逐日生态满足率是指水库出库流量满足生态需求的天数占总天数的比重。水库年蓄满率是指多年调节中水库蓄满的年份占所有年份的比重。

$$R_{i,\mathrm{f}}=\frac{V_{i,\mathrm{high}}-V_{\min}}{V_{\max}-V_{\min}}\times 100\% \tag{7.12}$$

$$\begin{cases} R_{i,\mathrm{e}}=\dfrac{\sum\limits_{j=1}^{m}\mathrm{index}_j}{m}\times 100\% \\ \mathrm{index}_j=\begin{cases}1 & Q_j\geqslant Q_{j,\mathrm{eco}} \\ 0 & 其他\end{cases}\end{cases} \tag{7.13}$$

$$\begin{cases} R_F=\dfrac{\sum\limits_{i=1}^{n}\mathrm{index}_i}{n} \\ \mathrm{index}_i=\begin{cases}1 & Z_{i,\max}=170 \\ 0 & 其他\end{cases}\end{cases} \tag{7.14}$$

式中：$R_{i,\mathrm{f}}$ 为第 i 年的水库蓄满率；$V_{i,\mathrm{high}}$ 为第 i 年的水库最高蓄水位对应库容；$V_{\max}$ 和

$V_{\min}$ 分别为水库正常蓄水位对应库容和死库容；$R_{i,e}$ 为第 i 年逐日生态流量保证率；j 为第 i 年内的天数，共 m 天；index_j 为第 j 天的判断指标；Q_j 为第 j 天的水库下泄流量；$Q_{j,\mathrm{eco}}$ 为第 j 天的生态流量需求（特殊时段为满足水生态的需水过程，其余时段仍是下泄流量约束的 $490\mathrm{m}^3/\mathrm{s}$，特枯年 $400\mathrm{m}^3/\mathrm{s}$）；$R_F$ 为水库的年蓄满率，共有 n 年数据；index_i 为第 i 年的判断指标；$Z_{i,\max}$ 为第 i 年的最高水位。

7.1.3 丹江口水库优化调度方案结果分析评价

为提高研究的可靠性，并寻找规律，本节丹江口水库优化调度方案的模拟输入资料为1954—2021年共68年的长系列丹江口水库日来水流量。整理资料发现，1954—1973年来水较丰，其中仅有5年来水量低于353亿m^3。所以68年模拟结果的供水量会呈现较好数值，而弃水量会比1974—2022年的实际弃水量略大。

《丹江口水利枢纽优化调度方案》首先确保防洪要求，然后按照供水调度图进行供水，基本满足水量分配方案中95%频率下71.78亿m^3（陶岔渠首+清泉沟）供水量，争取达到多年平均101.04亿m^3供水量需求。下泄流量保证实现多功能的$490\mathrm{m}^3/\mathrm{s}$($400\mathrm{m}^3/\mathrm{s}$)，在此基础上尽可能多发电。水库优化调度模型在Pareto前沿的结果中选择“防洪—供水—发电”相协调方案。原设计方案是按照《丹江口水利枢纽调度规程》进行，满足防洪、供水、发电、汉江中下游基本生态和航运需水。

表7.3和表7.4统计了现有优化调度方案的供水效益、弃水量、发电水量、发电量、蓄满率、生态流量保证率、汛前消落水位、夏汛期最高水位及出现时间、最高蓄水位及出现时间，将其与原设计方案进行对比。由于68年序列较长，仅展示2000年及以后的逐年优化调度结果，并挑选出典型年进行分析，如图7.3～图7.6所示。其中，生态保证率为水库的下泄流量满足$490\mathrm{m}^3/\mathrm{s}$（$400\mathrm{m}^3/\mathrm{s}$）并同时解决汉江中下游水生态问题的情况（如促进鱼类，抑制水草、水华泛滥）[7]。

表7.3 原设计方案和优化调度方案模拟计算结果对比

计算结果特征值	原设计方案	优化调度方案
多年平均入库水量/亿m^3	378	378
（陶岔渠首+清泉沟）多年平均调水量/亿m^3	83	90
多年平均弃水量/亿m^3	79	53
多年平均发电水量/亿m^3	215	234
多年平均发电量/(亿kW·h)	35	38
水库蓄满率/%	72	72
年蓄满率/(次/总年数)	8/68	8/68
逐日生态流量保证率/%	72	72
多年平均消落水位/m	159.8	159.0
多年平均夏汛期最高水位/m	160.0	160.2
夏汛期最高水位出现时间	6月26日	7月17日
多年平均最高蓄水位/m	164.6	164.6
最高蓄水位出现时间	10月8日	10月31日

表 7.4　丹江口水库现有优化调度方案计算结果

年份	入库/亿 m^3	供水量/亿 m^3	弃水量/亿 m^3	发电水量/亿 m^3	发电量/(亿 kW·h)	蓄满率/%	生态流量保证率/%	汛前消落水位/m	夏汛期最高水位/m	出现时间	最高蓄水位/m	出现时间
2000	383	64	65	211	34	78.2	58.6	159.0	160.5	6月30日	165.9	11月12日
2001	203	76	0	162	27	56.3	63.8	159.0	159.3	8月3日	161.3	12月12日
2002	210	48	2	170	27	52.3	48.2	159.2	160.4	6月30日	160.4	6月30日
2003	504	87	104	250	41	93.7	69.6	159.0	160.5	8月17日	168.8	10月24日
2004	287	95	0	213	35	74.1	79.7	159.0	159.3	8月6日	165.1	12月19日
2005	465	109	69	265	44	100.0	78.9	159.0	160.5	7月9日	170.0	10月11日
2006	219	84	0	193	32	56.0	71.0	159.0	159.2	7月6日	161.2	11月1日
2007	317	50	66	206	33	57.4	54.5	159.0	160.5	7月9日	161.5	9月14日
2008	260	57	0	183	30	65.8	64.7	159.0	159.7	8月20日	163.3	11月13日
2009	344	86	5	246	40	67.3	77.5	160.0	160.5	8月7日	163.6	12月31日
2010	481	109	114	262	43	68.9	78.6	159.0	160.5	7月20日	164.0	8月28日
2011	563	109	139	252	42	97.9	77.3	159.0	160.5	8月3日	169.6	12月19日
2012	317	109	9	265	44	64.9	77.5	159.0	160.5	7月10日	163.1	9月28日
2013	236	58	6	193	31	52.9	44.9	159.0	160.5	7月24日	160.5	7月24日
2014	277	52	22	161	27	74.1	58.4	159.0	159.1	8月10日	165.1	10月21日
2015	243	85	1	189	31	54.0	56.4	159.0	159.9	7月16日	160.7	12月31日
2016	199	47	0	148	24	56.3	45.8	159.0	159.2	7月22日	161.3	12月31日
2017	387	94	26	215	36	100.0	78.6	159.0	159.5	6月21日	170.0	10月14日
2018	272	100	1	234	38	50.8	69.6	159.2	160.0	7月17日	160.0	7月17日
2019	345	72	10	223	37	78.0	66.8	159.0	160.5	8月11日	165.8	11月7日
2020	322	98	6	237	38	60.9	70.7	159.0	160.5	8月19日	162.3	12月30日
2021	709	109	210	332	55	100.0	88.2	159.0	160.5	7月26日	170.0	10月28日

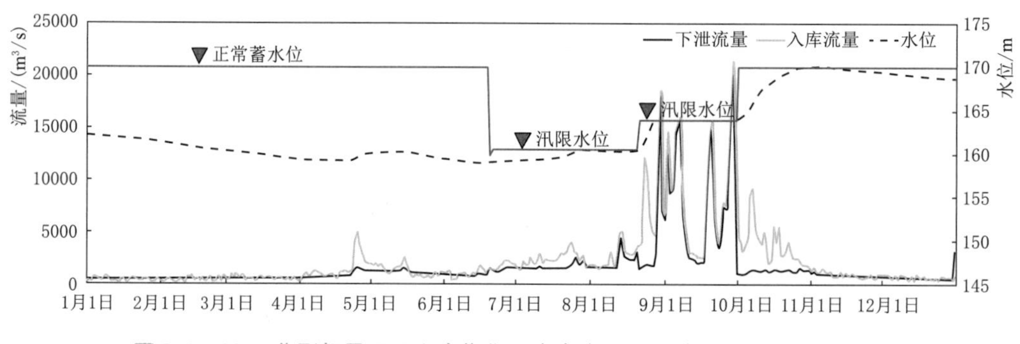

图 7.3 2021 典型年丹江口水库优化调度方案日下泄流量与运行水位过程

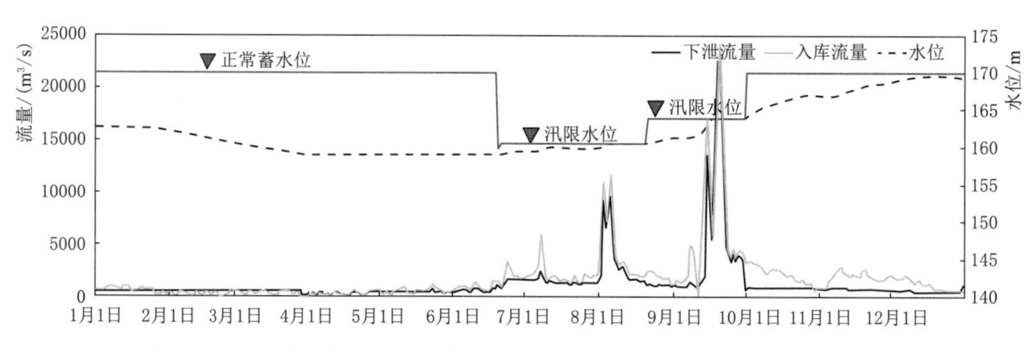

图 7.4 2011 典型年丹江口水库优化调度方案日下泄流量与运行水位过程

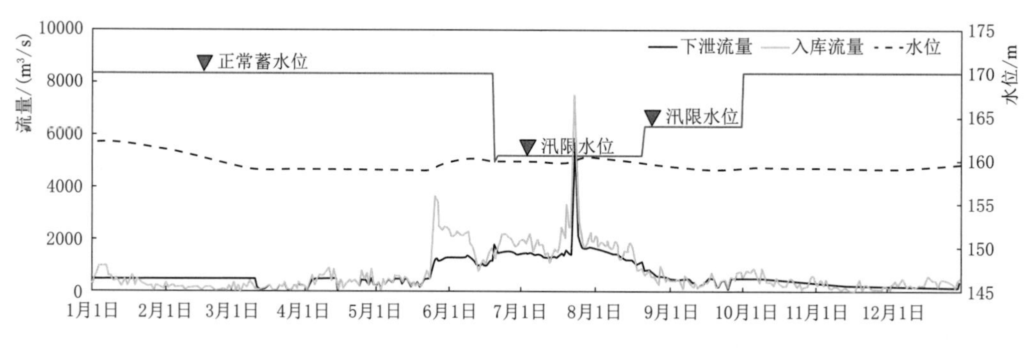

图 7.5 2013 典型年丹江口水库优化调度方案日下泄流量与运行水位过程

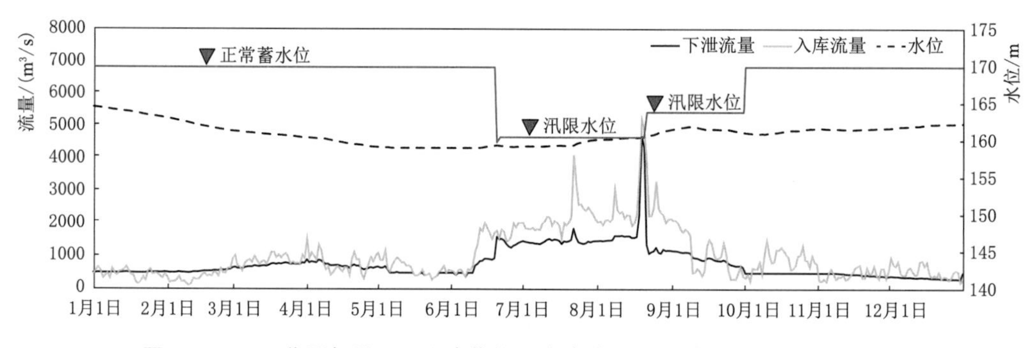

图 7.6 2020 典型年丹江口水库优化调度方案日下泄流量与运行水位过程

由表7.3可以发现，原设计方案由于没有进行优化分配水量，造成产生了大量弃水，对水资源造成严重浪费。优化调度在不影响年蓄满率的前提下，将弃水转化为供水和发电用水。数据证明，优化调度方案的结果与实际运行情况基本吻合，较为合理。但原设计方案和优化调度方案都对生态需水考虑不够充分，且优化调度方案仍然有较多弃水。优化调度方案的多年平均调水量（陶岔渠首＋清泉沟）为90亿m^3，超过水量分配方案中75％频率下88.98亿m^3供水量；多年平均发电量38亿kW·h。综合来看，优化调度方案的供水和发电效益都比原设计方案要好。优化调度方案水库汛前消落水位按照不低于159m控制。汛前消落水位的设置导致全年水位均较高，有利于加大供水，且水库更容易蓄满，蓄满率与原设计方案持平。68年中，两方案都有8年可以蓄满。说明优化调度方案提高供水量和发电量的同时，通过合理分配水资源量，不会影响到水库蓄满率。但分析优化调度方案特征水位发现，多年平均夏汛期最高水位为160.2m，基本均超过了160m，低于160.5m，其出现时间为7月；最高蓄水位为164.6m，出现时间为10月。优化调度方案的特征水位受到汛限水位的限制，所以，若调整运行期控制水位，弃水仍有减少的空间；优化调度方案最高蓄水位多年平均出现时间为10月31日，即在汛后逐步蓄至最高水位，但水位不高，导致最终蓄满率较低。反观逐日生态流量满足情况，原设计方案严格遵循调度规程，其下泄流量生态保证率为72％；优化调度方案优化了供水量，即需要水位维持在较高水平，减少下泄水量，对生态需水量的考虑不足，其下泄流量的逐日生态保证率依然为72％。

根据丰、平、枯来水典型年的划分，结合来水特点，选取优化调度方案的典型年进行分析。2021年华西秋雨较往年持续时间长、降水强度大、降水量偏多，8月下旬至10月上旬汉江上游雨量是自1960年以来的历史同期第一位，丹江口水库迎来大坝加高后（2013年）的最大入库水量[8]；2011年华西秋雨从9月持续到11月，造成长江流域“11·9”洪水，汉江上游流域发生20年一遇大洪水[9]；2012—2016年为连续枯水年。选择具有代表性的典型年丰水年2021年和2011年、枯水年2013年、平水年2020年分别进行现有优化调度方案的水位流量过程线分析[10]。

2021年丰水年，优化调度方案供水量（陶岔渠首＋清泉沟）达109亿m^3，发电量55亿kW·h；由于汛期来水较大，弃水量也很大，汛期最高水位达到汛期运行水位的上限；2021年10月28日水位达到170m；现有方案的丰水年生态满足率较高，但因为汛前来水偏少，且消落水位较高限制下泄水量，使其无法实现促进鱼类繁殖和抑制水华、水草泛滥的高流量过程。2011年同样为丰水年，其供水量（陶岔渠首＋清泉沟）可到109亿m^3；但由于汛期来水较大，而较低的汛限水位限制，造成弃水量偏大，夏汛期与秋汛期水位均达到汛限水位；而10月以后的来水并不多，水库直至年末也未实现蓄满；同时，下泄水量与2021年情况相同，无法满足一些生态功能。

2013年枯水年，现有方案（陶岔渠首＋清泉沟）供水量58亿m^3，低于95％频率下71.78亿m^3供水量要求，蓄满率降为52.9％；2013年来水较为集中，夏汛期稍大的来水使现有方案最高水位出现在7月，汛限水位的限制导致这段时间为数不大的来水遭到浪费，汛后水库无水可蓄；非汛期来水极少，现有方案为维持水位不低于159m以保证供水，某些时刻其下泄流量小到难以满足生态基流，生态满足率仅为44.9％，且2013年全年，尤其是非汛期来水较少时，水位波动不大；水位缺少脉冲波动和极少的水库下泄流量会降低供水发电效益，对生态的影响也很大。2020 年现有方案的供水量（陶岔渠首+清泉沟）较大，为 98 亿 m^3；2020 年与 2021 年情况类似，生态用水无法实现促进鱼类繁殖，抑制水华、水草泛滥；水库蓄满率为 60.9%，与 2013 年情况类似，夏汛期来水受较低汛限水位的限制而下泄弃水，夏汛期最高水位到达 160.5m；2020 年秋汛期及以后的来水又较少，后续水库难以蓄至更高水位，最高水位蓄至 162.3m。

优化调度方案相比于原设计方案，多年平均供水量（陶岔渠首+清泉沟）从 83 亿 m^3 提升到 90 亿 m^3，弃水量从 79 亿 m^3 减少到 53 亿 m^3。优化调度方案仍存在以下几点不足：

（1）由于汛期较低的汛限水位限制，会产生较多弃水。

（2）汛期弃水多的情况下，汛后若来水不足，会造成水库的蓄满率较低。

（3）优化调度方案考虑生态目标欠佳，下泄流量约束 $490m^3/s(400m^3/s)$ 无法满足一些特殊生境需求，不能有效解决汉江中下游突出的水生态问题。

（4）为保证供水率，需要维持较高的汛期消落水位，导致下泄流量和水位波动少，难以达到河流健康发展所需水动力条件。

因此，应综合考虑以上四个问题，寻求既确保防洪和供水安全，又能保证中下游生态需水的丹江口水库优化调度方案。

7.2 汉江中下游河道生态需水量过程分析

水库调度可考虑以下三种生态需求：一是水库向汉江中下游的供水应达到生态基流并贴近适宜生态流量；二是在调度中尽力恢复流量天然状态、降低人类活动对水文情势的改变程度；三是在调度中制造合适的“人造洪峰”过程，以解决流域遇到的特殊水生态问题。

7.2.1 基于水文学方法计算生态流量

本节选择工程上较为常用的多种国内外水文学方法，计算丹江口水库出库控制断面黄家港水文站的生态基流和适宜生态流量。丹江口水库在调度中若能满足生态基流的要求，且尽量贴近适宜生态流量，即可维持河流生态系统健康稳定地发展。

天然流量指未受到人类活动（主要是水工程修建）影响的河川径流。汉江流域丹江口水库在 1973 年建成蓄水，2014 年年底南水北调中线工程通水，选择 1954—2021 年共 68 年天然来水流量系列（通过水库水量平衡方法反推入库，再经河道汇流演至测站而还原，得到黄家港水文站天然来水数据）用于计算生态流量。

河流生态流量计算方法中水文学方法多以径流系列作为基础，默认生物已适应天然状态水文节律，该方法数据需求量相对少、简单易行，所以本节选择水文学方法。国内外生态流量计算方法有诸多不同，由于至今并没有形成较为权威通用的生态流量计算评估方法，分别采用五种不同方法理念，计算生态流量。

基于河流控制断面天然流量长系列（$n \geqslant 30a$），可以进行频率分析并绘制累计概率分布图。Smakhtin et al.[11] 认为，生态流量状态分为自然、良好和基础状态三种，这三种状态与流量频率累积曲线有关。当累积概率为 50%（Q_{50}）时，它最接近自然条件下的年径流[12]。当累积概率为 75%（Q_{75}）时，生态系统仍是"良好"状态。因而，若流量在 50%～75%的频率范围内，流域均是处于较好的生态状况，对应"适宜生态流量"。Q_{90} 将生态系统保持在"基础"状态，被广泛用于设定河流的"最低流量要求"[13]。最低流量需求也称为"生态基流"[14]，是满足河流生态系统功能不丧失的最低限制，一旦低于限制则河流生态系统会退化，河内生物无法生存维系，强调临界状态。依据上述思路可以通过频率曲线法计算生态基流[15]。构建各月月均流量的频率曲线，并分别取 75%和 90%频率下的流量组成各月控制断面的适宜生态流量和生态基流。同理，适宜生态流量也可通过逐月频率法得到，构建汛期（6—9 月）和非汛期（10 月至次年 5 月）分别取 90%和 70%频率的情景，按照时期划分和频率大小计算适宜生态流量[16]。

在水文情势的相关研究中，Richter et al.[17] 提出的水文改变指标（indicators of hydrologic alteration，IHA）是较为简单且全面地定性定量描述水文情势的指标。基于 IHA 指标，Richter et al.[18] 进而提出变化范围法（range of variability approach，RVA）分析水文变异性。RVA 法规定了 IHA 指标的自然变化范围，评估计算时段的 IHA 指标超过自然变化范围的程度，以此反映水文改变度。IHA - RVA 法在评价水文变异性上应用较为广泛，同时也可用于计算生态流量。按照 RVA 阈值的定义，天然河流流量应该在 RVA 阈值差 50%的范围内波动为宜[16]。RVA 法计算生态基流公式为

$$Q_{eco} = (Q_{75} - Q_{25}) \times 50\% \tag{7.15}$$

式中：Q_{eco} 为生态基流；Q_{75}、Q_{25} 为 RVA 法的上、下阈值。

Tennant[19] 法是一种计算河道内水流方案的方法，用于保护鱼类、野生动物和相关环境资源。根据水生生物的季节性需求，Tennant 法将用水期划分为鱼类产卵育肥期（4—9 月）和一般用水期（10 月至次年 3 月），不同用水时期的流量分为 8 个等级（表 7.5）。由于汉江中下游主要经济鱼类如四大家鱼［青鱼（5—6 月）、草鱼（4—7 月）、鲢鱼（4—7 月）、鳙鱼（4—7 月）］和长春鳊（5—8 月）的繁殖期与 Tennant 法的产卵育肥划分期基本一致，所以 Tennant 法适用于本流域。在产卵育肥期和一般用水期均选择"很好"等级，对应的 50%和 30%多年平均流量也可作为适宜生态流量。

表 7.5　Tennant 法生态流量比例

用水期	等级							
	极差	差	中	良好	很好	极好	最佳	最大
一般用水期	$0 \sim 0.1\bar{x}$	$0.1\bar{x}$	$0.1\bar{x}$	$0.2\bar{x}$	$0.3\bar{x}$	$0.4\bar{x}$	$0.6\bar{x} \sim \bar{x}$	$2\bar{x}$
产卵育肥期	$0 \sim 0.1\bar{x}$	$0.1\bar{x}$	$0.3\bar{x}$	$0.4\bar{x}$	$0.5\bar{x}$	$0.6\bar{x}$	$0.6\bar{x} \sim \bar{x}$	$2\bar{x}$

注　$\bar{x}$ 为各用水期天然状态下多年平均月流量。

各方法下生态流量计算结果如图 7.7 所示。RVA 法及 90%频率曲线法计算的是生态基流，75%频率曲线法、Tennant 法和逐月频率法计算的是适宜生态流量。分析不同计算方法下生态流量的大小，依照定义，适宜生态流量比生态基流所需水量更大。适宜生态流

量需求中 75％频率曲线法所需生态水量最多。逐月频率法考虑到汛期来水较多的原因，汛期取 90％频率来水，导致该方法整体求得的适宜生态流量较小，更容易实现。生态基流需求由于其基于历史实测资料的原因，均在非汛期所需流量较小，汛期所需流量偏大。

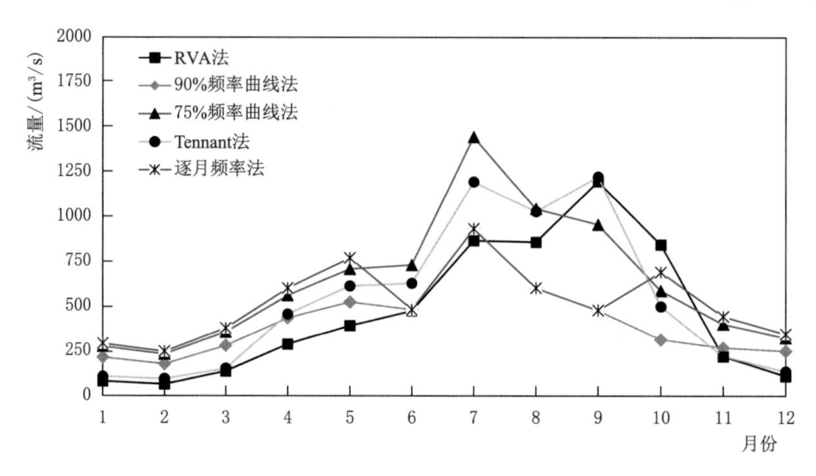

图 7.7 不同水文学方法下各月黄家港水文站生态流量
（逐月频率法中 6—9 月取流量的 90％频率情景，10 月至次年 5 月取流量的 70％频率情景）

7.2.2 水生态保护修复需要的流量过程

基于对汉江中下游主要生态问题的成因、危害及缓解措施的充分了解，本节以抑制丹江口—王甫洲江段伊乐藻入侵泛滥、预防汉江中下游水华暴发和促进四大家鱼等鱼类繁殖为目标提出生态需水过程[7]。若能够实现该流量过程，即可有效解决流域突出水生态问题。

当前汉江中下游水生态保护修复主要问题包括：一是重要鱼类产卵和栖息地保护；二是抑制汉江下游枯季硅藻水华暴发；三是抑制丹江口—王甫洲江段伊乐藻泛滥。四大家鱼（青鱼、草鱼、鲢鱼、鳙鱼）、长春鳊等是汉江中下游具有较大经济价值的鱼类[20]，其稳定生长繁殖标志着生态系统的稳定。汉江中下游丹江口、王甫洲、崔家营、兴隆为主的四级水库的运行打断河流原有的连通性，且越往下游水生物的栖息地改变情况越大，影响生物多样性尤其是鱼类的洄游产卵[21]。汉江中下游段已建立多处国家级水产种质资源保护区，规定禁渔区并限定禁渔期，加强汉江水质的监管，保证鱼类的繁殖生长。鱼类特别是产漂流性卵鱼类（如四大家鱼、鳡鳍鯮、长春鳊等）具有洄游习性，产卵需要河流涨水刺激，汉江中下游流量大小和脉冲波动情况是鱼类繁殖的重要条件之一。根据水质的变化特点，流域中游地区水质、富营养化情况都优于下游。地理位置为下游区域的城市发展迅速、人口众多、污染排放量较大且湖库富营养情况严峻，大部分湖泊为富营养状态。重大水利工程（如引调水、水库电站）的影响，使水文情势改变明显，水温、水量、流速等诸多特性被改变，使汉江中下游生境面临威胁。总磷、总氮和藻密度上升，上游来水减少，水环境容纳能力降低，流域内污染物和污染源的不合理控制等都会让汉江中下游的水华风险变大、外来物种入侵，严重影响沿岸人民的生产生活，需要开展工程措施来抑制王甫洲库区水草和汉江中下游水华。

7.2.2.1 抑制丹江口—王甫洲水库区间水草的生态需水

沉水植物伊乐藻，属于入侵汉江丹江口—王甫洲江段和崔家营库区的外来物种。外来物种的繁殖扩散损害了丹江口—王甫洲库区本身的生物多样性，挤压原有水生生物的生存空间，致使水生态遭到破坏。同时，大量的水草阻碍了水利枢纽机组正常运行和航运通行，影响经济效益且十分危险。实际观测和调查显示，2017 年和 2019 年，伊乐藻灾害较严重，且有不断向下游蔓延之趋势[22]。

丹江口—王甫洲区间水草增殖的原因主要有两方面：一是丹江口水库大坝加高运行后水库运行水位随之提高，深孔下泄水的水温降低，这与伊乐藻耐寒不耐热的特性相适应，使伊乐藻在春季生物竞争中有较大优势，增加了水草灾害发生概率；二是随着引调水的逐步实施，丹江口大坝下泄流量减少趋势明显。月均流量、流量峰值和流量极值比的降低都会造成水动力条件不足以抑制水草生长。

2022 年 2 月 1—15 日，长江委汉江集团公司完成了丹江口—王甫洲区间 2022 年的生态调度试验，以精准抑制其区间伊乐藻过度生长。模拟此次丹江口水库泄水流量的量级和波动情况，加大下泄流量和流量极值比（最大流量与最小流量之比），构建 2 月上中旬的黄家港水文站抑制伊乐藻下泄流量过程，如图 7.8 所示。

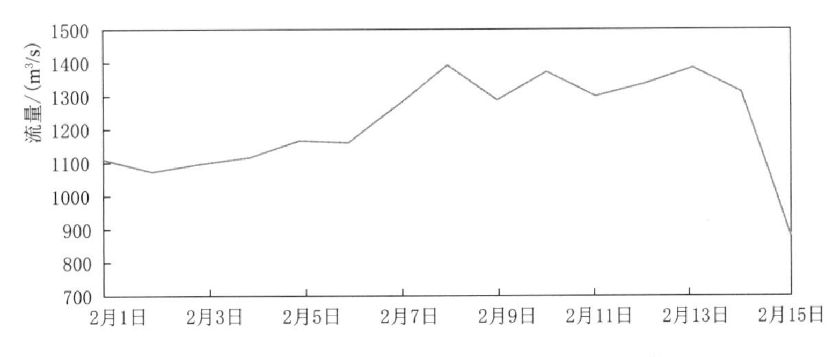

图 7.8 黄家港水文站抑制伊乐藻下泄流量过程

7.2.2.2 抑制汉江中下游水华暴发的生态需水

汉江中下游自 1992 年首次暴发水华以来至今，其间共发生了 12 次水华，且持续时间也有一定延长，大有自下游向中游及向支流蔓延的趋势。汉江发生的水华主要属于硅藻水华，严重时水体为棕褐色并伴有腥臭。水华的发生影响中下游的生产生活，降低居民生活质量和用水安全，直接影响水体内原有生物群落生存繁衍[23]。

研究发现导致水华形成的原因较多且较为复杂。气温、光照、气压、pH 值、氮磷营养盐、流量和流速等因子变化都会导致水华的发生。实践表明，可以通过汉江中下游梯级水库群的联合调度，通过控制流量和流速有效抑制水华。其中丹江口水库在抑制水华生态调度方案中的操作是加大下泄流量以增加兴隆水库的入库流量，这有助于兴隆水库控制水位波动来防治水华。

依据水华形成的流量阈值相关分析研究[24-25]，汉江下游皇庄段硅藻水华暴发的流量临界预警时刻为：1 月最小 7d 平均流量 $847m^3/s$ 左右，2 月最小 7d 平均流量 $835m^3/s$ 左右。由于黄家港水文站为丹江口水库出库控制站，构建黄家港水文站与皇庄水文站实测低流量（$Q_{HJG} \leqslant 1000m^3/s$）的相关关系（图 7.9）。相关性分析可知，两站流量呈较为显著的线性正相关关系，皮尔逊相关系数 R 约为 0.923，呈 0.01 级别显著性。在 1 月和 2 月各选取一周左右的时间（1 月 20—27 日、2 月 20—28 日），由线性关系构建黄家港水文站防治水华的日流量过程，1 月和 2 月的 7d 平均流量分别为 726m³/s、720m³/s，如图 7.10 所示。需要补充说明的是，引江济汉工程在抑制水华关键时期的 1—2 月计划和实际补水量均较少，但其对汉江下游水华同样存在抑制作用，当丹江口水库南水北调中线的引水与生态下泄流量发生冲突时，引江济汉工程加大引水，可更加有效地抑制水华发生[26]。

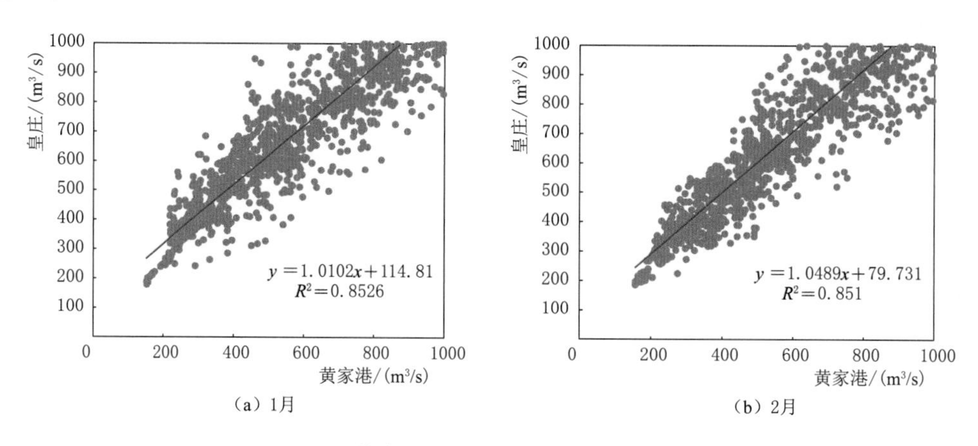

图 7.9 黄家港与皇庄水文站流量相关关系

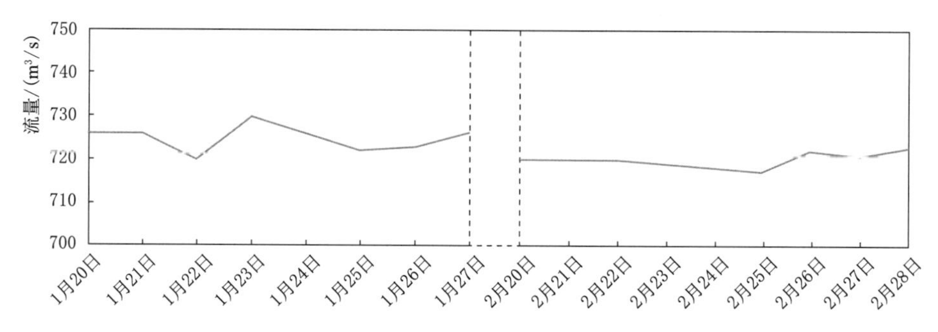

图 7.10 黄家港水文站抑制水华下泄流量过程

7.2.2.3 促进汉江中下游鱼类（四大家鱼）繁殖的生态需水

鱼类作为水生态系统的重要组成，在系统中的位置独特，是水生态系统中的顶极群落。随着汉江中下游多项水利工程的实施，流量、流速、水位变幅、水温以及河道状况等多种特性均发生大幅度改变。生态环境的变化导致鱼类种类减少、发育迟缓、繁殖变慢、洄游迁移受阻、繁殖期推后、产卵场下移甚至消失等问题[21]。而城市化发展导致的水体污染物增加，也影响了鱼类生存环境的水质。

适宜的流量调节、涨水过程是促进汉江中下游四大家鱼（青鱼、草鱼、鲢鱼、鳙鱼）及长春鳊产卵的重要条件。规定汉江中下游段流量峰值在 1000～4000m³/s，持续涨水时间为 5d 左右，流量的涨幅在 100～550m³/s，这些特性可促进四大家鱼和长春鳊的繁殖[27]。汉江中下游鱼类产卵场多分布于襄阳至仙桃一带（图 7.11），可采用汉江中下游梯级水库联合调度的方式制造“人造洪峰”促进鱼类生长繁殖。研究发现，产漂流性鱼卵繁殖量对生态调度的涨水过程有积极的响应，可优化丹江口水库下泄过程，并结合区间来水，促使中下游产漂流性卵鱼类繁殖达到较优的状态，保护和恢复鱼类产卵场。

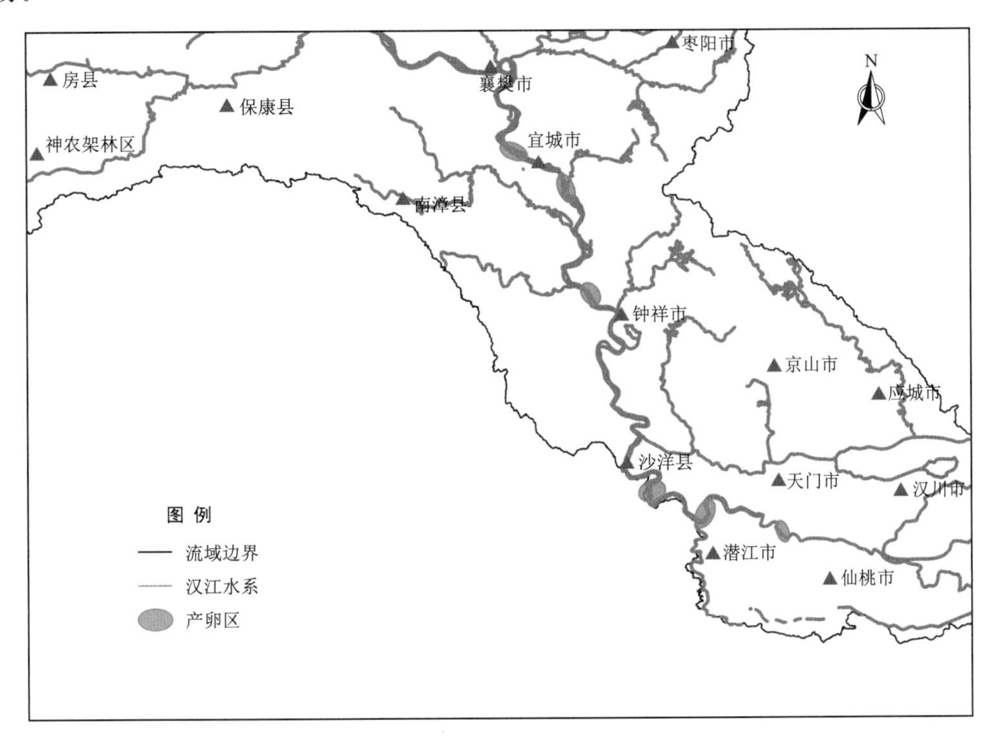

图 7.11 汉江中下游产漂流性卵鱼类产卵场分布

2018 年 6 月 12—20 日期间开展的针对产漂流性卵鱼类自然繁殖的汉江中下游梯级联合生态调度试验，取得了显著的成效。期间，充分利用丹江口水库汛前腾空库容，加大下泄流量，增加向下游的生态补水。丹江口水库 6 月 15—16 日日均出库可达 $3200m^3/s$，成功通过“人造洪峰”方式增加了鱼卵数，并为鱼类繁殖产卵提供了良好的水力学条件。模拟此次生态调度的丹江口水库下泄流量，构建 6 月中旬促进四大家鱼、长春鳊等产漂流性卵鱼类繁殖的生态流量过程，如图 7.12 给出黄家港水文站促进鱼类繁殖下泄流量过程。

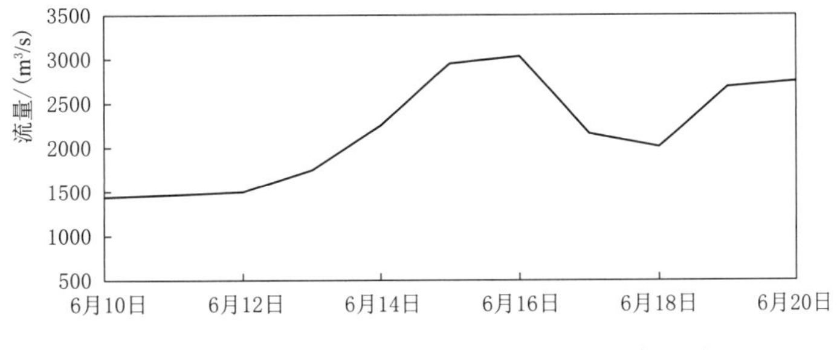

图 7.12 黄家港水文站促进鱼类繁殖下泄流量过程

7.2.3 汉江中下游河道水生态总需水量

上述三个生态目标所需丹江口水库增加的下泄水量统计见表7.6。增水量是与水库调度规程所规定的“向汉江中下游供水流量不小于于490m³/s”中的490m³/s相比较得出，主要来自丹江口水库降低水位、加大出库，作为其下游生态补水。尤其是水华发生和伊乐藻暴发时间多为非汛期，促进鱼类繁殖也关注汛前时段，此时天然来水较少，主要靠水库开闸放水满足生态需求。满足不同生境的生态需水量过程更有针对性，若按上述讨论设定，以抑制伊乐藻入侵泛滥（9.4亿m³）、预防水华暴发（13.4亿m³）和促进四大家鱼等鱼类繁殖（16.1亿m³）为目标，需要增加生态需水量累积38.9亿m³。不同生境的生态需水量过程可在特定时间段加大汉江中下游的流量，达到不同生态功能需求。

表7.6　　汉江中下游河道需要增加的生态需水量

时　段	生态目标	增加水量/亿m³
2月1—15日	抑制丹江口—王甫洲区间伊乐藻	9.4
1月20—27日；2月20—28日	抑制汉江中下游水华	13.4
6月10—20日	促进汉江中下游四大家鱼等鱼类繁殖	16.1
合计		38.9

注　新增下泄水量是与《丹江口水利枢纽优化调度方案》要求的向汉江中下游供水流量不小于的490m³/s相比较得出。

需要说明的是，由于2021年丹江口水库实现蓄满，所以2022年有足够的水量抑制伊乐藻，所以本章设置的9.4亿m³目标需水量偏大，实际操作中可适当降低该要求；丹江口—王甫洲江段伊乐藻草灾、汉江中下游水华，两者发生时间（1—2月枯水期）相近，实际操作中可相机同时调度；本章这两项功能的生态需水设定时段已错开，所以总需水量偏大。促进四大家鱼等鱼类繁殖时段正处于水库汛前消落期，本章所需的16.1亿m³可在水库消落期的水量调度过程中视水量、水温适配条件同步实现。

结合丹江口水库在消落期的“造峰”调度，汉江中下游梯级水库配合，王甫洲枢纽进出水平衡调度，崔家营枢纽视情况可加大下泄“叠峰”，雅口、碾盘山、兴隆枢纽尽量“敞泄”，加之引江济汉工程可持续地对汉江中下游补水，后续引江补汉工程建成通水后，可更加科学高效地实现生态问题防控。

7.3 基于水文改变生态指标的丹江口水库多目标优化调度

构建水文情势改变生态指标，即流量等级（water quality level，WQL）指标与流量波动（hydrological level，HA）指标。供水、发电、WQL和HA共同作为调度的目标函数，通过优化算法筛选生态调度方案，在不影响防洪和经济效益的基础上，控制水文改变生态指标处于较优状态，恢复流量天然状态。由于水文改变生态指标被纳入目标函数导致优化算法收敛的时长较长，选择 2015—2021 年共 7 年的丹江口水库日来水流量系列作为模型输入，参照现有优化调度也同步替换为这 7 年的流量系列输入。对比多目标优化方案与现有优化方案的调度结果，展示生态指标的改进效果。

7.3.1 水文情势改变生态指标

以减少人类活动对流域水文情势的扰动为思路，构建流量等级和流量波动两个水文改变生态指标。实际工程操作中，控制水文改变生态指标在较优数值内（WQL 较大，HA 较小），即可实现对流域天然水文情势的恢复。

水文改变指标共 33 个，划分为 5 组。1 组的指标为月尺度，2～5 组的指标为日尺度。大尺度参数反映的是量级的信息，小尺度参数反映的是波动信息。满足河流生态流量需求应考虑两个方面，即流量量级和流量波动。依照定义将 IHA 指标分类、赋权、筛选并组合归纳为两类新指标：一是保证流量序列量级的流量等级指标；二是控制各水文参数在可接受范围内波动的流量波动指标。基于 IHA 指标选择的 WQL 与 HA 水文改变生态指标，能有效反映河流生态需求信息。IHA 指标虽然可以全面描述水文情势，但指标过多，存在潜在冗余。将所有的 IHA 指标作为生态调度目标会造成维数灾。由于 IHA 指标之间存在相互关联和影响，可采用 PCA、CRITIC 等方法提取 IHA 指标中的主要参数。指标赋权和筛选方法较多，其目标均是形成尽可能少的变量，且使这些变量尽可能保持原有的信息。选用的熵权赋权法比较客观，且熵权赋权法已经广泛应用于水质、环境等涉及多指标生态评价中。计算 WQL 及 HA 都是与天然状态下，即与未经历建库等人为扰动的流量进行比较。

7.3.1.1 流量等级指标

流量等级指标涵盖第 1 组 IHA 指标中的 1—12 月各月平均流量，流量依据 Tennant 法[19] 分为 8 个等级进行赋值评分，使用模糊综合评价法评估各月流量隶属于各等级情况。依据 Tennant 法的分级数值可知：1～6 级为等级越高，流量越大，生态状况越好；7～8 级由于流量超过 Tennant 法规定的最佳值，等级越高生态状况越差。赋值的范围为 1～6 分，生态状况越好分值越高。分级及赋值情况见表 7.7。模糊综合评价隶属度函数选择各等级范围的中间值为界定，构建等级界定判断矩阵为

$$
\begin{cases}
Y_{\text{dry}} = [0.1\bar{x} \quad 0.15\bar{x} \quad 0.25\bar{x} \quad 0.35\bar{x} \quad 0.5\bar{x} \quad 0.8\bar{x} \quad 1.5\bar{x} \quad 2\bar{x}] \\
Y_{\text{flood}} = [0.1\bar{x} \quad 0.2\bar{x} \quad 0.35\bar{x} \quad 0.45\bar{x} \quad 0.55\bar{x} \quad 0.8\bar{x} \quad 1.5\bar{x} \quad 2\bar{x}] \\
Y = (y_{i,j}) = \begin{bmatrix} y_{1,1} & y_{1,2} & \cdots & y_{1,8} \\ y_{2,1} & y_{2,2} & \cdots & y_{2,8} \\ \vdots & \vdots & \vdots & \vdots \\ y_{12,1} & y_{12,2} & \cdots & y_{12,8} \end{bmatrix}
\end{cases}
\tag{7.16}
$$

式中：$y_{i,j}$ 为第 i 个月的第 j 等级界定值（当 $i=1\sim3$ 或 $10\sim12$ 时，$y_i=Y_{\text{dry}}$；$i=4\sim9$ 时，$y_i=Y_{\text{flood}}$）；Y_{dry} 和 Y_{flood} 分别为一般用水期（dry）和产卵育肥期（flood）的等级界定向量。

表7.7 不同用水期的流量分级及赋值

用水期	等级							
	极差	差	中	良好	极好	最佳	超出最佳	极限
一般用水期	$<0.1\bar{x}$	$0.1\bar{x}\sim0.2\bar{x}$	$0.2\bar{x}\sim0.3\bar{x}$	$0.3\bar{x}\sim0.4\bar{x}$	$0.4\bar{x}\sim0.6\bar{x}$	$0.6\bar{x}\sim\bar{x}$	$\bar{x}\sim2\bar{x}$	$>2\bar{x}$
产卵育肥期	$<0.1\bar{x}$	$0.1\bar{x}\sim0.3\bar{x}$	$0.3\bar{x}\sim0.4\bar{x}$	$0.4\bar{x}\sim0.5\bar{x}$	$0.5\bar{x}\sim0.6\bar{x}$	$0.6\bar{x}\sim\bar{x}$	$\bar{x}\sim2\bar{x}$	$>2\bar{x}$
赋值	1	2	3	4	5	6	5	1

注 $\bar{x}$ 为各用水期天然状态下多年平均月流量。

隶属度函数的选择是决定模糊综合评价准确性的关键，本书选择较为简单实用的半梯形分布法[28]。1～8等级隶属度函数为

$$\begin{cases} r_{i,1}(q_i)=\begin{cases}1 & q_i\leqslant y_{i,1}\\ \dfrac{y_{i,2}-q_i}{y_{i,2}-y_{i,1}} & y_{i,1}\leqslant q_i<y_{i,2}\\ 0 & q_i\geqslant y_{i,2}\end{cases}\\ r_{i,8}(q_i)=\begin{cases}0 & q_i\leqslant y_{i,7}\\ \dfrac{q_i-y_{i,7}}{y_{i,8}-y_{i,7}} & y_{i,7}\leqslant q_i<y_{i,8}\\ 1 & q_i\geqslant y_{i,8}\end{cases}\end{cases} \tag{7.17}$$

$$r_{i,j}(q_i)=\begin{cases}0 & q_i\leqslant y_{i,j-1},q_i\geqslant y_{i,j+1}\\ \dfrac{q_i-y_{i,j-1}}{y_{i,j}-y_{i,j-1}} & y_{i,j-1}<q_i<y_{i,j}\\ \dfrac{y_{i,j+1}-q_i}{y_{i,j+1}-y_{i,j}} & y_{i,j}\leqslant q_i<y_{i,j+1}\end{cases}\quad (j=2,3,\cdots,7;\ i=1,2,\cdots,12)$$

式中：$r_{i,j}$ 为第 i 个月月均流量位于 j 等级的隶属度；q_i 为第 i 个月的月均流量。

计算得到第1组IHA指标中1—12月各月对应1～8等级的隶属度矩阵 $R_{12\times8}$；采用熵权法计算得到12个月月均流量权重 $W_{1\times12}$。月均流量指标的熵权确定应基于天然流量，计算公式见式（3.33）和式（3.34）；各等级赋值构成 $K_{8\times1}$。WQL 计算式为

$$WQL=W\times R\times K \tag{7.18}$$

由表7.8赋值可推得 $WQL\in[1,6]$，其值越大，流量等级越高，越符合Tennant法要求的水生物生存繁殖需求，生态效益越好。

7.3.1.2 流量波动指标

流量波动指标反映了流量的日尺度变化。IHA指标中日尺度指标共有21个，用熵权法对指标筛选精简并得到其权重。日尺度指标依据IHA指标分类为第2～5组，考虑到第2组包含的信息较多，且描述最大和最小两种极端流量，所以在第2组中筛选出两个熵权值最大的指标，第3～5组中各筛选出一个熵权值最大的指标。设一共筛选出 b 个指标，指标变化情况及 HA 计算公式为

$$\begin{cases} \xi_s = \dfrac{|z'_s - \bar{z}_s|}{\bar{z}_s} \quad (s=1,2,\cdots,b) \\ HA = \sum_{s=1}^{b} w_s \times \xi_s \times 100\% \end{cases} \tag{7.19}$$

式中：ξ_s 为第 s 个指标的变化幅度；$\bar{z}_s$ 为天然流量下第 s 个指标的多年平均值；z'_s 为第 s 个指标的多年平均值；w_s 为第 s 个指标所占权重。

HA 值越小，表明水文情势变化后的流量波动相较于天然流量波动的差距越小，水生物更能适应，生态效益越好。根据定义，当 $HA=0$ 时，与天然流量波动状况完全吻合，其生态效果达到最优。

7.3.1.3 生态指标权重

选择1954—2021年共68年天然来水流量系列（还原后），使用熵权法并考虑数据合理性，分析得到各指标及权重见表7.8和表7.9。

表7.8 月均流量等级指标权重

组别	月份	1	2	3	4	5	6	7	8	9	10	11	12
第1组	流量/(m^3/s)	361	322	513	921	1236	1267	2396	2068	2456	1682	743	452
	权重	0.063	0.042	0.061	0.085	0.066	0.082	0.095	0.102	0.122	0.138	0.081	0.061

表7.9 流量波动指标筛选及权重

组别	提　取　指　标	数值	熵权	权重
第2组	最小1d平均流量/(m^3/s)	102	0.069	0.216
	最大7d平均流量/(m^3/s)	52073	0.062	0.194
第3组	最小流量出现时间/d	133	0.107	0.333
第4组	高流量脉冲次数/次	8	0.033	0.101
第5组	流量增加率/(m^3/s/d)	63	0.050	0.155

注　权重指归一化后的熵权大小。

7.3.2 丹江口多目标调度模型及方案

依然采用高斯径向基函数拟合水库调度规则[6-7]。丹江口水库具有防洪、供水、发电等功能，考虑生态指标后，目标函数由式（7.3）和式（7.4）的供水和发电量较大，增加为式（7.20）～式（7.23），包含 WQL 较大和 HA 较小。

$$W(T) = \max \sum_{t=1}^{T} (Q_t^S M_t K_t) \tag{7.20}$$

$$E(T) = \max \sum_{t=1}^{T} (P_t M_t) = \max \sum_{t=1}^{T} (K Q_t^P H_t M_t) \tag{7.21}$$

$$WQL(T) = \max(WQL) \tag{7.22}$$

$$HA(T)=\min(HA) \tag{7.23}$$

式中：$W(T)$、$E(T)$、$WQL(T)$、$HA(T)$为计划调度时长 T 内的供水量（m^3）、发电量（kW·h）、流量等级指标、流量波动指标；Q_t^S、P_t 分别为 t 时段平均供水流量（m^3/s）和平均出力（kW）；M_t 为 t 时段内的时间间隔，h；K_t 为时间转换系数，取 3600s/h；K 为电站综合出力系数；Q_t^P 为 t 时段的发电流量，m^3/s；H_t 为 t 时段的平均发电净水头，m。

丹江口水库调度在满足防洪任务的同时，考虑全年的供水、发电效益、水文改变生态指标 WQL 和 HA 四个目标。为了对比不同目标组合下生态效益和经济效益的优化情况，寻求各指标之间的响应关系，验证两个生态目标的必要性，将目标分解为方案 A～D，见表 7.10。方案 A 为供水和发电双目标优化；方案 B～D 在现有调度方案基础上考虑水文改变生态指标 WQL 和 HA。

表 7.10　丹江口水库多目标生态调度方案

调度方案	目 标 函 数
现有方案 A	丹江口水库优化调度方案（供水、发电效益较大）
优化方案 B	供水、发电效益较大，水文改变生态指标 WQL 较大
优化方案 C	供水、发电效益较大，水文改变生态指标 HA 较小
优化方案 D	供水、发电效益较大，水文改变生态指标 WQL 较大、HA 较小

注　供水效益指陶岔渠首及清泉沟渠首的总调水量。

7.3.3 丹江口水库多目标优化调度结果分析

7.3.3.1 各方案 Pareto 前沿

2015—2021 年共 7 年的丹江口水库日入库流量系列资料，采用 NSGA-Ⅱ优化算法求解，设置每一代种群数为 300，进化代数为 200 代，进行丹江口水库多目标优化调度。寻找使水位过程线合理并满足四个目标相协调的最优调度函数。方案 A～D 四种方案下的 Pareto 最优前沿如图 7.13 所示。图 7.13（a）～（d）所构成的是 Pareto 最优解集，图 7.13（a）为两目标优化，其 Pareto 最优前沿通常是条线。图 7.13（b）～（d）为多目标，其 Pareto 最优前沿是一个超曲面。为了方便比较各水文改变生态指标与经济效益指标之间的关系，将图 7.13（b）～（c）绘制成二维图并用颜色表示生态指标大小。图中优化调度解集分布较广、趋势明显，能够很好地反映出供水、发电及两个生态指标之间的辩证协调关系。

图 7.13（a）为供水和发电两个目标，丹江口水库“电调服从水调”，优先满足供水需求，调走水量不参与发电，所以供水与发电目标冲突，供水量越多，发电量越少。同理，图 7.13（b）中供水与发电存在冲突的基础上，供水与流量等级 WQL 也呈负相关关系；下泄流量兼顾发电与生态效益，下泄流量大则发电量大，流量等级 WQL 会增加；决定 WQL 大小的是下泄流量等级与天然流量的差距，如果发电量过大，水库发电和蓄洪补枯等功能使得下泄流量量级会与天然状态出现较大差距，WQL 也会随发电量增加而出现

降低情况。图 7.13（c）的分布依旧展现了供水与发电的冲突关系，同时表明供水及发电同时增加会导致 *HA* 指标逐渐变大；流量波动指标 *HA* 反映日尺度的流量波动与天然波动的差异，调水及发电使得流量极值、脉冲及变化率都较天然状态出现显著改变。图 7.13（d）结果综合了图 7.13（a）～（c）的特征和相关关系，反映出了各指标之间相互制约的情况：*WQL* 与 *HA* 为协同关系；供水量与两生态指标冲突；发电量与 *HA* 存在冲突，但与 *WQL* 为协同关系。

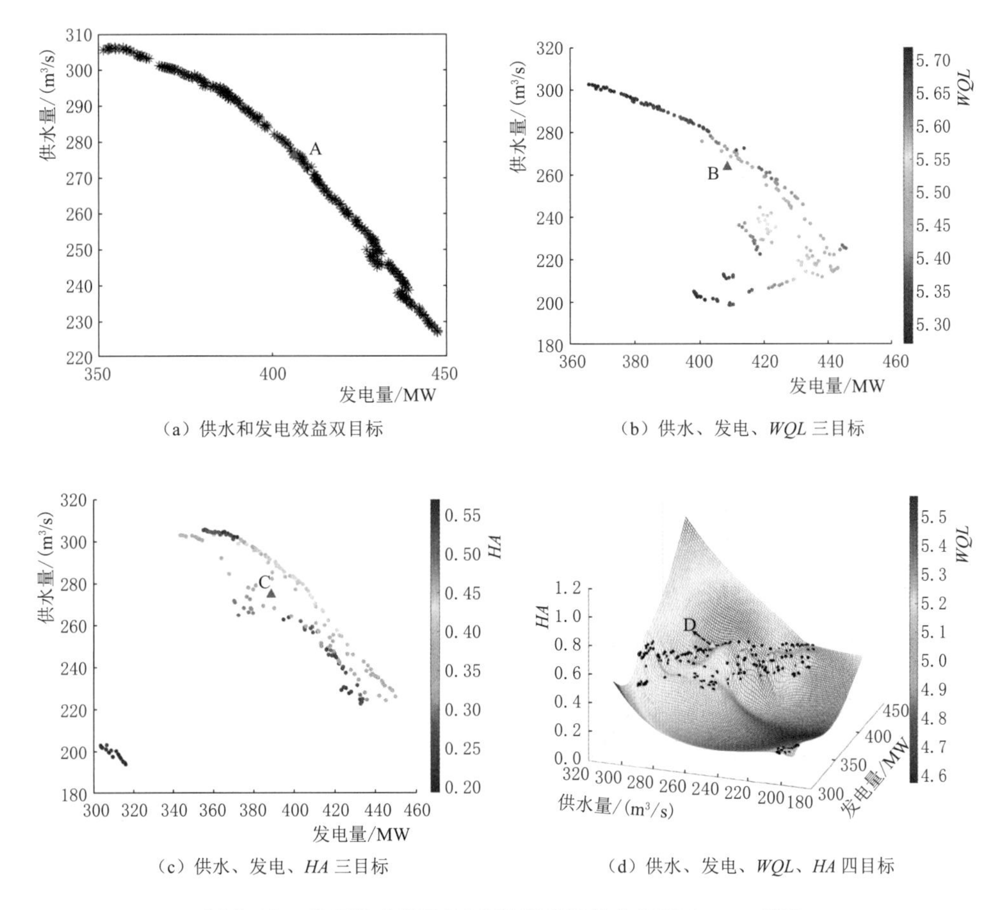

图 7.13　丹江口水库不同方案多目标优化调度 Pareto 前沿
（图中三角形标注点为选择的具体优化方案）

7.3.3.2　优化方案比较分析

丹江口水库调度供水优先发电，加入水文改变生态指标的目标函数后，供水量和发电量会受到影响，需要在 Pareto 最优解集中寻求最佳解。根据丹江口水库调度原则：电调服从水调，当供水和发电效益明显冲突时，应在 Pareto 前沿中寻找供水量满足需求且发电量也较好的综合效益点。经比较分析后，选择了图 7.13（a）中三角形标注的 A 点。B～D 具体方案的选择同理。在各 Pareto 前沿中寻找最佳点如图 7.13 标注，并计算 A～D 每种方案下的各指标值，以调度方案 A 为基准对比分析各方案的调度结果，见表 7.11。

表 7.11　　丹江口水库不同调度方案多目标优化结果

调度方案	年均供水量 /亿 m^3	年均发电量 /(亿 kW·h)	水文改变生态指标 *WQL*	水文改变生态指标 *HA* /%
现有方案 A	87.23	35.60	5.24	60.37
优化方案 B	83.29 (−4.51%)	35.78 (+0.50%)	5.46 (+4.20%)	52.96 (−12.28)
优化方案 C	86.74 (−0.55%)	34.04 (−4.40%)	5.16 (−1.47%)	36.46 (−39.61)
优化方案 D	87.14 (−0.09%)	35.67 (+0.18%)	5.40 (+3.06%)	40.62 (−32.72)

注　“()”内为各方案与现有方案 A 比较。

分析方案 A、B、C、D 的结果表明：现有方案 A 的供水、发电效益均较好，但是 *WQL* 太小、*HA* 较大。这会导致中下游水量不够，波动相较天然波动的改变明显，不利于下游水生态健康。优化方案 B 以 *WQL* 为生态目标，与现有方案 A 相比，损失 4.51% 的供水量使 *WQL* 提高了 4.20%，但未考虑到 *HA* 依然较大的现象。方案 C 将 *HA* 降低了 39.61%，但伴随着供水量及发电量的不足和 *WQL* 的降低。方案 B 和方案 C 的结果证明，若只考虑一个生态指标会导致另一个生态指标恶化，所以需同时考虑两个水文改变生态指标。

从四个目标优化方案的 Pareto 前沿中，继续寻找供水和发电效益与现有方案 A 相同且水文改变生态指标改进的点。图 7.13 (d) 黄色三角标注所指为“防洪—供水—生态—发电”相协调的推荐生态调度方案 D，其 *WQL* 提高 3.06%、*HA* 降低 32.72%，且对供水和发电的经济效益几乎无影响。因此，采用该推荐生态调度方案对应的径向基调度函数，用于指导丹江口水库优化调度运行，实现“防洪—供水—生态—发电”相协调的目标。

7.3.3.3　典型年调度结果比较

选取推荐生态调度方案 2015—2021 年中多目标调度效果较为显著的典型年，对比现有调度方案及推荐方案水位流量过程线，如图 7.14 所示。可以看到水位周期调节规律较为明显，严格受蓄水位、防洪限制水位和汛前消落水位的约束。对比下泄流量得出以下结论：①根据调度规则，若保证供水量较大需要维持下一时段的较高库水位，同时下泄流量减少；②推荐调度方案在丰水年（如 2021 年）汛期首先满足防汛需求，现有和推荐方案均在此年达到蓄满；③在来水较枯的 2015 年，推荐方案尽量削峰并加大汛前和枯季的下泄流量，维持生态需要；并在 5—6 月实现了一定的流量波动，10—12 月维持较高下泄流量；但仍可以发现，2015 年的水位受较高汛前消落水位的限制，在来水不足时为维持较高水位导致生态满足能力欠佳。

总体来看，推荐生态调度方案相比现有优化调度方案在洪峰流量上有削减，非汛期下泄流量稍显提高。这样能够保证年供水量基本不变，而在非汛期流量量级提高以供水生动植物繁衍。推荐调度方案也保留了部分流量波动情况，更加符合天然状态。下泄流量的量级和波动情况与天然状态差距较小，降低了水文变异程度，能有效保护和改善汉江中下游的水生态状况。

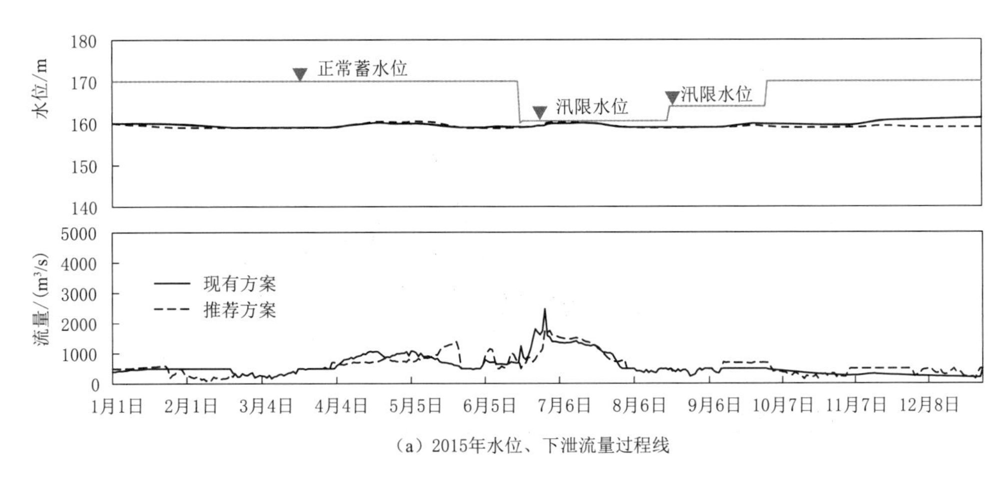

（a）2015年水位、下泄流量过程线

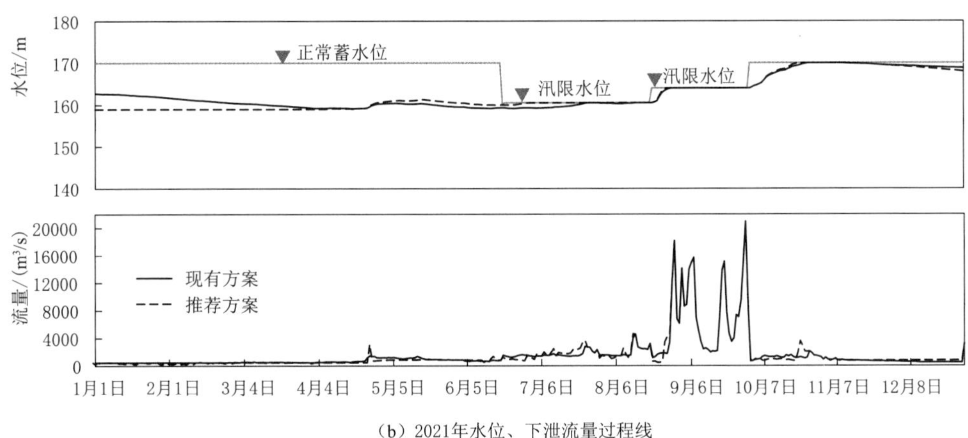

（b）2021年水位、下泄流量过程线

图 7.14 丹江口水库 2015 年和 2021 年调度运行水位、下泄流量过程线

7.3.3.4 生态流量验证

为验证推荐生态调度方案的下泄流量是否满足生态需求，将推荐方案的下泄流量与计算得到的生态基流、适宜生态流量对比，并结合 Tennant 法对推荐方案下泄流量进行评价。

图 7.15 表明推荐方案各月月均下泄流量基本均大于生态基流、适宜生态流量，满足黄家港断面要求的正常年份 490m³/s、特枯年 400m³/s 的下泄量。由于计算的生态基流、适宜生态流量均基于 68 年的天然流量，而本节选择 2015—2021 年共 7 年数据进行多目标调度，所以 9 月下泄流量较大原因是 2021 年秋汛期水库迎来较大洪峰，对 9 月产生较大作用。同理，7 月略低于 75％频率的适宜生态流量的原因是 2015—2021 年的入库流量整体偏小，其中 2015 年、2016 年及 2018 年来水均较枯，反映在 7 月月均下泄流量较天然状态低；且优化算法中加大汛期的供水，也使 7 月的下泄较天然状态略有降低。在产卵育肥期和一般用水期，依据 Tennant 法得到推荐调度方案的流量占多年平均流量比例分别为 63.40％和 78.46％，评价结果都达到了最佳水平，说明无论是产卵育肥期还是一般用水期，推荐方案的下泄流量都给生物生存条件提供了较高保障。

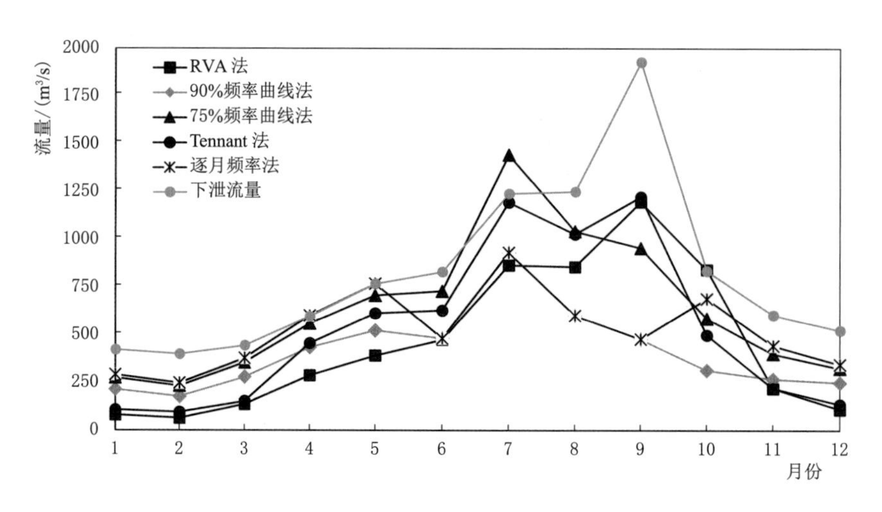

图 7.15 下泄流量与生态流量对比

7.4 考虑生态需水的丹江口水库多目标优化调度结果分析

7.4.1 构建丹江口生态调度下泄方案

7.4.1.1 改进生态需水过程

针对现有优化调度方案存在的问题不足，将对应时段生态流量的限制提升，更换为实现抑制伊乐藻、抑制水华并促进鱼类繁殖等功能的生态流量过程。其他时段的下泄流量依然以 490m^3/s(400m^3/s) 作为限制。

丹江口水利枢纽电站水轮发电单台机组满发流量为 280m^3/s，共有 6 台机组。将生态流量需水过程与各机组发电的满发流量需求相结合，即开启的机组数量呈现逐渐增加再逐步递减的过程。其流量过程与生态需水相似，即对应时段总需水量相当，且机组台数的增减也模拟了不同生境对生态流量涨幅、波动和洪峰持续时间等特征的需求。得到改进的生态需水量与下泄流量约束 490m^3/s(400m^3/s) 相比，累计增加依然为 38.9 亿 m^3（同表 7.6)。具体生态需水过程如下：

(1) 2 月 1—15 日抑制伊乐藻调度，需水过程调整见表 7.12，开启机组数量由 2 台逐步提升为 6 台，再缓慢降为 2 台。2 月 1—15 日需丹江口水库新增下泄水量为 9.4 亿 m^3。

(2) 1 月 20—27 日和 2 月 20—28 日抑制水华调度，丹江口水库新增下泄水量为 13.4 亿 m^3。

(3) 6 月 10—20 日促进鱼类繁殖生态调度，需水过程配合水库汛前消落期放水，调整为 6 月 8—23 日，按照表 7.13 进行。开启的机组由 2 台逐日提升为 6 台，而后为满足“人造洪峰”升为 2000～3000m^3/s，最后再由 6 台机组依次降为 2 台。其中 6 月 10—20 日丹江口水库新增下泄水量为 16.1 亿 m^3。

表 7.12 抑制伊乐藻生态需水过程

日期	2月1日	2月2日	2月3日	2月4日	2月5日	2月6日	2月7日	2月8日	2月9日	2月10日	2月11日	2月12日	2月13日	2月14日	2月15日
下泄流量/(m^3/s)	560	840	1120	1400	1400	1400	1400	1680	1400	1400	1680	1400	1120	840	560
满发机组台数/台	2	3	4	5	5	5	5	6	5	5	6	5	4	3	2

表 7.13 促进鱼类繁殖生态需水过程

日期	6月8日	6月9日	6月10日	6月11日	6月12日	6月13日	6月14日	6月15日	6月16日	6月17日	6月18日	6月19日	6月20日	6月21日	6月22日	6月23日
下泄流量/(m^3/s)	560	1120	1400	1400	1400	1680	2000	3000	3000	2000	3000	3000	2000	1680	1120	560
满发机组台数/台	2	4	5	5	5	6	6	6	6	6	6	6	6	6	4	2

7.4.1.2 调整汛期控制水位

丹江口水利枢纽具有防洪、供水、发电、航运等综合利用效益的大型水利枢纽，是开发治理汉江的关键工程和南水北调中线、鄂北调水的水源工程。据 1954—2021 年（共 68 年）日径流资料系列分析，目前丹江口水库的现有优化调度方案仅 8 年能蓄到 170m 正常高水位，年蓄满率仅为 12%左右，年蓄满率太低（表 7.3、表 7.4），说明丹江口水库设计洪水及其汛限水位的设置存在一些不足，有优化调整的空间。

在保障防洪安全和供水需求的基础上，若要考虑对下游生态补偿调度，则需要调整优化丹江口水库的水位控制和蓄水方案。郭生练等[29-30] 对汛前控制水位和汛期运行水位动态控制进行讨论：当来水较为充足时，允许水库在消落期加大调水或向汉江中下游生态需水，使水库水位的消落幅度增加，随后再通过汛期来水回蓄。研究证明，这样既可以增加有效防洪库容又能减少汛期弃水，且一般均可回蓄至防洪限制水位，不影响下一年的供水。随着气象预报精度的提升，在预报流域小雨或无雨时，水库汛期运行水位浮动上限可进一步提高 1.0～1.5m。丹江口水库作为多年调节的大型水库，其设计洪水偏大[31]，年蓄满率偏低，所以可对丹江口水库汛前和汛期控制水位做调整。经前期初步研究成果，建议丹江口水库汛期控制水位和蓄水方案为：

（1）汛前最低消落水位从优化方案 159m 降至 155m。

（2）夏汛期 6 月 20 日至 8 月 5 日，水库按水位 161.5m 控制。

（3）过渡期 8 月 6—20 日，水库蓄水过渡到秋汛期汛限水位 163.5m。

（4）秋汛期 8 月 21—31 日，水位逐步蓄至 164.5m 左右；9 月 1—15 日，水位逐步蓄至 165m 左右；9 月 16—30 日，水位可逐步上浮至 167m；10 月 1 日开始逐步蓄水至 170m 的正常高水位。

由此，保证防洪安全前提下，通过增加水库水位消落幅度以挖掘水库供水和生态潜力，再提高汛期控制水位以促进水库迅速回蓄。

7.4.1.3 生态调度模型

目标函数中的供水量和发电量，区别于前节的多目标调度，生态调度方案为更直观地解决特殊生态问题，将生态需水过程作为调度模型中的约束条件实施优化调度。输入资料为1954—2021年共68年的丹江口水库日来水流量，优化算法为NSGA－Ⅱ，每一代种群数300，进化代数200代。

约束条件包括水量平衡约束、水库蓄水量约束、过流能力限制、电站出力约束、汛期运行水位约束和汛前水位消落约束等，其中在水库下泄流量约束式（7.7）中补充涵盖生态约束 $Q_{t,\min}=Q_{t,\mathrm{eco}}$，$Q_{t,\mathrm{eco}}$ 数据来源于本章前述改进的生态需水过程；式（7.11）汛期运行水位约束中，$Z_{\max}^{\mathrm{flood}}$ 和 $Z_{\min}^{\mathrm{pre-flood}}$ 为前述调整的汛期控制水位。

7.4.1.4 构建生态调度方案

生态调度的汛期模拟操作调度运行如图7.16所示。依据研究需求，共构建两种生态调度方案：方案Ⅰ保持生态调度的发电量与现有优化调度相同，提高供水量、改变汛期控制水位、蓄水方案和生态需求的优化结果；方案Ⅱ控制变量，保持生态调度的供水量与现有优化调度相同，提高发电量、改变汛期控制水位、蓄水方案和生态需求的优化结果，对比分析两方案的特征值。

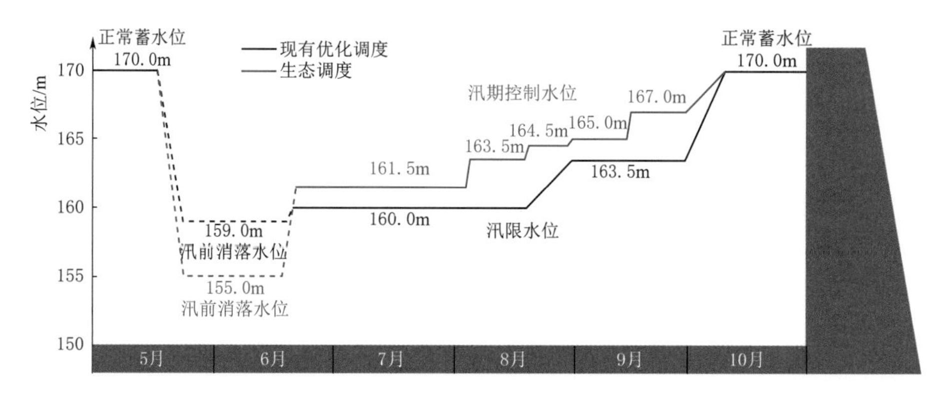

图7.16 调度运行图（汛期模拟操作）

7.4.2 多目标优化调度结果分析

选择1954—2021年共68年丹江口水库日来水数据进行丹江口水库模拟生态调度分析，并与现有优化调度方案对比分析。满足防洪安全、供水要求和生态目标的调度结果见表7.14和表7.15（由于68年序列较长，仍仅展示2000年及以后的逐年生态调度结果）。分析多年平均水库下泄流量过程线和调度情况可见，丹江口水库可通过生态调度运行减少弃水，增加供水，增加1—2月的抑制水华、抑制伊乐藻的功能，6月的“人造洪峰”过程可以促进鱼类繁殖，汛期满足防洪要求，其他时段满足最少490m^3/s(400m^3/s) 的下泄流量。汛前和汛期控制水位以及蓄水方案的调整使得水库的整体效益有了提升，蓄满率和年蓄满率增加。

表 7.14 丹江口水库调度情况对比

计算结果特征值	现有优化调度	生态调度方案Ⅰ	生态调度方案Ⅱ
多年平均入库水量/亿 m^3	378	378	378
陶岔渠首＋清泉沟多年平均调水量/亿 m^3	90	98（＋9%）	90（＋0）
多年平均弃水量/亿 m^3	53	45（－15%）	37（－30%）
多年平均发电水量/亿 m^3	234	230（－2%）	246（＋5%）
多年平均发电量/(亿 kW·h)	38	38（＋0）	40（＋5%）
多年平均水库蓄满率/%	72	75（＋4%）	72（＋0）
年蓄满率/(次/总年数)	8/68	13/68（＋5）	12/68（＋4）
逐日生态流量保证率/%	72	89（＋24%）	84（＋17%）
多年平均汛前消落水位/m	159.2	157.8（－1.4m）	156.5（－2.7m）
多年平均夏汛期最高水位/m	160.2	160.9（＋0.7m）	160.3（＋0.1m）
夏汛期最高水位出现时间	7月17日	7月31日（＋14d）	8月3日（＋17d）
多年平均最高蓄水位/m	164.6	165.1（＋0.5m）	164.6（＋0m）
最高蓄水位出现时间	10月31日	10月1日（－30d）	9月28日（－32d）

注 “（）”内为生态调度方案与现有优化调度方案比较。

7.4.2.1 生态调度方案Ⅰ

相比现有调度规则，方案Ⅰ的供水量增加9%，陶岔渠首和清泉沟的多年平均总调水量由90亿 m^3 增加为98亿 m^3。发电量保持不变。由于汛前消落水位的降低和汛控水位的提高，水库可利用库容变大，弃水量从53亿 m^3 减少为45亿 m^3，供水量、生态满足率相应增加。方案Ⅰ可利用库容的增加也使得水库的蓄满率和年蓄满率有效增加，由原来的只有8年蓄满增加为13年蓄满，百分比由12%提升为19%，增加的5年均为丰水年（1968年、1970年、1984年、2003年、2011年）。汛期控制水位调整可提高水库蓄满率，实现水资源更高效利用。方案Ⅰ对出库流量的合理分配，有效实现生态保证率24%的提升。尤其是汛前消落水位的降低，让水库能更多释放水量满足生态，68年内满足抑制水草、抑制水华、促进鱼类繁殖以及下泄流量约束 $490m^3/s(400m^3/s)$ 的逐日生态流量保证率可达89%。方案Ⅰ的年内下泄流量的分布随生态调度改变，生态调度放开了汛前水位的限制，加之6月中旬为了促进鱼类繁殖而制造的下泄过程，导致汛前消落水位比现有调度降低，夏汛期蓄水过程变长。但夏汛期控制水位的抬高也让夏汛期最高水位提升0.7m。方案Ⅰ的最高水位随着整个汛期控制水位的调整而升高0.5m。方案Ⅰ的丰水年最高蓄水位在10—11月蓄至；但枯水年汛后需要尽量满足生态需求，造成水位降低，汛后较难回蓄至更高的水位，所以平均下来，方案Ⅰ的最高水位出现时间较现有方案提前。

表 7.15　丹江口水库生态调度方案Ⅰ计算结果

年份	特征值										
	入库/亿 m^3	供水/亿 m^3	弃水/亿 m^3	发电水量/亿 m^3	发电量/(亿 kW·h)	蓄满率/%	生态满足率/%	汛前消落水位/m	夏汛期最高水位/m	出现时间	最高水位/m	出现时间
2000	383	69	25	197	32	86.5	57.0	155.0	163.1	8月20日	167.4	11月12日
2001	203	103	1	186	30	41.2	97.5	156.0	156.5	8月19日	157.7	10月18日
2002	210	48	1	156	24	43.7	54.5	156.7	158.3	7月10日	158.3	7月10日
2003	504	87	92	209	35	100.0	71.5	155.0	160.9	8月20日	170.0	10月11日
2004	287	109	0	216	36	72.6	100.0	156.9	157.1	8月20日	164.8	10月21日
2005	465	109	66	251	42	100.0	95.9	155.0	162.9	8月20日	170.0	10月11日
2006	219	109	0	212	35	49.1	100.0	159.7	159.5	6月21日	159.6	10月9日
2007	317	74	31	192	31	68.1	67.9	155.0	163.1	8月20日	163.8	9月14日
2008	260	72	0	166	26	65.3	80.5	155.0	158.6	8月20日	163.2	11月1日
2009	344	103	0	221	35	69.0	95.9	157.7	160.7	8月20日	164.0	10月5日
2010	481	109	114	259	42	77.1	100.0	158.6	162.1	8月20日	165.7	9月27日
2011	563	109	119	272	45	100.0	91.0	155.0	163.5	8月12日	170.0	11月13日
2012	317	109	0	268	44	73.9	100.0	157.7	160.9	8月8日	165.0	9月29日
2013	236	74	1	204	32	50.4	77.0	155.0	159.9	8月17日	159.9	8月17日
2014	277	58	0	150	24	76.1	63.3	155.0	155.2	7月11日	165.5	10月12日
2015	243	109	0	196	31	52.0	96.4	158.1	160.3	7月22日	160.3	7月22日
2016	199	48	0	149	23	35.9	59.5	155.0	156.4	8月9日	156.4	8月9日
2017	387	78	12	187	30	100.0	74.8	156.0	155.8	6月21日	170.0	10月16日
2018	272	109	5	246	41	57.8	100.0	160.5	161.6	8月18日	161.6	8月18日
2019	345	79	0	187	31	88.4	75.6	155.0	161.1	8月20日	167.8	11月7日
2020	322	109	3	233	39	73.1	100.0	158.7	163.1	8月20日	164.9	9月9日
2021	709	109	231	297	50	100.0	100.0	159.8	163.3	8月20日	170.0	10月11日

7.4.2.2 生态调度方案Ⅱ

方案Ⅱ的设置目的是进行控制变量比较分析。方案Ⅰ因加大供水，水库水位需长期保持在较高，更易蓄满，弃水会略大。而方案Ⅱ保证和现有优化调度供水量相同的情况下，其弃水量可以进一步减少，更多的可利用水资源用于下泄提高发电。方案Ⅰ和方案Ⅱ在丰水年和平水年的生态基本都能够实现接近100%的满足率，但方案Ⅱ的枯水年由于水位更低，很难再将生态满足率提高，所以方案Ⅱ对生态满足率的提高不如方案Ⅰ。出库流量的加大导致方案Ⅱ整体水位均低于方案Ⅰ，后续更难蓄到较高水位，不利于充分水库的综合效益。其相比于现有优化方案，增加4年的蓄满情况，但蓄满率提升效果不如方案Ⅰ。

综上，考虑到丹江口水库“电力调度服从供水调度”的特性，在改变汛期控制水位、蓄水方案和生态需求后，方案Ⅰ能够在防洪基础上，提高年蓄满率、大幅优化供水量、减少弃水，且明显提升生态满足率。由此，将方案Ⅰ作为后续生态调度结果（表7.14）做进一步的分析比较，并选取方案Ⅰ典型年的流量水位过程进行评估。

选择2021丰水年、2020平水年、2013枯水年三个典型年，详细分析生态调度结果。图7.17绘出2021丰水年生态调度方案Ⅰ平均水库下泄流量与运行水位过程。2021年现有优化调度和生态调度方案均能保证水库蓄满，生态调度方案在满足防洪和生态需求的前提下，陶岔渠首和清泉沟的多年平均总调水量为109亿m^3，超过多年平均供水需求；相比于现有优化方案，生态调度方案1—2月和6月中旬加大了下泄流量的水量和波动，使水位在该时段降低，夏汛期蓄至高水位的时间延长，实现抑制伊乐藻、抑制水华、促进鱼类繁殖的逐日生态流量满足率由88.2%提升为100%；由于汛期控制水位的调整，生态调度的夏汛期最高水位可达163.3m，减少了在夏汛期产生的弃水，这也使得水位比现有调度方案更早蓄至正常蓄水位170m。

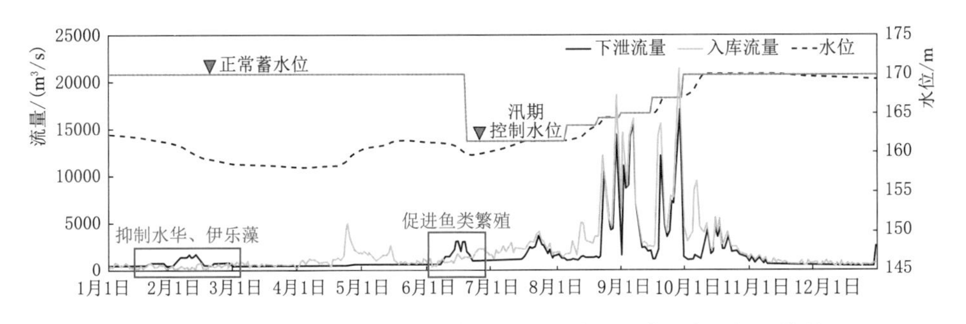

图7.17 2021丰水年生态调度方案Ⅰ平均水库下泄流量与运行水位过程

2020平水年生态调度方案Ⅰ平均水库下泄流量与运行水位过程如图7.18所示，由于生态约束限制和汛前消落水位的降低，其生态满足率由现有方案的70.7%提升为100%，弃水减少，陶岔渠首和清泉沟的多年平均总调水量达到109亿m^3；通过汛期控制水位的放宽，借助汛期的来水，水位迅速回蓄，最高水位提高到164.9m，水库蓄满率从现有方案的60.9%提升为73.1%。

图7.19为2013枯水年生态调度方案Ⅰ平均水库下泄流量与运行水位过程，生态调度可以提高供水量，且将弃水几乎都转化为生态用水、供水和发电水，供水量（陶岔渠首+清泉沟）由58.2亿m^3提升为73.9亿m^3；生态调度的最低水位下调到155m使得下泄流

量加大，满足生态需求，生态满足率可由现有方案的44.9%提升为77.0%；较大的可利用库容使2013枯水年的水位波动明显，构成了良好的水动力条件。

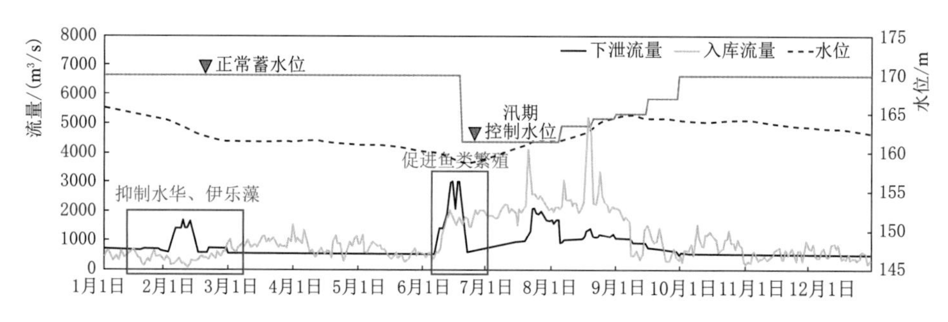

图7.18　2020平水年生态调度方案Ⅰ平均水库下泄流量与运行水位过程

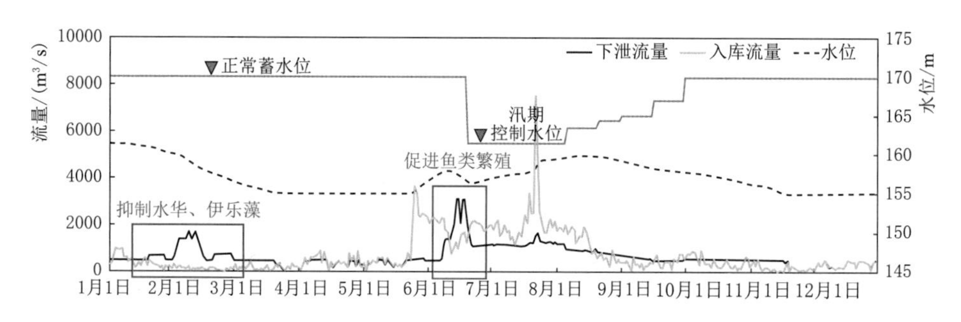

图7.19　2013枯水年生态调度方案Ⅰ平均水库下泄流量与运行水位过程

在生态调度方案比现有方案多蓄满的5年中，选择2011年做详细分析。图7.20绘出2011年典型年生态调度方案Ⅰ平均水库下泄流量与运行水位过程。2011年生态调度的供水量（陶岔渠首+清泉沟）达到109亿m^3，发电量也比现有方案有所提升。现有优化调度方案受汛限水位约束，弃掉汛期较多来水，而汛后来水又不足，水库没有蓄满。生态调度方案上调汛期控制水位，减少由于汛限水位造成的弃水，水库秋汛期水位随控制水位呈阶梯状逐步攀升，在汛后蓄至正常蓄水位。由于汛前消落水位可降低至155m，也可在来水较少的汛前保证一定的生态流量，生态满足率从现有方案的77.3%提升为91.0%。

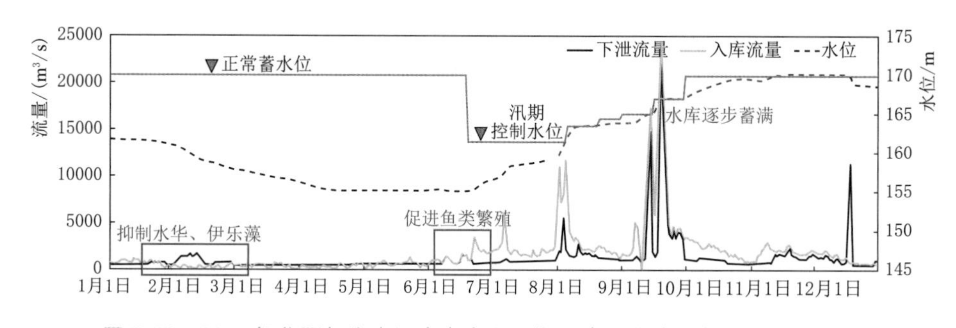

图7.20　2011年典型年生态调度方案Ⅰ平均水库下泄流量与运行水位过程

可见，枯水年生态调度效果提升明显，生态满足率可显著提高甚至翻倍。而平水年和丰水年可以基本实现90%以上的生态满足率。生态调度方案通过增加水库可利用库容，有效优化蓄水方案，在平水年和丰水年提高蓄满率和生态效益，保证供水；在枯水年进行挖潜，提高供水和生态效益。在不影响防洪安全的情况下，将弃水蓄上，提高效益；且将弃水转化为供水和生态用水，实现水资源高效利用。

7.4.3 丹江口水库生态调度效果分析

分析数据发现水华的发生年份与枯水年重合率极高。但发生在平水年和丰水年的水华现象，在水库当前蓄水量足够且来水较多的情况下，可以通过丹江口水库调度实现抑制水华的效果。以水华发生的偏丰年 2005 年和 2010 年为例，通过生态调度可以实现抑制王甫洲库区伊乐藻、抑制汉江水华、有利于鱼类自然繁殖的效果。枯水年中发生水华的 2015 年和 2018 年等也可通过水库调节使生态满足率达 95%以上，实现抑制水华的流量过程。

2017 年和 2019 年，丹江口—王甫洲区间的伊乐藻草灾较为严重。分析流量数据可以发现 2013—2016 年和 2018 年均为枯水年，这导致前一年的水库蓄水量不足，2017 年和 2019 年的春季下泄流量的波动性和大小不够，造成区间水草增殖。通过丹江口水库生态调度，允许汛前水位消落至 155m，可以实现对年内水量的重新分配，使春季下泄流量增加，各年满足抑制伊乐藻的效果提升。但针对前一年很枯且水库水位较低的情况，抑制水草需要流量较大，生态调度只能起到一定缓解作用。

以 2016—2018 年为例：2016 年为特枯年，入库流量不足。但 2017 年为偏丰年，受华西秋雨影响在秋汛期迎来了几轮较大洪峰，汉江形成区域性大洪水。这就出现了 2017 年 1—2 月难以抑制伊乐藻和水华，但在 6 月拥有足够水量营造一次 3d 以上的涨水过程，诱导汉江中下游产漂流性卵鱼类产卵。同时 2017 年水库蓄水量充足，也可以通过在 2018 年加大 1—2 月下泄流量，避免 2018 年春季的丹江口—王甫洲区间伊乐藻草灾和汉江中下游水华的发生，也促使生态调度下 2018 年的生态满足率为 100%。

抑制水华发生与水草泛滥防治的关键时期均为每年的 1—2 月，1—2 月的来水量一般都小于生态需水量，此时是否能够进行有效的生态调度主要由前一年的来水情况和水库当前蓄水量多少来决定。促进四大家鱼等鱼类产卵、洄游和繁殖主要关注的是每年的 6 月，由本年份的来水大小和水库当前蓄水量决定。分析 1954—2021 年共 68 年生态满足率与丰水年、平水年、枯水年的关系，在允许水位在汛前进一步消落后，除连续 1～2 年的偏枯水年或枯水年外，在来水和水库蓄水量足够的情况下，均可通过生态调度加大水库下泄流量，抑制王甫洲伊乐藻、抑制汉江水华并促进鱼类自然繁殖。统计各年生态满足率与年初水位的关系，若年初水位大于或等于 165.5m，则本年抑制水华、抑制伊乐藻、促进鱼类繁殖、满足下泄流量约束的生态满足率均可达 90%以上。而汛期控制水位的抬高，也迅速弥补了汛前降低的水位，减少汛期弃水，使水库更容易蓄至较高水位，为来年供水和生态需求做足准备。

7.5 本章小结

本章首先模拟丹江口水库现有优化调度方案，分析探讨存在的不足，保证防洪安全、供水和发电效益的同时考虑下游生态需水量和流量波动；构建抑制伊乐藻、抑制水华并促进鱼类繁殖等不同生态需求组合的汉江中下游生态流量过程，将其作为调度的生态约束；建议调整丹江口水库运行期控制水位，提高水库可利用库容，改变蓄水方案，开展考虑汉江中下游生态需求的丹江口水库多目标优化调度，分析评价生态调度效果，主要结论如下：

（1）相比于常规调度的原设计方案，现有优化调度方案通过优化水资源分配，不影响水库的蓄满率，大幅度降低了弃水量，将弃水量转化为供水量和发电量。但特征水位、生态满足率等数值，以及典型年的流量水位过程，均证明现有优化调度方案仍然存在一些不足：①由于水库汛前消落水位和汛期汛限水位的限制，导致水库更容易在汛期弃水较多，无法充分利用水资源；②而汛后来水通常不足，后续水库蓄满率会受影响；③现有优化调度中对生态考虑不充分，没有考虑到多种汉江中下游突出水生态问题，生态满足率不高；且为提高供水量需要水库维持较高的水位，导致其下泄流量和波动难以满足生态需求。综合以上三点问题，需要提出相应的改进方案指导丹江口水库调度，以实现对水资源的高效利用和对生态的有效补偿。

（2）提出包括供水、发电、流量等级指标 *WQL* 和流量波动指标 *HA* 共 4 种不同目标函数组合的优化调度方案。其中调水量与发电量、水文改变生态指标呈负相关关系；发电量与 *WQL* 相互协调，但与 *HA* 相互矛盾；仅考虑一种水文改变生态指标会造成另一生态指标的需求难以达到。现有调度方案虽能提高供水量，但对汉江中下游的水文情势改变较大。对比发现，同时考虑供水、发电、*WQL* 及 *HA* 的推荐多目标优化调度方案，在维持供水发电效益不受影响的前提下，有效优化两生态指标，满足水生生物生存繁衍，可以为丹江口水库生态调度提供参考。

（3）改进的生态需水过程，综合了生态需水研究成果和水利枢纽电站水轮发电单台机组满发流量，机组开启台数整体上先递增再递减，符合特殊生境对流量涨幅和洪峰持续时间等的需求。为实现抑制伊乐藻和水华的功能，生态需水量分别增加 9.4 亿 m^3 和 13.4 亿 m^3，这两项调度，结合联动，一举两得，视丹江口水库蓄水和中下游水情决定下泄时机和流量大小；促进鱼类繁殖的生态需水量增加 16.1 亿 m^3，其下泄过程安排在消落期，且水温合适。不同生态目标下的生态流量过程依托于已经实践验证的调度操作，基于相关研究，考虑了机组发电情况，设置合理可行，可以应用作为丹江口水库调度新的生态目标。

（4）生态调度方案在保证防洪安全的基础上，调整汛前消落水位和汛期控制运行水位的上限，加大了水库运行水位浮动的范围，有效减少弃水量，增加供水效益和生态保证率。降低汛前消落水位至 155m，挖掘水库对汉江中下游的供水潜力，满足 1—6 月的生态需求；抬升汛期控制水位，阶梯形式提高到 167m，储存更多汛期来水，有效弥补汛前降低水位而导致多下泄的水量，使水库更容易蓄至较高水位，进而提高供水效益。水位调整后，既能提高经济效益又保护生态环境，具有实践意义。

（5）生态调度结合现有调度开展优化，服从“防洪—供水—发电”调度的前提。生态调度的结果显示，水库年蓄满率有明显提升，其供水和生态效益有效提高。除连续 1～2 年的偏枯水年或枯水年外，若当前水库蓄水量较大，或年初水位大于或等于 165.5m，可以90%地实现抑制水华和伊乐藻、促进鱼类繁殖、满足下泄流量约束的生态需求，有效缓解汉江中下游水生态环境问题。本研究构建的方案可为丹江口水库生态调度提供参考。

参 考 文 献

[1] 水利部长江水利委员会. 丹江口水利枢纽调度规程（试行）[S]. 武汉：水利部长江水利委员会，2016.

[2] 水利部长江水利委员会. 丹江口水利枢纽优化调度方案 [S]. 武汉：水利部长江水利委员会，2021.

[3] 水利部长江水利委员会. 汉江流域水量分配方案编制说明 [R]. 武汉：水利部长江水利委员会，2016.

[4] 水利部长江水利委员会. 长江流域综合规划（2012—2030年）[R]. 武汉：水利部长江水利委员会，2012.

[5] GIULIANI M, MASON E, CASTELLETTI A, et al. Universal approximators for direct policy search in multi-purpose water reservoir management: A comparative analysis [J]. IFAC Proceedings Volumes, 2014, 47 (3): 6234-6239.

[6] YANG G, GUO S, LIU P, et al. Multiobjective reservoir operating rules based on cascade reservoir input variable selection method [J]. Water Resources Research, 2017, 53 (4): 3446-3463.

[7] YANG G, GUO S, LI L, et al. Multi-objective operating rules for Danjiangkou Reservoir under climate change [J]. Water Resources Management, 2016, 30 (3): 1183-1202.

[8] 陈桂亚，郑静，张潇. 2021年丹江口水库防洪与蓄水 [J]. 中国水利，2022，1 (5)：24-27.

[9] 尹炜，李建，辛小康. 汉江中下游生态复苏面临问题与生态调度研究 [J]. 中国水利，2022，1 (07)：57-60.

[10] 洪兴骏，余蔚卿，任金秋，等. 丹江口水利枢纽汛期运行水位优化研究与应用 [J]. 人民长江，2022，53 (2)：27-34.

[11] SMAKHTIN V, REVENGA C, DÖLL P. A pilot global assessment of environmental water requirements and scarcity [J]. Water International, 2004, 29 (3): 307-317.

[12] SMAKHTIN V U. Low flow hydrology: a review [J]. Journal of Hydrology, 2001, 240 (3): 147-186.

[13] THARME R E. A global perspective on environmental flow assessment: emerging trends in the development and application of environmental flow methodologies for rivers [J]. River Research and Applications, 2003, 19 (5-6): 397-441.

[14] 水利部. SL/Z 712 河湖生态环境需水计算规范 [S]. 北京：中国水利水电出版社，2021.

[15] 倪晋仁，崔树彬，李天宏，等. 论河流生态环境需水 [J]. 水利学报，2002，33 (9)：14-19.

[16] 李千珣，郭生练，邓乐乐，等. 清江最小和适宜生态流量的计算与评价 [J]. 水文，2021，41 (2)：14-19.

[17] RICHTER B, BAUMGARTNER J, POWELL J, et al. A method for assessing hydrologic alteration within ecosystems [J]. Conservation Biology, 1996, 10: 1163-1174.

[18] RICHTER B, BAUMGARTNER J, WIGINGTON R, et al. How much water does a river need [J]. Freshwater Biology, 1997, 37 (1): 231-249.

[19] TENNANT D L. Instream flow regimens for fish, wildlife, recreation and related environmental resources [J]. Fisheries, 1976, 1 (4): 6-10.

[20] 郭生练，田晶，段维鑫，等. 汉江流域水文模拟预报与水库水资源优化调度配置 [M]. 北京：中国水利水电出版社，2020.

[21] 谢文星，黄道明，谢山，等. 丹江口水利枢纽兴建后汉江中下游四大家鱼等早期资源及其演变 [J]. 水生态学杂志，2009，30 (2)：44-49.

[22] 丁洪亮，程孟孟，胡永光，等. 丹江口—王甫洲区间生态调度认识与实践 [J]. 人民长江，2022，53 (3)：74-78.

[23] 王俊，汪金成，徐剑秋，等. 2018年汉江中下游水华成因分析与治理对策 [J]. 人民长江，2018，49 (17)：7-11.

[24] 田晶，郭生练，王俊，等. 汉江中下游干流水华生消关键因子识别及阈值分析 [J]. 水资源保护，2022，38 (5)：196-203.

[25] TIAN J，GUO S，WANG J，et al. Preemptive warning and control strategies for algal blooms in the downstream of Han River，China [J]. Ecological Indicators，2022，142：109190.

[26] 李建，尹炜，贾海燕，等. 汉江中下游硅藻水华研究进展与展望 [J]. 水生态学杂志，2020，41 (5)：136-144.

[27] ILIADIS L S. A decision support system applying an integrated fuzzy model for long-term forest fire risk estimation [J]. Environmental Modelling & Software，2005，20 (5)：613-621.

[28] 王何予，田晶，郭生练，等. 考虑水文改变生态指标的丹江口水库多目标优化调度 [J]. 南水北调与水利科技（中英文），2022，20 (6)：1041-1051.

[29] 郭生练，刘攀，王俊，等. 再论水库汛期水位动态控制的必要性和可行性 [J]. 水利学报，2023，54 (1)：1-12.

[30] 郭生练，熊丰，谢雨祚. 水库运行期设计洪水及汛期水位动态控制理论方法与应用 [M]. 北京：中国水利水电出版社，2023.

[31] 郭生练，尹家波，李丹，等. 丹江口水库设计洪水复核及偏大原因分析 [J]. 水力发电学报，2017，36 (2)：1-8.

汉江中下游规划设计的主要水利工程

为系统解决汉江中下游水资源、水生态、水环境等新老水问题，给全省经济社会高质量发展提供坚实水安全保障，在南水北调中线一期四项治理工程和已开工建设引江补汉工程的基础上，《湖北省"荆楚安澜"现代水网规划》结合国家水网总体布局，对汉江中下游区域规划了引江补汉输水沿线补水工程、鄂北地区水资源配置二期工程、一江三河水系综合治理工程和引隆补水等重大水资源配置工程，成为湖北省"荆楚安澜"现代水网的骨干工程。

8.1 引江济汉工程

引江济汉工程是南水北调中线一期工程中汉江中下游四项治理工程之一。工程的主要任务是向汉江兴隆以下河段补充因南水北调中线调水而减少的水量，同时改善河段的生态、灌溉、供水和航运用水条件。

引江济汉干渠采用明渠自流结合泵站抽水的输水形式。进水口位于长江荆州市李埠镇龙洲垸，出水口位于汉江潜江市高石碑镇。干渠线路沿东北向穿荆江大堤（桩号 772+150），在荆州城西伍家台穿 318 国道、红光五组穿宜黄高速公路后，近东西向穿过庙湖、荆沙铁路、襄荆高速、海子湖后，折向东北向穿拾桥河，经过蛟尾镇北，穿长湖，走毛李镇北，穿殷家河、西荆河后，在潜江市高石碑镇北穿过汉江干堤入汉江（桩号 251+320），全长 67.23km。渠道在与拾桥河相交处分水入长湖，经田关河、田关闸入东荆河。

干渠设计引水流量 350m^3/s，最大引水流量 500m^3/s。补东荆河设计流量 100m^3/s，加大流量 110m^3/s。渠首龙洲垸泵站装机 6×2100kW，设计提水流量 200m^3/s。2030 水平年设计年输水量 33.43 亿 m^3，其中补汉江水量为 27.92 亿 m^3，补东荆河水量为 5.51 亿 m^3。干渠沿线各类建筑物共计 107 座，其中水闸 14 座、泵站 1 座、船闸 2 座、东荆河橡胶坝 3 座、倒虹吸 30 座、公路桥 56 座、铁路桥 1 座。至 2022 年年底，工程累计调水约 300 亿 m^3，其中向汉江补水约 240 亿 m^3，向长湖、东荆河补水约 60 亿 m^3，有效改善了区域水生态环境，维护了河湖健康生命，工程效益惠及汉江下游流域 645 万亩耕地和 889 万人口。

引江济汉工程拾桥河交叉口、汉江出口如图8.1和图8.2所示。

图8.1 引江济汉工程拾桥河交叉口鸟瞰图

图8.2 引江济汉工程汉江出口鸟瞰图

8.2 引江补汉工程

南水北调中线工程是缓解我国北方水资源严重短缺局面的重大战略性基础设施，中线一期工程自2014年通水以来，为北方受水区经济社会发展提供了有力支撑，极大缓解了北方受水区的用水矛盾，取得了显著的经济效益、社会效益和生态效益。

受汉江流域内外用水需求逐年增加以及近20年枯水年组影响，南水北调中线供水面临严峻挑战。加上北方受水区地下水压采规划的持续实施，地下水可供水量减少，受水区供水安全面临更大挑战。为提升中线工程供水保障能力，并为引汉济渭工程达到远期调水规模创造条件，引江补汉工程建设十分必要。

引江补汉工程的任务是从长江三峡水库引水入汉江，提高汉江流域的水资源调配能力，增加南水北调中线工程北调水量，提升中线工程供水保障能力，并为引汉济渭工程达到远期调水规模、向工程输水线路沿线地区城乡生活和工业补水创造条件。

工程自三峡库区左岸龙潭溪取水，经宜昌市、襄阳市和丹江口市，终点位于丹江口水库大坝下游汉江右岸安乐河口，线路全长194.8km；采用有压单洞自流输水，输水等效洞径10.2m。线路渠首设计水位145m，终点设计水位90.2m。工程设计引水流量170～212m^3/s。多年平均引江水量39.0亿m^3，其中向中线总干渠补水24.9亿m^3，向汉江中下游补水6.1亿m^3，补充引汉济渭工程5.0亿m^3，向工程输水线路沿线补水3.0亿m^3。

2022年6月，经国务院批准，国家发展改革委批复《引江补汉工程可行性研究报告》（发改农经〔2022〕978号）。

2023年，水利部批复《南水北调中线引江补汉工程初步设计报告》，工程施工总工期为108个月。按2022年第四季度价格水平，工程静态总投资为598.16亿元，总投资为664.47亿元。

2022年7月7日引江补汉工程已开工建设。

引江补汉工程示意如图8.3所示。

8.3 引江补汉输水沿线补水工程

引江补汉输水线路沿线供水区位于汉江中下游右岸，涉及湖北省宜昌、荆门和襄阳3市14个县（市、区），国土面积1.17万km^2。该区域人口、耕地集中，经济较发达，是国家粮食安全产业带湖北省的一部分和湖北省区域发展布局“两翼”发展的重要增长极，经济发展潜力巨大。但因地处鄂中丘陵区，是湖北省仅次于鄂北地区的“旱包子”，长期以来因干旱缺水城镇生活工业挤占农业、生态用水现象严重，水资源供需矛盾突出，危及国家粮食安全和制约当地经济社会发展，是湖北水资源配置规划近期需要重点解决的区域之一。

引江补汉输水沿线补水工程的建设任务是通过向工程输水沿线地区城乡生活和工业补水，提升城乡供水保障能力，退还被挤占的农业和生态用水，为改善受水区水生态环境创造条件。工程补水范围包括东风渠、沮漳河和三道河共3个供水区，荆襄胡集供水区为应急供水范围。规划2035年输水沿线供水区当地缺水量5.83亿m^3，多年平均引水量5.65亿m^3，干线设计流量35～11m^3/s。引江补汉输水沿线补水工程示意如图8.4所示。

工程从三峡库区左岸取水，进水口与引江补汉工程联合建设，分设闸门取水，输水线路经宜昌市夷陵区、远安县、当阳市，荆门市东宝区，襄阳市宜城市、南漳县，终点至三道河水库坝下蛮河，线路全长185.166km。进口设计水位143.3m（吴淞145m），出口水

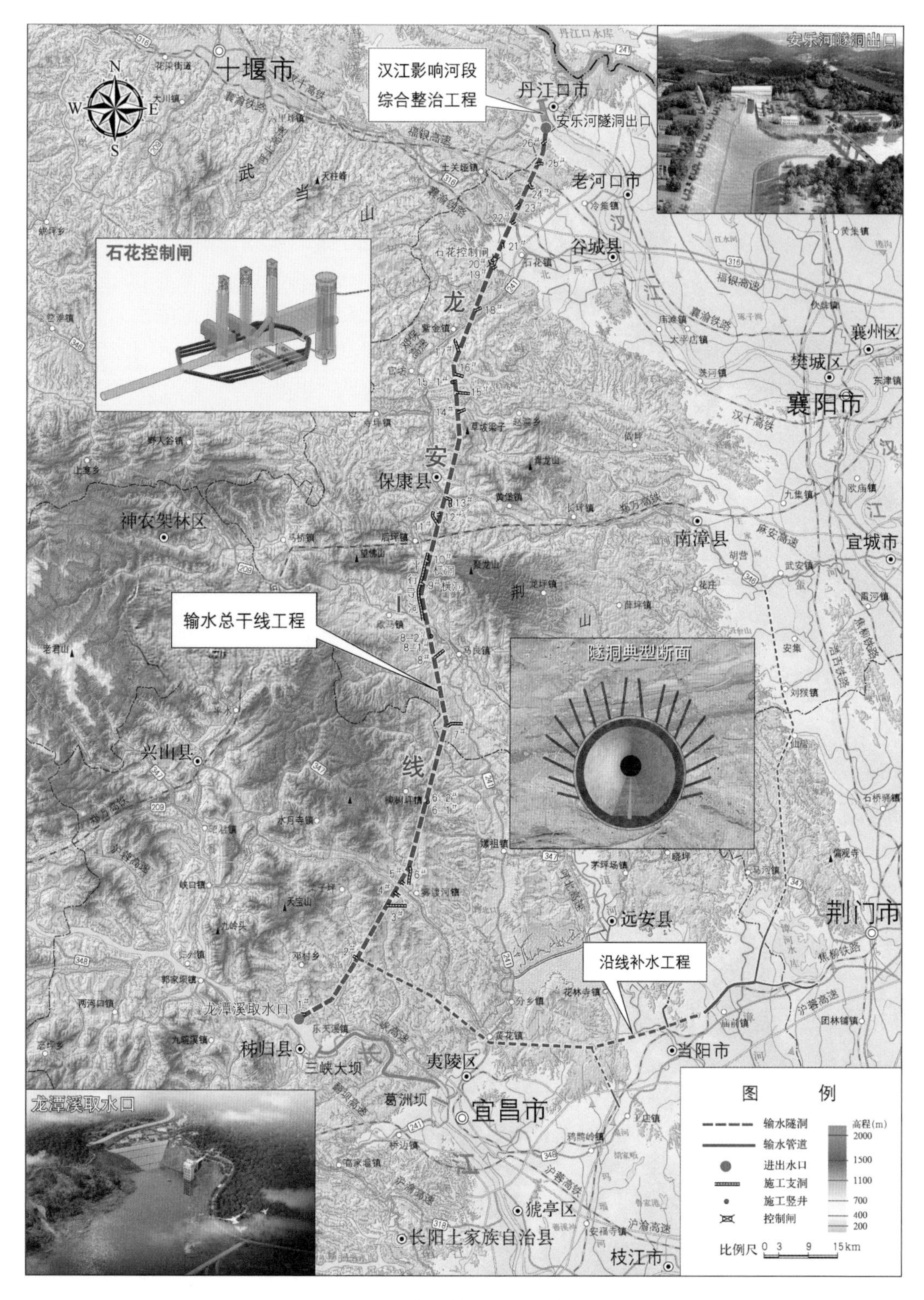

图 8.3 引江补汉工程示意图

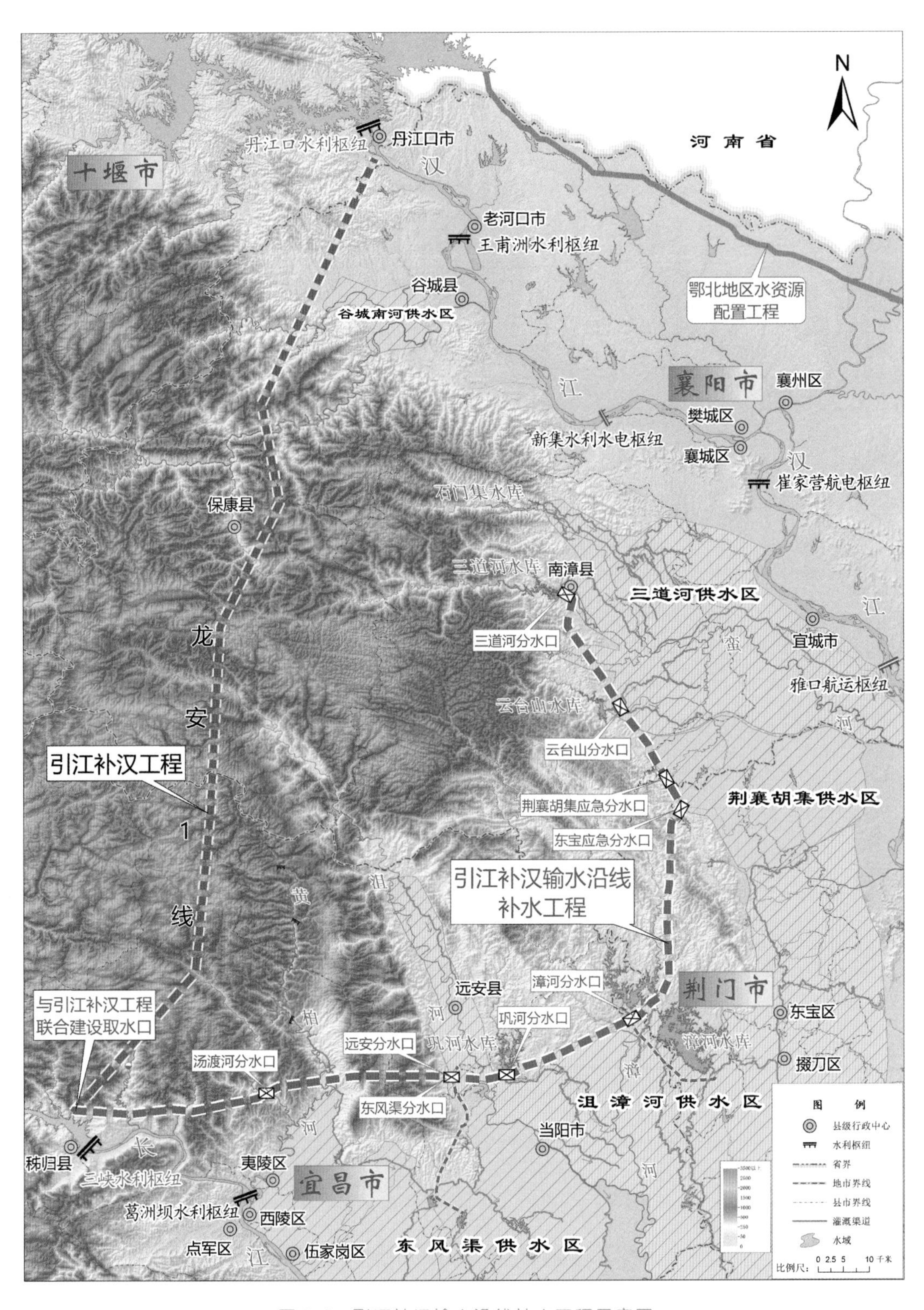

图 8.4 引江补汉输水沿线补水工程示意图

位103.2m，采用一条隧洞有压（前63km）和无压（63km之后）相结合方式进行输水，沿程设东风渠、远安、巩河、漳河、云台山、三道河6个正常分水口，汤渡河、荆襄胡集、东宝3个应急分水口。输水干线主要为隧洞，隧洞164.99km，占总长的89.10%。分水干（支）线总长57.52km。

工程实施后，可有效解决沿线供水区1.17万km^2内的生活生产缺水问题，助力当地经济社会高质量发展，使人民群众的幸福感、获得感和安全感倍增。

2022年12月，水利部以水规计〔2022〕419号文向国家发展改革委报送引江补汉输水沿线补水工程可行性研究报告审查意见。工程总工期90个月，按2022年第一季度价格水平，工程静态总投资158.0亿元。

8.4 鄂北地区水资源配置工程

鄂北地区是湖北省“一主两翼”中的重要一翼和国家粮食主产区，经济发展前景广阔。但鄂北地区也是特殊的资源性缺水地区，现有水资源和节水措施难以解决当地缺水问题，需要通过区外补水。鄂北地区水资源配置工程的实施，将极大改善鄂北地区水资源短缺问题，促进鄂北地区水资源的合理高效利用和水环境改善，为经济社会高质量发展提供重要的水资源保障。

工程任务以城乡生活、工业供水和唐东地区农业供水为主，通过退还被城市挤占的农业灌溉和生态用水量，改善受水区的农业灌溉和生态环境用水条件。工程多年平均引水量7.70亿m^3，其中襄阳市4.67亿m^3、随州市2.68亿m^3、孝感大悟县0.35亿m^3，渠首设计引水流量为38m^3/s。工程从丹江口水库清泉沟隧洞进口引水，输水线路全长269.672km，穿越襄阳市的老河口市、襄州区、枣阳市，随州市的随县、曾都区、广水市，孝感市的大悟县。工程受水区行政区划涉及襄州区、枣阳市、随县、曾都区、广水市和大悟县等6个县（市、区）。受水区设计水平年总人口481.8万人，灌溉面积363.5万亩，总投资180亿元。

鄂北地区水资源配置工程于2015年10月开工建设，2021年1月工程全线建成通水。

8.5 鄂北地区水资源配置二期工程

为尽快解决鄂中丘陵干旱地区缺水问题和充分发挥鄂北地区水资源配置工程最大效益，在不影响南水北调中线工程调水规模和鄂北工程供水任务的前提下，利用鄂北工程干线输水能力，在原受水区的基础上，新增解决长山供水区、安陆市城市供水区和孝昌县城市供水区等地区资源性缺水问题，亟须建设鄂北地区水资源配置二期工程。通过优化调度、强化节水等措施，受益范围设计水平年总人口588万人，灌溉面积500万亩，其中新增受水区总人口162万人，灌溉面积136万亩。图8.5为鄂北地区水资源配置二期工程示意图。

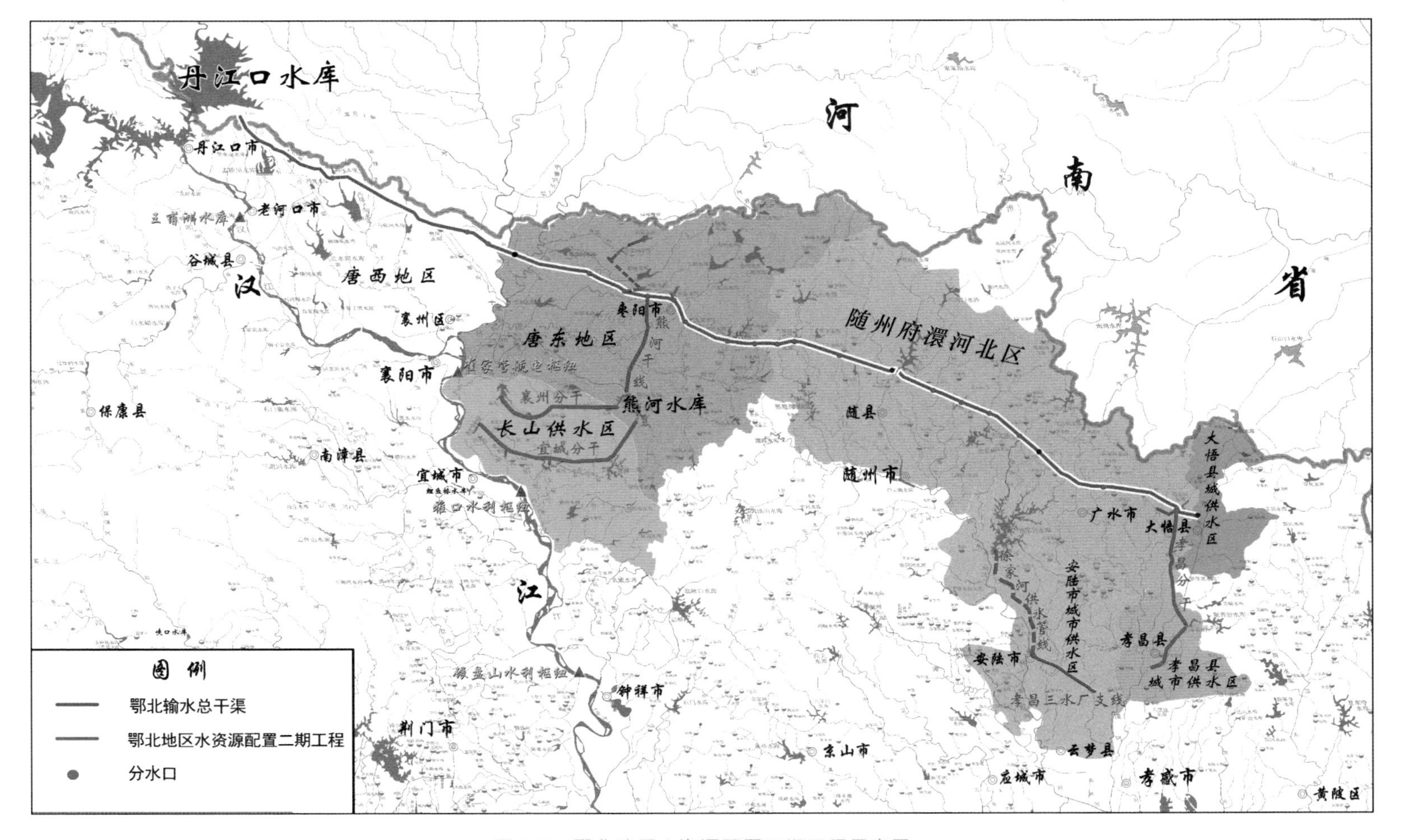

图 8.5 鄂北地区水资源配置二期工程示意图

鄂北水资源配置二期工程维持批复的2030年清泉沟引水量13.98亿m^3不变，经联合优化调度，唐西引丹灌区多年平均引水量6.04亿m^3，鄂北供水区多年平均引水量7.94亿m^3，其中鄂北原受水区多年平均引水量6.94亿m^3，新增供水区多年平均引水量1.00亿m^3（长山供水区、安陆市城市供水区、孝昌县城市供水区）。工程主要建设内容包括21处分水建筑物至各受水对象之间的连接工程，线路总长326.766km，工程静态投资92.66亿元。

2022年9月，湖北省发展改革委批复工程可行性研究报告，2023年3月湖北省水利厅批复工程初步设计报告。

8.6 “一江三河”水系综合治理工程

湖北省“一江三河”水系综合治理工程中的“一江”指汉江，“三河”指汉北河、天门河和府澴河。工程地处江汉平原腹地，位于汉江以北，钟祥市、京山市、孝昌县以南，黄陂区滠水以西的广大地区，行政区划涉及荆门市、天门市、孝感市和武汉市4个地市，共计13个县（市、区），国土面积8562km^2。图8.6为“一江三河”水系综合治理工程示意图。

工程以打造成长江经济带和汉江生态经济带现代水网建设典型示范区为目标，通过实施汉北地区水系连通和骨干河湖整治工程，补强完善区域现代水网，提升区域防洪排涝、灌溉供水能力，为复苏河湖生态环境创造条件。“一江三河”水系综合治理工程总体布局为综合考虑区域防洪排涝、灌溉供水及水生态环境存在的问题，通过加固堤防、整治引排水通道、修复河湖生态等措施，在汉北地区形成“三河安澜、两线畅通、多片循环”的现代水网布局。

工程具体建设内容包括防洪排涝工程、引水工程和重点湖泊生态复苏工程三个方面。其中：防洪工程包括石龙水库溢洪道改造、南港河入汉江撇洪通道扩建、小板河入汉江撇洪通道扩建和华严湖—沉湖入汉江撇洪通道扩建、局部不达标堤防防浪墙建设和相应堤防建筑物改造；排涝工程主要包括51处河湖连通渠整治、汇入骨干河道的7条主要河渠河道治理等；引水工程主要包括渠首罗汉寺闸加固等建筑物，罗汉寺闸—天南总干引水渠、石家河引水渠等引水渠道建设，以及部分灌溉连通渠和灌溉闸站建设；重点湖泊生态复苏工程主要包括项目区范围内湖泊水面面积大于10km^2的5个重点湖泊生态补水、岸线整治、清淤清障等工程建设。

主要建设内容为新建防洪通道113km，堤防整治107km，河湖连通渠242km，修复治理4个重点湖泊。渠首设计流量136m^3/s，多年平均引水量10.67亿m^3。工程实施后，汉北河防洪能力提升至20～30年一遇，改善灌溉面积136万亩、恢复灌溉面积77万亩。工程总投资102.4亿元。

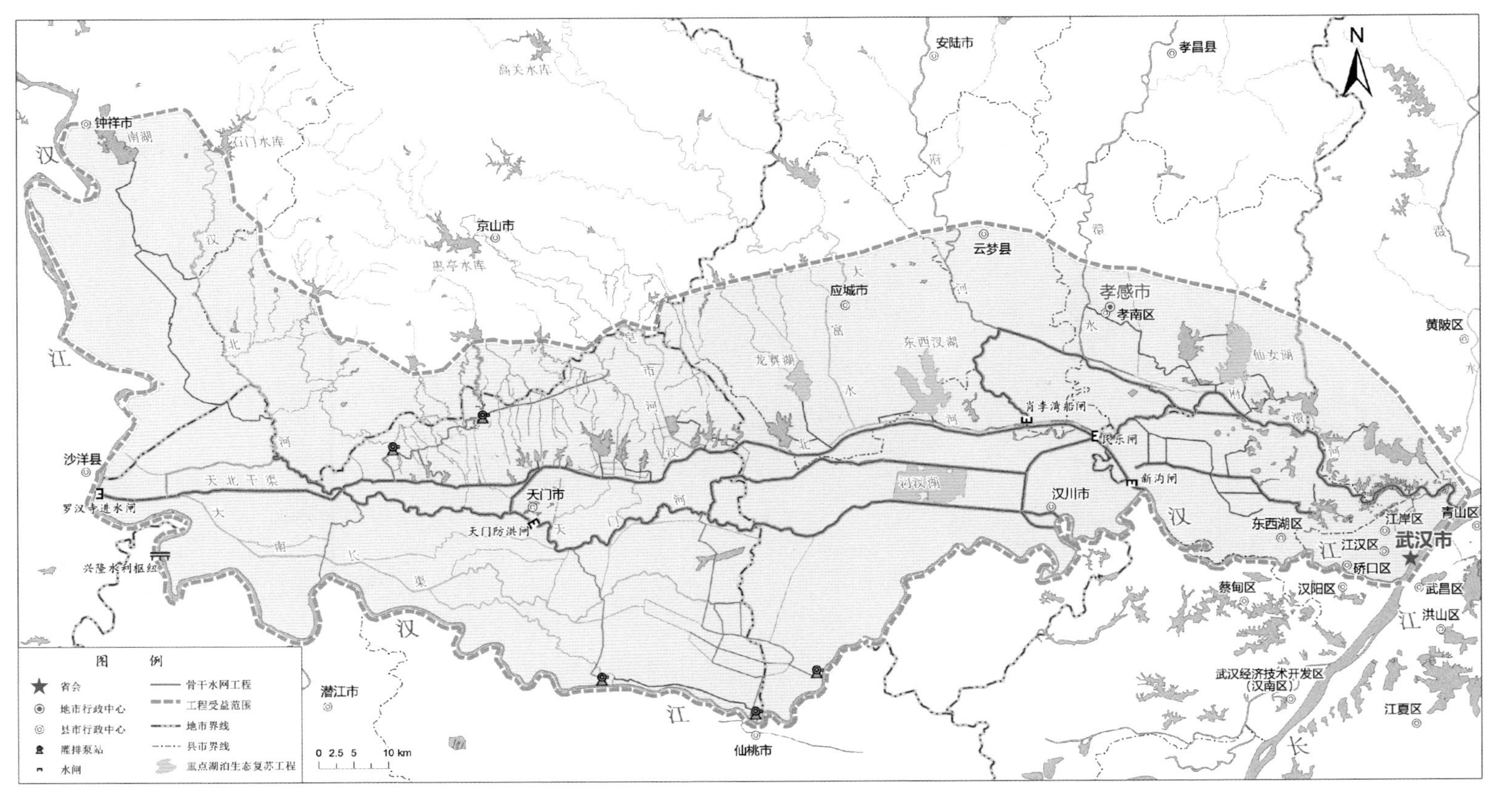

图 8.6 "一江三河"水系综合治理工程示意图

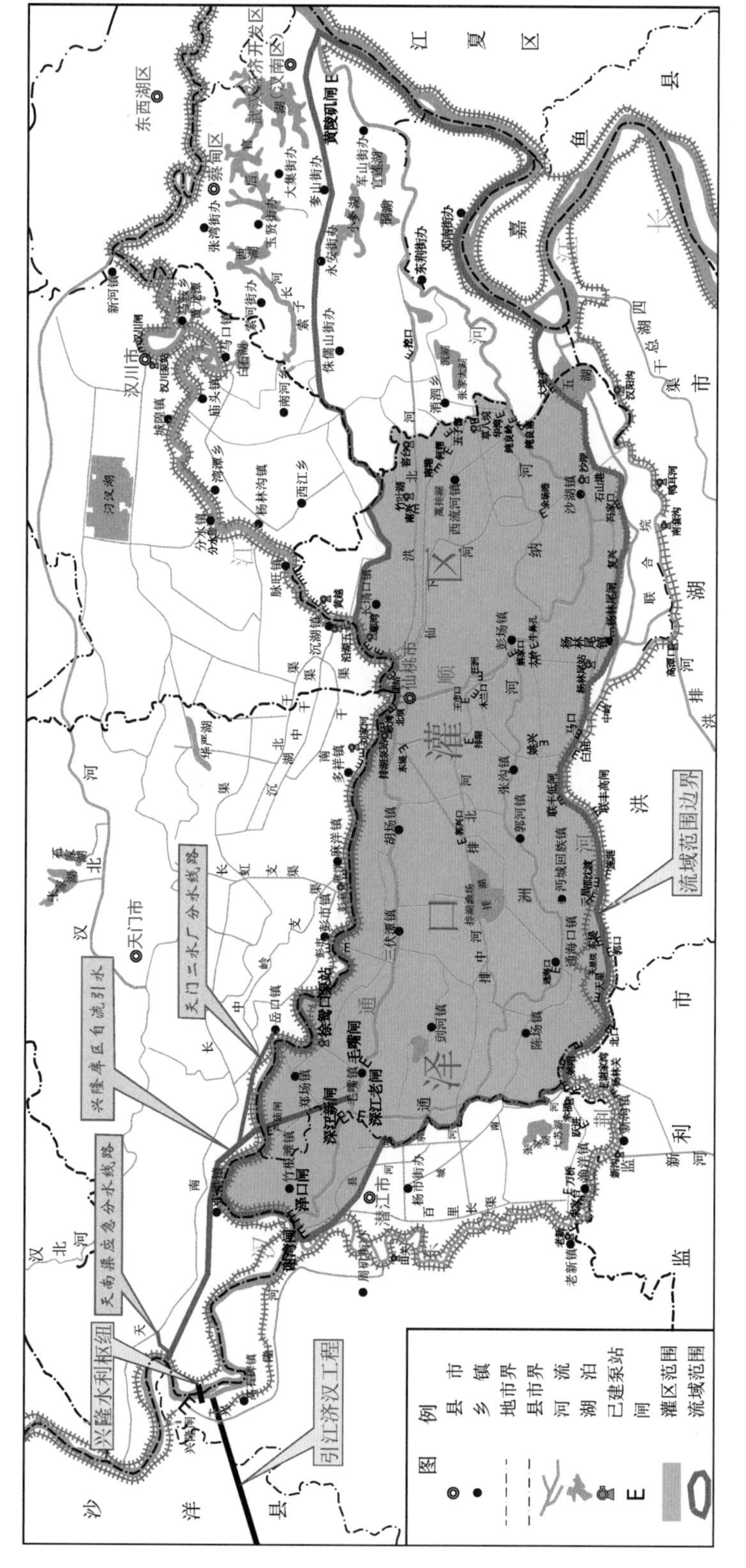

图8.7 引隆补水工程示意图

8.7 引隆补水工程

汉江生态经济带建设引隆补水工程受益范围涉及通顺河流域仙桃市、潜江市和武汉市汉南区、蔡甸区等城市，均位于武汉“1+8”城市圈内。工程的主要任务为改善汉江泽口段河床下切对通顺河流域的不利影响，恢复泽口灌区供水保障程度，同时兼顾向天门市二水厂供水和通顺河及其主要河流生态补水，并在罗汉寺闸关闸期间适时向天南长渠进行应急供水，保障罗汉寺闸向汉北河流域生态供水的任务，改善区域水生态环境，促进汉江生态经济带建设。

工程以兴隆库区为水源，自流引水进入通顺河。干线长 40.1km，设置 2 处分水口，渠首设计流量 $50m^3/s$，干线设计流量 $35m^3/s$，多年平均引水量 4.07 亿 m^3。工程实施后，可使泽口灌区农业灌溉保证率恢复到 85%，改善灌溉面积约 148 万亩；提高天门市城市生活供水安全保障程度，改善通顺河等河流水生态环境。工程总投资 41.91 亿元。图 8.7 为引隆补水工程示意图。

附录1

院士智库·专刊

第7期（总第9期）

中国工程科技发展战略湖北研究院　　2019年12月24日

关于开展《湖北省水生态文明建设评价》的建议

课题负责人：刘　旭　中国工程院原副院长、院士

郭生练　湖北省科协主席、武汉大学教授

一、必要性和意义

生态文明建设是关系到党的使命宗旨的重大问题，也是关系民生的重大社会问题。党的十八大将生态文明纳入五位一体总体布局，党的十九大将生态文明建设定位为中华民族永续发展的千年大计。因此，搞好生态文明建设是各级党委政府应尽的政治责任。

习近平总书记指出："绿水青山就是金山银山"、"山水林田湖草是一个生命共同体"、要"像对待生命一样对待生态环境"。湖北是千湖之省，境内河湖密集，长江汉江纵横千里，域内90%以上人口伴水而居，搞好湖北水生态文明建设显得尤为重要。

党的十八大以来，湖北省大力推进生态文明建设，水生态文明建设也取得了长足进展，但由于各地条件禀赋不一，重视程度不同，因此各地的水生态文明建设成效也不尽相同，甚至差别很大。那么如何来评价各地水生态文明建设成效呢？目前采用的办法是组织相关专家和技术人员赴各地进行抽样调查，然后再进行打分，并依此得出各地好坏优劣，且不说用这种方法耗时、费力、不全面，评价的结论也因带有主观成分，难以反映客观实际，导致社会认同程度不高。为了解决这一问题，课题组开发出了一套水生态文明建设成效评价数学模型，并对全省17个行政区水生态文明建设成效进行初测，经组织相关专家评审认为：评价模型与评价结论较为客观、公正、可信。

二、湖北省水生态文明建设评价指标体系

水生态文明建设是一个系统性问题，内部涉及多学科、多领域和多层次，如何构建一个合适的评价体系是用以衡量评价结果好坏的关键。本文遵照《导则》的指标体系框架，采用 24 项通用指标，并结合长江中下游地区的 1 项特色指标（湖库富营养化指数），构建了包含 1 个目标层、6 个准则层、共计 25 项指标的湖北省行政区水生态文明评价指标体系。考虑到《导则》提出时间较短（2016 年至今），此外，部分指标统计口径或计算方法所需数据资料不全，通过向专家咨询，选取合适且具有稳定数据来源的指标将上述指标进行替换。其中，防洪排涝达标率由建成区排水管网密度代替，降雨滞蓄率由建成区绿化覆盖率代替，自来水普及率由供水普及率代替，河流生态基流满足程度由生态用水量占比代替，河流纵向连通性由人均用水总量代替，水生生物完整性指数由生态环境质量指数代替，水土流失治理程度由水土保持防治责任范围相对值代替，水生态环境质量公众满意度由生态环境公众满意度代替。具体指标详见附表 1。

三、湖北省行政区水生态文明建设综合评价

研究范围包括湖北省内 17 个行政区。研究数据主要来自 2017 年的湖北省及其下辖各行政区的水资源公报、环境质量状况公报、统计年鉴、部门报告等政府官方渠道；河湖生态护岸比例、水域空间率、生活节水器具普及率、水生态文明建设重视度、水文化传承载体数量、水生态文明建设公众认知度等指标具有综合性，故选自第三方机构公开发表的研究成果，以及相关新闻报道。如无特殊说明，一般情况下，均为 2017 年数据，但由于生态环境质量等部分 2017 年统计数据不可得，按照可比性原则统一为 2016 年数据。

1. 赋分法

根据《导则》采取量化评分方式对各行政区水生态文明建设水平进行评价计分。每项指标评价结果划分为Ⅰ级、Ⅱ级、Ⅲ级、Ⅳ级和Ⅴ级，分别对应分值 4 分、3 分、2 分、1 分和 0 分，总分 100 分。以上各等级代表了优、良、一般、较差和差 5 种状态。各项指标总分达到 60 分及以上总体评价为Ⅲ级（一般），75 分及以上总体评价为Ⅱ级（良），90 分及以上总体评价为Ⅰ级（优）。

2. 层次分析法

层次分析（analytic hierarchy process，AHP）法是一种系统化、多准则分析决策方法，具有将主观问题客观量化的优势，从而被引入决策，并得到了广泛应用。具体步骤及证实过程如下：①样本评价指标集的归一化处理；②建立递阶层次结构；③构造比较判断矩阵；④权重计算；⑤一致性检验。

3. 综合评价

根据赋分法和层次分析法分别计算出湖北省 17 个行政区的水生态文明建设综合评价结果，图 1 较为直观地反映了两种方法下评价结果的变化趋势和差异性。两种方法计算所得结果具有较高的一致性，总体趋势上十分吻合，其相关系数高达 0.9522。

湖北省 17 个行政区的具体得分、系数及排名情况详见附表 2。综合两种方法可知，

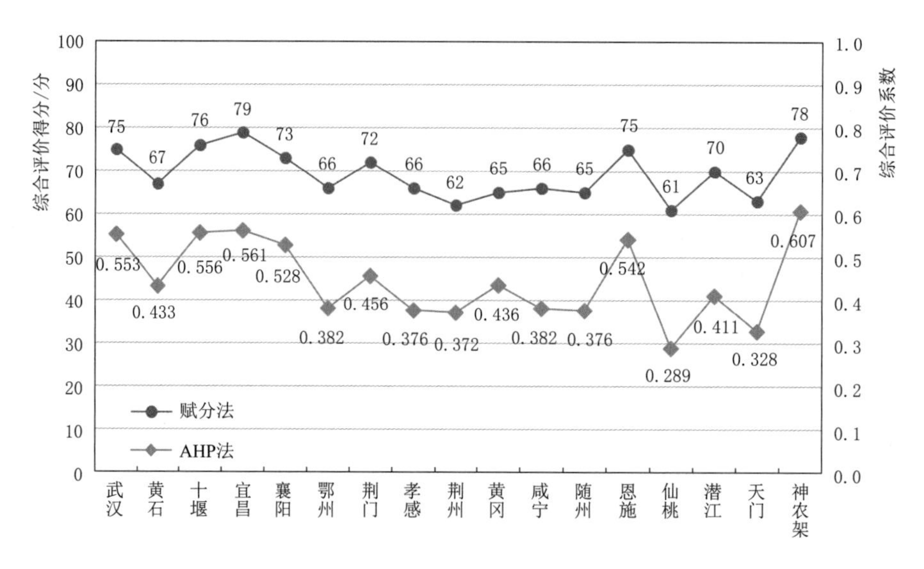

图 1 湖北省 17 个行政区水生态文明建设评价结果

排名靠前的为神农架、宜昌、武汉和十堰，排名较为靠后的是随州、天门和仙桃。附表 3 列出了 2017 年湖北省 5 个国家水生态文明城市试点的验收得分及排名情况，与评价结果相一致，说明该排名结果具有较高可靠性。通过对上述结果进行成因分析并得出结论：①六个子系统均衡发展是水生态文明建设取得长足发展的前提；②水安全是当前决定因子，水环境是未来潜力因子；③水文化建设水平整体偏低；④大城市的水生态和水环境问题。

四、湖北省水生态文明建设评价对策建议

为深入贯彻落实习近平总书记视察湖北的重要讲话精神，根据湖北省行政区水生态文明建设评价结果，提出以下几点建议：

（1）省委、省政府成立水生态文明建设领导小组，水利厅、生态环境厅、住房和城乡建设厅、国土资源厅、农业农村厅、林业局等单位参加，制定湖北水生态文明建设规划，建立第三方年度考评机制，督促各地市落实，确保长江和汉江水生态安全，推动湖北经济绿色高质量发展。

（2）在水安全方面，仙桃市和孝感市的集中式饮用水水源地水质不达标，十堰市的排水管网密度较低，襄阳市的管网漏损严重。

（3）在水生态和水环境方面，武汉市要重视日益严峻的湖泊富营养化问题，黄石市、荆门市、仙桃市、潜江市和天门市水质问题突出。

（4）在水节约、水监管和水文化方面，鄂州市和黄石市万元工业增加值用水量相对值居高不下，随州市的水资源监控能力指数偏低、水文化宣传力度有待加强。

（执笔人：郭生练　王忠法　王　俊　李千珣　田　晶　邓乐乐）

附表 1　　湖北省行政区水生态文明建设评价指标体系

目标层 A	准则层 B	指标层 C	
湖北省行政区水生态文明建设评价	水安全 B1	建成区排水管网密度/(km/km^2)	C1
		建成区绿化覆盖率/%	C2
		集中式饮用水水源地安全保障达标率/%	C3
		供水普及率/%	C4
	水生态 B2	生态用水量占比/%	C5
		人均用水总量/m^3	C6
		河湖生态护岸比例/%	C7
		水域空间率/%	C8
		生态环境质量指数/%	C9
		水土保持防治责任范围相对值/%	C10
	水环境 B3	水功能区水质达标率/%	C11
		水质优良度/%	C12
		废污水达标处理率/%	C13
		污水处理能力/(万 m^3/d)	C14
		湖库富营养化指数/%	C15
	水节约 B4	万元工业增加值用水量相对值/%	C16
		农田灌溉水有效利用系数/%	C17
		生活节水器具普及率/%	C18
		公共供水管网漏损率/%	C19
	水监管 B5	用水总量控制达标情况	C20
		水资源监控能力指数/%	C21
		水生态文明建设重视度/%	C22
	水文化 B6	水文化传承载体数量/个	C23
		水生态文明建设公众认知度/%	C24
		生态环境公众满意度/%	C25

附表 2　　湖北省 17 个行政区水生态文明建设评价结果及排名

赋　分　法			AHP　法		
排名	行政区	综合得分	排名	行政区	综合系数
1	宜昌市	79	1	神农架	0.6069
2	神农架	78	2	宜昌市	0.5615
3	十堰市	76	3	十堰市	0.5563
4	武汉市	75	4	武汉市	0.5530
4	恩施州	75	5	恩施州	0.5416
6	襄阳市	73	6	襄阳市	0.5285

续表

赋分法			AHP 法		
排名	行政区	综合得分	排名	行政区	综合系数
7	荆门市	72	7	荆门市	0.4563
8	潜江市	70	8	黄冈市	0.4357
9	黄石市	67	9	黄石市	0.4328
10	孝感市	66	10	潜江市	0.4112
10	鄂州市	66	11	鄂州市	0.3818
10	咸宁市	66	12	咸宁市	0.3817
13	黄冈市	65	13	随州市	0.3764
13	随州市	65	14	孝感市	0.3761
15	天门市	63	15	荆州市	0.3720
16	荆州市	62	16	天门市	0.3282
17	仙桃市	61	17	仙桃市	0.2890

附表3　2017年湖北省5个国家水生态文明城市试点验收得分及排名

排名	城市	验收得分
1	武汉	91.9
2	襄阳	90.6
3	潜江	89.1
3	鄂州	89.1
5	咸宁	86.4

抄报：中国工程院，湖北研究院理事会理事长。
省委常委会各同志。
省长、副省长，省政府秘书长。
省人大、省政协领导同志。
省委办公厅、省人大办公厅、省政府办公厅、省政协办公厅。
湖北研究院理事会副理事长、理事。

研究院联系地址：湖北省科协
联系人：马瑛　　联系电话：027－87823704

附录 2

院士智库·专刊

第 6 期（总第 8 期）

中国工程科技发展战略湖北研究院　　2019 年 12 月 24 日

关于谋划和推动《引江补汉工程》的建议

课题负责人：茆　智　中国工程院院士、武汉大学教授
郭生练　湖北省科协主席、武汉大学教授

一、南水北调中线工程及其对汉江中下游的影响

南水北调中线一期工程通水 5 周年，我国北方超过 1.2 亿人口直接受益，实现了经济社会生态效益多赢。为减少南水北调中线一期调水对汉江中下游的影响，国家同步建设了汉江中下游四项治理工程，对缓解一期调水影响发挥了巨大作用。其中引江济汉工程在保障下游生产、生活用水，改善航运条件和水生态环境等方面效果明显，但对兴隆以上河段，其作用十分有限，不能全面消除调水影响。汉江中下游地区问题仍然突出。

1. 汉江水资源形势日益严峻

随着南水北调中线一期工程沿线用水需求的提升、供水范围的扩大和引汉济渭调水工程的实施，将对汉江中下游产生叠加影响，进一步降低汉江中下游的水资源承载能力。至 2020 年、2035 年，汉江水资源开发利用率将分别达到 47%和 60%，将超出通常 40%的水资源开发利用率上限，届时汉江中下游现已存在的水资源、水环境问题将会更加突出。

2. 汉江水动力条件变差，水环境恶化和水华频发

中线一期调水将减少丹江口至兴隆河段来水量 18%～25%，多年平均下泄流量减少约 300 立方米每秒，水体高锰酸盐指数、氨氮等污染物浓度上升，上升幅度 30%～70%，水环境容量大幅降低；再加河道梯级渠化后，水体流速减小，水动力条件变差，遇枯水期，河道生态环境十分脆弱。中线一期工程通水运行以来，汉江干流水华频次增加，时间加长，且有上移趋势。2015 年、2016 年、2018 年汉江干流沙洋段、潜江段、仙桃段、武汉段多地多时段发生“水华”，其中 2018 年持续时间达 39 天，给沿线居民生产、生活带

来严重影响。

3. 汉江支流水污染问题突出，城乡供水舍近求远

汉江中下游主要支流大部分水质为Ⅲ～Ⅳ类，竹皮河、通顺河水质常年为劣Ⅴ类，东荆河等水质超标较为严重。支流水功能区达标率普遍偏低，达标的仅占50%左右。造成汉江中下游支流水质现状较差主要原因是水污染防治措施较为滞后。

由于支流、湖泊、港渠等枯期生态水量不足，承载能力低，水环境恶化，生态功能退化。比较典型的汉北平原区，由于区内现状水环境恶化，导致原有的众多城乡供水水源地受到影响，如天门市、应城市、孝感市、云梦县均不得已建设了远离汉江的城市供水工程，仍有大量的乡镇和村庄以地下水或河道为水源，供水安全得不到保障。

4. 汉江部分江段河道下切和水生态系统退化

受汉江长期低流量在主河槽运行影响，部分江段河道下切明显，同样流量下水位下降，造成取水成本增加。下切较明显的有汉江兴隆以下泽口河段，水位最大降幅将近达2.0米。

汉江中下游水文情势的改变使得适宜的水生生境减少，特别是产漂流性卵的鱼类产卵场显著萎缩。中下游江段流量降低导致局部湿地破坏，生物多样性降低，生态功能减弱，土地沙化，生态系统退化等问题。

二、南水北调中线一期工程以来外部条件的新变化和新要求

1. 外部条件较原规划发生了较大变化

一是陕西省实施的引汉济渭工程（共15亿立方米）即将建成通水；二是国家实施京津冀协同发展战略、设立雄安新区等，北方用水需求不断增加（共95亿立方米）；三是南水北调中线在保障沿线24座大中城市、超过1.2亿人喝上甘甜丹江水的同时，其供水功能也由规划的辅助水源逐渐变为主水源，对中线供水的稳定性和保障程度提出了更高的要求，势必会影响汉江中下游的供水量；四是受全球变暖影响，汉江来水呈减少趋势，丹江口水库1956—1997年平均天然来水388亿立方米，而1956—2016年平均天然来水374亿立方米，说明1998年以后汉江丹江口以上流域枯水明显；五是湖北省汉江中下游农业产业结构调整，虾稻连作、水产养殖等面积扩大，流域内用水也呈增加趋势；以上因素的叠加影响，严重影响湖北省汉江中下游的水环境容量和水资源供需平衡。

2. 新时代生态优先、绿色发展理念带来的新要求

汉江生态经济带规划实施的“生态优先、绿色发展”的新发展理念，对汉江中下游水资源、水生态、水环境、水安全提出了更高要求。由于历史的局限性，原中线规划确定的丹江口最小下泄流量490立方米每秒，在实际运行中暴露出了水环境、水生态等问题，已不能适应新时期生态环保理念的新要求。

中央环保督查、长江经济带专项整改中，通顺河、天门河、府澴河、竹皮河等干支流以及整个江汉平原水环境问题屡次上榜，被列入重点整改对象，主要措施是加强污染源治理、增加生态引水、提高河流承载能力。按照水利部“水利工程补短板、水利行业强监管”改革发展工作总基调以及汉江流域实施最严格水资源管理制度等要求，在汉江流域水资源日趋紧张的形势下，今后用水必将实施严格监管，因此，为保障湖北省汉江中下游经

济社会可持续发展，必须保障湖北省合理的用水需求。

三、引江补汉工程和湖北省合理的用水需求分析

引江补汉工程作为南水北调中线的后续水源工程，是优化我国水资源配置，服务京津冀协同发展、汉江生态经济带发展的国家战略工程。同时，该工程也是关乎湖北省 11 个地（市）、46 个县（市、区）、2600 多万人口享受美好生活的重要工程，是湖北省水资源配置战略格局的“龙头工程”，对支撑湖北省经济社会绿色高质量发展意义重大。

根据研究成果，湖北省受益范围需引江补汉工程的补水量为 34.32 亿立方米，其中汉江中下游 24.6 亿立方米（含生态调度 5.7 亿立方米）、输水沿线 6.9 亿立方米、鄂北二期 2.82 亿立方米。

1. 汉江中下游干流供水区用水需求

汉江中下游地区生产、生活用水充分考虑节约用水，严格执行最严格水资源管理制度，控制用水总量。河道内用水，充分考虑新发展理念对水资源、水生态、水环境的要求，严格控制汉江水质达到Ⅱ类标准，维护河流生态健康。在考虑汉江干流不同时期的生态需求，兼顾航运需水及沿江两岸河湖生态需水条件下，汉江干流各河段不同月份最小流量范围为 490～800 立方米每秒，其中 1—3 月水华防控需丹江口下泄平均流量为 669 立方米每秒，其他月份为 550 立方米每秒。综合考虑近些年经济社会发展变化、国家节水行动方案、河道内外用水需求等因素，经计算，2035 年汉江中下游需丹江口补偿下泄水量为 190.3 亿立方米，较原中线规划需增加下泄水量 24.6 亿立方米（含生态调度 5.7 亿立方米）。

2. 输水干渠沿线供水区用水需求

引江补汉坝下方案输水干渠沿线供水区的宜昌、荆门、襄阳丘陵区属鄂中丘陵区的一部分，也是湖北省旱灾易发区。随着城镇化和工业化进程加快，该区域用水需求不断增加，加之农村安全饮水、城乡一体化等实施，城镇生产、生活供水挤占农业、生态用水现象严重，农田灌溉面积逐年萎缩、水环境恶化、生态功能退化，水资源供需矛盾突出。在退还挤占的河湖生态用水和农业用水后，城镇供水缺水严重。经计算，2035 年在充分考虑节水措施、工程挖潜、退还河道生态用水、保障农业用水需求后，城镇生产、生活多年平均缺水量达 6.9 亿立方米。

3. 清泉沟供水区新增用水需求

引江补汉工程实施后，鄂北工程的引水不再受中线一期工程的影响，从丹江口水库可引水量增加，充分利用鄂北一期工程的富余输水能力，可增加引水量 2.82 亿立方米，以满足鄂北二期的用水需求。

四、建议

根据 11 月 18 日李克强总理主持召开的南水北调后续工程会议及 12 月 12 日国新办发布会精神，水利部将于今年年底完成引江补汉工程规划，明年年底完成工程可行性研究，并争取工程局部段开工建设。而根据水利部已审查的规划阶段初步结论，湖北省合理的用水需求暂未得到足够反映，需在下阶段进一步论证。因此，为争取有利于湖北省的工程设计方案，充分反映湖北省合理的用水需求，加快推动引江补汉工程科学决策十分必要。建

议如下：

（1）省领导挂帅、组建工作专班，积极谋划推动引江补汉工程尽快实施，争取水利部和长江水利委员会的大力支持。

（2）争取湖北省合理的用水需求（30 亿～40 亿立方米）和有利的太平溪工程设计方案（投资 350 亿～450 亿元）。

（3）组织驻鄂人大代表、政协委员关注引江补汉工程，以提案形式呼吁湖北省的实际情况和用水诉求。

（4）武汉市饮用水水源主要为汉江和长江，而目前汉江、长江水质基本稳定在Ⅲ类，与武汉市国际大都市的地位不相适应，居民对优质水源和美好生活的向往日益迫切。通过鄂北调水工程延长线，就可解决武汉市直饮水问题，建议省市政府组织相关单位开展前期研究论证工作。

（执笔人：郭生练　王忠法　李瑞清　常景坤　王　俊　徐少军　田　晶）

抄报：中国工程院，湖北研究院理事会理事长。
　　　省委常委会各同志。
　　　省长、副省长，省政府秘书长。
　　　省人大、省政协领导同志。
　　　省委办公厅、省人大办公厅、省政府办公厅、省政协办公厅。
　　　湖北研究院理事会副理事长、理事。

研究院联系地址：湖北省科协
联系人：马瑛　　　　　　　　　　联系电话：027－87823704

附录 3

院士智库·专刊

第 9 期（总第 22 期）

中国工程科技发展战略湖北研究院　　2020 年 7 月 6 日

引江补汉工程在湖北省水安全保障中的战略地位研究

——关于引江补汉工程保障湖北省用水需求的建议

课题负责人：王光谦　中国科学院院士

郭生练　湖北省科协主席、武汉大学教授

王忠法　湖北省水利厅原厅长、教授级高工

一、工程规模应具全局性、战略性、前瞻性

引江补汉工程作为南水北调中线的后续水源，将打通长江向北方的调水通道，优化国家水资源战略布局。在增加北方调水量的同时，可较好解决鄂北、鄂中丘陵区干旱缺水以及汉江中下游影响区的遗留和新发问题。作为湖北省水资源配置格局的“龙头工程”和江汉平原水安全保障的“生命线”，引江补汉工程承载着湖北人民对公平合理使用优质水资源的殷切期盼，对支撑湖北省经济社会绿色高质量发展具有重要战略意义，是“为全局计，为子孙谋”的关键工程。

引江补汉工程今年开工建设是国务院确定的重要任务，7 月底前将完成可行性研究报告，工程规模论证已进入冲刺阶段。水利部规计司、水规总院、长江委已多次召开引江补汉水资源配置及工程规模专题技术讨论会。期间，湖北省水利厅也多次到长江委进行汇报、沟通，要求充分考虑湖北省合理用水需求，为湖北省未来经济社会发展和子孙后代留足资源环境空间。

但是，长江委近期征求工程规模的初步方案中，对湖北的补水量与湖北省提出的用水

需求存在较大分歧，湖北省合理利益诉求未能得到有效响应。现工程规模即将审定，形势对湖北省十分不利，亟须尽快协调加大引江补汉工程规模。

二、充分考虑汉江流域发展，实现南北双赢

1. 湖北省研究成果

南水北调中线一期工程国家安排了汉江中下游四项治理工程，在很大程度上缓解了中线一期调水对汉江中下游的影响，但仅解决了汉江中下游部分河段、部分时段的部分问题，对兴隆以上河段的生态环境用水考虑不足，不能全面消除调水影响。一期调水以来，在中下游尚未完全渠化的条件下，汉江干流及分流河道的水环境容量已大幅降低，水华频发、水生态系统退化等问题突出，影响城乡供水和居民生活环境。按高等级航道要求，未来兴隆以上将全部实施梯级渠化，水生态环境问题将更严重。

2019年12月，中国工程科技发展战略湖北研究院《院士智库·专刊》（第6期）“关于谋划和推动《引江补汉工程》的建议”，建议引江补汉工程湖北省合理用水需求为34.32亿立方米，其中汉江中下游需增加丹江口水库下泄水量24.6亿立方米、输水沿线6.9亿立方米，清泉沟增加2.82亿立方米（鄂北二期）。蒋超良书记批示“此项目应早启动”；王晓东省长批示“持续跟踪推动项目，争取早日启动，涉及我省的前期工作抓紧做”；万勇副省长批示“考虑充分结合我省实际，加快项目推进”。

引江补汉工程实施后，将减少丹江口水库下泄Ⅰ～Ⅱ类水质的水量约30亿立方米，取而代之的是三峡水库Ⅱ～Ⅲ类水质（三峡库区总磷浓度高于丹江口库区近5倍），将进一步减小汉江中下游水环境容量。湖北省目前提出的汉江中下游用水需求尚未考虑这部分环境容量损失，已做出巨大牺牲和让步。

2. 长江委方案

今年6月，长江委初步确定引江补汉工程规模中，湖北省的补水量为19.6亿立方米，其中汉江中下游15亿立方米，输水沿线4.6亿立方米。

与中线一期成果和湖北省用水需求过程对比，长江委给湖北省的19.6亿立方米补水量中实际有效水量仅10.1亿立方米，与湖北省合理用水需求34.32亿立方米相距甚远，不能满足湖北省未来经济社会发展用水需求。其中，长江委提出的汉江中下游15亿立方米水中实际有效水量仅5.5亿立方米，与湖北省所需的24.6亿立方米差距较大；输水沿线6.9亿立方米需求仅补水4.6亿立方米，未将襄阳三道河供水区纳入补水范围；鄂北二期需增加的2.82亿立方米水量则完全未考虑。

三、优选引水工程线路

长江委暂定的引水线路为龙安1线，取水口位于宜昌市三峡水库左岸龙潭溪，出口位于丹江口水库大坝下游右岸安乐河口，线路全长194公里，过乐天溪后单独设支洞给沿线分水。

湖北省自2010年以来深入开展引江补汉工程研究，完成了大量地勘、测量、水质监测等外业工作，2020年1月编制了引江补汉工程湖北省水资源配置专题和太平溪绕岗方案（即湖北方案）可行性研究报告。绕岗方案从三峡库区左岸太平溪取水，沿鄂西丘陵岗

地绕行，线路全长225公里，线路与湖北省受水区距离更近，干支线总投资与龙安1线基本相当。湖北省提出的太平溪绕岗线路方案具有三个突出优点：

一是能更好兼顾沿线用水需求。绕岗方案距沿线供水区近，支线线路短、自流条件好、运行成本低、受益范围广，能更好地满足湖北省的用水需求。

二是施工安全可靠性高。绕岗方案隧洞埋深浅，连续洞长短，遭遇岩爆等不可预见地质风险概率小，且沿线交通便利，施工支洞易布置，节省工期。

三是环境制约因素小。绕岗方案避开了已划定的国家重要磷矿区，无重大环境制约因素，可有效缩短论证、协调、补偿工作周期。

四、建议

引江补汉工程方案论证目前已进入关键阶段，湖北省合理用水需求在长江委前期成果中尚未得到足够反映，特提出以下建议：

（1）建议省委、省政府尽快向水利部行文，充分反映湖北省的用水需求，争取湖北省用水量达到34.32亿立方米，引江补汉工程设计流量扩大到300立方米每秒，给湖北省未来经济社会发展留足水资源可利用空间。

（2）建议将太平溪绕岗方案纳入可行性研究阶段进行同等深度的比选，满足北调水的同时，更好兼顾湖北省的用水需求。

（3）建议参照南水北调东线二期“部委主导、各省参与、设计联合、集体作战”的勘测设计工作模式，恳请由国家有关部委协调湖北省相关部门和单位全过程参与引江补汉工程勘测设计工作，发挥其情况熟悉、前期工作基础扎实等优势，合力高效推进国家重大水利战略工程的同时，保障湖北利益。

（执笔人：王忠法　郭生练　徐少军　叶贤林　王玉祥　李瑞清　周　明　常景坤）

抄报：中国工程院，湖北研究院理事会理事长。
省委常委会各同志。
省长、副省长，省政府秘书长。
省人大、省政协领导同志。
省委办公厅、省人大办公厅、省政府办公厅、省政协办公厅。
湖北研究院理事会副理事长、理事。

研究院联系地址：湖北省科协
联系人：马瑛　　联系电话：027-87823704

附录 4

院士智库·专刊

第 22 期（总第 50 期）

中国工程科技发展战略湖北研究院　　2021 年 12 月 13 日

关于开展《湖北省县（市、区）“幸福河”考核评价》的建议

课题负责人：郭生练　湖北省科协主席、武汉大学教授
挪威工程院外籍院士

一、必要性及意义

2019 年，习近平总书记提出了要把黄河治理成造福人民的“幸福河”的号召，强调“把水资源作为最大的刚性约束”。在水利高质量发展和重视流域生态保护的大背景下，构建幸福河是新阶段水利事业发展、江河治理的新目标，是流域经济发展、社会进步、生态协调的基石，也是满足人民日益增长的美好生活需要的重要途径。但迄今为止仍没有较为完整、系统、权威的评价指标体系。课题组研究提出幸福河的概念和内涵，开发出一套适用于幸福河的评价指标体系和模型，并以汉江中下游湖北省 22 个县（市、区）为例进行考核评价。

二、幸福河概念

针对幸福河的内涵和幸福河评价，国内已有很多学者进行了初步研究讨论。综合前人研究成果，提出幸福河的概念和建设目标。

（1）“幸福河流”区别于以往“健康河流”“水生态文明建设评价”等概念，增加了人类心理对河流的“反馈”角度，在河流功能逐步提升的基础上坚持“以人为本”的原则，人类对河流现状的满意度即体现在是否“幸福”这两个字上。

（2）幸福河的核心要义是反映人类心理对河流的关注度，不仅体现在防洪安全、水资

源保障、水环境健康等河流客观评估因素，又展现了人类对水景观、水生态、涉水娱乐生活等方面的需求和满意度。

（3）构建幸福河的过程，实际上就是河流保护与开发的辩证统一过程，也是环境保护与开发利用协调力度不断循环上升的过程。如何实现“双向共赢”是人类共同努力的目标。

三、幸福河的指标体系构建及等级划分

指标体系构建依据“目标—准则—指标”框架，目标层为幸福河评价。从幸福河的内涵和内在要求出发，结合新阶段水利高质量发展的六条实施路径，完善防洪体系，确保供水安全，复苏河湖生态、加强水环境保护，健全节水制度，传承水文化的准则层。参考《河湖健康评估技术导则》、《全面推行河长制湖长制总结评估工作方案》、《水生态文明城市建设评价导则》、前人研究等，立足于研究区域自然社会特性，筛选出稳定且可获取指标。最终得到6个准则层、30个指标。

依据《关于实行最严格水资源管理制度的意见》中的三条红线，《湖北省生态保护红线》强调的“四屏三江一区”基本格局，结合湖北省实际情况，规定指标C5（集中饮用水水源地安全保障达标率）、C10（重要江河湖泊水功能区水质达标率）、C22（农田灌溉水有效利用系数）、C25（万元工业增加值用水量相对值）作为评价体系中的“红线指标”。

（1）幸福河指数（HRI）：用来定量评估河流的幸福程度，主要思路是通过指标值与指标权重结合得到能够代表流域“幸福”程度的具体数值。

（2）可持续发展综合指标（SDCI）：结合回报风险概念，比较指标具体数值与理想值之间的差距，定量表示该地区的可持续发展能力。

（3）综合评估值（CI）：综合幸福河指数和可持续发展综合指标两种评价结果。

幸福河的概念存在主观性、可变性、动态性和区域性，结合马斯洛提出的需求层次理论提出五个星级划分等级。每个指标各层次划分参考《导则》等国家标准对应数值并结合流域现状进行适当调整，国家标准中未规定指标依据当地实际情况、未来规划并参考专家意见对数值进行划分。指标体系及划分结果详见附表1、附表2。

四、湖北省县（市、区）幸福河评价

（1）红线指标作为评价的先决条件，若评价区域C5、C10、C22、C25中某一个或多个红线指标落入“1星”范围内，则直接判定该区域为“不幸福”层、“不可持续发展”层。

（2）受到省级及以上水利环保部门行政处罚或通报批评的区域，直接判定为“1星”即“不幸福”层、“不可持续发展”层。

（3）若计算得到的幸福河指数、可持续发展综合指标、综合评估值落在某一等级范围内，则判断该区域为这一等级幸福层。

（4）受到省级及以上水利环保部门表扬的区域，以及水系连通及水美乡村建设试点、节水型社会建设达标县（区）、全国水生态文明建设试点验收城市、中国海绵城市试点城

市等予以适当的提分。

湖北省委、省政府对汉江流域综合开发尤其是“绿色”发展、生态保护的高度重视，打造幸福河是流域发展的必然要求。以汉江流域为例，通过定量评价各行政区的“幸福”程度和差异，可为推进流域生态文明建设、流域综合治理、汉江生态经济带开发、河湖长制考评等工作提供指导；可针对不同县（市、区），为提升幸福河而进行的工程修建、政策颁布、法律法规完善等工作提供依据和建议。

评价结果展现出：①神农架林区（最高分）及十堰、襄阳所辖县（市、区）好于潜江、天门、仙桃市（最低分），符合流域上中游水生态、水环境优于下游的客观规律；②地级市中心城区和武汉市所辖区重视程度高、政策完善，更加“幸福”。

幸福河建设主要制约因素：①河流水质污染现状；②局部地区的水资源量短缺；③中下游洪涝灾害频发；④大型水利工程和人类活动对生态环境的影响；⑤各县（市、区）保护、监管制度不完善，发展不平衡。

五、建议

湖北历有“千湖之省、鱼米之乡”美誉，水资源是最大的优势。“十二五”期间湖北省在全国率先编撰《湖泊志》并立法保护。为确保“一库净水北送”“一江清水东流”“河、湖（库）水网碧水长青”，建议：

（1）省委、省政府办公厅协调，省水利厅和省生态环境厅负责，在全国率先建立县（市、区）“幸福河”考核评价制度，督促县（市、区）落实河湖长制，促进湖北省水生态文明建设。

（2）以水功能区划为单位，限制入河排污总量，推动水生态保护和修复，建立汉江中下游干流水华预警机制和生态调度方案。

（3）谋划江汉平原水网工程建设，统筹管理并完善对水安全、水资源、水生态、水环境的综合治理体系；做好“生态修复”“环境保护”“绿色发展”的“三篇文章”。

（执笔人：郭生练　王忠法　王何予　王　俊　李瑞清）

附表1 幸福河的评价指标体系分级

目标层	准则层B	序号	指标层	单位	指标趋势	等级划分				
						5星	4星	3星	2星	1星
						幸福	较幸福	提升幸福	欠幸福	不幸福
A幸福河评价	B1防洪保安全	C1	防洪标准	年	正向	[100，200]	[75，100)	[50，75)	[30，50)	[20，30)
		C2	排涝能力	km/km^2	正向	≥10	[8，10)	[5，8)	[3，5)	[0，3)
		C3	发生地质灾害经济损失占比	%	逆向	[0，1]	(1，3]	(3，5]	(5，10]	>10
		C4	水土流失治理程度	%	正向	[50，100]	[30，50)	[10，30)	[5，10)	[0，5)
		C5	集中饮用水水源地安全保障达标率*	%	正向	100	[97，100)	[95，97)	[90，95)	[0，90)
	B2优质水资源	C6	供水普及率	%	正向	[95，100]	[80，95)	[60，80)	[40，60)	[0，40)
		C7	人均水资源量	m^3	正向	≥3000	[2000，3000)	[1000，2000)	[500，1000]	[0，500)
		C8	水资源监测指数	%	正向	[90，100]	[75，90)	[60，75)	[40，60)	[0，40)
		C9	重要断面水质优良比例	%	正向	[90，100]	[75，90)	[60，75)	[40，60)	[0，40)
		C10	重要江河湖泊水功能区水质达标率*	%	正向	[95，100]	[90，95)	[85，90)	[80，85)	[0，80)
	B3宜居水环境	C11	点源污染强度（COD）	kg/人	逆向	[0，10]	(10，20]	(20，30]	(30，50]	(50，100]
		C12	面源污染强度（COD）	kg/人	逆向	[0，10]	(10，30]	(30，60]	(60，80]	(80，100]
		C13	点源污染强度（TP）	kg/人	逆向	[0，0.1]	(0.1，0.5]	(0.5，1]	(1，2]	(2，3]
		C14	面源污染强度（TP）	kg/人	逆向	[0，0.1]	(0.1，0.8]	(0.8，1]	(1，2]	(2，3]
		C15	污水处理厂集中处理率	%	正向	[85，100]	[80，85)	[70，80)	[60，70)	[0，60)
		C16	湖库富营养化情况	—	逆向	[0，50)	[50，55]	(55，60]	(60，70]	(70，100]

续表

目标层	准则层 B	序号	指 标 层	单位	指标趋势	等 级 划 分				
						5 星	4 星	3 星	2 星	1 星
						幸福	较幸福	提升幸福	欠幸福	不幸福
A 幸福河评价	B4 健康水生态	C17	绿化（森林）覆盖率	%	正向	[50，100]	[40，50)	[30，40)	[20，30)	[0，20)
		C18	生态用水量占比	%	正向	≥1.5	[1，1.5)	[0.5，1)	[0.2，0.5)	[0，0.2)
		C19	国家级水产种质资源保护区	个	正向	2	1	0	0	0
		C20	重要河流生态基流满足程度	%	正向	[98，100]	[90，98)	[80，90)	[60，80)	[0，60)
		C21	生态环境状况指数	%	正向	[75，100]	[55，75)	[35，55)	[20，35)	[0，20)
	B5 节约水优先	C22	农田灌溉水有效利用系数*	—	正向	[0.7，0.9]	[0.6，0.7)	[0.5，0.6)	[0.45，0.5)	[0，0.45)
		C23	公共供水管网漏损率	%	逆向	[0，8]	(8，12]	(12，18]	(18，25]	(25，100]
		C24	工业用水重复利用率	%	正向	[95，100]	[75，95)	[40，75)	[30，40)	[0，30)
		C25	万元工业增加值用水量相对值*	%	逆向	[0，25]	(25，50]	(50，100]	(100，400]	>400
	B6 先进水文化	C26	公众对河流幸福满意度	%	正向	[95，100]	[80，95)	[60，80)	[30，60)	[0，30)
		C27	人均涉水公园绿地面积	m^2	正向	[50，100]	[40，50)	[30，40)	[20，30)	[0，20)
		C28	水污染防治行动实施情况	%	正向	[90，100]	[80，90)	[60，80)	[50，60)	[0，50)
		C29	国家级、省级湿地公园、自然保护区建设	个	正向	4	3	2	1	0
		C30	国家级水利风景点	个	正向	3	2	1	0	0

* C5、C10、C22、C25 为红线指标。

附表 2　　幸福河的评价指标数值分级

等级	幸福河指数（HRI）范围		可持续发展综合指标（SDCI）范围		综合评估值（CI）范围	幸福层含义
5 星	幸福	0.78～1.00	持续发展	2.19～6.00	0.57～1.00	生态环境从根本上好转，社会文明达到新高度，河流实现造福人民的目标，经济、科技发展迅猛，人民富裕、生活幸福
4 星	较幸福	0.64～0.78	可持续发展	1.59～2.19	0.45～0.57	水质优良；河流景观优美；公众保水节水意识提高；监管制度完善；水文化繁荣。但水环境污染和水生态破坏问题仍未彻底消除
3 星	提升幸福	0.49～0.64	尚可持续发展	1.09～1.59	0.34～0.45	河流生物多样性逐渐丰富，水质合格；水景观、水文化开始发展。但缺乏系统治理、政策支持和监管制度；公众意识有待提高；水环境、水生态仍有待优化提高
2 星	欠幸福	0.34～0.49	欠持续发展	0.67～1.09	0.23～0.34	河流生态、水质问题仍然突出；人类基本具有可靠清洁供水；水污染严重；缺乏节水措施
1 星	不幸福	0～0.34	不可持续发展	0～0.67	0～0.23	河流完整、连续；人类用水、防洪安全等仅得到基本保障；生态、环境、经济等无法达标

说明：采用幸福河指数和可持续发展综合指标两种体系，结合水资源特具的流域与区域相结合的特性，将评价单元分到县（市、区）共 22 个行政区域。选择 2019 年为代表年（因 2020 年湖北省爆发新冠疫情及防控措施，导致相关数据资料没有代表性）。数据指标主要来源于湖北省和各市 2019 年《水资源公报》、《环境质量公报》、《水功能区水质通报》、《水土保持公报》、《自然资源综合统计年报》、《中国城市建设统计年鉴》、政府公开文件等官方渠道。针对较难获取或主观性较强（如"公众满意度"）的综合性指标，采用第三方机构公开发表的研究成果并结合专家评定得到。

（1）归一化处理：为了防止各个指标的单位、量级不同导致评价结果存在偏差，需要对指标进行无量纲化，并统一指标数值的变化范围。

（2）指标权重的确定：主观权重通过层次分析法（AHP）得到，客观权重通过投影寻踪（PP）得到。使用基于离差平方和的最优组合赋权方法融合主客观权重。

（3）按照权重计算各评价分区幸福河指数、可持续发展综合指标和综合评估值，并按照评价原则对22个行政区域划分等级。评价结果及空间分布如图1所示，具体评级和指标数值见附表3。

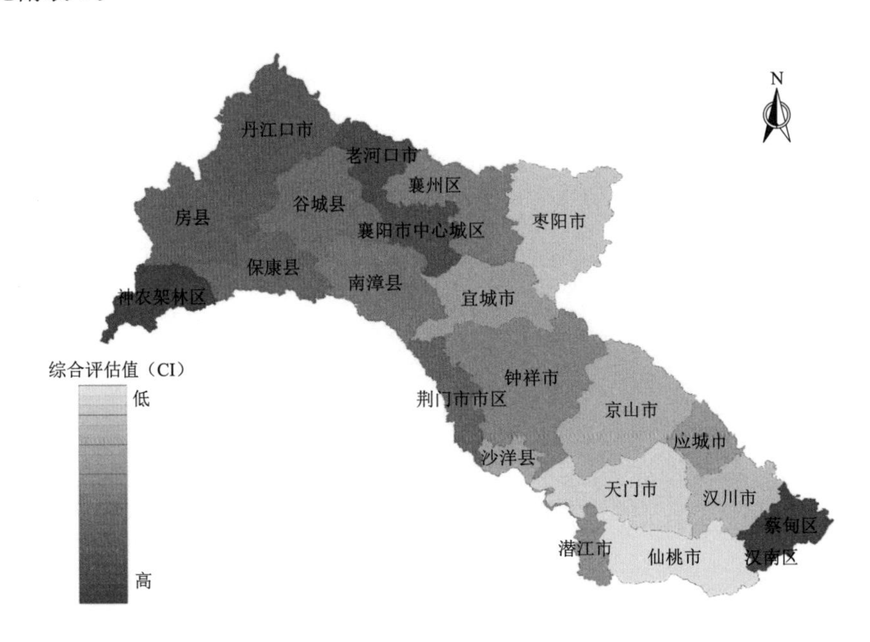

图1 汉江中下游湖北省县（市）区幸福河综合评估情况

附表3　　各行政区幸福河等级评价结果及排名

排名	行政分区	HRI指标值	SDCI指标值	CI指标值	等级划分（星级）
1	神农架林区	0.870	1.784	0.584	5
2	蔡甸区	0.680	1.600	0.473	4
3	汉南区	0.644	1.548	0.451	4
4	老河口市	0.655	1.477	0.451	4
5	襄阳市中心城区	0.657	1.446	0.449	3
6	丹江口市	0.637	1.430	0.437	3
7	房县	0.618	1.537	0.437	3
8	保康县	0.626	1.456	0.434	3
9	荆门市市区	0.625	1.451	0.433	3
10	谷城县	0.635	1.378	0.432	3
11	南漳县	0.632	1.383	0.431	3
12	襄州区	0.625	1.379	0.427	3
13	钟祥市	0.622	1.380	0.426	3
14	潜江市	0.614	1.388	0.423	3
15	应城市	0.599	1.340	0.411	3
16	宜城市	0.605	1.261	0.407	3

续表

排名	行政分区	HRI 指标值	SDCI 指标值	CI 指标值	等级划分（星级）
17	沙洋县	0.591	1.306	0.404	3
18	京山市	0.585	1.317	0.403	3
19	汉川市	0.587	1.288	0.401	3
20	枣阳市	0.595	1.187	0.396	3
21	天门市	0.545	1.126	0.366	3
22	仙桃市	0.533	1.112	0.359	3

注 襄阳市襄城区和樊城区合并为襄阳市中心城区，荆门市东宝区和掇刀区合并为荆门市市区。

同时使用幸福河指数和可持续发展综合指标两种计算评价方法，两种指标的分级同步率达到 82%，两种方法相互验证以证明评价结果的可靠性；2018 年水利部第二批通过全国水生态文明建设试点验收城市中，处于汉江流域内的武汉市、襄阳市和潜江市评分分别为 91.9、90.6 和 89.1，与研究得到三个城市综合评估指标大小关系一致。

抄报：中国工程院，湖北研究院合作委员会主任。
　　　省委常委会各同志。
　　　省长、副省长，省政府秘书长。
　　　省人大、省政协领导同志。
　　　省委办公厅、省人大办公厅、省政府办公厅、省政协办公厅。
　　　湖北研究院合作委员会副主任、委员。

研究院联系地址：湖北省科协
联系人：马瑛　　　　联系电话：027－87823704

附录 5

院士智库·专刊

第 24 期（总第 76 期）

中国工程科技发展战略湖北研究院　　2022 年 9 月 1 日

关于《汉江流域水安全战略研究》的建议

课题负责人：王光谦　中国科学院院士
郭生练　湖北省科协主席、挪威工程院外籍院士
王忠法　湖北省水利厅原厅长、教授级高工

南水北调中线一期工程于 2014 年 12 月全面建成通水，截至 2022 年 7 月，累计调水逾 500 亿立方米。南水北调中线一期工程通水以来，我国北方京津冀豫等省市超过 8500 万人口直接受益，天津全部、北京 80%的用水以及河南、河北的大部分用水均来自南水北调工程中线调水。工程有效缓解了受水区水资源短缺状况，促进了受水区经济社会发展，改善了受水区生态环境，实现了经济效益、社会效益、生态效益多赢。为了减轻或缓解汉江中下游的不利影响，国家也同步建设了引江济汉等四项治理工程。

南水北调中线工程原设计为北方补充水源，由于丹江口水库水质很好（Ⅰ～Ⅱ类），目前已成为北方主要饮用水源。2021 年，工程调水量 93.4 亿立方米，并形成常态。从附表可以看出，汉江流域上游（丹江口水库）的水资源开发利用率现状已经达到 39.9%，接近国际公认的 40%的红线，给汉江中下游特别是中游生态环境带来了诸多不利影响，而且还有继续加剧的趋势，主要表现在：汉江中下游地区水资源、水生态、水环境问题多发，超出预期；汉江干流水华频发，呈现频次增加、范围扩大、程度加重、时间加长的趋势。沿线区域生产、生活用水也不同程度受到影响。为了提高北方供水保障率，改善区域水生态环境，国家又于近期启动引江补汉工程。

引江补汉工程是全面推进南水北调后续工程高质量发展、加快构建国家水网主骨架和大动脉的重要标志性工程，工程既关系全国水资源配置格局，更直接关系湖北经济社会发展全局，特别是将对湖北经济社会发展的核心区域——汉江中下游以及沿线地区

产生长期深远影响。为充分利用引江补汉工程建设的机遇，最大程度发挥引江补汉工程的作用和效益，给全省经济社会高质量发展提供坚实的支撑和保障，开展《引江补汉工程在湖北省水安全保障中的战略地位研究》意义重大。2020年，由中国工程院立项，中国工程科技发展战略湖北研究院组织实施，湖北省水利学会组织专家团队开展研究。

项目课题组开展了大量的现场调研、资料收集、水质监测等工作，并组织相关单位对研究区域的用水需求开展了深入研究，共同提出了保障汉江中下游以及沿线区域水安全的需水量。从优化区域水资源配置、改善水生态环境等方面提出了汉江中下游各片区的用水需求，确定了引江补汉工程湖北省受益范围，需引江补汉工程补水量为34.32亿立方米，其中汉江中下游24.6亿立方米，沿线供水区6.9亿立方米，清泉沟供水区2.82亿立方米。

该研究成果为湖北省争取引江补汉工程立项提供了翔实的科学数据。今年7月，该工程正式开工建设。但国家发展改革委批复的引江补汉工程规模为39亿立方米，其中向湖北省补水量9.1亿立方米，与湖北省用水需求还有23.22亿立方米差距。目前，水利部正在抓紧开展南水北调工程总体规划修编工作，其中中线后期的水源之一重庆大宁河补水方案还在持续推进，为此湖北省水利学会多次密集组织省内外相关院士专家，认真研讨并提出以下建议：

（1）从流域综合治理的角度，统筹汉江中下游及沿线区域水资源、水环境与区域高质量发展的关系，进一步开展水生态环境改善、水资源配置需求研究，明确水安全底线，优化湖北省水资源配置格局，为加快建设全国构建新发展格局先行区提供坚实的水安全保障。

（2）为深入推进长江大保护，贯彻落实生态优先绿色发展和山水林田湖草沙系统治理理念，在后续规划中充分考虑湖北省用水需求，进一步研究提出汉江中下游用水新需求，在南水北调工程总体规划修编中加以解决。

（3）南水北调中线二期、引汉济渭等外调水工程实施后，汉江丹江口水库以上流域水资源开发利用率将达到48.5%，将超过国际公认40%的安全线（详见附表），比现状更加严重，有可能会引发汉江中下游社会稳定和环境安全问题，应引起省委、省政府的高度关注。

（4）为争取湖北省用水规模，减少对汉江中下游的不利影响，湖北省水利厅组织开展引江补汉输水沿线补水工程，目前正在持续推进中，恳请省委、省政府及相关部门高度重视，千方百计争取，确保国家立项。

（5）持续组织开展汉江流域水安全战略相关研究工作，重点关注湖北省用水需求，积极推进南水北调后续工程，高度关注武汉市的饮用水安全保障措施等。

（研究及专家组人员：王光谦　郭生练　王忠法　叶贤林
徐少军　李瑞清　熊卫红　常景坤）

（执笔人：闫少锋　杨　卫）

附表　汉江丹江口以上流域水资源开发利用率　单位：亿立方米

时间	来水		调（用）水						水资源开发利用率
	天然来水	引江补汉	丹江口以上	引汉济渭	丹江口水库蒸发耗水	南水北调	清泉沟	总用水	
现状（2021年）	374	0.0	44.6	0	5	93.4	6.28	149.28	39.9%
未来（2035年）	374	29.9	47.0	15	5	115.0	13.98	195.98	48.5%

抄报：中国工程院，湖北研究院合作委员会主任。
省委常委会各同志。
省长、副省长，省政府秘书长。
省人大、省政协领导同志。
省委办公厅、省人大办公厅、省政府办公厅、省政协办公厅。
湖北研究院合作委员会副主任、委员。

研究院联系地址：湖北省科协
联系人：马瑛　联系电话：027－87823704

附录 6

院士智库·专刊

第 3 期（总第 82 期）

中国工程科技发展战略湖北研究院　　2023 年 1 月 11 日

关于加快江汉平原水生态环境改善的建议

课题负责人：夏　军　中国科学院院士、武汉大学教授

郭生练　湖北省科协名誉主席、挪威工程院外籍院士

王忠法　湖北省水利厅原厅长、教授级高工

一、江汉平原生态地位重要

江汉平原位于湖北省中南部，是湖北省经济社会发展的核心区，也是我国重要的淡水养殖及农产品出口基地和全国 9 大重要商品粮基地之一，是驰名中外的鱼米之乡。多项重大战略在此交汇叠加，是长江经济带发展的关键节点和中部崛起战略的重要支点。70 余年来，开展了大规模水利建设，建成了“人工运河”引江济汉工程，区内堤防长度、蓄滞洪区数量和容积、大型灌区数量、大型排涝泵站装机容量等多项指标均位居全国前列，为保障人民生命财产安全和国家粮食安全作出了巨大贡献。

江汉平原水系发达，河湖众多，水生态环境类型多样，生态资源丰富，是我国重要的生态湿地。现有 100 公里以上的河流 26 条，湖泊 752 处，总水面面积 2705 平方公里，占总面积的 3.8%。共有国家珍稀鱼类自然保护区、水产种质资源保护区、重要湿地等 190 余处，生态地位极为重要。

二、江汉平原水生态环境问题突出

江汉平原区域自产水资源量不足，人均水资源量仅占全省的 30%；但客水资源丰富，年均过境客水 6300 亿立方米。由于年内分配不均、年际变化大，枯水期通常来水较少，水资源供需矛盾突出。进入新发展阶段，人民对美好生活环境的向往对水生态环境治理提出了更高的要求。受历史因素和当时认识水平的局限性，在变化环境下尤其全球变化影响

下，江汉平原现状仍面临着水资源、水生态和水环境等新老水问题。

（一）枯水期引水困难，影响粮食和生态安全

江汉平原供水水源主要依赖于长江和汉江。长江干流河段，三峡工程蓄水运用后，清水下泄，河床冲刷下切、水位下降远超预期，带来沿江涵闸引水困难，取水成本大幅增加，严重影响农田灌溉和生态引水等问题。长江分流河道荆南四河断流时间提前，断流天数增加，河流生命受到威胁，2003年后年均断流天数达197天。汉江干流河段，南水北调中线一期工程调水后，汉江中下游来水减少约25%，受长期中小流量运行影响，兴隆以下泽口河段水位下降明显，引水条件恶化，如兴隆水利枢纽下游泽口闸前600立方米每秒流量对应水位已下降0.75米（2020年较2015年），且未来还可能持续下降，通顺河、东荆河流域灌溉、生态引水困难，现状年均断流天数分别已达174天和110天。江汉平原作为国家粮食主产区，粮食安全和生态安全面临严重威胁。

（二）水循环动力不足，水环境状况不容乐观

江汉平原河湖生态系统现状存在水系割裂、水流不畅、碎片化程度加剧等问题。一方面，内部河湖淤积严重，造成灌排不畅，生态水量（水位）难以保障，水环境状况不容乐观，现状大部分沟渠、湖泊水体水质在Ⅲ类以下，水生态环境较差。另一方面，汉江中下游干流梯级渠化后，加上中线调水后中水流量（600～800立方米每秒）历时减少，水动力不足，水华发生频繁，呈现频次增加、范围扩大、时间加长等趋势。另外，区内汉北河、府澴河、天门河、四湖总干渠、竹皮河等河流水资源开发利用程度较高，上游水库众多，枯水期水量经层层拦截，下游生态流量难以保障，汉北河常年小于生态基流的天数达到65天，府澴河达到33天。造成水体自净能力减弱，纳污能力降低，河流水质达标困难。

（三）水生态空间被挤占，生物多样性降低

江汉平原在20世纪50—80年代，区内湖泊和沼泽地被大量围垦，造成湖泊数量和水面大幅消减，100亩以上湖泊从20世纪50年代的1332个缩减为目前的728个，水面总面积由8528平方公里缩减为2705平方公里，湖泊水面严重萎缩；随着江湖连通阻隔、湖泊日渐萎缩以及水资源过度开发利用导致河湖生境遭到破坏，物种多样性下降明显，河湖生态系统质量和稳定性降低。

三、加快水生态环境改善的建议

湖北省第十二次党代会确立了“努力建设全国构建新发展格局先行区”的奋斗目标，部署了建设“先行区”的九大路径，强调要统筹抓好发展和安全两件大事，推进以流域综合治理为基础的四化同步发展，坚决守住流域安全底线。基于江汉平原各流域特征和存在的问题，提出建议如下：

（一）抓紧开展基于水资源水生态水环境统筹配置的江汉平原水资源规划工作

受历史因素和当时认识水平的局限性，21世纪初期开展的全省水资源综合规划重点考虑了生产生活用水，对河湖生态环境用水安排严重不足。21世纪以来，人们对美好生活环境新需求越来越迫切，江汉平原河湖生态环境用水需求越来越突出，建议责成省发展改革委、省水利厅尽快立项，统筹水资源水环境水生态用水需要，开展新一轮的水资源配

置规划，为江汉平原实现优质水资源、健康水生态、宜居水环境的目标打下坚实基础。

（二）加快实施以一江三河（汉江、府澴河、汉北河和天门河）水系综合治理工程等为代表的江汉平原骨干水网工程，助力全省水网先导区建设

湖北省已入选水利部第一批省级水网先导区，一江三河水系综合治理工程可行性研究报告已报送水利部进行审查，建议充分利用政策机遇，加强省级层面组织领导和协调推动，优先实施以一江三河水系综合治理、四湖流域河湖水网治理、引隆补水工程等为代表的江汉平原骨干水网工程建设，不仅有利于实现流域水资源、水生态、水环境的系统治理，全面筑牢水安全底线，而且有助于探索平原湖区系统治理的新模式，打造省级骨干水网的样板区，加快推动全省水网先导区建设，为“先行区”建设提供坚强保障。

（三）持续开展三峡后续工程影响及补偿政策机制研究

组织相关单位持续开展对三峡运行后长江中游河道冲刷、水位变化的监（观）测，分析对江汉平原引、供水的影响，研究提出改进措施。建议三峡集团加大对三峡后续工程，包括崩岸治理、地方码头迁移改造、沿江闸站改造等工程的资金支持力度。

（四）建议积极争取调整南水北调中线水资源费的征收和分配方式，探索建立汉江丹江口库区水质保护和中下游生态补偿机制

湖北作为南水北调中线工程的核心水源区和纯调水区，具有汉江中下游水资源的初始水权，理应有水资源费征收使用权。而依据 2014 年财政部印发的《关于南水北调工程基金有关问题的通知》（财综〔2014〕68 号）规定，南水北调中线水资源费征收由受水区各省按当地水资源费征收标准执行。按年调水量 95 亿立方计算，北方四省（直辖市）年均可征收 60 亿元，其中 6 亿元上缴给中央财政外，其余 54 亿元留存给汉江流域使用。建议积极争取调整南水北调中线水资源费的征收和分配方式，由中央统一征收，中央留存 10%后，另外 90%按一定比例分配给陕西省、湖北省和河南省，用于丹江口库区水质保护和汉江中下游水生态环境治理。

（执笔人：李瑞清　彭习渊　常景坤　闫少锋）

抄报：中国工程院，湖北研究院合作委员会主任。
　　　省委常委会各同志。
　　　省长、副省长，省政府秘书长。
　　　省人大、省政协领导同志。
　　　省委办公厅、省人大办公厅、省政府办公厅、省政协办公厅。
　　　湖北研究院合作委员会副主任、委员。

研究院联系地址：湖北省科协
联系人：马瑛　　　　联系电话：027－87823704

附录 7

院士智库·专刊

第 1 期（总第 69 期）

武　汉　市　科　学　技　术　协　会
中国工程科技发展战略湖北研究院武汉分院　2024 年 3 月 4 日

关于提升武汉市饮用水质量的建议

胡春宏中国工程院院士，中国水利水电科学研究院教授级高级工程师

一、武汉市饮用水质量堪忧

武汉是国家中心城市、全国超大城市，土地面积 8569 平方公里，2022 年常住人口 1374 万人，预测 2035 年将达到 1700 万人，高质量供水保障是提升城市品位、提高居民幸福生活指数的前提条件，如何解决好老百姓喝好水的问题，是人民政府必须高度重视和考虑的问题。

武汉市现饮用水水源主要依赖长江、汉江，取水量占比高达 92%，其中长江占比 54%、汉江占比 38%，原水质量较差。近年来，长江及汉江干流水源地水质监测结果表明，取水点水质总体为Ⅱ～Ⅲ类（仅以化学需氧量、高锰酸盐指数和五日生化需氧量 3 项指标为标准），但在枯水期，汉江中下游水体质量则更差。南水北调中线工程通水后，丹江口水库下游河道流量大幅度减少，加之汉江干流梯级渠化导致流速变缓，每年 1—3 月气温回升时极易发生“水华”。近年来，汉江“水华”呈现频次增加、时段加长、涉及范围变大等特征，已严重影响江汉平原和武汉市的饮用水质量和安全。未来引江补汉工程通水后，由于三峡库区水源总磷含量为丹江口水库的 5 倍，汉江中下游河道水体总磷浓度增加，汉江供水水源质量更差。

据调查，国内重点城市都已经实现或正在谋划高质量供水工程。北京、天津、郑州、石家庄等城市已主要利用南水北调中线供水；杭州市已于 2021 年完成新安江千岛湖供水工程；合肥市从大别山水库引水；西安等市利用引汉济渭工程供水；广州也在实施多水源工程。长江中下游的长沙、南昌、南京、上海等大城市均在进行优质供水水库水源规划，谋划开辟更为优质可靠的水源地。省内宜昌、荆州等城市也在谋划从清江引水工程。根据

《中国城市环境舒适指数报告》，我国36个重点城市水质清净指数排名，武汉市仅位列第25位，已成为全国为数不多的饮用水源质量较差的省会城市。因此，保障武汉市供水安全，提高饮用水质量不仅十分必要，且十分紧迫。

二、解决思路

（1）丹江口水库是国家一级水源保护区，100项水质指标为Ⅰ类，另6项为Ⅱ类。综合考虑地理位置、水源水质、全省水网建设重大水利工程布局等因素，丹江口水库具备向武汉市提供优质水源的条件。以丹江口水库为水源的鄂北水资源配置工程年最大引水能力近12亿立方米，2021年已经建成通水，总干渠距武汉市仅50公里。通过将鄂北水资源配置工程沿线原设计的农业灌溉用水置换为城市供水，优水优用，可为武汉市供水约5亿立方米，能解决汉口、汉阳中心城区居民生活用水或全市直饮水需求。

（2）经预测分析，2035年武汉市主城区生活需水量约为12亿立方米，考虑孝感市生活饮用水3亿立方米，共15亿立方米。通过新建专线从丹江口水库引水，可解决武汉市、孝感市等地区主城区的用水需求。初步估算，新建专用供水管道总长约300公里，总投资约300亿元。

三、建议

武汉市饮用水水源主要为汉江和长江，尽管水质基本可达到地表水Ⅲ类以上标准，但与全国省会城市原水差距较大，与武汉市国际大都市的发展定位不相适应。随着经济社会的快速发展，武汉人民对优质水源和美好生活的向往日益迫切。为此提出如下4点建议：

（1）建议市委市政府高位推进，组织相关单位尽快对丹江口水库向武汉市供水方案开展前期研究论证工作。

（2）在确保汉江防洪安全和南水北调中线工程原设计供水量不变的前提下，通过丹江口水库优化调度，挖掘潜力，预计水库年均可多蓄水20亿立方米，为武汉市用上优质水提供条件。

（3）请省市相关部门积极与国家有关部委沟通，将丹江口水库挖潜多蓄的水量优先保障武汉市等地的饮用水。

（4）省市发展改革、水利、科技等相关部门要组织专家团队，积极开展项目前期研究工作，特别是丹江口水库优化设计与调度研究、引江补汉工程对汉江中下游水生态环境影响以及对策措施研究。

（执笔人：闫少锋）

报：中国工程院。
　　湖北省委、省人大、省政府、省政协领导。
　　武汉市委、市人大、市政府、市政协领导。

武汉市科学技术协会编印
责任编辑：陶虹　　　　联系电话：027－82296208